# 数理統計の基礎

著者：阪本 雄二

# まえがき

　本書は，理系の大学1年生から3年生を対象とする数理統計学の教科書である．数理統計学とは，データ解析の方法を数学的に研究する分野である．そこでは，データの特徴を数学的に捉え，目的に応じた様々な手法が開発されている．特に，データは確率的に変動するものと考える推測統計では，データの発生メカニズムを確率モデルで表現し，発生しうるどんなデータに対しても高い確率で正しい結果を導く手法が産み出されている．また，よく使われる自然な手法や職人的発想で生み出された画期的な手法など，提案された様々な手法について，その性能の評価が数学的に行われている．

　データの中には，一つの対象に対して多数の測定値が含まれるものや，データ間に複雑な関連を持つものがある．そのようなデータに適切な解析手法を構築するのは容易でないが，無限次元解析など高度な数学的技術が導入され，理論的に正当性が評価された様々な手法が開発されてきた．

　一方，人工知能の中核技術である機械学習では，複雑な情報から適切な判断を行うために，高性能なコンピュータと大量のデータを用いて実用的なアルゴリズムが構築されている．複雑な情報と適切な判断の関係は，多数のパラメータを微調整することで得られるが，その基準には数理統計学の推定や検定における基本原理が用いられている．ただし，得られた関係は複雑で，その最適性を数学的に評価することは困難である．また，得られた判断の合理性を人間の知能で理解することは容易ではない．数理統計学の理論的合理性と機械学習の実用可能性のどちらも兼ね備えた手法の開発が望まれる．

　本書は，第1章で統計学を概説し，第2章では記述統計の基本的な手法について，第3章から第5章まではデータの変動を表現する確率変数の概念とその性質について，第6章から第10章では推測統計の考え方，基本的な手法，また，それらの理論的な評価方法について解説する．最後の第11章では，回帰分析の考え方とその手法の理論的背景について述べる．

　章や節，演習問題や例の見出しには，右上に*印がついているものとついていないものがある．*印がついていないものは，理系大学1年生を対象とする．高校の数学を用いて理解できるものが多いが，大学1年の微分積分が必要となるものもある．定理や命題の証明は後回しにして，結果を用いたデータ解析を直感的に理解する演習もある．*印が一つのものは，大学2年生を対象とする．理系大学1年の微分積分と線形代数が必要となるものが含まれるので，1年の数学と数理統計の初等的な考え方を復習をしながら読み進めてほしい．*印が二つのものは大学3年生を対象とするものであり，大学1, 2年で学んだ手法の理論的背景を深く学ぶ．また，*印が三つのものは，数理統計を専門とするゼミで時間をかけて格闘することを想定しており，入門レベルを超える内容である．

　本書の原型は，「統計解析入門」（白旗慎吾著，共立出版）であり，2007年から神戸大学と大阪大学の授業，および，神戸大学のゼミで使わせていただいた．その後，著者の教え方の個性が蓄積したので，2016年に神戸大学生活協同組合にお願いして，オリジナルなプリント教材を簡易製本して，教科書として使用するようになった．

　講義を熱心に聴講する学生の皆さんや，難解な演習問題を長時間かけて解いてくれたゼミ生の皆さんからは，難易度，ミスプリント，内容の不具合などについて，細部にわたる数々の有益な

意見やコメントをいただいた．ゼミ生の中には，解答を見ると負けだと言って巻末の解答例を一切参照することなしに演習問題を解く強者や，解答や演習問題の修正案を提案する意欲的な学生もいた．また，証明抜きで認めた定理などを卒業論文で深掘りする研究熱心な学生もいた．このような意見を反映するように，内容を追加・修正し，半年に1度改定を重ねてきたため，オリジナルな演習問題や高度な内容の演習問題も多く追加された．卒業論文で整理した積率母関数の連続性など，大学3年生レベルを超える証明の概略は補遺にまとめた．

　最近は大幅に改訂することもなくなり，長い間使い続けてボロボロになったゼミ生の教科書を見るにつけ，そろそろ簡易製本をやめるべきかと考えていたところ，近代科学社から出版の許可をいただいた．本書の前身である簡易製本のオリジナル教材を本質的に改定してくれた学生の皆さん，本書の出版の準備作業を熱心に進めてくれた近代科学社の担当者の皆さんに，深く感謝したい．

2025年3月

阪本 雄二

# 目次

まえがき ..................................................................... 3

## 第1章　統計学とは

1.1　記述統計 ........................................................... 10
1.2　推測統計 ........................................................... 10
1.3　データサイエンス ............................................... 12
演習問題 ................................................................... 12

## 第2章　データの要約

2.1　データの種類 ..................................................... 16
2.2　度数分布 ........................................................... 16
2.3　分位数と箱ひげ図 ............................................... 18
2.4　代表値 ............................................................... 19
2.5　散らばりの指標 ................................................... 19
2.6　形状の指標* ....................................................... 21
2.7　2変量データ ....................................................... 21
2.8　最小二乗法 ......................................................... 24
2.9　3変量データ* ..................................................... 26
演習問題 ................................................................... 28

## 第3章　確率変数

3.1　確率と確率変数 ................................................... 32
3.2　離散確率変数と連続確率変数 ............................... 35
3.3　期待値と分散 ..................................................... 37
3.4　歪度と尖度* ....................................................... 39
3.5　代表的な離散確率変数 ......................................... 40
　　　3.5.1　二項分布 ................................................ 40
　　　3.5.2　ポアソン分布 ......................................... 41
　　　3.5.3　負の二項分布* ....................................... 42
　　　3.5.4　超幾何分布* ........................................... 43
3.6　代表的な連続確率変数 ......................................... 44
　　　3.6.1　正規分布 ................................................ 44
　　　3.6.2　一様分布 ................................................ 46
　　　3.6.3　指数分布 ................................................ 46
　　　3.6.4　ガンマ分布* ........................................... 47
　　　3.6.5　ベータ分布* ........................................... 48
演習問題 ................................................................... 48

# 第4章　多変量確率変数

- 4.1　2変量離散確率変数 ............................................. 54
- 4.2　2変量連続確率変数 ............................................. 56
- 4.3　一般の2変量確率変数* ......................................... 58
- 4.4　期待値と共分散 ................................................ 59
- 4.5　期待値と共分散の性質 .......................................... 61
- 4.6　条件付き期待値* ............................................... 62
- 4.7　代表的な2変量確率変数* ....................................... 63
  - 4.7.1　三項分布* ................................................ 63
  - 4.7.2　2変量正規分布* ........................................... 63
- 4.8　多変量確率変数* ............................................... 65
- 演習問題 ............................................................ 68

# 第5章　確率変数の変換と積率母関数

- 5.1　連続確率変数の変換 ............................................ 74
- 5.2　多変量確率変数の変換* ......................................... 75
- 5.3　確率変数の和の分布 ............................................ 76
- 5.4　積率母関数* ................................................... 77
- 演習問題 ............................................................ 80

# 第6章　標本分布

- 6.1　母集団と標本 .................................................. 84
- 6.2　無作為標本 .................................................... 85
- 6.3　標本分布の概念 ................................................ 87
- 6.4　正規母集団からの統計量の分布 .................................. 88
- 6.5　二つの正規母集団からの統計量の分布 ............................ 90
- 6.6　大標本における標本分布の近似 .................................. 91
- 演習問題 ............................................................ 93

# 第7章　統計的推定

- 7.1　点推定 ........................................................ 100
- 7.2　区間推定の基本概念 ............................................ 100
- 7.3　色々な信頼区間 ................................................ 102
- 7.4　推定量の構成法* ............................................... 104
- 7.5　推定量の評価法* ............................................... 105
- 演習問題 ............................................................ 108

# 第8章　仮説検定

- 8.1　導入例 ........................................................ 112
- 8.2　基本的な概念 .................................................. 112
- 8.3　母平均の検定 .................................................. 114
  - 8.3.1　母分散既知の正規母集団 ................................... 115

|       |       |       |
|---|---|---|
|       | 8.3.2 母分散未知の正規母集団 | 116 |
|       | 8.3.3 一般の母集団からの大標本 | 116 |
| 8.4 | 母分散の検定 | 117 |
| 8.5 | 母比率の検定 | 118 |
| 8.6 | 最強力検定* | 119 |
| **演習問題** |  | 122 |

# 第9章　複数の母集団の平均と分散の推測

| 9.1 | 母平均の差の推測 | 126 |
|---|---|---|
|  | 9.1.1 母分散が等しい場合 | 126 |
|  | 9.1.2 母分散が等しくない場合 | 128 |
|  | 9.1.3 小標本・非正規母集団の検定 | 129 |
| 9.2 | 母分散の比の推測 | 131 |
| 9.3 | 多数の母平均の比較* | 131 |
| 9.4 | 多数の母分散の比較* | 134 |
| 9.5 | 要因実験* | 135 |
| **演習問題** |  | 138 |

# 第10章　複数の比率の推測

| 10.1 | 一つの母集団内の二つの比率の差 | 142 |
|---|---|---|
| 10.2 | 二つの母集団の比率の差 | 143 |
| 10.3 | 比率の適合度検定 | 144 |
| 10.4 | 独立性の検定 | 145 |
| 10.5 | 推定量を伴う適合度検定 | 147 |
| **演習問題** |  | 149 |

# 第11章　変量関係の推測*

| 11.1 | 相関係数の推測 | 152 |
|---|---|---|
| 11.2 | 単回帰モデルと最小二乗推定量 | 154 |
| 11.3 | 単回帰における区間推定と検定 | 155 |
| 11.4 | 重回帰モデルと最小二乗推定量 | 157 |
| 11.5 | 寄与率 | 159 |
| 11.6 | 回帰係数の検定 | 160 |
| **演習問題** |  | 161 |

# 付録A　補遺

| A.1 | 積率母関数 | 166 |
|---|---|---|
|  | A.1.1 積率母関数の微分可能性 (命題 5.6) | 166 |
|  | A.1.2 積率母関数の一意性 (定理 5.2(1)) の証明の概略 | 166 |
|  | A.1.3 積率母関数の連続性 (定理 5.2(2)) の証明の概略 | 167 |
| A.2 | 分割表 | 168 |
|  | A.2.1 定理 10.1 の証明 | 168 |

A.2.2　定理 10.3 の証明 ............................................................ 169
　　　A.2.3　定理 10.2 の証明 ............................................................ 171

# 付録B　演習解答
　B.1　第 1 章の解答 ............................................................................ 174
　B.2　第 2 章の解答 ............................................................................ 174
　B.3　第 3 章の解答 ............................................................................ 177
　B.4　第 4 章の解答 ............................................................................ 187
　B.5　第 5 章の解答 ............................................................................ 194
　B.6　第 6 章の解答 ............................................................................ 200
　B.7　第 7 章の解答 ............................................................................ 209
　B.8　第 8 章の解答 ............................................................................ 213
　B.9　第 9 章の解答 ............................................................................ 215
　B.10　第 10 章の解答 ........................................................................ 217
　B.11　第 11 章の解答 ........................................................................ 219

# 付録C　分布表
　C.1　正規分布表 ................................................................................. 226
　C.2　正規分布の上側パーセント点 .................................................. 226
　C.3　カイ二乗分布の上側パーセント点 .......................................... 227
　C.4　ティー分布の上側パーセント点 .............................................. 228
　C.5　エフ分布の上側パーセント点 .................................................. 229

　　索引 ..................................................................................................... 231

# 第1章
# 統計学とは

統計学は大きく分けると記述統計と推測統計に大別される．また，近年注目を浴びているデータサイエンスは統計学を含むやや広い分野である．それらを概観する．

## 1.1 記述統計

統計学とは，対象とする集団の**全体的**特徴や傾向を捉えるために，いかなる方法が有効かを議論する理論体系である．

対象とする集団のすべての情報が利用できるときは，全体的な特徴を捉えるために情報全体をいかに集約するかが問題となる．よく知られているように，集団の要素の**おおよその大きさ**を知りたいときは**平均**を求めればよいし，集団内の要素のバラツキ具合を見るときは**標準偏差**を利用すればよい．あるいは，集団に属する各個体の2種類の特徴量の**平均的な関係**を明らかにするために**最小二乗法**がしばしば利用される．たとえば，日本人成人男子の平均的な身長と体重の関係を求め，身長ごとの標準体重を知りたいときは，最小二乗法が用いられる．

このような，集団全体の情報からその平均的な特徴を捉える方法論を**記述統計学** (descriptive statistics) と呼ぶ．基本的な記述統計の手法は比較的よく知られているが，それらの性質や注意点を第2章 [16] で解説する．

## 1.2 推測統計

実験や調査結果に基づき何らかの結論を下すとき，再度実験や調査をしたら異なる結論になるのではないかという疑念が生じることがある．つまり，結論の**信頼性**が問題となる場合がある．

たとえば，ある農産物に含まれる有害物質が安全基準値 $\mu_0(ppm)$[1] より少ないかどうかを調べるために，生産された作物を無作為に抜き出して有害物質含有量を測定するものとしよう．このとき，抜き取られた作物に含まれる有害物質の平均値 $\bar{X}$ が基準値 $\mu_0$ を下回っていたならば，その農産物は安全であると考えてよいだろうか？

このような検査に関して，

(1) 抜き取り検査ではなくて，全数検査できないのか？
(2) 再度抜き取り検査したら平均値が基準値を上回ることはないのだろうか？
(3) 1回の抜き取り検査で誰もが納得する判断ができるのだろうか？

などの疑問点が挙げられよう．

(1) に関しては，可能な限り**全数調査** (complete count) すべきであるが，そうできない場合も多い．たとえば，農産物を粉々にしないと検査できないなら，市場に出荷するものがなくなるので，全数検査は不可能であろう．また，個々の検査に時間やコストがかかる場合は全数調査は現実的ではない．

(2) と (3) については，以下で説明するような数学的なモデルを導入することで解決することができる．

全数調査の結果を，つまり，生産される農産物すべてに対して検査をしたときに得られるであ

---

[1] 安全基準は，人体に影響を与える有害物質の年間蓄積量に基づき，農産物1グラムに含まれる有害物質の平均許容量（ミリグラム）として決められているものとする．

ろう仮想的なデータの集合を想定し，それを**母集団** (population) と呼ぶことにしよう．その想定のもとでは，実際の検査で得られたデータは，母集団から**無作為抽出** (random sampling) で得られたものと考えられる．そのように捉えたデータを**標本** (sample) と呼ぶことにする．

どのような標本 (データ) が出やすいのかは，どのような数値が母集団の中に多く含まれるのか，つまり，母集団の度数分布 (**母集団分布** (population distribution)) で決まる．したがって，再検査したときの平均値が基準値を上回る確率は母集団分布から計算可能である[2]．

さて，上の農産物の抜き取り検査では，有害物質含有量が平均的に安全基準 $\mu_0$ より小さいかどうかを，抜取検査の結果の平均 $\bar{X}$ で判断してよいかどうかが問題となっていた．いま，母集団の平均を**母平均** (population mean) と呼び，$\mu$ と表すことにしよう．$\bar{X}$ は標本の平均だから**標本平均** (sample mean) と呼ぶことにする．このように表すと，

$$\bar{X} < \mu_0 \quad \text{のときに} \quad \mu < \mu_0 \tag{※}$$

と判定することが妥当なのかどうかが問題となっている．

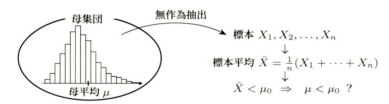

図 1.1　母集団と標本

もし，母平均が安全基準を満たしていない ($\mu \geqq \mu_0$) にもかかわらず，$\bar{X} < \mu_0$ となる可能性が大きいならば，(※) の判定方法は誤判定確率の高い悪い方法である．そのような場合は，$\mu_0$ より小さい $c$ を適当に選んで

$$\bar{X} < c \quad \text{のときに} \quad \mu < \mu_0 \tag{※※}$$

と判定するように判定基準を厳しくすればよい．$\mu \geqq \mu_0$ である場合の母集団分布に対して，$\bar{X} < c$ となる確率を数学的に評価して，誤判定の確率が小さくなるように $c$ を調整できれば，誰もが納得できる判定結果を得られるであろう (例 8.1[112])．

このように，調査や実験結果から信頼性のある結論を導くためには，判定方法の性能を評価する必要がある．その性能を評価するためには，データの仮想集合である母集団を想定して，実際に得られるデータは母集団分布から無作為抽出された確率的に変動するものであると捉える必要がある．その数学的なモデルに基づいて判断ミスの確率を評価することで，1 回の実験や調査からでも，信頼できる判定結果を得ることができるようになる．

母集団分布に応じた標本の確率的な変化 (確率分布) とそれに応じた標本平均の確率分布，あるいは，それから判断する基準の設定方法をどのように構成するのかを第 3 章[32]以降で解説する．

データそのものの全体的特徴量を抽出する方法論を記述統計学と言うのに対して，データを標

---

[2] 母集団が仮想的な集合である以上，データ解析をする立場からは母集団分布を特定することは容易ではない．

本と捉えて，その背後に潜む母集団の全体的特徴量を推し量る方法論を**推測統計学** (inferential statistics) と呼ぶ．調査対象の全データを知ることが困難であることが多いため，推測統計の各種手法は有効な問題解決法として様々な場面で利用されている．

## 1.3 データサイエンス

　データサイエンスとは，R.A.Fisher(1890–1962) 以降発展してきた従来の統計的データ解析技術に加え，統計的機械学習やビッグデータ解析などの計算機科学と深い関係を持つ新しいデータ解析技術，およびその研究分野の総称である．

　統計的機械学習とは，複雑なデータの構造を計算機が自動的に解明し，将来得られるデータの予測を行う計算機技術のことである．その代表的な手法であるニューラルネットワークでは，様々な形状になりうる関数を用いて，複雑なデータ間の関係を適切に表せるように，多数の媒介変数の微調整を繰り返す．その微調整によって少しずつ適切な関数が得られると期待されるため，そのプロセスを学習と呼ぶ．ただし，扱う関数は複雑であるが，基本的な考え方は第 11 章で解説する単回帰・重回帰と同一であり，学習の程度の評価法は Fisher の最尤法 (7.4 節) が用いられている．

　また，21 世紀に入り，計算機の記憶容量やネットワークの通信容量・速度が飛躍的に向上し，膨大なデータを入手できるようになった．それらの中には，高解像度の画像データや遺伝子情報などのように一つの個体の情報が数千を超えるような高次元データ，時々刻々変動する金融商品の取引データのように複雑な相関構造を持つ高頻度時系列データ，地理情報や会計データなどのように異なる形式の複数の関連データ群など，様々なものがある．そのような膨大な要素からなる各種データをまとめてビッグデータと呼び，そこから有用な情報を抽出できるものと期待されている．

　すでに開発された新しい技術の中にはいくつかのデータに対して有効に機能すると考えられているものもあるが，従来の推測統計の技術のように数学的な性能評価をされているものは少ない．また，想定するモデルが複雑すぎて，有効に機能する成功例があったとしても，その理由を人間が理解することは困難であり，仮に不具合があったとしてもその原因を究明することは容易ではない．多くの先端技術同様，その可能性を喜ぶばかりでなく，適用する問題の価値を吟味し，人間が制御可能かどうかを十分検討することが重要である．

　データサイエンスの新しい手法についての解説は本書の範囲を超えるが，基本的な考え方は本書で解説する推測統計 (推定・検定) と共通である．

## 演習問題

**演習** 1.1　本章の解説と内容が一致するように，空欄を適当な言葉や式で埋めよ．

(1) 統計学では，対象とする集団の　□　な特徴を捉えることが主な目的である．

(2) データ全体の情報を要約する手法を☐，データを産み出す集団の特徴を推し量る手法を☐と呼ぶ．

(3) 推測統計では，データは☐から無作為に抽出された☐であると考える．そのとき，データの出現確率は☐によって決まる．データの平均を☐，母集団の平均を☐と呼び，区別することが重要である．標本を用いた判定法は，誤って判定する☐で評価され，その意味でよい方法による結果を信頼するのが☐の考え方である．

# 第2章
# データの要約

収集された雑多なデータから全体的な特徴を捉えるために，様々な手法がある．本章では，高校で学ぶ手法に加えて，最小二乗法，3変量データの見方，分割表などについても解説する．

## 2.1 データの種類

$n$ 個の花の色を調べたときに得られるデータ $x_1, \ldots, x_n$ は，黄，赤，紫などの色の種類であり，花弁の長さを調べたときは，15mm，12mm などの数値である．前者のような性質を表すデータを**質的データ** (qualitative data) と呼び，後者のような数値データを**量的データ** (quantitative data) と呼ぶ．

## 2.2 度数分布

$n$ 個の量的データ $x_1, \ldots, x_n$ に対して，それらをすべて含む適当な大きさの区間 $I$ とその小区間への分割 $I = I_1 \cup \cdots \cup I_m$ を考える (図 2.1)．

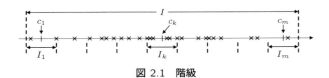

図 2.1 階級

このとき，小区間 $I_k$, $k = 1, \ldots, m$ を**階級** (class, bin)，その中心 $c_k$ を**階級値**と呼ぶ．また，$I_k$ に含まれるデータの個数 $f_k$ を**度数** (frequency)，$p_k := f_k/n$ を**相対度数** (relative frequency) と呼ぶ．階級値と度数，相対度数の表を**度数分布表** (frequency distribution) と言い (表 2.1)，階級値を横軸，相対度数を縦軸にした棒グラフを**ヒストグラム** (histogram) と言う (図 2.2)．階級幅が一定でない場合など，相対度数を面積で表すことがあるが，そのとき，棒の高さである縦軸を**相対度数密度** (relative frequency density) と呼ぶことがある．

表 2.1 度数分布表

| 階級値 | 度数 | 相対度数 |
|---|---|---|
| $c_1$ | $f_1$ | $p_1$ |
| $c_2$ | $f_2$ | $p_2$ |
| $\vdots$ | $\vdots$ | $\vdots$ |
| $c_m$ | $f_m$ | $p_m$ |
| 計 | $n$ | 1 |

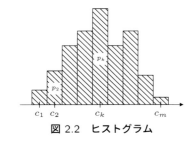

図 2.2 ヒストグラム

度数分布表やヒストグラムを作成するとき，以下のことに注意しよう．

(1) 階級の個数 $m$ は，**スタージェスの公式** (Sturges' formula) $m = 1 + \log_2 n$ などを目安に決め，ヒストグラムの形状を見ながら調整するとよい．この公式は，$f_k = {}_{m-1}C_{k-1}$ の場合，$n = f_1 + \cdots + f_m = {}_{m-1}C_0 + \cdots + {}_{m-1}C_{m-1} = 2^{m-1}$ となることによる．
(2) 階級の境界点がどのデータとも一致しないように，階級を調整した方がよい．

《例 2.1》 表 2.2 は，あるクラスの英語と数学と国語の試験結果である．

表 2.2　英語と数学と国語の得点

| No | 英 | 数 | 国 | No | 英 | 数 | 国 | No | 英 | 数 | 国 |
|---|---|---|---|---|---|---|---|---|---|---|---|
| 1 | 54 | 60 | 46 | 16 | 46 | 55 | 38 | 31 | 56 | 40 | 60 |
| 2 | 77 | 45 | 80 | 17 | 43 | 25 | 39 | 32 | 45 | 35 | 24 |
| 3 | 62 | 70 | 55 | 18 | 57 | 50 | 31 | 33 | 65 | 35 | 75 |
| 4 | 63 | 75 | 77 | 19 | 61 | 65 | 53 | 34 | 69 | 45 | 86 |
| 5 | 66 | 25 | 88 | 20 | 58 | 55 | 37 | 35 | 51 | 35 | 41 |
| 6 | 48 | 45 | 26 | 21 | 55 | 50 | 43 | 36 | 46 | 25 | 31 |
| 7 | 74 | 90 | 71 | 22 | 51 | 45 | 27 | 37 | 48 | 35 | 43 |
| 8 | 65 | 80 | 67 | 23 | 64 | 30 | 72 | 38 | 64 | 65 | 63 |
| 9 | 49 | 60 | 24 | 24 | 73 | 60 | 77 | 39 | 56 | 65 | 56 |
| 10 | 71 | 70 | 59 | 25 | 53 | 55 | 47 | 40 | 59 | 35 | 68 |
| 11 | 51 | 40 | 37 | 26 | 53 | 45 | 43 | 41 | 42 | 15 | 40 |
| 12 | 60 | 30 | 57 | 27 | 56 | 25 | 54 | 42 | 52 | 20 | 39 |
| 13 | 71 | 65 | 61 | 28 | 62 | 45 | 50 | 43 | 64 | 55 | 45 |
| 14 | 44 | 30 | 42 | 29 | 38 | 20 | 35 | 44 | 46 | 40 | 30 |
| 15 | 54 | 35 | 55 | 30 | 76 | 85 | 70 | 45 | 65 | 40 | 78 |

英語の階級を $I_1 = [37.5, 42.5), \ldots, I_7 = [67.5, 72.5), I_8 = [72.5, 77.5]$ のように分けると，英語の度数分布表は表 2.3，ヒストグラムは図 2.3 のようになる．

表 2.3　英語の度数分布

| 階級値 | 度数 | 相対度数 |
|---|---|---|
| 40 | 2 | 0.044 |
| 45 | 6 | 0.133 |
| 50 | 7 | 0.156 |
| 55 | 9 | 0.2 |
| 60 | 6 | 0.133 |
| 65 | 8 | 0.178 |
| 70 | 3 | 0.067 |
| 75 | 4 | 0.089 |
| 計 | 45 | 1 |

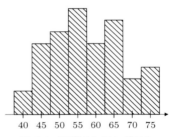

図 2.3　英語のヒストグラム

▲

データ数 $n$ が非常に多く，隣り合うデータの間隔が小さくて連続的に分布するときは，階級数 $m$ を多くして階級幅を小さくすると，棒の面積を相対度数としたヒストグラムの形状が適当な関数 $f(x)$ で近似できることがある (図 2.4)．その場合は，任意の区間 $[a, b]$ の相対度数は，その区間上のヒストグラムの面積なので，区間幅を $\Delta x$ とすると，

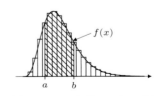

図 2.4　ヒストグラム ($n$：大)

$$\sum_{k: a \leqq c_k \leqq b} f(c_k) \Delta x \fallingdotseq \int_a^b f(x) dx$$

で近似できることになる.

質的データの場合は，とりうる性質ごとに度数を求め，それを表にまとめたものが度数分布表であり，棒グラフで表したものがヒストグラムである.

## 2.3 分位数と箱ひげ図

量的データ $x_1, \ldots, x_n$ を昇順に並べたとき，$i$ 番目のデータを $x_{(i)}$ と表すと，$x_{(1)} \leqq \cdots \leqq x_{(n)}$ が成り立つが，$\{x_{(1)}, \ldots, x_{(n)}\}$ を**順序統計量** (order statistic) と言う. 0 以上 1 以下の $u$ に対して，$(n-1)u+1$ の整数部分を $j$, 小数部分を $v$ として，

$$Q_u := (1-v)x_{(j)} + vx_{(j+1)} \tag{2.3.1}$$

と定義する. この $Q_u$ を $x_1, \ldots, x_n$ の $u$ **分位数** ($u$-quantile) と呼ぶ. このとき，$u = 0, \frac{1}{n-1}, \ldots, \frac{n-2}{n-1}, 1$ に対しては，$Q_u = x_{(1)}, x_{(2)}, \ldots, x_{(n-1)}, x_{(n)}$ であるが，$\frac{j-1}{n-1} < u < \frac{j}{n-1}$ となる $u$ に対しては，図 2.5 のような $x_{(j)}$ と $x_{(j+1)}$ の内分点として定義している. $Q_0$ は最小値 $x_{(1)}$, $Q_1$ は最大値 $x_{(n)}$ である. $Q_{1/2}$ を**中央値** (median), $Q_{1/4}$ を**第 1 四分位数** (first quartile), $Q_{3/4}$ を**第 3 四分位数** (third quartile) と呼ぶ.

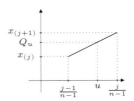

図 2.5 分位数

$Q_0$ と $Q_{1/4}, Q_{1/2}, Q_{3/4}$ と $Q_1$ の配置を図 2.6 のように表したものを**箱ひげ図** (box plot) と呼ぶ. さらに，$IQR := Q_{3/4} - Q_{1/4}$ を**四分位範囲** (interquartile range), $QD := IQR/2$ を**四分位偏差** (quartile deviation) と呼ぶ. $Q_{1/4} - 1.5 \times IQR$ より小さいデータは小さすぎる，$Q_3 + 1.5 \times IQR$ より大きいデータは大きすぎると考えて，それらを**外れ値** (outlier) と呼ぶ. 外れ値があるデータに対しては，箱ひげ図の上下のヒゲを外れ値を除いた最大値と最小値の位置で表し，外れ値はヒゲの外に × や ○ で表すことがある.

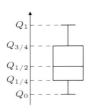

図 2.6 箱ひげ図

$\frac{n}{2}$ 以下の最大の整数を $\ell$, $\frac{n}{2}$ 以上の最小の整数を $m$ として，データの下側 $x_{(1)}, \ldots, x_{(\ell)}$ と上側 $x_{(m+1)}, \ldots, x_{(n)}$ の中央値をそれぞれ**下側ヒンジ** (lower hinge), **上側ヒンジ** (upper hinge) と呼ぶ. これらは第 1 四分位数や第 3 四分位数より中央値から遠い値をとるが，$n$ が大きいときはその違いは小さく，四分位数の近似値として用いられる.

《例 2.1 続①》 表 2.2[17] の英語得点では，$Q_0 = x_{(1)} = 38$, $Q_{1/4} = x_{(12)} = 51$, $Q_{1/2} = x_{(23)} = 56$, $Q_{3/4} = x_{(34)} = 64$, $Q_1 = x_{(45)} = 77$, $IQR = 13$, $Q_1 - 1.5 \times IQR = 31.5$, $Q_3 + 1.5 \times IQR = 83.5$ である. よって，外れ値は存在せず，箱ひげ図を横向きに描くと，図 2.7 のようになる. また，下側ヒンジは $(x_{(11)} + x_{(12)})/2 = 50$, 上側ヒンジは $(x_{(34)} + x_{(35)})/2 = 64.5$ であり，第 1 四分位数や第 3 四分位数より中央値から離れていることがわかる.

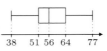

図 2.7 箱ひげ図の例

▲

## 2.4 代表値

量的データ $x_1, \ldots, x_n$ に対して，

$$\bar{x} := \frac{x_1 + \cdots + x_n}{n} = \frac{1}{n}\sum_{i=1}^{n} x_i \tag{2.4.1}$$

を**平均** (mean) と呼ぶ．表 2.1[16] の度数分布表からは，

$$\bar{x}^* := \frac{1}{n}\sum_{k=1}^{m} c_k f_k = \sum_{k=1}^{m} c_k p_k \tag{2.4.2}$$

と定義される $\bar{x}^*$ を平均 $\bar{x}$ の近似値して利用できる．階級幅が一定であるときは，近似誤差 $|\bar{x}^* - \bar{x}|$ は階級幅の半分以下である．図 2.4[17] のように面積で相対度数を表すヒストグラムが関数 $f(x)$ で近似できるときは，

$$\bar{x}^{**} := \int_{x_m}^{x_M} xf(x)dx \left(\fallingdotseq \sum_k c_k f(c_k)\Delta x\right) \tag{2.4.3}$$

で $\bar{x}$ を近似できる ($x_m, x_M$ はヒストグラムの横軸の下限と上限).

所得データ (例 3.8[47]) のように，極端に大きいデータや小さいデータ (**外れ値** (outlier)) を含む場合は，平均 $\bar{x}$ はそれらの影響を受けやすい．その影響を避けるために，$Q_{1/2}$，すなわち，**中央値** (median) を代表値として用いることもある．あるいは，度数分布表において最も度数が大きい階級の階級値を代表値として用いることもある．その階級値を**最頻値** (mode) と呼ぶ．さらに，$w_1 + \cdots + w_n = 1, w_i \geqq 0$ を満たす重み $w_1, \ldots, w_n$ に対して

$$w_1 x_{(1)} + \cdots + w_n x_{(n)}$$

と定義される**重み付き平均** (weighted mean) や

$$\frac{1}{n-2m}(x_{(m+1)} + \cdots + x_{(n-m)})$$

と定義される**刈込平均** (trimed mean) も代表値として用いられることもある．

## 2.5 散らばりの指標

量的データ $x_1, \ldots, x_n$ に対して，

$$s_{xx} := \frac{(x_1 - \bar{x})^2 + \cdots + (x_n - \bar{x})^2}{n} = \frac{1}{n}\sum_{i=1}^{n}(x_i - \bar{x})^2 \tag{2.5.1}$$

と定義される $s_{xx}$ を**分散** (variance) と呼ぶ．平均 $\bar{x}$ から離れているデータ $x_i$ が多いほど $s_{xx}$ が大きくなるので，分散 $s_{xx}$ はデータの散らばりの指標として用いられる．$\tilde{x}_i := x_i - \bar{x}$ を $x_i$ の**偏差** (deviation) と呼ぶ．

$x_i$ の単位を $d$ とすると $s_{xx}$ の単位は $d^2$ となるので，データ $x_i$ や平均 $\bar{x}$ と単位が等しい

$s_x := \sqrt{s_{xx}}$ も散らばりの指標として用いられる．$s_x$ を**標準偏差** (standard deviation) と呼ぶ．$s_x^2 = s_{xx}$ なので，分散を $s_x^2$ と表すことも多い．ヒストグラムが，正規分布 (3.6.1 節 [44]) の確率密度関数と同じような形状のとき，$\bar{x} - 2s_x$ 以上 $\bar{x} + 2s_x$ 以下の範囲にデータの約 95% が含まれることが知られている．

分散 $s_{xx}$ の近似値として，表 2.1[16] の度数分布表から求められる

$$s_{xx}^* = \frac{1}{n}\sum_{k=1}^{m}(c_k - \bar{x}^*)^2 f_k = \sum_{k=1}^{m}(c_k - \bar{x}^*)^2 p_k \tag{2.5.2}$$

も用いられる．ただし，$\bar{x}^*$ は (2.4.2)[19] の平均 $\bar{x}$ の近似値である．また，図 2.4[17] のようにヒストグラムが関数 $f(x)$ で近似できるときは，(2.4.3)[19] と同様に，

$$s_{xx}^{**} = \int_{x_m}^{x_M}(x - \bar{x}^{**})^2 f(x)dx \tag{2.5.3}$$

で分散 $s_{xx}$ を近似することもある．

**命題 2.1.** (1) $\sum_{i=1}^{n}\tilde{x}_i = \sum_{i=1}^{n}(x_i - \bar{x}) = 0$. 　$\boxed{\text{偏差の和は } 0}$

(2) $y_i = ax_i + b, i = 1, \ldots, n$ のとき，$\bar{y} = a\bar{x} + b$, 　$s_{yy} = a^2 s_{xx}$.

(3) $s_{xx} = \frac{1}{n}\sum_{i=1}^{n} x_i^2 - \bar{x}^2$. 　《**分散公式** (variance formula)》

(4) 任意の実数 $a$ に対して，$\frac{1}{n}\sum_{i=1}^{n}(x_i - a)^2 = s_{xx} + (\bar{x} - a)^2$.

**証明**．演習 2.4[29]．　□

$x_1, \ldots, x_n$ を $z_i = (x_i - \bar{x})/s_x$ に変換することを**標準化** (standardization) と呼び，さらに，$z_1, \ldots, z_n$ から求めた $w_i := z_i \times 10 + 50$ を**偏差値** (deviation score) と呼ぶ．

**命題 2.2.** $\bar{z} = 0$, $s_z = 1$, $\bar{w} = 50$, $s_w = 10$.

**証明**．命題 2.1 の (2) から証明できる．　□

《例 2.1 続②》 表 2.2[17] の英語の得点の平均は $57.4\cdots$，分散は $94.32\cdots$，標準偏差は $9.712\cdots$ であり，中央値は 56 である．また，表 2.3[17] から平均と分散を求めると，

$$\frac{1}{45}(40 \times 2 + \cdots + 75 \times 4) = 57.4444\cdots,$$
$$\frac{1}{45}((40 - 57.4\cdots)^2 \times 2 + \cdots + (75 - 57.4\cdots)^2 \times 4) = 92.913\cdots$$

となり，標準偏差は $\sqrt{92.9\cdots} = 9.63\cdots$ である．度数が最大の階級値 55 が，最頻値である．

数学の得点から 50 引いて 5 で割ると，$2, -1, 4, \ldots, -2$ であり，その平均は $-0.6$, 分散は 13.04, 標準偏差は $3.611\cdots$ なので，数学の得点の平均は $-0.6 \times 5 + 50 = 47$, 分散は $13.04 \times 5^2 = 326$, 標準偏差は $3.611\cdots \times 5 = 18.055\cdots$ である．

No 13 の成績は，英語が 71 点で数学は 65 点であり，偏差は 13.6 点と 18 点，偏差値は 64 点と 60 点である．平均からの差で評価すると数学の方が優れているが，標準偏差を考慮すると，英語の方が優れていると言える．　▲

## 2.6 形状の指標*

量的データ $x_1, \ldots, x_n$ のヒストグラムが，平均 $\bar{x}$ に関して対称であるかどうかを測る指標に，

$$\mathrm{Skew}(x) = \frac{1}{n} \sum_{i=1}^{n} \left( \frac{x_i - \bar{x}}{s_x} \right)^3 \tag{2.6.1}$$

と定義される**歪度** (skewness) がある．また，ヒストグラムの平均近辺の尖り具合，あるいは，分布の裾の重さを表す指標に

$$\mathrm{Kurt}(x) = \frac{1}{n} \sum_{i=1}^{n} \left( \frac{x_i - \bar{x}}{s_x} \right)^4 \tag{2.6.2}$$

と定義される**尖度** (kurtosis) がある．

《例 2.2》図 2.8 の左のグラフでは，平均より大きく離れたデータに対して $(x_i - \bar{x})^3$ が正の大きい値となり，その結果，歪度が正の値になっている．一方，中央と右のグラフでは，平均を中心に対称に分布しているので，$(x_i - \bar{x})^3$ の正負が反対のものが同程度あり，歪度が 0 となっている．所得分布のような正の値しかとらないデータでは，歪度が正であるものが多い (例 3.8[47])．

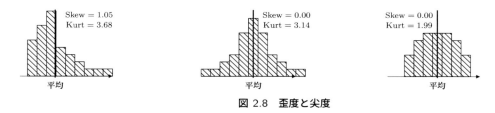

図 2.8 歪度と尖度

また，左と中央のグラフは，右のグラフより中心付近で鋭く尖っているが，平均から離れたデータが存在する．このような中心付近の尖り度合いと裾の重さを表す指標が尖度である．正規分布 (3.6.1 節 [44]) の尖度 3 は尖度の基準として用いられる． ▲

## 2.7 2変量データ

量的な 2 変量データ $(x_1, y_1), \ldots, (x_n, y_n)$ の分布を視覚的に捉えるために，$x$ 座標が $x_i$，$y$ 座標が $y_i$ である $n$ 個の点 $(x_i, y_i)$ を図 2.9 のように表したものを**散布図** (scatter diagram)，または，**相関図** (correlation diagram) と言う．$x_1, \ldots, x_n$ の範囲を階級 $I_1, \ldots, I_k$ に，$y_1, \ldots, y_n$ の範囲を階級 $J_1, \ldots, J_l$ に分割し，$x$ が $I_p$ に，$y$ が $J_q$ に含まれるデータ $(x_i, y_i)$ の個数 $f_{pq}$ (**度数**) を表にまとめたものを**相関表** (correlation table) と呼び，量的な 2 変量データの分布を表すために用いられることがある (表 2.4[22])．
2 変量の関係の強さを測るためには，

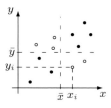

図 2.9 散布図

$$s_{xy} := \frac{1}{n}\sum_{i=1}^{n}(x_i - \bar{x})(y_i - \bar{y}) \tag{2.7.1}$$

と定義される $s_{xy}$ が用いられ，これを**共分散** (covariance) と呼ぶ．$(x_i, y_i)$ が $(\bar{x}, \bar{y})$ より右上または左下にあると (図 2.9[21] の黒点)，偏差の積 $(x_i - \bar{x})(y_i - \bar{y})$ は正の値をとるため，散布図において右上がりの傾向があると $s_{xy}$ は正の大きな値をとる．また，右下がりの傾向があると負の小さな値をとり，どちらの傾向もないと 0 に近いことがわかる．以上のことから，共分散 $s_{xy}$ は，$x$ と $y$ の右上がり傾向，または右下がり傾向を捉える指標であると考えられる．

**命題 2.3.** (1) $v_i = ax_i + by_i + p$, $w_i = cx_i + dy_i + q$ のとき，
$$s_{vv} = a^2 s_{xx} + 2ab s_{xy} + b^2 s_{yy}, \tag{2.7.2}$$
$$s_{vw} = ac\, s_{xx} + (ad + bc)s_{xy} + bd\, s_{yy} \tag{2.7.3}$$

であり，特に，$v_i = ax_i$, $w_i = dy_i$ のとき，$s_{vw} = ad s_{xy}$．

(2) $s_{xy} = \dfrac{1}{n}\sum_{i=1}^{n} x_i y_i - \bar{x}\,\bar{y}$．　《**共分散公式** (covariance formula)》

**証明**．演習 2.9[29]．　□

命題 2.3(1) より，$v_i = ax_i$, $w_i = dy_i$ のような尺度変換をすると共分散が $ad$ 倍になることがわかる．たとえば，身長 $x$(cm) と体重 $y$(kg) のデータに対して，身長 $v = 0.01x$(m)，体重 $w = 1000y$(g) と単位を取り換えると，$s_{vw} = 10s_{xy}$ なので共分散が 10 倍になる．このような尺度変換の影響を取り除くために，$s_{xy}$ を
$$r_{xy} := \frac{s_{xy}}{\sqrt{s_{xx}}\sqrt{s_{yy}}} = \frac{s_{xy}}{s_x s_y} \tag{2.7.4}$$

と修正して，$x$ と $y$ の直線的な右上がり傾向，または右下がり傾向を捉える指標として用いる．この $r_{xy}$ を**相関係数** (correlation coefficient) と呼ぶ ($s_x > 0, s_y > 0$ を暗に仮定している)．

**命題 2.4.** (1) $v_i = ax_i + b$, $w_i = cy_i + d$ のとき，$r_{vw} = \begin{cases} r_{xy} & (ac > 0) \\ -r_{xy} & (ac < 0) \end{cases}$．

(2) $|r_{xy}| \leqq 1$．等号はすべての $(x_i, y_i)$ が同一直線上にあるときのみ成立．

**証明**．演習 2.11[29]．　□

《例 2.1 続③》 表 2.2[17] の相関表は表 2.4，散布図は図 2.10 のようになる．

表 2.4　英語と数学の相関表

|   | 数学 |   |   |   |   |   |   |   | 小計 |
|---|---|---|---|---|---|---|---|---|---|
|   | 17 | 27 | 37 | 47 | 57 | 67 | 77 | 87 |   |
| 40 | 2 | 0 | 0 | 0 | 0 | 0 | 0 | 0 | 2 |
| 45 | 0 | 3 | 2 | 0 | 1 | 0 | 0 | 0 | 6 |
| 英 50 | 1 | 0 | 3 | 2 | 1 | 0 | 0 | 0 | 7 |
| 55 | 0 | 1 | 2 | 3 | 2 | 1 | 0 | 0 | 9 |
| 語 60 | 0 | 1 | 1 | 1 | 1 | 2 | 0 | 0 | 6 |
| 65 | 0 | 2 | 2 | 0 | 1 | 1 | 2 | 0 | 8 |
| 70 | 0 | 0 | 0 | 1 | 0 | 2 | 0 | 0 | 3 |
| 75 | 0 | 0 | 0 | 1 | 1 | 0 | 0 | 2 | 4 |
| 小計 | 3 | 7 | 10 | 8 | 7 | 6 | 2 | 2 | 45 |

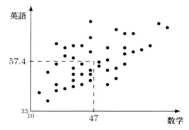

図 2.10　英語と数学の散布図

さらに，例 2.1 続②[20] で求めた平均と分散を使うと，$s_{xy} = 101.8\cdots$, $r_{xy} = 0.58\cdots$. ▲

相関係数と散布図の代表的な関係は図 2.11 のようになる．図の下中央のように，2 次関数的な関係があるときでも相関係数は 0 に近くなることに注意しよう．

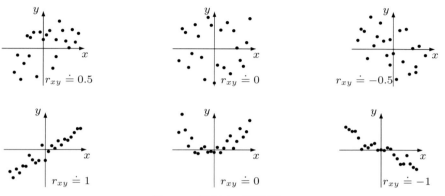

図 2.11　散布図と相関係数

2 変量データ $(x_1, y_1), \ldots, (x_n, y_n)$ が質的な場合には，$x$ と $y$ の性質の組み合わせごとに度数を求め，それらを表にした**分割表** (contigency table) が用いられる．$x$ と $y$ のとりうる性質が $A_1, \ldots, A_r, B_1, \ldots, B_s$ であり，$x$ の性質が $A_i$ で $y$ の性質が $B_j$ であるようなデータ $(x_k, y_k)$ の個数が $f_{ij}$ であるとき，分割表は表 2.5 のようになる．$x$ の性質が $A_i$ であるデータの総数を $f_{i\bullet}$, $y$ の性質が $B_j$ であるデータの総数を $f_{\bullet j}$ と表し，**周辺度数** (marginal frequency) と呼ぶ．

表 2.5　分割表

|   | $B_1$ | $\cdots$ | $B_s$ | 計 |
|---|---|---|---|---|
| $A_1$ | $f_{11}$ | $\cdots$ | $f_{1s}$ | $f_{1\bullet}$ |
| $\vdots$ | $\vdots$ |  | $\vdots$ | $\vdots$ |
| $A_r$ | $f_{r1}$ | $\cdots$ | $f_{rs}$ | $f_{r\bullet}$ |
| 計 | $f_{\bullet 1}$ | $\cdots$ | $f_{\bullet s}$ | $n$ |

度数 $f_{ij}$ や周辺度数 $f_{i\bullet}, f_{\bullet j}$ の代わりに，相対度数 $p_{ij} = f_{ij}/n$ や相対周辺度数 $p_{i\bullet} = f_{i\bullet}/n$, $p_{\bullet j} = f_{\bullet j}/n$ を用いた分割表を利用することもある．

$x$ の性質が $A_i$ であるデータだけに限定した $y$ の相対度数分布 $\{\frac{p_{i1}}{p_{i\bullet}}, \ldots, \frac{p_{is}}{p_{i\bullet}}\}$ が，$i$ と無関係で $\{q_1, \ldots, q_s\}$ であるときは，$p_{ij} = p_{i\bullet} q_j$, $j = 1, \ldots, s$ が成り立つ．この両辺を $i = 1, \ldots, r$ について和をとると，$\sum_{i=1}^r p_{i\bullet} = 1$ なので，$p_{\bullet j} = q_j$ が導かれ，$p_{ij} = p_{i\bullet} p_{\bullet j}$ が成り立つ．逆にこれが成り立つとき，$\{\frac{p_{i1}}{p_{i\bullet}}, \ldots, \frac{p_{is}}{p_{i\bullet}}\} = \{p_{\bullet 1}, \ldots, p_{\bullet s}\}$ であり，$x$ の性質が $A_i$ であるデータだけに限定した $y$ の相対度数分布は $i$ と無関係であることがわかる．$y$ の性質でグループ分けした $x$ の度数分布に関しても同じことが言えるので，任意の $i, j$ に対して $p_{ij} = p_{i\bullet} p_{\bullet j}$ が成り立つことと，$x$ と $y$ が互いの分布に影響を及ぼさないことは同値であることがわかる．

$$Q_0 := n \sum_{i=1}^r \sum_{j=1}^s \frac{(p_{ij} - p_{i\bullet} p_{\bullet j})^2}{p_{i\bullet} p_{\bullet j}} \tag{2.7.5}$$

と定義される $Q_0$ は，$x$ と $y$ が互いの分布に影響を及ぼさないとき小さい値をとるので，質的データの関係の強さを表す指標として用いられる．$x$ と $y$ が無関係なとき $(p_{ij} = p_{i\bullet} p_{\bullet j})$, $np_{i\bullet} p_{\bullet j} = f_{ij}$ が成り立つが，この $np_{i\bullet} p_{\bullet j}$ を**期待度数** (expected frequency) と呼ぶ．

《例 2.3》 ある中学で数学好きに関する調査が行われた．その調査の中で，地理好きと歴史好きも合わせて調査し，好き嫌いを，好き (好)，どちらでもない (ど)，嫌い (嫌) の 3 段階に分類して，数学と地理，数学と歴史の分割表を作ると以下のようになった．

表 2.6 数学好きと地理好きの分割表

|  |  | 地理 |  |  |
|---|---|---|---|---|
|  | (嫌) | (ど) | (好) | 計 |
| 数 (嫌) | 95 | 60 | 78 | 233 |
| (ど) | 115 | 131 | 167 | 413 |
| 学 (好) | 77 | 69 | 135 | 281 |
| 計 | 287 | 260 | 380 | 927 |

表 2.7 数学好きと歴史好きの分割表

|  |  | 歴史 |  |  |
|---|---|---|---|---|
|  | (嫌) | (ど) | (好) | 計 |
| 数 (嫌) | 53 | 42 | 138 | 233 |
| (ど) | 83 | 93 | 237 | 413 |
| 学 (好) | 62 | 51 | 168 | 281 |
| 計 | 198 | 186 | 543 | 927 |

この結果から，期待度数 $np_{i\bullet}p_{\bullet j}$ を求め，表にまとめると次のようになる．

表 2.8 数学好きと地理好き (期待度数)

|  |  | 地理 |  |  |
|---|---|---|---|---|
|  | (嫌) | (ど) | (好) | 計 |
| 数 (嫌) | 72.1 | 65.4 | 95.5 | 233 |
| (ど) | 127.9 | 115.8 | 169.3 | 413 |
| 学 (好) | 87.0 | 78.8 | 115.2 | 281 |
| 計 | 287 | 260 | 380 | 927 |

表 2.9 数学好きと歴史好き (期待度数)

|  |  | 歴史 |  |  |
|---|---|---|---|---|
|  | (嫌) | (ど) | (好) | 計 |
| 数 (嫌) | 49.8 | 46.8 | 136.5 | 233 |
| (ど) | 88.2 | 82.9 | 241.9 | 413 |
| 学 (好) | 60.0 | 56.4 | 164.6 | 281 |
| 計 | 198 | 186 | 543 | 927 |

数学と歴史では，それらの好きな度合いが無関係なときに予想される度数 (期待度数) と実際の度数が近い値を示しているが，数学と地理では，そのずれが大きいことがわかる．地理の実際の度数において，数学が好きであるほど，地理が好きな生徒が多くなるような傾向があることがその原因であると考えられる．

　数学と地理，数学と歴史の関係の強さを $Q_0$ で測っても，それぞれ，19.98, 3.00 となり，数学と地理の方が関係が強いことがわかる．この傾向は，この調査を行った中学だけのことなのか，一般的なことなのかを明らかにする手法は，10.4 節 [145] で解説される (例 10.4 続① [146])．

(難波祐輔 (2016), 神戸大学発達科学部卒業論文) ▲

## 2.8 最小二乗法

　量的な 2 変量データ $(x_1, y_1), \ldots, (x_n, y_n)$ の相関係数 $r_{xy}$ が $\pm 1$ に近いとき，$x$ と $y$ には，$y = \beta_0 + \beta_1 x$ のような直線的な関係があると考えられる．その候補を $y = b_0 + b_1 x$ とすると，各点 $(x_i, y_i)$ とその候補との縦方向のズレの総和は，

$$S(b_0, b_1) := \sum_{i=1}^{n} \{y_i - (b_0 + b_1 x_i)\}^2 \quad (2.8.1)$$

と表せる (図 2.12).

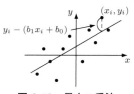

図 2.12 最小二乗法

**命題 2.5.** $s_{xx} > 0$ とする．このとき，$S(b_0, b_1)$ を最小にするのは，$b_1 = \dfrac{s_{xy}}{s_{xx}}$, $b_0 = \bar{y} - \bar{x}\dfrac{s_{xy}}{s_{xx}}$ のみであり，その最小値は，

$$n\left(s_{yy} - \frac{s_{xy}^2}{s_{xx}}\right) = ns_{yy}(1 - r_{xy}^2) \tag{2.8.2}$$

である.

**証明**. 演習 2.12[29]. □

この命題から, $\hat{\beta}_1 = \frac{s_{xy}}{s_{xx}}$, $\hat{\beta}_0 = \bar{y} - \bar{x}\frac{s_{xy}}{s_{xx}}$ とおくと, 直線

$$y = \hat{\beta}_0 + \hat{\beta}_1 x \tag{2.8.3}$$

は, データとの縦方向のズレ $S(b_0, b_1)$ を最小にすることがわかる. この直線を**回帰直線** (regression line) と呼び, $\hat{\beta}_1, \hat{\beta}_0$ を**回帰係数** (regression coefficient) と言う. また, $x$ を**説明変数** (explanatory variable), $y$ を**目的変数** (object variable) と呼ぶ. 回帰直線はデータの中心 $(\bar{x}, \bar{y})$ を通ることに注意しよう.

回帰係数 $\hat{\beta}_1$ は $\hat{\beta}_1 = \frac{s_y}{s_x}r_{xy}$ と表されるので, 相関係数 $r_{xy}$ と同じ符号を持つ. 相関係数 $r_{xy}$ は 2 次元データの直線への集中度という意味の関係の強さを表すが, 回帰係数 $\hat{\beta}_1$ は, 平均的な関係である回帰直線において, 説明変数 $x$ が 1 単位変化するときの目的変数 $y$ の変化量を $y$ の単位で表したものである. 回帰係数 $\hat{\beta}_1$ の大きさが $x$ と $y$ の関係の強さを表すものではないことに注意しよう. たとえば, 身長 $x$ と体重 $y$ の関係を回帰直線で表すとき, $x$ をメートルで表した場合の回帰係数 $\hat{\beta}_1$ は, $x$ をセンチメートルで表した場合の 100 倍になるので, $\hat{\beta}_1$ の大きさを関係の強さと誤解すると, 単位を取り替えると関係が強くなったという誤解釈を招くので注意が必要である.

$\hat{y}_i := \hat{\beta}_0 + \hat{\beta}_1 x_i$ を $y_i$ の**予測値** (predicted value), $\hat{e}_i := y_i - \hat{y}_i$ を**残差** (residual), $\sum_{i=1}^n \hat{e}_i^2$ を**残差平方和** (residual sum of squares) と言う.

**命題 2.6.** $s_{xx} > 0$ とする. このとき, $\{\hat{e}_i\}$ の平均を $\bar{\hat{e}}$, 説明変数 $\{x_i\}$ と残差 $\{\hat{e}_i\}$ の共分散を $s_{x\hat{e}}$, 予測値 $\{\hat{y}_i\}$ と残差 $\{\hat{e}_i\}$ の共分散を $s_{\hat{y}\hat{e}}$ とすると, $\bar{\hat{e}} = s_{x\hat{e}} = s_{\hat{y}\hat{e}} = 0$ であり,

$$s_{yy} = s_{\hat{y}\hat{y}} + s_{\hat{e}\hat{e}}, \tag{2.8.4}$$

$$r_{xy}^2 = \frac{s_{\hat{y}\hat{y}}}{s_{yy}}, \tag{2.8.5}$$

$$\sum_{i=1}^n \hat{e}_i^2 = S(\hat{\beta}_0, \hat{\beta}_1) = n\left(s_{yy} - \frac{s_{xy}^2}{s_{xx}}\right) = ns_{yy}(1 - r_{xy}^2) \tag{2.8.6}$$

である.

**証明**. 演習 2.12[29]. □

この命題から予測値 $\{\hat{y}_i\}$ と残差 $\{\hat{e}_i\}$ の共分散は 0, つまり, それらに相関がないことがわかる. $y_i = \hat{y}_i + \hat{e}_i$ が成り立つが, この表現は, 目的変数 $y_i$ を無相関な予測値 $\hat{y}_i$ と残差 $\hat{e}_i$ に分解したものと解釈できる. また, (2.8.4) から, $y$ の分散 $s_{yy}$ が予測値の分散 $s_{\hat{y}\hat{y}}$ と残差の分散 $s_{\hat{e}\hat{e}}$ に分解されることがわかるが, (2.8.5) より, $y$ の分散 $s_{yy}$ に対する予測値の分散の割合 $s_{\hat{y}\hat{y}}/s_{yy}$ が相関係数の二乗 $r_{xy}^2$ と等しいこともわかる. 予測値 $\hat{y}_i$ は $x_i$ により決まるので, $r_{xy}^2$ は $y$ の変動に対する $x$ の影響の割合であると考えられ, **寄与率** (contribution ratio) と呼ばれる.

《例 2.1 続④》 表 2.2[17] のデータに対して，英語を目的変数 $y$，数学を説明変数 $x$ として，例 2.1 続②[20] と例 2.1 続③[22] で求めた結果から，回帰係数を求めると，

$$\hat{\beta}_1 = \frac{101.86\cdots}{326} = 0.3124\cdots,$$
$$\hat{\beta}_0 = 57.4 - 47 \times 0.3124\cdots = 42.71\cdots$$

となる．よって，回帰直線は $y = 0.312x + 42.7$ となる．

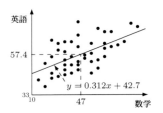

図 2.13 英語の数学による回帰直線

▲

## 2.9 3変量データ*

量的な3変量データ $(x_1, y_1, z_1), \ldots, (x_n, y_n, z_n)$ に対して，$x$ と $y$ はともに $z$ と相関があり，$z = \beta_0 + \beta_1 x + \beta_2 y$ という関係が想定される場合，候補となる関係式 $z = b_0 + b_1 x + b_2 y$ による $z$ の値 $b_0 + b_1 x_i + b_2 y_i$ と観測値 $z_i$ のズレの総和は，

$$S(b_0, b_1, b_2) = \sum_{i=1}^{n} \{z_i - (b_0 + b_1 x_i + b_2 y_i)\}^2 \tag{2.9.1}$$

である．この $S(b_0, b_1, b_2)$ の最小値に関して次が成り立つ．

**命題 2.7.**

$$\begin{cases} s_{xx}\hat{\beta}_1 + s_{xy}\hat{\beta}_2 = s_{xz} \\ s_{xy}\hat{\beta}_1 + s_{yy}\hat{\beta}_2 = s_{yz} \end{cases} \tag{2.9.2}$$

を満たす $\hat{\beta}_1, \hat{\beta}_2$ に対して，$\hat{\beta}_0 := \bar{z} - \hat{\beta}_1 \bar{x} - \hat{\beta}_2 \bar{y}$ とおき，$\hat{z}_i = \hat{\beta}_0 + \hat{\beta}_1 x_i + \hat{\beta}_2 y_i$，$\hat{e}_i = z_i - \hat{z}_i$ とおく．このとき，$\{\hat{e}_i\}$ の平均 $\bar{\hat{e}}$ は 0 であり，$s_{\hat{e}x} = s_{\hat{e}y} = s_{\hat{e}\hat{z}} = 0$ である．また，

$$s_{zz} = s_{\hat{z}\hat{z}} + s_{\hat{e}\hat{e}} \tag{2.9.3}$$

が成り立ち，$S(b_0, b_1, b_2)$ の最小値は $S(\hat{\beta}_0, \hat{\beta}_1, \hat{\beta}_2)$ である．さらに，

$$\hat{\beta}_1 = \frac{1}{1 - r_{xy}^2} \frac{s_z}{s_x}(r_{xz} - r_{xy}r_{yz}), \tag{2.9.4}$$

$$\hat{\beta}_2 = \frac{1}{1 - r_{xy}^2} \frac{s_z}{s_y}(r_{yz} - r_{xy}r_{xz}), \tag{2.9.5}$$

$$S(\hat{\beta}_0, \hat{\beta}_1, \hat{\beta}_2) = n(s_{zz} - \hat{\beta}_1 s_{xz} - \hat{\beta}_2 s_{yz}) \tag{2.9.6}$$

が成り立つ．ただし，(2.9.4)，(2.9.5) は $s_{xx} > 0$，$s_{yy} > 0$，$|r_{xy}| < 1$ を仮定した．

**証明**．演習 2.17[30]． □

この命題から，候補となる関係式の中で，

$$z = \hat{\beta}_0 + \hat{\beta}_1 x + \hat{\beta}_2 y \tag{2.9.7}$$

が $S(b_0, b_1, b_2)$ を最小にすることがわかる．(2.9.7) が表す図形を**回帰平面** (regression plane)，$\hat{\beta}_0, \hat{\beta}_1, \hat{\beta}_2$ を**回帰係数**と呼ぶ．また，$x, y$ を**説明変数**，$z$ を**目的変数**と呼ぶ．

回帰平面 (2.9.7) から求めた $z$ の値 $\hat{z}_i := \hat{\beta}_0 + \hat{\beta}_1 x_i + \hat{\beta}_2 y_i$ を $z_i$ の**予測値**，$\hat{e}_i = z_i - \hat{z}_i$ を**残差**と呼ぶ．命題 2.7 より，残差 $\{\hat{e}_i\}$ は説明変数 $\{x_i\}, \{y_i\}$ と無相関であり，説明変数だけで決まる予測値 $\{\hat{z}_i\}$ とも無相関である．また，$z_i = \hat{z}_i + \hat{e}_i$ が成り立つので，目的変数 $z_i$ が，説明変数だけで決まる予測値 $\hat{z}_i$ と説明変数とは無相関な残差 $\hat{e}_i$ に分解されることがわかる．

予測値 $\hat{z}_1, \ldots, \hat{z}_n$ と観測値 $z_1, \ldots, z_n$ の相関係数

$$r_{z\hat{z}} = \frac{s_{z\hat{z}}}{s_z s_{\hat{z}}} \tag{2.9.8}$$

を**重相関係数** (multiple correlation coefficient) と呼ぶ．$z_i = \hat{z}_i + \hat{e}_i, s_{\hat{z}\hat{e}} = 0$ なので，$s_{z\hat{z}} = s_{\hat{z}\hat{z}}$ が成り立ち，$r_{z\hat{z}}^2 = s_{\hat{z}\hat{z}}/s_{zz}$ が導かれる．この値は，$z$ の変動の大きさに対する $x, y$ の影響の大きさを表すと考えられ，**寄与率**と呼ぶ．重相関係数は変数間の相関係数を用いて，次のように求めることができ，いつも正の値をとることにも注意しよう．

**命題 2.8.** $s_{zz} > 0, s_{\hat{z}\hat{z}} > 0$ のとき，

$$r_{z\hat{z}} = \sqrt{\frac{r_{zx}^2 + r_{zy}^2 - 2r_{zx}r_{zy}r_{xy}}{1 - r_{xy}^2}} \tag{2.9.9}$$

である．

**証明．** 演習 2.17[30](4)． □

《例 2.1 続⑤》 表 2.2[17] において，国語の平均と標準偏差は 52, 17.55 ⋯ であり，国語と英語，国語と数学の相関係数は，それぞれ 0.809 ⋯, 0.265 ⋯ である．これらから，英語を目的変数 $z$, 数学と国語を説明変数 $x$ と $y$ とするときの回帰係数は

$$\hat{\beta}_1 = 0.21, \hat{\beta}_2 = 0.39, \hat{\beta}_0 = 27.2$$

となることがわかる (図 2.14)．

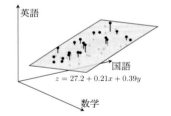

図 2.14 回帰平面

数学の回帰係数 $\hat{\beta}_1$ は，例 2.1 続④[26] で求めた数学の回帰係数 0.312 より小さいことに注意しよう．数学と国語は弱い正の相関があり，国語と英語は強い正の相関があるので，数学と英語の関係には国語が間接的に影響していると考えられる．例 2.1 続④[26] における数学の回帰係数 (0.312) は国語の間接的な影響も含まれているのに対して，国語を説明変数に入れた場合の数学の回帰係数 ($\hat{\beta}_1 = 0.12$) はこのような国語の影響を含まないので，やや小さくなっていると解釈できる．

国語の点数の影響を除いて英語と数学の関係を見るために，国語の点数が上位，中位，下位の 3 群に分けて，国語の点数が近い群ごとに回帰直線を求めた．その結果，それぞれの群における数学の回帰係数は 0.127, 0.244, 0.221 となった (図 2.15)．国語の点数が同じような群における回帰係数は，群分けしない場合の回帰係数である 0.312 よりどれも小さく，

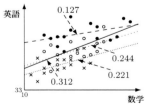

図 2.15 国語の成績別単回帰

国語を説明変数に入れた場合の回帰係数 0.21 と近い値になった．このように，説明変数が複数ある場合の回帰係数は，単独の場合と異なり，他の説明変数を一定にした場合の目的変数の変化の割合を表すことに注意する必要がある．

命題 2.8[27] を用いて重相関係数を求めると約 0.799 となり，数学と英語の相関係数 0.58 より大きくなる．一般に，説明変数の数が増えると目的変数との相関係数は大きくなる． ▲

$x = \gamma_1 z + \gamma_0$ という関係を想定したときの回帰係数 $\hat{\gamma}_1 = \frac{s_{xz}}{s_{zz}}, \hat{\gamma}_0 = \bar{x} - \hat{\gamma}_1 \bar{z}$ と予測値 $\hat{x}_i = \hat{\gamma}_1 z_i + \hat{\gamma}_0$ に対して，残差 $\hat{u}_i = x_i - \hat{x}_i$ は $z$ と無相関であり，$x$ から $z$ の影響を取り除いた部分であると解釈できる．同様に，$y = \delta_1 z + \delta_0$ という関係を想定したときの回帰係数 $\hat{\delta}_1 = \frac{s_{yz}}{s_{zz}}, \hat{\delta}_0 = \bar{y} - \hat{\delta}_1 \bar{z}$ と予測値 $\hat{y}_i = \hat{\delta}_1 z_i + \hat{\delta}_0$ に対して定義される残差 $\hat{v}_i = y_i - \hat{y}_i$ は $y$ の中から $z$ の影響を取り除いた部分であると解釈できる．

したがって，$\hat{u}$ と $\hat{v}$ の相関係数 $r_{\hat{u}\hat{v}}$ は，$z$ とは無関係な $x$ と $y$ の関係の強さを表すと考えられ，$r_{\hat{u}\hat{v}}$ を $z$ を与えたときの $x$ と $y$ の**偏相関係数** (partial correlation coefficient) と呼ぶ．

**命題 2.9.** 偏相関係数 $r_{\hat{u}\hat{v}}$ は $r_{xy}, r_{zx}, r_{zy}$ を用いて

$$r_{\hat{u}\hat{v}} = \frac{r_{xy} - r_{xz}r_{yz}}{\sqrt{(1-r_{xz}^2)(1-r_{yz}^2)}} \tag{2.9.10}$$

のように表される．

**証明**. 演習 2.18[30]. □

《例 2.1 続⑥》 表 2.2[17] では数学と国語の相関係数は $0.265\cdots$ であり，小さい正の相関を持つが，英語の影響を除いた偏相関係数を命題2.9を用いて求めると $-0.4282$ となり，負の相関を持つことがわかる．

英語の影響を取り除いた数学と国語の関係を見るため，英語の得点が上位，中位，下位の3群に群分けして，相関係数を求めると $-0.4119, -0.2948, -0.4846$ となった．群ごとに記号を変えて，散布図に描くと，どの群も負の相関を持つことが視覚的にも確認できる．

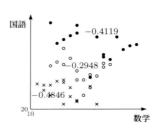

図 2.16 英語の成績別単回帰

▲

# 演習問題

**演習** 2.1　$4, 2, 1, 4, -9, -8, -4, 4, 6, -3, -1, -8$ の平均と分散，標準偏差を求めよ．また，中央値，四分位偏差，下側ヒンジ，上側ヒンジを求めよ．

**演習** 2.2　次の度数分布表から平均と分散の近似値を求めよ．また，真の平均 $\bar{x}$ のとりうる値の範囲を求めよ．

| 階級値 | 1 | 3 | 5 | 7 | 9 |
|---|---|---|---|---|---|
| 度数 | 3 | 8 | 6 | 2 | 1 |

**演習** 2.3 英語のテストを 5 点刻みで採点したので，得点 $x_1,\ldots,x_n$ を集計するために，$y_i = (x_i - m)/5$ と変換したら $\bar{y} = 8$, $s_{yy} = 9$ となった．ただし $m$ は最低点．このとき，平均点 $\bar{x}$ は最低点 $m$ より何点高いか．また，得点の標準偏差 $s_x$ は何点か．

**演習** 2.4 命題 2.1[20] を示せ．

**演習** 2.5 $x_1,\ldots,x_m$ の平均 $\bar{x}$, 分散 $s_{xx}$ と $y_1,\ldots,y_n$ の平均 $\bar{y}$, 分散 $s_{yy}$ を用いて，$m+n$ 個のデータ $x_1,\ldots,x_m,y_1,\ldots,y_n$ 全体の平均と分散を表せ．

**演習** 2.6 任意の正の実数 $x_1,\ldots,x_n$ に対して，$\bar{x} \geqq \bar{x}_g \geqq \bar{x}_h$ を示し，その等号成立条件を求めよ．ただし，$\bar{x}_g$ は**幾何平均** (geometric mean) であり，$\bar{x}_g := \sqrt[n]{x_1 \cdots x_n}$ と定義される．また，$\bar{x}_h$ は**調和平均** (harmonic mean) であり，次のように定義される．
$$\bar{x}_h := \frac{1}{\frac{1}{n}\left(\frac{1}{x_1} + \cdots + \frac{1}{x_n}\right)}.$$

**演習** 2.7* $a$ の関数 $F(a) = \sum_{i=1}^{n}(x_i - a)^2$ と $G(a) = \sum_{i=1}^{n}|x_i - a|$ のそれぞれについて，最小値とそのときの $a$ の値を求めよ．ただし，$x_1,\ldots,x_n$ は実数の定数とする．

**演習** 2.8 次の 2 変量データの散布図を描き，共分散，相関係数を求めよ．さらに，回帰直線を求め，散布図に書き加えよ (演習 2.1[28] の結果を利用せよ)．

| $x$ | 4 | 2 | 1 | 4 | -9 | -8 | -4 | 4 | 6 | -3 | -1 | -8 |
|---|---|---|---|---|---|---|---|---|---|---|---|---|
| $y$ | -2 | 5 | -9 | 4 | -3 | -7 | -9 | 8 | 5 | -1 | -7 | -8 |

**演習** 2.9 命題 2.3[22] を示せ．

**演習** 2.10 任意の $x_1,\ldots,x_n, y_1,\ldots,y_n \in \mathbb{R}$ に対して，**シュワルツの不等式** (Schwarz's inequality) $|(\boldsymbol{x},\boldsymbol{y})| \leqq \|\boldsymbol{x}\|\|\boldsymbol{y}\|$ を示せ．ただし，$(\boldsymbol{x},\boldsymbol{y}) := \sum_{i=1}^{n} x_i y_i$, $\|\boldsymbol{x}\| := \sqrt{(\boldsymbol{x},\boldsymbol{x})}$. また，等号成立条件は $\|\boldsymbol{x}\| = 0$, または，$\|\boldsymbol{x}\| > 0$ かつ $\boldsymbol{y} = \frac{(\boldsymbol{x},\boldsymbol{y})}{\|\boldsymbol{x}\|^2}\boldsymbol{x}$ であることを示せ．

**演習** 2.11 命題 2.4[22] を示せ．

**演習** 2.12 命題 2.5[24] を示せ．また，命題 2.6[25] を示せ．

**演習** 2.13 (1) $\frac{1}{n}\sum_{i=1}^{n}(x_i - a)(y_i - b) = s_{xy} + (\bar{x} - a)(\bar{y} - b)$ を示せ．
(2) $(x_1, y_1),\ldots,(x_m, y_m),(z_1, w_1),\ldots,(z_n, w_n)$ に対して，$(m+n)$ 組全体の共分散を $s_{xy}$, $s_{zw}$, $\bar{x}, \bar{y}, \bar{z}, \bar{w}$ で表せ．

**演習** 2.14* 演習 2.8 の 2 変量データの散布図において，直線 $ax + by + c = 0$ と点 $(x_i, y_i)$ との距離を $d_i$ とする．このとき，$T(a,b,c) = \sum_{i=1}^{n} d_i^2$ を $a, b, c$ の式で表せ．さらに，$T(a,b,c)$ を最小にする直線の方程式と最小値を求めよ．

**演習** 2.15* (2.7.5)[23] で定義される $Q_0$ に対して,

$$V := \sqrt{\frac{Q_0}{(m-1)n}}, \quad m = \min(r,s) \tag{2.E.1}$$

とおく. $V=0$ と $p_{ij} = p_{i\bullet}p_{\bullet j}$ が同値であることを示せ. また, $0 \leqq V \leqq 1$ を示せ ($V$ を**クラメールの連関係数** (Cramér's contingency coefficient) と呼ぶ).

**演習** 2.16* (2.7.5)[23] の $Q_0$ は, $r = s = 2$ のとき,

$$Q_0 = \frac{n(p_{11}p_{22} - p_{12}p_{21})^2}{p_{1\bullet}p_{2\bullet}p_{\bullet 1}p_{\bullet 2}} = \frac{n(f_{11}f_{22} - f_{12}f_{21})^2}{f_{1\bullet}f_{2\bullet}f_{\bullet 1}f_{\bullet 2}} \tag{2.E.2}$$

のように表されることを示せ.

**演習** 2.17* 命題 2.7[26] と命題 2.8[27] について以下の問に答えよ.

(1) $\bar{\hat{e}} = 0$, $s_{\hat{e}x} = s_{\hat{e}y} = s_{\hat{e}\hat{z}} = 0$ を示せ.
(2) $S(b_0, b_1, b_2) \geqq S(\hat{\beta}_0, \hat{\beta}_1, \hat{\beta}_2)$ を示せ. また, (2.9.3)[26] を示せ.
(3) $s_{xx} > 0$, $s_{yy} > 0$, $|r_{xy}| < 1$ のとき, (2.9.4)[26], (2.9.5)[26] を示せ.
(4) $s_{z\hat{z}} = s_{\hat{z}\hat{z}} = \hat{\beta}_1 s_{xz} + \hat{\beta}_2 s_{yz}$ を示し, (2.9.6)[26] と命題 2.8[27] を示せ.

**演習** 2.18* 命題 2.9[28] を示せ.

# 第3章

# 確率変数

同じ条件・状況下でも再度データをとると異なる値になることがある．不確実性を持つデータから，当該の条件・状況下の普遍的な性質を明らかにするためには，データの持つ不確実性を定式化する必要がある．本章では，データの不確実性を表す確率変数の考え方とその取り扱いについて解説する．

## 3.1 確率と確率変数

《例 3.1》 八つの球 $\omega_1,\ldots,\omega_8$ が入った壷 $\Omega$ から無作為に一つの球を取り出す試行を考える．この試行では，取り出された球が $\omega_1$ である確率は $1/8$ であり，$\omega_2,\omega_3,\omega_4$ のどれかである確率は $3/8$ である．このことを

$$P(\{\omega_1\}) = 1/8, P(\{\omega_2,\omega_3,\omega_4\}) = 3/8$$

と表す．一般に，$\Omega = \{\omega_1,\ldots,\omega_8\}$ の任意の部分集合 $A$ に対して，試行の結果が $A$ のどれかである確率を $P(A)$ と表す．

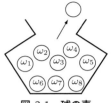

図 3.1 球の壷

▲

《例 3.2》 単位円の内部から無作為に 1 点 $\omega$ を抽出する試行を考える．この試行の結果全体を $\Omega$ と表すと，$\Omega$ は単位円内の点全体からなる集合である．$\omega$ が第 1 象限の点である確率は，単位円全体に占める第 1 象限の面積の割合と等しく，$1/4$ である．また，$\omega$ が半径 $1/3$ の円の中の点である確率は単位円との面積比である $1/9$ である．

一般に，$\omega$ が領域 $A$ の中の要素である確率は $P(A)$ と表され，$A$ の面積が単位円に占める割合に等しい．したがって，$A$ の面積が $0$ であるとき $P(A) = 0$ である．

図 3.2 単位円の 1 点

▲

これらの例のように，ある試行の結果として考えられる全体を $\Omega$ と表すと，その部分集合 $A$ に対して確率 $P(A)$ が定義される．確率の演算について，自然に認められる性質を，数学的に体系化すると以下のようになる．

与えられた集合 $\Omega$ の部分集合 から実数への写像 $P$ が，

(P1)　任意の $A \subset \Omega$ に対して，$P(A) \geqq 0$,
(P2)　$P(\Omega) = 1$,
(P3)　互いに素な $A_1, A_2, \ldots,$ に対して，$P\left(\bigcup_{i=1}^{\infty} A_i\right) = \sum_{i=1}^{\infty} P(A_i)$

を満たすとき，$P$ を $\Omega$ 上の**確率** (probability) と呼ぶ．ここで，$i \neq j$ のとき $A_i \cap A_j = \varnothing$ が成り立つことを，$A_1, A_2, A_3, \ldots$ は互いに素であると言う．また，$\bigcup_{i=1}^{\infty} A_i$ は，$A_1, A_2, A_3 \ldots$ の和集合 $\{\omega \in \Omega \mid \exists i \in \mathbb{N}, \omega \in A_i\}$ を表す．

試行の結果として考えられる全体 $\Omega$ を**標本空間** (sample space) と呼び，その部分集合のことを**事象** (event) と呼ぶ[1]．特に，$\varnothing$ を**空事象** (empty event)，$A^c$ を $A$ の**余事象** (complementary event) と呼ぶ．確率 $P$ の性質 (P1), (P2), (P3) から，次の性質が証明できる (演習 3.28[50])．

$$P(\varnothing) = 0, \tag{3.1.1}$$

---

[1] $\Omega$ の一部の部分集合にだけ確率を定義する場合は，確率が定義される部分集合の全体に**完全加法性** ($\sigma$-additivity) と呼ばれる性質が要求される．完全加法性を持つ部分集合の全体を**完全加法族** ($\sigma$-field) と呼ぶ．

$$A \subset B \Rightarrow P(A) \leqq P(B), \tag{3.1.2}$$

$$P(A^c) = 1 - P(A), \tag{3.1.3}$$

$$P(A \cup B) = P(A) + P(B) - P(A \cap B). \tag{3.1.4}$$

$P(B) > 0$ である事象 $B$ と任意の事象 $A$ に対して,

$$P(A|B) := \frac{P(A \cap B)}{P(B)} \tag{3.1.5}$$

と定義される $P(A|B)$ を $B$ を与えたときの $A$ の**条件付き確率** (conditional probability) と呼ぶ. また, 二つの事象 $A, B$ が

$$P(A \cap B) = P(A)P(B) \tag{3.1.6}$$

を満たすとき, $A$ と $B$ は $P$ に関して**独立**であると言う. $A$ と $B$ が独立であることと $P(A|B) = P(A)$ は同値である.

《例 3.1 続①》 例 3.1[32] において, $A = \{\omega_1, \omega_3, \omega_5, \omega_7\}$, $B = \{\omega_1, \ldots, \omega_6\}$ とすると, $A \cap B = \{\omega_1, \omega_3, \omega_5\}$ であり,

$$P(A) = 4/8, \ P(B) = 6/8,$$
$$P(A \cap B) = 3/8, \ P(A|B) = 3/6.$$

表 3.1 独立な事象

|  | $B$ | $B^c$ |
|---|---|---|
| $A$ | $\omega_1, \omega_3, \omega_5$ | $\omega_7$ |
| $A^c$ | $\omega_2, \omega_4, \omega_6$ | $\omega_8$ |

よって, $P(A|B) = P(A) = 1/2$ であり, $A$ と $B$ は独立である. ▲

《例 3.2 続①》 例 3.2[32] の単位円から無作為に点を取り出す試行において, $A$ を $x$ 座標が正である点の集合, $B$ を $y$ 座標が正である点の集合とする. このとき, $P(A|B) = P(A) = 1/2$ となり, $A$ と $B$ は独立である. ▲

次に, 試行の結果から求められる数量である確率変数の概念を説明する.

《例 3.1 続②》 例 3.1[32] の壺 $\Omega$ に入っている球の重さを測ると, 表 3.2 のようになった. 無作為に抽出した球の重さを $X$ と表すと, $X = 1$ となる確率は, 球 $\omega_1, \omega_5$ の何れかを取り出す確率なので, $P(\{\omega_1, \omega_5\}) = 2/8$. $X = 1$ または $X = 2$ となる確率は, $P(\{\omega_1, \ldots, \omega_5\}) = 5/8$ である. $X = 1$ となる確率を $P(X = 1)$, $X = 1$ または $X = 2$ となる確率を $P(X = 1, 2)$ と表すと, $P(X = 1) = 2/8$, $P(X = 1, 2) = 5/8$ となる.

表 3.2 球の重さ

| 球 | 重さ (g) |
|---|---|
| $\omega_1, \omega_5$ | 1 |
| $\omega_2, \omega_3, \omega_4$ | 2 |
| $\omega_6, \omega_7$ | 3 |
| $\omega_8$ | 4 |

▲

《例 3.2 続②》 例 3.2[32] の単位円の内部から無作為に 1 点 $\omega$ を抽出する試行において, 点 $\omega$ と原点の距離を $X$ とする. $X \leqq a$ である事象は $\omega$ が半径 $a$ の円の中の点である事象なので, その確率を $P(X \leqq a)$ と表すと, $P(X \leqq a) = a^2$ である. $X = a$ である事象は $\omega$ が半径 $a$ の円の円周上にある事象であり, 円周の面積は 0 なので, $P(X = a) = 0$ である.

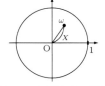

図 3.3 原点からの距離

または，$\omega$ と $y$ 軸までの距離を $X$ と定義するときは，
$$P(X \leqq 1/2) = \frac{\sqrt{3}}{2\pi} + \frac{1}{3}$$
である． ▲

これらの例における $X$ は試行の結果 $\omega$ から求められる数値であり，とる値や範囲ごとに確率が計算できる量である．このように，とる値や範囲ごとに確率が定義されている変数を**確率変数** (random variable) と呼ぶ．試行の結果 $\omega$ から求められる数値という意味では，確率 $P$ が定義されている集合 $\Omega$ から実数への写像 $X$ が**確率変数**である[2]．

また，実数の集合 $A$ に対して，
$$P(X \in A) := P(X^{-1}(A)) \tag{3.1.7}$$

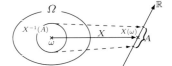

図 3.4 確率変数 $X$

と定義し，$X \in A$ となる確率と言う．ここで，$X^{-1}(A)$ は $X(\omega) \in A$ となる $\omega \in \Omega$ の集合である (図 3.4)[2]．

$\Omega$ の確率 $P$ の性質から，次のような性質が証明できる (演習 3.28[50])．

- (D1) 任意の $A \subset \mathbb{R}$ に対して，$P(X \in A) \geqq 0$,
- (D2) $P(X \in \mathbb{R}) = 1$,
- (D3) 互いに素な $A_1, A_2, \ldots,$ に対して，$P\left(X \in \bigcup_{i=1}^{\infty} A_i\right) = \sum_{i=1}^{\infty} P(X \in A_i)$.

$\Omega$ の部分集合 $A$ から実数への写像 $P(A)$ が (P1)[32]～(P3)[32] を満たすように，実数 $\mathbb{R}$ の部分集合 $A$ から実数 $P(X \in A)$ への写像は，(D1)～(D3) を満たす．このような写像を ($\Omega$ で定義された $P$ から) $X$ によって**誘導された確率** (induced probability)，または，$X$ の**確率分布** (probability distribution) と言う．(P1)[32]～(P3)[32] から (3.1.1)[32]～(3.1.4)[33] を導くのと同様に，(D1)～(D3) から以下の性質も証明できる．

$$A \subset B \Rightarrow P(X \in A) \leqq P(X \in B), \tag{3.1.8}$$
$$P(X \in A^c) = 1 - P(X \in A), \tag{3.1.9}$$
$$P(X \in A \cup B) = P(X \in A) + P(X \in B) - P(X \in A \cap B). \tag{3.1.10}$$

このように，確率分布 $P(X \in A)$ の様々な性質は (D1)～(D3) からすべて導かれる．したがって，(3.1.7) のように $\Omega$ の確率 $P(X^{-1}(A))$ を用いて $P(X \in A)$ を定義しなくても，(D1)～(D3) を満たすように $P(X \in A)$ を定義できれば，$X$ の性質は考察できる．

実験や調査などの結果から得られるデータ $X$ の確率変動を問題とする統計学では，(D1), (D2), (D3) を満たす確率分布 $P(X \in A)$ が定義されている単なる変数として確率変数 $X$ を扱うことが多い．本書でも，$\Omega$ やそこで定義された $P$ を前提とせず，確率として自然な性質を持つ確率分布が定義されている変数として，確率変数を扱う．

確率変数 $X$ のとりうる値を**実現値** (realization) と呼び，小文字 $a, b, c, \ldots$ などで表す．$A$ が有限個の要素からなる集合や区間の場合，$P(X \in A)$ を

---

[2] $A$ の逆像 $X^{-1}(A)$ の確率が定義されていることが必要 (**可測性** (measurability)).

$$P(X=a) := P(X \in \{a\}), \quad P(X=a,b,c) := P(X \in \{a,b,c\}),$$
$$P(a < X < b) := P(X \in (a,b)), \quad P(X \leqq b) := P(X \in (-\infty, b])$$

などのように等号や不等号を使って表す.

任意の実数 $x$ に対して,
$$F(x) := P(X \leqq x) \tag{3.1.11}$$

を**分布関数** (distribution function) と言う. このとき, $a < b$ を満たす任意の実数 $a, b$ に対して, $P(a < X \leqq b) = F(b) - F(a)$ であり, 次が成り立つ.

**命題 3.1** (分布関数の性質).　(1)　$x < y$ のとき, $F(x) \leqq F(y)$.

(2)　$\lim_{x \to -\infty} F(x) = 0, \lim_{x \to \infty} F(x) = 1$.

(3)　$\lim_{x \to a+0} F(x) = F(a), P(X=a) = F(a) - \lim_{x \to a-0} F(x)$.

**証明**. 演習 3.29[51]. □

$u \in [0,1]$ に対して, $P(X < q) \leqq u \leqq P(X \leqq q)$ を満たす $q$ を $u$ **分位数** ($u$-quantile) または $100u$ **パーセント点** ($100u$-percentile) と呼ぶ[3]. また, $(1-u)$ 分位数を**上側** $u$ **分位数** ($u$-upper quantile) または**上側** $100u$ **パーセント点** (upper $100u$-percentile) と呼ぶ.

## 3.2　離散確率変数と連続確率変数

確率変数 $X$ が数列 $\{x_k\}_{k=0,1,2,\ldots}$ に対して,
$$\sum_{k=0}^{\infty} P(X = x_k) = 1 \tag{3.2.1}$$

を満たすとき, $X$ を**離散確率変数** (discrete random variable) と呼ぶ. また, $P(X = x_k)$ を $p_k$ と表し, $X$ の**確率関数** (probability function), または, **確率質量関数** (probability mass function) と呼ぶ (図 3.5).

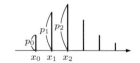

図 3.5　確率関数

確率分布の性質 (D1)[34] より $P(X = x_k) \geqq 0$ であり, (3.2.1) が成り立つので, $\{p_k\}_{k=0,1,2,\ldots}$ は,
$$\sum_{k=0}^{\infty} p_k = 1, \quad p_k \geqq 0, k = 0, 1, \ldots \tag{3.2.2}$$

を満たす. 確率変数とは無関係に上の性質を満たす数列 $\{p_k\}$ を確率関数と呼ぶこともある. $X$ が $P(X = x_k) = p_k$ である離散確率変数であることを $X \sim (p_k, x_k)$ と表す. 本書では, 主に $x_k = k$ の場合を扱い, $X \sim p_k$ と表す.

$x_0 < x_1 < x_2 < \cdots$ のとき, 分布関数 $F(x) = P(X \leqq x)$ は図 3.6[36] のような単調増加な階段関数であり, 階段の段差が確率関数 $p_k$ である. たとえば, $x_3 \leqq x < x_4$ のとき,

---

[3]　$q = \inf\{x \mid F(x) \geqq u\}$ と定義することもある.

$$F(x) = p_0 + p_1 + p_2 + p_3$$

である．$P(X < q) \leqq u \leqq P(X \leqq q)$ を満たす $q$ が一意に定まらないときは，これを満たす $q$ の中で最小の値を $u$ 分位点と定義する．

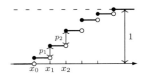

図 3.6　離散の分布関数

《例 3.1 続③》　例 3.1 続②[33] における球の重さ $X$ は，$x_k = k$, $p_1 = 2/8, p_2 = 3/8, p_3 = 2/8, p_4 = 1/8$ で，それ以外は

$$p_0 = p_5 = p_6 = \cdots = 0$$

である離散確率変数であり，確率関数 $p_k$ と分布関数のグラフは右図のようになる．また，30 パーセント点は 2 であり，上側 $1/5$ 分位数は 3 である．

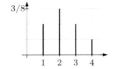
図 3.7　確率関数の例

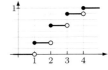
図 3.8　分布関数の例

▲

任意の $a < b$ に対して，

$$P(a \leqq X \leqq b) = \int_a^b f(x)dx \tag{3.2.3}$$

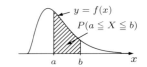
図 3.9　連続確率変数の確率

を満たすとき (図 3.9)，$X$ を**連続確率変数** (continuous random variable) と呼ぶ．$f(x)$ は $X$ の**確率密度関数** (probability density function) と言い，**p.d.f.** と省略する．$X$ の確率密度関数が $f(x)$ であることを $X \sim f(x)$ と表すことにする．(D1)[34] より任意の $a < b$ に対して $P(a \leqq X \leqq b) \geqq 0$ なので，任意の実数 $x$ に対して，$f(x) \geqq 0$ である．また，(D2)[34] より $P(-\infty < X < \infty) = 1$ なので，確率密度関数 $f(x)$ は

$$\int_{-\infty}^{\infty} f(x)dx = 1, \quad f(x) \geqq 0 \tag{3.2.4}$$

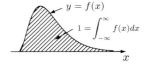
図 3.10　連続確率変数の全確率

を満たすことがわかる (図 3.10)．確率変数とは無関係に，この性質を満たす $f(x)$ を確率密度関数と呼ぶこともある．

任意の実数 $c$ に対して，

$$P(X = c) = \lim_{n \to \infty} P(c - \frac{1}{n} \leqq X \leqq c + \frac{1}{n}) = \lim_{n \to \infty} \int_{c-\frac{1}{n}}^{c+\frac{1}{n}} f(x)dx = 0$$

が成り立つ．したがって，$P(a \leqq X \leqq b) = P(a < X < b) = P(a \leqq X < b)$ などが成り立つことに注意しよう．

分布関数 $F(x) = P(X \leqq x)$ は，確率密度関数 $f(x)$ を用いて

$$F(x) = \int_{-\infty}^{x} f(t)dt \tag{3.2.5}$$

と表されるので，そのグラフは図 3.11[37] のように単調増加で連続である．また，$f(x)$ が連続である $x$ では，

$$f(x) = \frac{d}{dx}F(x) = \frac{d}{dx}P(X \leqq x) \qquad (3.2.6)$$

が成り立つ．逆に，分布関数 $F(x) = P(X \leqq x)$ を求め，それを微分すると確率密度関数 $f(x) = F'(x)$ が求められる．$u \in [0,1]$ に対して，

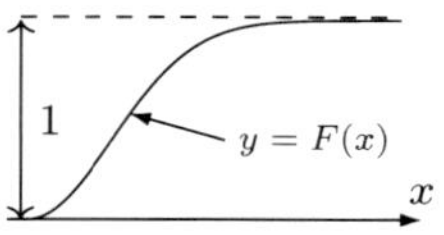

$$P(X < q) \leqq u \leqq P(X \leqq q)$$

図 3.11　連続確率変数の分布関数

を満たす $q$ が存在するときは，$P(X = q) = 0$ なので，$P(X \leqq q) = F(q) = u$ が成り立つ．$F(x)$ が狭義単調増加のときは，$F^{-1}$ が存在し，$u$ 分位数 $q$ は $F^{-1}(u)$ である．

《例 3.2 続③》 例 3.2 続②[33] で考えたように，単位円から無作為に抽出した点の原点からの距離 $X$ に対して，$0 \leqq x \leqq 1$ のときは，$P(X \leqq x) = x^2$ である．また，$x < 0$ のとき，$P(X \leqq x) = 0$ であり，$x > 1$ のとき，$P(X \leqq x) = 1$ なので，分布関数 $F(x)$ は左図のようになる．$f(x)$ の連続

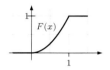

図 3.12　分布関数の例　　図 3.13　p.d.f. の例

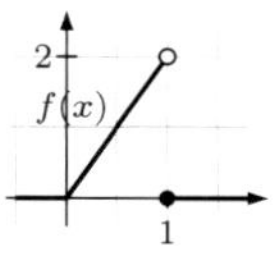

点 $x$ で $F'(x) = f(x)$ となる $f(x)$ の一つは，右図の関数である．$u \in (0,1)$ に対して，$F^{-1}(u) = \sqrt{u}$ なので，25% 点は $\sqrt{0.25} = 0.5$, 上側 $5/9$ 分位数は $\sqrt{1-5/9} = 2/3$ である．　▲

## 3.3　期待値と分散

$X$ の期待値と分散の定義と基本的な性質について述べる．

$$E[X] := \begin{cases} \displaystyle\sum_{k=0}^{\infty} x_k p_k & (X \sim (p_k, x_k)) \\ \displaystyle\int_{-\infty}^{\infty} xf(x)dx & (X \sim f(x)) \end{cases} \qquad (3.3.1)$$

を $X$ の**期待値** (expectation)，または，**平均**と呼ぶ．$E[X]$ を簡単に $\mu_X, \mu$ と表すこともある．一般に，関数 $h(x)$ に対して，

$$E[h(X)] := \begin{cases} \displaystyle\sum_{k=0}^{\infty} h(x_k)p_k & (X \sim (p_k, x_k)) \\ \displaystyle\int_{-\infty}^{\infty} h(x)f(x)dx & (X \sim f(x)) \end{cases} \qquad (3.3.2)$$

を $h(X)$ の**期待値**（または**平均**）と呼ぶ．また，

$$Var[X] := E\left[(X - \mu_X)^2\right] \qquad (3.3.3)$$

を $X$ の**分散**と呼ぶ．ただし，$\mu_X = E[X]$ である．$h(X)$ の**分散**も

$$Var[h(X)] := E\left[(h(X) - \mu_h)^2\right], \quad \mu_h = E[h(X)] \qquad (3.3.4)$$

と定義する．$Var[X]$ を $\sigma_X^2$, または，$\sigma^2$ と表すことがある．$\sigma_X := \sqrt{Var[X]}$ を $X$ の**標準偏差** (standard deviation) と言う．

**命題 3.2** (期待値の線形性). 関数 $h(x)$, $g(x)$ と定数 $a, b, c$ に対して，

$$E[a\,h(X) + b\,g(X) + c] = a\,E[h(X)] + b\,E[g(X)] + c \tag{3.3.5}$$

が成り立つ．特に，$E[aX + c] = aE[X] + c$, $E[c] = c$.

**証明**. $X \sim (p_k, x_k)$ の場合, (3.3.2)[37] の $h(X)$ を $ah(X) + bg(X) + c$ とすると，

$$\begin{aligned}E[ah(X) + bg(X) + c] &= \sum_{k=0}^{\infty} (ah(x_k) + bg(x_k) + c)p_k \\ &= a\sum_{k=0}^{\infty} h(x_k)p_k + b\sum_{k=0}^{\infty} g(x_k)p_k + c\sum_{k=0}^{\infty} p_k \\ &= aE[h(X)] + bE[g(X)] + c.\end{aligned}$$

$X$ が連続確率変数である場合も同様に (3.3.5) が示せる．この式で，$h(X) = X$, $b = 0$ とすると，$E[aX + c] = aE[X] + c$ が成り立つ．さらに，$a = 0$ とすると，$E[c] = c$ が導ける． $\square$

**系 3.1.** $E[h(X) - \mu_h] = 0$. 特に，$E[X - \mu_X] = 0$.

**証明**. 命題 3.2 で $a = 1, b = 0, c = -\mu_h$ とおくと，$E[h(X) - \mu_h] = E[h(X)] - \mu_h = 0$. $\square$

**命題 3.3** (分散公式).

$$Var[X] = E[X^2] - \{E[X]\}^2. \tag{3.3.6}$$

**証明**. (3.3.3)[37] の右辺期待値の内部を，$(X - \mu_X)^2 = X^2 - 2\mu_X X + \mu_X^2$ と変形して，期待値の線形性 (命題 3.2) を用いると，

$$\begin{aligned}Var[X] &= E[X^2] - 2\mu_X E[X] + \mu_X^2 \\ &= E[X^2] - \mu_X^2 = E[X^2] - \{E[X]\}^2.\end{aligned} \qquad \square$$

**命題 3.4.** 定数 $a, b$ と関数 $h(x)$ に対して，

$$Var[ah(X) + b] = a^2 Var[h(X)]. \tag{3.3.7}$$

特に，$Var[aX + b] = a^2 Var[X]$, $Var[b] = 0$.

**証明**. $\mu_h = E[h(X)]$, $\mu_{ah+b} = E[ah(X) + b]$ とすると，命題 3.2 から $\mu_{ah+b} = a\mu_h + b$ なので，$ah(X) + b - \mu_{ah+b} = a(h(X) - \mu_h)$. (3.3.4)[37] における $h(X)$ を $ah(X) + b$ とおきかえて，期待値の線形性 (命題 3.2) を使うと，$Var[ah(X) + b] = E\left[\{a(h(X) - \mu_h)\}^2\right] = a^2 Var[h(X)]$. $h(X) = X$ のとき，$Var[aX + b] = a^2 Var[X]$ となり，さらに，$a = 0$ とすると，$Var[b] = 0$ が導ける． $\square$

$X$ の変換 $Z = \dfrac{X - E[X]}{\sqrt{Var[X]}}$ を $X$ の**標準化** (standardization) と言う．

**系 3.2.** $E[Z] = 0$, $Var[Z] = 1$.

**証明**. $\mu_X = E[X]$, $\sigma_X = \sqrt{Var[X]}$ とおくと，命題 3.2 から，$E[Z] = E\left[\frac{1}{\sigma_X}X - \frac{\mu_X}{\sigma_X}\right] = \frac{1}{\sigma_X}\mu_X - \frac{\mu_X}{\sigma_X} = 0$. また，命題 3.4 から，$Var[Z] = Var\left[\frac{1}{\sigma_X}X - \frac{\mu_X}{\sigma_X}\right] = \left(\frac{1}{\sigma_X}\right)^2 Var[X] = 1$. □

**命題 3.5** (一般の分散公式). 任意の定数 $a$ に対して，

$$E\left[(X-a)^2\right] = Var[X] + \{E[X] - a\}^2. \tag{3.3.8}$$

**証明**. $(X-a)^2 = (X - \mu_X + \mu_X - a)^2 = (X - \mu_X)^2 + 2(\mu_X - a)(X - \mu_X) + (\mu_X - a)^2$ と変形して，系 3.1[38] に注意して，両辺の期待値をとればよい． □

《例 3.1 続④》 例 3.1 続②[33] の壺 $\Omega$ から無作為に取り出された球の重さ $X$ に関して，例 3.1 続③[36] で求めた確率関数を用いると，

$$E[X] = 1 \times \frac{2}{8} + 2 \times \frac{3}{8} + 3 \times \frac{2}{8} + 4 \times \frac{1}{8} = \frac{9}{4},$$
$$E[X^2] = 1^2 \times \frac{2}{8} + 2^2 \times \frac{3}{8} + 3^2 \times \frac{2}{8} + 4^2 \times \frac{1}{8} = 6.$$

命題 3.3[38] より，$Var[X] = 6 - \left(\frac{9}{4}\right)^2 = \frac{15}{16}$. さらに，$Z = 500(X-1)$ (円) の現金を景品にする福引をしたとき，$E[Z] = 500(E[X] - 1) = 625$, $Var[Z] = 500^2 Var[X] = 234375$. ▲

《例 3.3》 無数の 0 と 1 からなる集合を**二項母集団**と呼び，1 の相対度数を**母比率** (population proportion) と呼ぶことにする．多数の実験や大規模な調査の結果を 2 種類に分類し，それらを 0 と 1 で表すと二項母集団になる (図 3.14).

母比率が $p$ である二項母集団 $\Omega$ から無作為抽出した要素を $X$ とすると，$P(X=0) = 1-p$, $P(X=1) = p$ であり，$k \neq 0, 1$ のとき $P(X=k) = 0$ である．$X$ の平均 $E[X]$ は $E[X] = 0 \times (1-p) + 1 \times p = p$ のように求められ，$Var[X] = p(1-p)$ も同様に求められる．

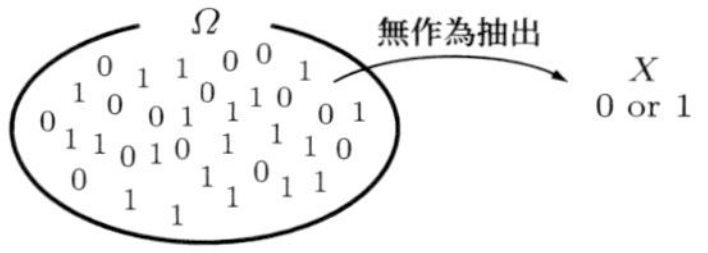

**図 3.14** 二項母集団 ▲

《例 3.2 続④》 単位円から無作為に選んだ点 $\omega$ と原点との距離を $X$ とすると，その p.d.f. $f(x)$ は $0 < x < 1$ のとき $f(x) = 2x$, それ以外では $f(x) = 0$ であった (例 3.2 続③[37]). よって，

$$E[X] = \int_0^1 x \cdot 2x\,dx = \frac{2}{3}, \quad E[X^2] = \int_0^1 x^2 \cdot 2x\,dx = \frac{1}{2}.$$

分散公式から，$Var[X] = \frac{1}{2} - \left(\frac{2}{3}\right)^2 = \frac{1}{18}$ となる． ▲

## 3.4 歪度と尖度*

確率変数 $X$ に対して，

$$\text{Skew}[X] := E\left[\left(\frac{X - E[X]}{\sqrt{Var[X]}}\right)^3\right] \tag{3.4.1}$$

を $X$ の**歪度** (skewness) と呼び,

$$\mathrm{Kurt}[X] := E\left[\left(\frac{X - E[X]}{\sqrt{Var[X]}}\right)^4\right] \tag{3.4.2}$$

を $X$ の**尖度** (kurtosis) と呼ぶ. 前者は $X$ の分布の対称性, 後者は平均から離れた値をとる確率の大きさ (裾の重さ) を測る指標として用いられる.

《例 3.4》

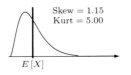 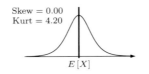 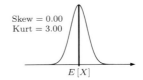

図 3.15　確率分布の歪度と尖度

図 3.15 のように, 歪度 Skew $> 0$ の場合は, 平均より大きい側の広がりが大きい. また, 尖度 Kurt が大きい場合, 平均から大きく離れた値をとる確率が高い (裾が重い) ことがわかる. ▲

## 3.5　代表的な離散確率変数

### 3.5.1　二項分布

離散確率変数 $X$ のとる値 $x_k = k$ であり, 確率関数 $p_k = P(X = k)$ が

$$p_k = {}_nC_k\, p^k q^{n-k} \quad k = 0, 1, \ldots, n \tag{3.5.1}$$

であるとき, $X$ は**二項分布** (Binomial distribution) に従うと言い, $X \sim B(n,p)$ と表す. ただし, $0 < p < 1$, $q = 1 - p$ であり, $k \geq n+1$ のとき $p_k = 0$. この $p_k$ が確率関数の性質 (3.2.2)[35] を満たすことは, 二項定理

$$(a+b)^N = \sum_{k=0}^{N} {}_NC_k a^k b^{N-k} \tag{3.5.2}$$

において, $a = p$, $b = q$, $N = n$ とおくと確認できる.

確率関数 $p_k$ の形状は, 図 3.16 に例示するように, $p = 0.5$ のときは左右対称であるが, そうでないときは歪んでいる.

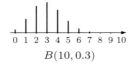 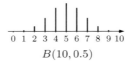 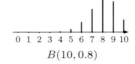

図 3.16　二項分布

**命題 3.6.** $X \sim B(n,p)$ のとき, $E[X] = np$, $Var[X] = npq$.

**証明**. (3.5.2) の両辺を $a$ で微分し,さらに,両辺に $a$ をかけると,

$$aN(a+b)^{N-1} = \sum_{k=1}^{N} {}_NC_k k a^k b^{N-k} = \sum_{k=0}^{N} {}_NC_k k a^k b^{N-k}.$$

$a = p, b = q = 1-p, N = n$ とすると, $pn = E[X]$. 同様に, (3.5.2)[40] の両辺を $a$ で 2 回微分し,さらに,両辺に $a^2$ をかけた式から, $p^2 n(n-1) = E[X(X-1)]$. これから, $Var[X] = E[X(X-1)] + E[X] - (E[X])^2 = np(1-p) = npq$. □

表が出る確率が $p$ である (歪んだ) コインを $n$ 回振ったときの表の回数のように,1 回の観測や測定で起こる確率が $p$ である事象が, $n$ 回の観測や実験の中で起こる回数 $X$ は,二項分布 $B(n,p)$ に従う.

《例 3.3 続①》 例 3.3[39] の二項母集団 $\Omega$ から無作為に要素を取り出すことを $n$ 回繰り返し, $i$ 回目の結果を $X_i$ とすると, $P(X_i = 1) = p$, $P(X_i = 0) = 1 - p$ である. $S := X_1 + \cdots + X_n$ は $n$ 回中 1 が取り出された回数を表すので, $S \sim B(n,p)$ である (図 3.17).

たとえば,内閣の支持率調査では,支持する人が 1, 支持しない人が 0, 全有権者が $\Omega$, 全有権者における支持率が $p$, 無作為抽出した $n$ 人中の支持者数が $S$ である.

図 3.17 二項母集団からの無作為標本

$p = 0.3, n = 100$ のときは, $E[S] = 30, Var[S] = 21$ であり,

$$P(S \leqq 20) = {}_{100}C_0 \cdot 0.3^0 \cdot 0.7^{100} + \cdots + {}_{100}C_{20} \cdot 0.3^{20} \cdot 0.7^{80} = 0.016462\cdots.$$

Microsoft Excel(以下, Excel とする) の BINOM.DIST で,二項分布の分布関数の値が容易に求められる. ▲

### 3.5.2 ポアソン分布

離散確率変数 $X$ のとる値 $x_k = k$ であり,確率関数 $p_k = P(X = k)$ が

$$p_k = \frac{\lambda^k}{k!} e^{-\lambda}, \quad k = 0, 1, 2, \ldots \tag{3.5.3}$$

で与えられるとき, $X$ は**ポアソン分布** (Poisson distribution) に従うと言い, $X \sim Po(\lambda)$ と表す.ただし, $\lambda$ は正の定数でラムダと呼ぶ. (3.5.3) の $p_k$ が確率関数の性質 (3.2.2)[35] を満たすことは, $e^z$ のテイラー展開

$$e^z = \sum_{k=0}^{\infty} \frac{z^k}{k!} \tag{3.5.4}$$

において，$z = \lambda$ とおくと確認できる．

図 3.18[42] のグラフが示すように，ポアソン分布は歪んだ分布であるが，$\lambda$ が大きくなると，分布の山が右に移動することがわかる．

図 3.18　ポアソン分布

**命題 3.7.** $X \sim P_o(\lambda)$ のとき，$E[X] = \lambda$, $Var[X] = \lambda$.

**証明**．演習 3.4[49]． □

《例 3.5》あるサービスカウンターに 1 日に訪れる顧客の数について考える．1 日の営業時間である $T$ 時間を $n$ 個の区間に分割して，$I_1 = [0, T/n]$, $I_2 = [T/n, 2T/n], \ldots, I_n = [(n-1)T/n, T]$ とする．$n$ が十分大きいとき，各区間 $I_j, j = 1, \ldots, n$ に訪れる顧客の数 $X_j$ は 0, 1 であり，$P(X_j = 1) = \lambda/n$ であるとする．このとき，$X_1 + \cdots + X_n \sim B(n, \lambda/n)$ なので，

$$P(X_1 + \cdots + X_n = k) = {}_nC_k \left(\frac{\lambda}{n}\right)^k \left(1 - \frac{\lambda}{n}\right)^{n-k}$$

$$= \frac{n(n-1)\cdots(n-k+1)}{k!} \frac{\lambda^k}{n^k} \left(1 - \frac{\lambda}{n}\right)^n \left(1 - \frac{\lambda}{n}\right)^{-k}.$$

ここで，$n \to \infty$ とすると，

$$\frac{n(n-1)\cdots(n-k+1)}{n^k} = 1 \cdot \left(1 - \frac{1}{n}\right) \cdots \left(1 - \frac{k-1}{n}\right) \to 1,$$

$$\left(1 - \frac{\lambda}{n}\right)^n = \left\{\left(1 + \frac{1}{-\frac{n}{\lambda}}\right)^{-\frac{n}{\lambda}}\right\}^{-\lambda} \to e^{-\lambda}, \quad \left(1 - \frac{\lambda}{n}\right)^{-k} \to 1$$

なので，$P(X_1 + \cdots + X_n = k) \to \dfrac{\lambda^k}{k!} e^{-\lambda}$. つまり，サービスカウンターに訪れる顧客の数 $X_1 + \cdots + X_n$ の確率分布はポアソン分布 $Po(\lambda)$ で近似できることがわかった． ▲

この例からわかるように，1 回の観測における生起確率 $p = \lambda/n$ が微小である事象を，多数回 $(n \to \infty)$ 観測したとき，その事象が起こる回数の確率分布がポアソン分布である．来客数や交通事故件数などがその代表例である．

### 3.5.3　負の二項分布*

離散確率変数 $X$ のとる値 $x_k = k$ であり，確率関数 $p_k = P(X = k)$ が

$$p_k = \binom{-r}{k} q^r (-p)^k, \ k = 0, 1, 2, \ldots \tag{3.5.5}$$

で与えられるとき，$X$ は**負の二項分布** (Negative binomial distribution) に従うと言い，

$X \sim NB(r,p)$ と表す.ただし,$r$ は正の定数,$0 < p < 1$, $q = 1-p$. また,実数 $\alpha$ に対して,
$$\binom{\alpha}{0} := 1, \quad k \text{ が自然数のとき}, \binom{\alpha}{k} := \frac{\alpha(\alpha-1)\cdots(\alpha-k+1)}{k!}$$
と定義し,**二項係数** (binomial coefficients) と呼ぶ.(3.5.5)[42] の $p_k$ が (3.2.2)[35] を満たすことは,$(1+x)^\alpha$ のテイラー展開

$$(1+x)^\alpha = \sum_{k=0}^{\infty} \binom{\alpha}{k} x^k, \quad |x| < 1 \tag{3.5.6}$$

において,$x = -p$, $\alpha = -r$ とすれば確認できる.

**命題 3.8.** $X \sim NB(r,p)$ のとき,$E[X] = \frac{rp}{q}$, $Var[X] = \frac{rp}{q^2}$.

**証明**.演習 3.5[49] 参照. □

$r$ が自然数であるとき,$p_k = {}_{k+r-1}C_k\, q^r p^k$ となる.これは,生起確率が $q$ である事象 $A$ が $r$ 回起こるまでに,その余事象 $A^c$ が起こる回数 $X$ が $k$ である確率を表している.たとえば,$r$ 回誤ってパスワードを入力すると利用できなくなるシステムに対して,確率 $q$ でパスワードの入力ミスをするユーザーがシステムを利用できる回数の分布は $NB(r,p)$ である.特に,$r = 1$ の分布を**幾何分布** (Geometric distribution) と呼び,$Ge(p)$ と表す.

また,様々な値の $\lambda$ に対応するポアソン分布 $Po(\lambda)$ を混合すると負の二項分布になることも知られている(演習 4.14[70]).

### 3.5.4 超幾何分布*

離散確率変数 $X$ の確率関数 $p_k = P(X=k)$ が

$$p_k = \frac{{}_N C_k \, {}_{M-N}C_{n-k}}{{}_M C_n}, \; k = \max(0, N+n-M), \ldots, \min(N, n) \tag{3.5.7}$$

で与えられるとき,$X$ は**超幾何分布** (Hyper-geometric distribution) に従うと言い,$X \sim HG(M,N,n)$ と表す.ただし,$M, N, n$ は $N \leqq M, n \leqq M$ を満たす自然数である.この $p_k$ が (3.2.2)[35] を満たすことは,恒等式

$${}_{N+L}C_n = \sum_{k=\max(0,n-L)}^{\min(N,n)} {}_N C_k \, {}_L C_{n-k} \tag{3.5.8}$$

において,$L = M - N$ とすれば確認できる.

**命題 3.9.** $X \sim HG(M,N,n)$ のとき,$E[X] = \frac{nN}{M}$, $Var[X] = n\frac{N(M-N)(M-n)}{M^2(M-1)}$.

**証明**.演習 3.6[49] 参照. □

$N$ 個の 1 と $M-N$ 個の 0 からなる集合,つまり,有限個の要素からなる二項母集団を考える.ここから無作為に $n$ 回の非復元抽出を行うとき,その中に含まれる 1 の個数 $X$ は $HG(M,N,n)$ に従う確率変数である.$N$ 個の赤玉と $M-N$ 個の白玉が入っている袋から無作為に $n$ 個取り出したとき,赤玉の個数 $X$ の確率分布であると考えるとわかりやすい.$M \to \infty$ のとき,$\frac{N}{M} \to p$ とすると,$M \to \infty$ のときの $E[X]$ と $Var[X]$ の極限は,二項分布の期待値と分散と同じ形になる.

## 3.6 代表的な連続確率変数

### 3.6.1 正規分布

連続確率変数 $X$ の p.d.f. が

$$\phi(x|\mu, \sigma^2) := \frac{1}{\sqrt{2\pi\sigma^2}} e^{-\frac{(x-\mu)^2}{2\sigma^2}} \tag{3.6.1}$$

であるとき，$X$ は**正規分布** (Normal distribution) に従うと言い，$X \sim N(\mu, \sigma^2)$ と表す．ただし，$-\infty < \mu < \infty, \sigma > 0$．$\phi(x|\mu, \sigma^2)$ のグラフは直線 $x = \mu$ に関して対称であり (図 3.19)，$\sigma$ が大きいと左右に広がり，中心が低くなる (図 3.20)．

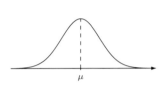

図 3.19 正規分布の p.d.f.

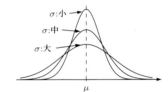

図 3.20 分散の異なる正規分布

確率密度関数 $\phi(x|\mu, \sigma^2)$ は (3.2.4)[36] を満たす (演習 3.19[50])：

$$\int_{-\infty}^{\infty} \phi(x|\mu, \sigma^2) dx = 1, \quad \forall \mu \in \mathbb{R}, \sigma > 0. \tag{3.6.2}$$

**命題 3.10.** $X \sim N(\mu, \sigma^2)$ のとき，$E[X] = \mu, Var[X] = \sigma^2$．

**証明．** $\lim_{x \to \pm\infty} (x-\mu)\phi(x|\mu, \sigma^2) = 0, (-\sigma^2 \phi(x|\mu, \sigma^2))' = (x-\mu)\phi(x|\mu, \sigma^2)$ なので，

$$E[X] = \int_{-\infty}^{\infty} x\, \phi(x|\mu, \sigma^2) dx = \int_{-\infty}^{\infty} (x - \mu + \mu)\phi(x|\mu, \sigma^2) dx$$

$$= \int_{-\infty}^{\infty} (x-\mu)\phi(x|\mu, \sigma^2) dx + \mu \int_{-\infty}^{\infty} \phi(x|\mu, \sigma^2) dx$$

$$= \left[-\sigma^2 \phi(x|\mu, \sigma^2)\right]_{-\infty}^{\infty} + \mu \times 1 = 0 - 0 + \mu = \mu.$$

$$Var[X] = \int_{-\infty}^{\infty} (x - E[X])^2 \phi(x|\mu, \sigma^2) dx = \int_{-\infty}^{\infty} (x-\mu)^2 \phi(x|\mu, \sigma^2) dx$$

$$= \left[(x-\mu)(-\sigma^2 \phi(x|\mu, \sigma^2))\right]_{-\infty}^{\infty} + \sigma^2 \int_{-\infty}^{\infty} \phi(x|\mu, \sigma^2) dx$$

$$= 0 - 0 + \sigma^2 \times 1 = \sigma^2. \qquad \square$$

$N(0,1)$ を**標準正規分布** (standard normal distribution) と言う．$Z \sim N(0,1)$ のとき，$Z$ の分布関数 $P(Z \leqq z)$ を $\Phi(z)$ と表すことにする．$z \geqq 0$ に対する $\Phi(z)$ の値は，表 C.1[226] に与えられている．また，$P(Z \geqq u) = \alpha$ となる $u$ を $z(\alpha)$ と表し，標準正規分布の**上側** $100\alpha$ **パーセント点** (upper $100\alpha$ percentile) と呼ぶ．代表的な $z(\alpha)$ は，表 C.2[226] に与えられている．特に，$z(0.025) = 1.96$ はよく利用されるので，覚えておくとよい．

**命題 3.11.** $Z \sim N(0,1)$ のとき，
$$P(Z < -z) = P(Z > z) = 1 - P(Z \leqq z).$$
特に，
$$P(Z < 0) = P(Z > 0) = \frac{1}{2}.$$

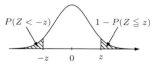

図 3.21　$N(0,1)$ の対称性

**証明.** 図 3.21 のように $Z$ の p.d.f. は $x = 0$ で対称なので明らか． □

《例 3.6》表 C.1[226] より $P(Z \leqq 1.56) = 0.9406$. 命題 3.11 を用いると，
$$P(Z < -1.56) = 1 - P(Z \leqq 1.56) = 0.0594.$$
また，表 C.1[226] より $P(Z \leqq 2.21) = 0.9864$ なので
$$P(-1.56 \leqq Z \leqq 2.21) = P(Z \leqq 2.21) - P(Z < -1.56) = 0.927.$$
$P(Z \leqq 1.564)$ のように 表 C.1[226] にない値に対しては，1.564 の前後の値の確率
$$P(Z \leqq 1.56) = 0.9406, P(Z \leqq 1.57) = 0.9418$$
から
$$P(Z \leqq 1.564) \fallingdotseq 0.9406 + (0.9418 - 0.9406) \times \frac{1.564 - 1.56}{1.57 - 1.56} = 0.94108$$
のように近似値が求められる．さらに，$P(Z \leqq \ell) = 0.99$ となる $\ell$ の値は，表 C.1[226] から $P(Z \leqq 2.32) = 0.9898$ と $P(Z \leqq 2.33) = 0.9901$ なので，
$$\ell \fallingdotseq 2.32 + (2.33 - 2.32) \times \frac{0.99 - 0.9898}{0.9901 - 0.9898} = 2.32666\cdots\cdots$$
のように $\ell$ の近似値を求められる．あるいは，$P(Z \leqq \ell) = 0.99$ のとき，$P(Z \geqq \ell) = 0.01$ なので，表 C.2[226] より，$\ell = z(0.01) = 2.326$. ▲

**命題 3.12.** $X \sim N(\mu, \sigma^2)$ のとき，$aX + b \sim N(a\mu + b, a^2\sigma^2)$.
特に，$(X - \mu)/\sigma \sim N(0, 1)$.

**証明.** 5.1 節 [74] の例 5.2[74] で証明する． □

《例 3.7》文部科学省による平成 26 年度学校保健統計調査の結果，高校 3 年生男子の身長の分布は図 3.22 のヒストグラムのようになった．ただし，相対度数を面積で表した．図中の曲線は，平均 171, 分散 36 の正規分布の確率密度関数 $\phi(x|171, 36)$ であり，ヒストグラムをよく近似していることがわかる．

無作為に選んだ高 3 男子の身長を $X$ とすると，$Z = (X - 171)/6 \sim N(0, 1)$ なので，

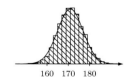

図 3.22　高校生の身長

$$P(168 \leqq X \leqq 177) = P(-0.5 \leqq Z \leqq 1) = 0.5328$$

となる (実際の平均は 170.7, 標準偏差は 5.3 である). ▲

**定理 3.1** (**ド・モアブル＝ラプラス** (De Moivre–Laplace theorem)). $X \sim B(n, p)$ のとき, $a < b$ なる任意の実数 $a, b$ に対して,

$$\lim_{n \to \infty} P\left(a \leqq \frac{X - np}{\sqrt{npq}} \leqq b\right) = \int_a^b \phi(x|0, 1)dx. \tag{3.6.3}$$

**証明**. 演習 3.30[51]. □

この定理から, $X \sim B(n, p)$ と $Z \sim N(0, 1)$ に対して,

$$P(A \leqq X \leqq B) \fallingdotseq P\left(\frac{A - np}{\sqrt{npq}} \leqq Z \leqq \frac{B - np}{\sqrt{npq}}\right) \tag{3.6.4}$$

という近似法が考えられ, $n$ が大きいとき誤差は小さい.

### 3.6.2 一様分布

連続確率変数 $X$ の p.d.f. $f(x)$ が

$$f(x) = \begin{cases} \dfrac{1}{b-a} & (a < x < b) \\ 0 & (x \leqq a, \ b \leqq x) \end{cases}$$

であるとき, $X$ は**一様分布** (Uniform distribution) に従うと言い, $X \sim U(a, b)$ と表す (図 3.23).

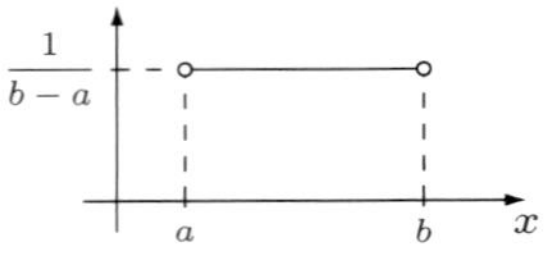

図 3.23 $U(a, b)$ の p.d.f.

**命題 3.13.** $X \sim U(a, b)$ のとき, $E[X] = \frac{a+b}{2}$, $Var[X] = \frac{(a-b)^2}{12}$.

**証明**. 定義から容易に求められる. 分散公式を使ってもよい. □

### 3.6.3 指数分布

連続確率変数 $X$ の p.d.f. $f(x)$ が

$$f(x) = \begin{cases} \lambda e^{-\lambda x} & (0 < x) \\ 0 & (x \leqq 0) \end{cases}, \quad \lambda > 0,$$

であるとき, $X$ は**指数分布** (Exponential distribution) に従うと言い, $X \sim Ex(\lambda)$ と表す (図 3.24). 指数分布は, ある事象が起こるまでの時間 $X$ の分布などに用いられる.

図 3.24 指数分布の p.d.f.

**命題 3.14.** $X \sim Ex(\lambda)$ のとき, $E[X] = \frac{1}{\lambda}$, $Var[X] = \frac{1}{\lambda^2}$.

**証明**. 演習 3.9[49]. □

指数分布のように正の値だけとる確率変数 $X$ に対して,

$$h(x) := \lim_{\Delta x \to 0} \frac{P(x \leqq X < x + \Delta x | X \geqq x)}{\Delta x} \tag{3.6.5}$$

と定義される $h(x)$ を**ハザード関数** (hazard function) と呼ぶ．$X$ が生物の寿命を表すときは，$h(x)$ は時刻 $x$ における瞬間死亡率を表す．$X$ が指数分布 $Ex(\lambda)$ に従う場合は，$h(x) = \lambda$ であり，定数関数であることがわかる．

### 3.6.4　ガンマ分布*

連続確率変数 $X$ の p.d.f. $f(x)$ が

$$f(x) = \begin{cases} \dfrac{1}{\Gamma(a)b^a} x^{a-1} e^{-\frac{x}{b}} & (x > 0) \\ 0 & (x \leqq 0) \end{cases} \tag{3.6.6}$$

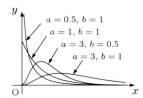

図 3.25　ガンマ分布の p.d.f.

であるとき，$X$ は**ガンマ分布** (Gamma distribution) に従うと言い，$X \sim Ga(a,b)$ と表す (図 3.25)．ただし，$a > 0, b > 0$ で，$\Gamma(a)$ は

$$\Gamma(a) := \int_0^\infty t^{a-1} e^{-t} dt, \quad a > 0 \tag{3.6.7}$$

と定義される**ガンマ関数** (Gamma function) であり，

$$\Gamma(1) = 1, \tag{3.6.8}$$

$$\Gamma\left(\frac{1}{2}\right) = \sqrt{\pi}, \tag{3.6.9}$$

$$\Gamma(a+1) = a\Gamma(a), \forall a > 0 \tag{3.6.10}$$

などの性質を持つ (演習 3.20[50])．ガンマ分布は所得や保険料など正の値をとる様々な分布に用いられる．$Ga(1, 1/\lambda)$ は $Ex(\lambda)$ と等しいことに注意しよう．

**命題 3.15.** $X \sim Ga(a,b)$ のとき，$E[X] = ab$, $Var[X] = ab^2$.

**証明**．演習 3.21[50]． □

《例 3.8》厚生労働省による平成 22 年国民生活基礎調査の結果から，日本の世帯別所得分布のヒストグラムを描くと図 3.26 のようになった．図中の曲線は，$Ga(2, 270)$ の確率密度関数

$$f(x) = \begin{cases} C_0^2 \, x \, e^{-C_0 x} & (0 < x) \\ 0 & (x \leqq 0) \end{cases}, \quad C_0 = \frac{1}{270}$$

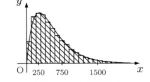

図 3.26　所得分布

であり，ヒストグラムをよく近似している．無作為に選んだ世帯の所得を $X$ とすると，$X \sim Ga(2, 270)$ であると考えられ，

$$P(900 < X < 1000) = \int_{900}^{1000} C_0^2 x e^{-C_0 x} dx = 0.038 \cdots$$

となる (実際の値は 0.037)．また，命題 3.15 より，$E[X] = 540$, $Var[X] = 145800$ となる． ▲

### 3.6.5 ベータ分布*

連続確率変数 $X$ の p.d.f. $f(x)$ が

$$f(x) = \begin{cases} \dfrac{x^{a-1}(1-x)^{b-1}}{B(a,b)} & (0 < x < 1) \\ 0 & (その他) \end{cases} \quad (3.6.11)$$

であるとき，$X$ は**ベータ分布** (Beta distribution) に従うと言い，$X \sim Be(a,b)$ と表す．ただし，$a > 0, b > 0$ であり，$B(a,b)$ は，

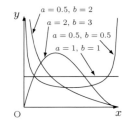

図 3.27 ベータ分布の p.d.f.

$$B(a,b) := \int_0^1 x^{a-1}(1-x)^{b-1} dx \quad (3.6.12)$$

で定義される**ベータ関数** (beta function) である[4]．

$a, b$ の値を変更すると図 3.27 のように $(0,1)$ 上の色々な分布を表すことができるが，特に，$a = 1, b = 1$ のとき，$U(0,1)$ になる．$X$ がベータ分布に従うとき，$dX + c$ は $(c, c+d)$ で分布するので，有界な区間上の様々な確率分布はベータ分布を変換することで容易に得られる．

**命題 3.16.** $X \sim Be(a,b)$ のとき，

$$E[X] = \frac{a}{a+b}, \quad Var[X] = \frac{ab}{(a+b)^2(a+b+1)}.$$

**証明**．演習 3.21[50]． □


# 演習問題

**演習 3.1** サイコロの出た目を 4 で割った余りを $X$ とする．$E[X], Var[X], E[4X+1], Var[4X+1]$ を求めよ．

**演習 3.2** 離散確率変数 $X$ の確率関数が $p_k = \dfrac{18}{(k+1)(k+2)(k+3)(k+4)}, k = 0, 1, 2, \ldots$ で与えられるとき，$E[X+1], E[(X+1)(X+2)]$ を求めよ．その結果から，$E[X], Var[X]$ を求めよ．

**演習 3.3** 全有権者における内閣支持率が $50\%$ のとき，有権者を無作為に選ぶことを 10 回繰り返して，その中で内閣を支持した人の人数を $X$ とする．$P(X = 3)$ の値を求めよ．また，$P(X \geqq 4)$ の値を求めよ．

---

[4] 二項分布の記号 $B(n,p)$ と混乱する場合は，どちらの意味か明示する必要がある．

**演習** 3.4　$X \sim Po(\lambda)$ のとき, $E[X], E[X(X-1)], Var[X]$ を求めよ.

**演習** 3.5*　(3.5.6)[43] を示し, 命題 3.8[43] を証明せよ.

**演習** 3.6*　(3.5.8)[43] を示し, 命題 3.9[43] を証明せよ.

**演習** 3.7　$X \sim f(x) = \begin{cases} 6x(1-x) & (0 \leq x \leq 1) \\ 0 & (x < 0, 1 < x) \end{cases}$ のとき, 分布関数 $F(x)$ を求め, そのグラフを描け. また, 自然数 $k$ に対して $E[X^k]$ を求めよ. さらに, $Var[X]$ を求めよ.

**演習** 3.8　関数 $f(x) = \begin{cases} \frac{a}{(x^2+1)^2} & (0 \leq x) \\ 0 & (x < 0) \end{cases}$ が確率密度関数であるとき, $a$ の値を求めよ. また, そのとき $E[X], Var[X]$ を求めよ.

**演習** 3.9　命題 3.14[46] を示せ.

**演習** 3.10　一辺の長さが $2\sqrt{3}$ である正三角形の内部から 1 点を無作為に選び, その点から最も近い辺までの距離を $X$ とする. このとき, $X$ の分布関数 $F(x)$, p.d.f. $f(x)$ を求め, $E[X]$ と $Var[X]$ を求めよ.

**演習** 3.11　$X \sim f(x) = \frac{a}{2}e^{-a|x|}, a > 0$ のとき, $E[X], Var[X]$ を求めよ.

**演習** 3.12　$Z \sim N(0, 1)$ のとき, $P(Z \leq \ell) = 0.9901$ を満たす $\ell$ を求めよ. また, $P(|Z| \leq a) = 0.99, P(Z > b) = 0.95, P(|Z| > c) = 0.05$ となる $a, b, c$ の値を求めよ. さらに, $X \sim N(-2, 25)$ のとき, $P(X < s) = 0.025, P(X < t) = 0.99$ となる $s, t$ の値を求めよ.

**演習** 3.13　ある工業製品の組み立て時間 (分) は, $N(20, 9)$ に従うことが知られている. 組み立て時間が 15 分 30 秒以上, 24 分 30 秒以下である確率を求めよ.

**演習** 3.14　入学試験の英語の得点について, その相対度数のヒストグラムを描くと, 平均 $\mu$, 分散 $30^2$ の正規分布 $N(\mu, 30^2)$ の p.d.f. で近似できる. 150 点の人が上位 10 パーセントに入るとき, $\mu$ がとる値の範囲を求めよ.

**演習** 3.15　$X \sim B(144, 0.1)$ のとき, $a := P(12 \leq X \leq 17) = 0.5943 \cdots$ となる. この値の近似値を (3.6.4)[46] を用いて求めよ. また, $P(12 \leq X \leq 17) = P(11.5 \leq X \leq 17.5)$ の右辺に (3.6.4)[46] を適用して, $a$ の近似値を求め, 二つの近似値を比較せよ. 後者の修正法を**半数補正** (continuity correction) と呼ぶ.

**演習** 3.16　$1_A(x) = \begin{cases} 1 & (x \in A) \\ 0 & (x \notin A) \end{cases}$ のとき, $E[1_A(X)] = P(X \in A)$ を示せ. この $1_A(x)$ を集合 $A$ に対する**指示関数** (indicator function) と呼び, よく用いられる.

**演習** 3.17　任意の $x$ に対して, $h(x) \leq g(x)$ のとき, $E[h(X)] \leq E[g(X)]$ を示せ. また, $|E[X]| \leq E[|X|]$ を示せ.

**演習** 3.18* $X \sim N(\mu, \sigma^2)$ のとき，自然数 $n$ に対して，$E\left[(X-\mu)^{2n-1}\right] = 0$, $E\left[(X-\mu)^{2n}\right] = \sigma^{2n}(2n-1)(2n-3)\cdots 1$ を示せ．

**演習** 3.19* (3.6.2)[44] を示せ．

**演習** 3.20* (1) (3.6.8)[47] と (3.6.10)[47] を示せ．

(2) (3.6.9)[47] を示せ．また，$\int_0^\infty x^{a-1} e^{-x/b} dx = b^a \Gamma(a)$ を示せ．

(3) $B(a,b) = \dfrac{\Gamma(a)\Gamma(b)}{\Gamma(a+b)}$ を示せ．

**演習** 3.21* 命題 3.15[47] と命題 3.16[48] を示せ．

**演習** 3.22 $F(a) = E\left[(X-a)^2\right]$ を最小にする $a$ の値と最小値を求めよ．

**演習** 3.23* 連続確率変数 $X \sim f(x)$ に対して，$G(a) = E[|X-a|]$ とおき，$g(a) = \int_{-\infty}^a f(x)dx$, $m(a) = \int_{-\infty}^a xf(x)dx$ とする．$f(x)$ が連続であるとき以下の問に答えよ．

(1) $G(a) = 2ag(a) - 2m(a) - a + \mu_X$ を示せ．ただし，$\mu_X = E[X]$.
(2) $G'(a), G''(a)$ を求め，$G''(a) \geqq 0$ を示せ．また，$G'(a) = 0$ を満たす $a$ が満たすべき条件を求めよ．さらに，$G(a)$ の最小値を求めよ．

**演習** 3.24* $X \sim f(x) = \begin{cases} \dfrac{a}{b}\left(\dfrac{x}{b}\right)^{a-1} \exp\left\{-\left(\dfrac{x}{b}\right)^a\right\} & (x > 0) \\ 0 & (x \leqq 0) \end{cases}$ のとき，$X$ は**ワイブル分布** (Weibull distribution) に従うと言う．ただし，$a > 0, b > 0$. 分布関数 $F(x), E[X], Var[X]$ を求めよ．また，(3.6.5)[46] で定義される $h(x)$ を求めよ．

**演習** 3.25* $X \sim f(x) = \dfrac{\exp\left(-\frac{x-\mu}{\sigma}\right)}{\sigma\left\{1 + \exp\left(-\frac{x-\mu}{\sigma}\right)\right\}^2}$ のとき，$X$ は**ロジスティック分布** (logistic distribution) に従うと言う．ただし，$-\infty < \mu < \infty, \sigma > 0$. 分布関数 $F(x), E[X], Var[X]$ を求めよ．ただし，次を用いてよい．

$$\frac{e^{-x}}{(1+e^{-x})^2} = \sum_{j=1}^\infty (-1)^{j-1} j e^{-jx} \ (\forall x > 0), \quad \sum_{j=1}^\infty \frac{1}{j^2} = \frac{\pi^2}{6}.$$

**演習** 3.26* $0 < p < 1, n = 1,2,3,\ldots, k = 1,2,\ldots,n$ とする．$X \sim B(n,p)$, $Y \sim Be(k, n-k+1)$ のとき，$P(X \geqq k) = P(Y \leqq p)$ を示せ．

**演習** 3.27* $0 < \lambda, k = 1,2,3,\ldots$ とする．$X \sim Po(\lambda), Y \sim Ga(k,1)$ のとき，$P(X \geqq k) = P(Y \leqq \lambda)$ を示せ．

**演習** 3.28** (P1)[32], (P2)[32], (P3)[32] から，(3.1.1)[32], (3.1.2)[33], (3.1.3)[33], (3.1.4)[33] と (D1)[34], (D2)[34], (D3)[34] を示せ．

**演習** 3.29** (1) $A_n \subset A_{n+1}$ のとき，$P(\cup_{n=1}^{\infty} A_n) = \lim_{n \to \infty} P(A_n)$ を示せ．また，$A_n \supset A_{n+1}$ のとき，$P(\cap_{n=1}^{\infty} A_n) = \lim_{n \to \infty} P(A_n)$ を示せ．

(2) 任意の分布関数 $F(x)$ は単調増加で，右連続であることを示せ．また，任意の実数 $a$ に対して，$P(X = a) = F(a) - \lim_{x \to a-0} F(x)$ を示せ．

(3) 任意の分布関数 $F(x)$ に対して，$\lim_{x \to -\infty} F(x) = 0, \lim_{x \to \infty} F(x) = 1$ を示せ．

(4) $\{a \in \mathbb{R} \mid P(X = a) > 0\}$ は可算集合であることを示せ．

**演習** 3.30*** $n \in \mathbb{N}, p \in (0,1), q = 1 - p$ として，$X \sim B(n,p)$ と仮定する．また，$N(\mu, \sigma^2)$ の p.d.f. を $\phi(x|\mu, \sigma^2)$ と表し，$k = 0, 1, \ldots, n$ に対して，$\rho_{n,k} = \frac{P(X=k)}{\phi(k|np, npq)}$, $z_{n,k} = \frac{k-np}{\sqrt{npq}}$ とおく．さらに，$m \in \mathbb{N}$ に対して，$R_m = \frac{m!}{\sqrt{2\pi m}(m/e)^m}$ とおき，$\ell_1, \ell_2 = 0, 1, \ldots, n$ に対して，$Q_{n,\ell_1,\ell_2} = \frac{R_n}{R_{\ell_1} R_{\ell_2}}$ とおく．このとき，以下の問に答えよ．

(1) $r = \sqrt{\frac{q}{p}}$, $0 < C \leqq \frac{1}{2} \min(r, r^{-1})$, $0 < d < \frac{1}{6}$ とする．$k = 0, 1, \ldots, n$ に対して，$u_{n,k} = -\log \frac{\rho_{n,k}}{Q_{n,k,n-k}}$, $v_{n,k} = r \frac{z_{n,k}}{\sqrt{n}}$, $w_{n,k} = r^{-1} \frac{z_{n,k}}{\sqrt{n}}$ と定義し，$D_n = \{k = 0, 1, \ldots, n \mid |z_{n,k}| \leqq Cn^d\}$ とおく．

(a) $k = 0, 1, \ldots, n$ に対して，次を示せ．
$$\begin{aligned} u_{n,k} =& (np(1 + v_{n,k}) + \frac{1}{2}) \log(1 + v_{n,k}) \\ &+ (nq(1 - w_{n,k}) + \frac{1}{2}) \log(1 - w_{n,k}) - \frac{1}{2} z_{n,k}^2. \end{aligned} \quad (3.\text{E}.1)$$

(b) $|x| \leqq \frac{1}{2}$ のとき，
$$\left|(1+x)\log(1+x) - x - \frac{1}{2}x^2\right| \leqq \frac{2}{3}|x|^3, \quad |\log(1+x)| \leqq 2|x| \quad (3.\text{E}.2)$$
が成り立つことを用いて，任意の $k \in D_n$ に対して，次を示せ．
$$|u_{n,k}| \leqq \frac{2}{3}\left(qr + pr^{-1}\right)C^3 n^{3d - \frac{1}{2}} + (r + r^{-1})C n^{d - \frac{1}{2}}. \quad (3.\text{E}.3)$$

(c) $k_0 = \min D_n$, $k_1 = \max D_n$ とする．$\{R_n\}$ が単調減少列であることを用いて，$Q_{n,k_0,n-k_1} \leqq Q_{n,k,n-k} \leqq Q_{n,k_1,n-k_0}$ を示せ．また，$n \to \infty$ のとき，$k_0 \to \infty$, $k_1 \to \infty$ を示せ．さらに，$n \to \infty$ のとき，$R_n \to 1$ となること (**スターリングの公式** (Stirling's formula)) を用いて，$\lim_{n \to \infty} \max_{k \in D_n} |\rho_{n,k} - 1| = 0$ を示せ．

(2) $\phi(x|0, 1) = \phi_0(x)$, $H_n = \{k = 0, 1, \ldots, n \mid a \leqq z_{n,k} \leqq b\}$, $h_0 = \min H_n$, $h_1 = \max H_n$, $\Delta z = \frac{1}{\sqrt{npq}}$, $\epsilon_{n,k} = \rho_{n,k} - 1$ とする．
$$P\left(a \leqq \frac{X - np}{\sqrt{npq}} \leqq b\right) = \sum_{k=h_0}^{h_1} \phi_0(z_{n,k})\Delta z + \sum_{k=h_0}^{h_1} \phi_0(z_{n,k})\Delta z \epsilon_{n,k}$$
が成り立つことを示し，定理 3.1[46] を示せ．

# 第4章

# 多変量確率変数

　一つの確率変数は，一つのデータの不確実性を表す数学的な概念であった．データ解析では，多数のデータを扱うため，多数のデータの不確実性を定式化する必要がある．本章では，複数の確率変数を同時に扱う考え方について解説する．

## 4.1 2変量離散確率変数

《例 4.1》 壺 $\Omega_2$ には，表と裏に数字が書いてあるコインが 20 枚入っている (図 4.1)．表と裏の数字の組み合わせごとにコインの枚数を集計すると，表 4.1 のようになった．この壺 $\Omega_2$ から無作為に 1 枚のコインを取り出す試行を考える．

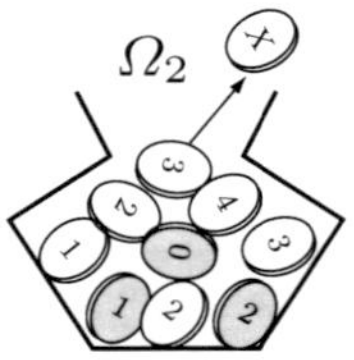

図 4.1 コインの壺

表 4.1 壺 $\Omega_2$ のコインの度数分布

| $Y \backslash X$ | ① | ② | ③ | ④ | 小計 |
|---|---|---|---|---|---|
| ⓪ | 2 | 2 | 1 | 0 | 5 |
| ① | 2 | 3 | 4 | 1 | 10 |
| ② | 0 | 1 | 3 | 1 | 5 |
| 小計 | 4 | 6 | 8 | 2 | 20 |

取り出したコインの表の数字を $X$, 裏の数字を $Y$ とする．このとき，$X = 3, Y = 2$ である確率を $P(X = 3, Y = 2)$ と表すと，$P(X = 3, Y = 2) = \frac{3}{20} = 0.15$ であることが，表 4.1 からわかる．また，$1 \leqq X \leqq 3, 1 \leqq Y \leqq 2$ である確率 $P(1 \leqq X \leqq 3, 1 \leqq Y \leqq 2)$ と表すと，

$$P(1 \leqq X \leqq 3, 1 \leqq Y \leqq 2) = \frac{2+3+4+0+1+3}{20} = 0.65$$

となることが同様にわかる．さらに，小計欄より $X = 3$ となる確率 $P(X = 3) = \frac{8}{20} = 0.4$ となることもわかる． ▲

離散確率変数 $X, Y$ の組 $(X, Y)$ を **2 変量離散確率変数** (bivariate discrete random variable) と呼ぶ．$X$ と $Y$ のとりうる値が $\{x_k\}_{k=0,1,2,\ldots}$ と $\{y_j\}_{j=0,1,2,\ldots}$ であるとき，$X = x_k, Y = y_j$ となる確率 $P(X = x_k, Y = y_j)$ を $p(k, j)$ と表し，$(X, Y)$ の **同時確率関数** (joint probability function) と呼ぶ．また，$X$ と $Y$ の確率関数 $p_1(k) = P(X = x_k)$ と $p_2(j) = P(Y = y_j)$ は **周辺確率関数** (marginal probability function) と呼ぶ．周辺確率関数は同時確率関数を用いて

$$p_1(k) = \sum_{j=0}^{\infty} p(k, j), \qquad (4.1.1)$$

$$p_2(j) = \sum_{k=0}^{\infty} p(k, j) \qquad (4.1.2)$$

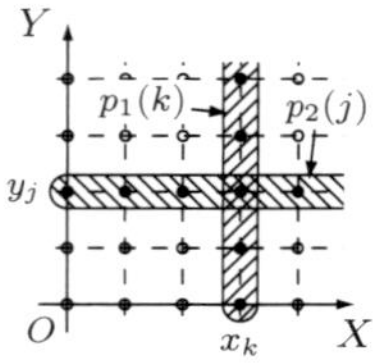

のように求められる (図 4.2)．(4.1.1) は

$$P(X = x_k) = P(X = x_k, Y = y_0, y_1, y_2, \ldots)$$
$$= \sum_{j=0}^{\infty} P(X = x_k, Y = y_j)$$

図 4.2 周辺確率関数

を意味し，(4.1.2) も同様に解釈できる．$\sum_{k=0}^{\infty} p_1(k) = 1$ あるいは $\sum_{j=0}^{\infty} p_2(j) = 1$ や $P(X = x_k, Y = y_j) \geqq 0$ から，

$$\sum_{k,j=0}^{\infty} p(k, j) = 1, \quad p(k, j) \geqq 0 \qquad (4.1.3)$$

が成り立つ．本書では，$x_k = k$, $y_j = j$, $k, j = 0, 1, 2, \ldots$ の場合を主に扱う．

$p_2(j) > 0$ である $j$ を固定して，$k = 0, 1, 2, \ldots$ に対して，

$$p_1(k|j) := \frac{p(k,j)}{p_2(j)} \left( = \frac{P(X = x_k, Y = y_j)}{P(Y = y_j)} \right) \tag{4.1.4}$$

と定義する．これは $Y = y_j$ となる事象を全事象として，$X = x_k$ となる確率を定義したものであり，$Y = y_j$ の下での $X$ の**条件付き確率関数** (conditional p.f.) と言う．$X = x_k$ の下での $Y$ の条件付き確率関数 $p_2(j|k)$ も同様に定義する．

任意の $k, j = 0, 1, 2, \ldots$ に対して，

$$p(k,j) = p_1(k)p_2(j) \tag{4.1.5}$$

が成り立つとき，$X$ と $Y$ は**独立** (independent) であると言い，$X \perp\!\!\!\perp Y$ と表す．

**命題 4.1.** $X \perp\!\!\!\perp Y \iff p_1(k|j) = p_1(k) \iff p_2(j|k) = p_2(j)$.

**証明．** $X \perp\!\!\!\perp Y \iff p(k,j) = p_1(k)p_2(j)$ であり，

$$p(k,j) = p_1(k)p_2(j) \iff p_1(k|j) = \frac{p(k,j)}{p_2(j)} = p_1(k).$$

よって，$X \perp\!\!\!\perp Y \iff p_1(k|j) = p_1(k)$. 同様に，$X \perp\!\!\!\perp Y \iff p_2(j|k) = p_2(j)$ も示せる． □

《例 4.1 続①》例 4.1[54] における $(X,Y)$ に対しては，$x_k = k$, $y_j = j$ であり，表 4.1[54] のすべての度数を 20 で割ると，表 4.2 のように，同時確率関数と周辺確率関数が求められる．たとえば，$p(2,1) = 0.15$, $p_1(2) = 0.3$, $p_2(1) = 0.5$, $p_1(2|1) = 0.3$ となる．また，$p(2,1) = p_1(2)p_2(1)$ であるが $p(1,0) \neq p_1(1)p_2(0)$ なので $X$ と $Y$ は独立ではない．すべての $k, j$ に対して (4.1.5) が成り立たないと独立と言えないことに注意しよう．

表 4.2 コインの数字の確率関数

| $j\backslash k$ | 1 | 2 | 3 | 4 | $p_2(j)$ |
|---|---|---|---|---|---|
| 0 | 0.1 | 0.1 | 0.05 | 0 | 0.25 |
| 1 | 0.1 | 0.15 | 0.2 | 0.05 | 0.5 |
| 2 | 0 | 0.05 | 0.15 | 0.05 | 0.25 |
| $p_1(k)$ | 0.2 | 0.3 | 0.4 | 0.1 | 1 |

▲

《例 4.2》例 3.1 続②[33] の壺 $\Omega$ から復元抽出で 2 回球を取り出したとき，最初の球の重さを $X$ とし，次の球の重さを $Y$ とする．このとき，$x_k = k$, $y_j = j$ であり，同時確率関数と周辺確率関数は表 4.3 のようになる．非復元抽出の場合は表 4.4 のようになる．

表 4.3 復元抽出の確率関数

| $j\backslash k$ | 1 | 2 | 3 | 4 | $p_2(j)$ |
|---|---|---|---|---|---|
| 1 | 4/64 | 6/64 | 4/64 | 2/64 | 2/8 |
| 2 | 6/64 | 9/64 | 6/64 | 3/64 | 3/8 |
| 3 | 4/64 | 6/64 | 4/64 | 2/64 | 2/8 |
| 4 | 2/64 | 3/64 | 2/64 | 1/64 | 1/8 |
| $p_1(k)$ | 2/8 | 3/8 | 2/8 | 1/8 | 1 |

表 4.4 非復元抽出の確率関数

| $j\backslash k$ | 1 | 2 | 3 | 4 | $p_2(j)$ |
|---|---|---|---|---|---|
| 1 | 2/56 | 6/56 | 4/56 | 2/56 | 2/8 |
| 2 | 6/56 | 6/56 | 6/56 | 3/56 | 3/8 |
| 3 | 4/56 | 6/56 | 2/56 | 2/56 | 2/8 |
| 4 | 2/56 | 3/56 | 2/56 | 0 | 1/8 |
| $p_1(k)$ | 2/8 | 3/8 | 2/8 | 1/8 | 1 |

同時確率関数は復元抽出か非復元抽出で異なるが，$X$ と $Y$ の周辺確率関数はどちらの場合でも変わらない．また，復元抽出の場合は $X$ と $Y$ は独立であるが，非復元抽出の場合は独立ではない．

▲

## 4.2 2変量連続確率変数

《例 4.3》座標平面内の原点 O 中心で半径 1 の円を $C$ とし，点 $(1,0)$ を A とする．$C$ の内部から無作為に選んだ点を P とし，OP を $X$, ∠AOP を $Y$ とする．ただし，$x$ 軸の正方向から反時計回りに測るものとする．このとき，$a \leqq X \leqq b, c \leqq Y \leqq d$ となるのは，点 P が図 4.3 の斜線部分に入るときで，斜線部分の面積が $\frac{d-c}{2\pi}(\pi b^2 - \pi a^2)$，円の面積が $\pi$ だからその確率は $\frac{(d-c)(b^2-a^2)}{2\pi}$ となる．この確率を $P(a \leqq X \leqq b, c \leqq Y \leqq d)$ とすると，

$$P(a \leqq X \leqq b, c \leqq Y \leqq d) = \iint_{[a,b]\times[c,d]} \frac{x}{\pi} dxdy$$

と表すことができる．

図 4.3 単位円内の点 P

▲

一般に，確率変数の組 $(X,Y)$ に対して，$a \leqq X \leqq b, c \leqq Y \leqq d$ となる確率が

$$P(a \leqq X \leqq b, c \leqq Y \leqq d) = \iint_{[a,b]\times[c,d]} f(x,y) dxdy$$

と表されるとき，$(X,Y)$ を **2 変量連続確率変数** (bivariate continuous r.v.) と呼び，$f(x,y)$ を **同時確率密度関数** (joint p.d.f.) と呼ぶ．ただし，

$$\iint_{\mathbb{R}^2} f(x,y) dxdy = 1, \quad f(x,y) \geqq 0 \tag{4.2.1}$$

を満たすものとする．$(X,Y)$ が $A \subset \mathbb{R}^2$ に属する確率 $P((X,Y) \in A)$ は，図 4.4 のような領域 $A$ 上の $f(x,y)$ の積分として定義され，**同時分布** (joint distribution) と呼ぶ．定数 $c$ に対して $f(x,y) = c$ を満たす $(x,y)$ の集合は，等確率密度曲線と呼び (図 4.5)，分布の形状を把握するために利用される．

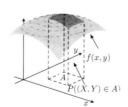

図 4.4 同時確率密度関数による確率

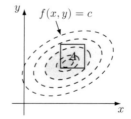

図 4.5 等確率密度曲線

確率 $P((X,Y) \in A)$ は領域 $A$ 上の積分であるため，$A$ の面積が 0 であるとき，$P((X,Y) \in A) = 0$ である．したがって，

$$P(a \leqq X \leqq b, c \leqq Y \leqq d) = P(a < X < b, c < Y < d) \tag{4.2.2}$$

などが成り立ち，等号が含まれるかどうかは確率に影響を及ぼさない．

$(X,Y)$ の同時確率密度関数 $f(x,y)$ に対して，

$$f_1(x) := \int_{-\infty}^{\infty} f(x,y)dy \tag{4.2.3}$$

を $X$ の**周辺確率密度関数** (marginal p.d.f.) と呼ぶ．$X$ の周辺分布は

$$P(X \in A_1) = P(X \in A_1, Y \in \mathbb{R})$$
$$= \int_{A_1} \left\{ \int_{-\infty}^{\infty} f(x,y)dy \right\} dx = \int_{A_1} f_1(x)dx$$

のように，周辺確率密度関数 $f_1(x)$ で求められる．$Y$ の周辺確率密度関数 $f_2(y)$ も同様に定義すると，$P(Y \in A_2)$ は $f_2(y)$ の $A_2$ 上の積分で求められる．

$(X, Y)$ の同時確率密度関数 $f(x, y)$ に対して，

$$f_2(y|x) := \frac{f(x,y)}{f_1(x)} \tag{4.2.4}$$

で定義される $f_2(y|x)$ を $X = x$ の下での $Y$ の**条件付き確率密度関数** (conditional p.d.f.) と呼ぶ．積分の平均値の定理より，

$$\lim_{\delta \to 0} P\left(c \leqq Y \leqq d \mid x \leqq X \leqq x+\delta\right) = \int_c^d f_2(y|x)dy$$

が成り立つので，$X$ が微小区間 $[x, x+\delta]$ に値をとるという条件の下での $Y$ の条件付き確率の確率密度関数が $f_2(y|x)$ であると考えられる．$Y = y$ の下での $X$ の条件付き確率密度関数 $f_1(x|y)$ も同様に定義する．

任意の $x, y \in \mathbb{R}$ に対して，

$$f(x, y) = f_1(x)f_2(y) \tag{4.2.5}$$

が成り立つとき，$X$ と $Y$ は**独立**であると言い，$X \perp\!\!\!\perp Y$ と表す．

**命題 4.2.** $X \perp\!\!\!\perp Y \iff f_1(x|y) = f_1(x) \iff f_2(y|x) = f_2(x)$.

**証明**．離散確率変数に関する命題 4.1[55] と同様に証明できる． □

**命題 4.3.** $(X, Y)$ の同時 p.d.f. $f(x, y)$ に対して，$f(x, y) = g(x)h(y)$ を満たす関数 $g(x), h(y)$ が存在するとき，$X \perp\!\!\!\perp Y$．

**証明**．$c_1 = \int_{-\infty}^{\infty} g(x)dx, c_2 = \int_{-\infty}^{\infty} h(y)dy$ とおくと，$f_1(x) = c_2 g(x), f_2(y) = c_1 h(y)$ なので $\int_{-\infty}^{\infty} f_1(x)dx = \int_{-\infty}^{\infty} f_2(y)dy = c_1 c_2 = 1$．したがって，

$$f_1(x)f_2(y) = c_1 c_2 g(x)h(y) = g(x)h(y) = f(x,y).$$

□

《例 4.3 続①》例 4.3[56] では $0 \leqq x < 1, 0 \leqq y < 2\pi$ のとき，$f(x, y) = \frac{x}{\pi}$ なので，そのとき，

$$f_1(x) = \int_0^{2\pi} f(x,y)dy = 2x, \quad f_2(y) = \int_0^1 f(x,y)dx = \frac{1}{2\pi}.$$

よって，$f(x, y) = f_1(x)f_2(y)$ が成り立ち，$X \perp\!\!\!\perp Y$（命題 4.3 でもわかる）． ▲

## 4.3　一般の2変量確率変数*

確率 $P$ が定義された集合 $\Omega$ から $\mathbb{R}$ への写像 $X, Y$ の組 $(X, Y)$ を **2変量確率変数** (bivariate random variable) と呼ぶ．一つの確率変数は1変量確率変数と呼ぶことにする．$\mathbb{R}^2$ の任意の部分集合 $A$ から確率

$$P((X, Y) \in A) := P(\{\omega \in \Omega | (X(\omega), Y(\omega)) \in A\})$$

への写像を $(X, Y)$ の**同時分布** (joint distribution) と言う．ここで，$\{\omega \in \Omega | (X(\omega), Y(\omega)) \in A\}$ は $(X(\omega), Y(\omega)) \in A$ となる $\omega$ を要素とする $\Omega$ の部分集合である (図 4.6 の斜線部 ▨)．

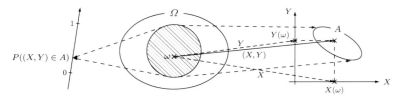

図 4.6　2変量確率変数の同時分布

$P((X, Y) \in A)$ は，1変量確率変数の確率分布に対する (D1)[34]，(D2)[34]，(D3)[34] と同様の性質を満たす．$(X, Y)$ の同時分布しか扱わない場合は，確率として自然な性質を満たす同時分布 $P((X, Y) \in A)$ が定義されている変数の組 $(X, Y)$ を2変量確率変数と定義してもよい．

直積集合 $A_1 \times A_2 = \{(x, y) | x \in A_1, y \in A_2\}$ に対して，

$$P(X \in A_1, Y \in A_2) := P((X, Y) \in A_1 \times A_2)$$

と表すことにする (図 4.7)．

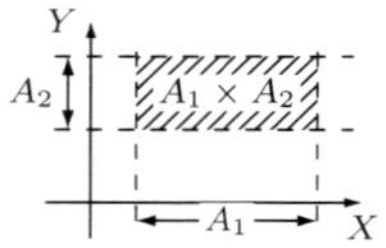

$\mathbb{R}$ の任意の集合 $A_1, A_2$ に対して，

$$P(X \in A_1) = P(X \in A_1, Y \in \mathbb{R}), \qquad (4.3.1)$$
$$P(Y \in A_2) = P(X \in \mathbb{R}, Y \in A_2) \qquad (4.3.2)$$

図 4.7　直積集合

が成り立ち，これらをそれぞれ $A_1, A_2$ から実数への写像とみるとき，これらを $X, Y$ の**周辺分布** (marginal distribution) と呼ぶ (図 4.8)．

図 4.8　周辺分布

任意の $A_1, A_2 \subset \mathbb{R}$ に対して，

$$P(X \in A_1, Y \in A_2) = P(X \in A_1) P(Y \in A_2) \qquad (4.3.3)$$

が成り立つとき，$X$ と $Y$ は**独立**と言い，$X \perp\!\!\!\perp Y$ と表す．$(X, Y)$ が離散であるときは，(4.1.5)[55] と (4.3.3) は同値であり，連続であるときは，(4.2.5)[57] と (4.3.3) は同値であることが証明できる．

$X$ と $Y$ のどちらの周辺分布も離散である場合やどちらも連続である場合を扱うことが多いが，$X$ の周辺分布がポアソン分布，$Y$ の周辺分布がガンマ分布であるような (演習 4.14[70])，変量ごとに分布のタイプが異なる場合もあるので，注意したい．

## 4.4 期待値と共分散

2変数関数 $h(x,y)$ に対して,

$$E[h(X,Y)] := \begin{cases} \sum_{k,j=0}^{\infty} h(x_k, y_j) p(k,j) & \text{(離散)} \\ \iint_{\mathbb{R}^2} h(x,y) f(x,y) dx dy & \text{(連続)} \end{cases} \tag{4.4.1}$$

を $h(X,Y)$ の**期待値**, または**平均**と呼ぶ.

**命題 4.4** (期待値の線形性). 定数 $a, b$ と関数 $h(x,y), g(x,y)$ に対して,

$$E[ah(X,Y) + bg(X,Y)] = aE[h(X,Y)] + bE[g(X,Y)]. \tag{4.4.2}$$

特に, $E[aX + bY] = aE[X] + bE[Y]$.

**証明**. (4.4.1) において, $h(X,Y)$ を $ah(X,Y) + bg(X,Y)$ におきかえると証明できる. □

**命題 4.5** (1変数関数の期待値). $X$ だけの関数 $u(X)$ の期待値に関して,

$$E[u(X)] = \begin{cases} \sum_{k=0}^{\infty} u(x_k) p_1(k) & \text{(離散)} \\ \int_{-\infty}^{\infty} u(x) f_1(x) dx & \text{(連続)} \end{cases}. \tag{4.4.3}$$

$Y$ だけの関数 $v(Y)$ の期待値 $E[v(Y)]$ も同様である.

**証明**. 離散の場合を示す. (4.4.1) において, $h(x,y) = u(x)$ とすると,

$$E[u(X)] = \sum_{k,j=0}^{\infty} u(x_k) p(k,j) = \sum_{k=0}^{\infty} u(x_k) \left( \sum_{j=0}^{\infty} p(k,j) \right) = \sum_{k=0}^{\infty} u(x_k) p_1(k).$$

$h(x,y) = v(y)$ とすると, $E[v(Y)]$ に関しても示せる. 連続の場合も同様. □

つまり, 期待値をとる関数が $X$ と $Y$ のどちらか一方だけにしか依存しないときは, 周辺確率関数, または周辺確率密度関数で期待値を求めればよい. $Var[X], Var[Y]$ も同様である.

$X$ と $Y$ の**共分散**を

$$Cov[X,Y] := E[(X - \mu_1)(Y - \mu_2)] \tag{4.4.4}$$

と定義する. ただし, $\mu_1 = E[X], \mu_2 = E[Y]$.

$(X,Y)$ が離散であるとき, その同時確率関数の値の大きさを点の大きさで表すと図 4.9 のようになったとする. この場合, $(E[X], E[Y])$ の右上と左下の灰色の部分には大きな確率が分布している. その部分では $(X - E[X])(Y - E[Y])$ は正の値をとるので, 共分散は

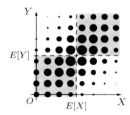

図 4.9 共分散が正の例

正の値をとる. 逆に, 右下と左上の白い部分に大きな確率が分布する場合は, 共分散は負の値をとる.

**命題 4.6** (共分散公式).
$$Cov\,[X,Y] = E\,[XY] - E\,[X]\,E\,[Y]. \tag{4.4.5}$$

**証明**. (4.4.4)[59] において，$(X-\mu_1)(Y-\mu_2) = XY - \mu_1 Y - \mu_2 X + \mu_1\mu_2$ なので，期待値の線形性 (命題 4.4[59]) より，$Cov\,[X,Y] = E\,[XY] - \mu_1 E\,[Y] - \mu_2 E\,[X] + \mu_1\mu_2$. $\mu_1 = E\,[X]$, $\mu_2 = E\,[Y]$ なので，(4.4.5) が成り立つ. □

$Var\,[X] > 0$ かつ $Var\,[Y] > 0$ のとき，$r[X,Y]$ を

$$r[X,Y] := \frac{Cov\,[X,Y]}{\sqrt{Var\,[X]}\sqrt{Var\,[Y]}} \tag{4.4.6}$$

と定義して，$X$ と $Y$ の**相関係数** (correlation coefficient) と呼ぶ．常に，

$$|r[X,Y]| \leqq 1 \tag{4.4.7}$$

が成り立ち，その等号成立条件は，

$$P\left(Y = \frac{Cov\,[X,Y]}{Var\,[X]}(X - E\,[X]) + E\,[Y]\right) = 1$$

で与えられる (演習 4.13[70])．

二つの関数 $h(x,y)$, $g(x,y)$ に対して，

$$Cov\,[h(X,Y), g(X,Y)] := E\,[\{h(X,Y) - \mu_h\}\{g(X,Y) - \mu_g\}] \tag{4.4.8}$$

を $h(X,Y)$ と $g(X,Y)$ の**共分散**と呼ぶ．ただし，$\mu_h = E\,[h(X,Y)]$, $\mu_g = E\,[g(X,Y)]$ とする．さらに，$h(X,Y)$ の**分散**は，

$$Var\,[h(X,Y)] := Cov\,[h(X,Y), h(X,Y)] \tag{4.4.9}$$

と定義する．

《例 4.1 続②》例 4.1 続①[55] で求めた壺 $\Omega_2$(例 4.1[54]) から無作為抽出したコインの数字 $(X,Y)$ の同時確率関数を用いると，

$$E\,[XY] = 1 \times 0 \times 0.1 + 1 \times 1 \times 0.1 + \cdots + 4 \times 2 \times 0.05 = 2.7.$$

周辺確率関数を用いると，$E\,[X] = 2.4$, $E\,[X^2] = 6.6$, $E\,[Y] = 1$, $E\,[Y^2] = 1.5$. したがって，$Var\,[X] = 0.84$, $Var\,[Y] = 0.5$, $Cov\,[X,Y] = E\,[XY] - E\,[X]\,E\,[Y] = 0.3$. また，$r[X,Y] = \frac{0.3}{\sqrt{0.84 \times 0.5}} = 0.4629\cdots$. ▲

《例 4.3 続②》$(X,Y)$ が 例 4.3[56] の 2 変量連続確率変数であるとき，

$$E\,[X] = \int_0^1 x \cdot 2x\,dx = \frac{2}{3}, \quad E\,[Y] = \int_0^{2\pi} y \cdot \frac{1}{2\pi}\,dy = \pi,$$

$$E\,[XY] = \int_0^1 \left\{\int_0^{2\pi} xy\frac{x}{\pi}\,dy\right\}dx = \frac{2\pi}{3}$$

なので，$Cov\,[X,Y] = 0$. ▲

## 4.5 期待値と共分散の性質

本節では，$h, g, h_1, h_2, g_1, g_2$ は $X, Y$ の関数であり，$a, b, c, d$ は定数である．表現を簡潔にするため，期待値や分散，共分散の内部において，$h(X, Y)$ を $h$ のように，$(X, Y)$ の関数から $(X, Y)$ を省略して表現する．

**命題 4.7** (定数の共分散)．関数 $h(X, Y)$ と定数 $a$ に対して，

$$Cov[h, a] = 0. \tag{4.5.1}$$

**証明**．$Cov[h, a] = E[\{h - E[h]\}\{a - E[a]\}] = E[0] = 0$． □

**命題 4.8** (共分散の双線形性)．

$$Cov[a h_1 + b h_2, g] = a\,Cov[h_1, g] + b\,Cov[h_2, g]. \tag{4.5.2}$$
$$Cov[h, a g_1 + b g_2] = a\,Cov[h, g_1] + b\,Cov[h, g_2]. \tag{4.5.3}$$

**証明**．(4.4.8)[60] において，$h$ を $ah_1 + bh_2$ として，期待値の線形性を用いると (4.5.2) が示せる．(4.5.3) も同様に証明できる． □

**命題 4.9** (相関係数の不変性)．

$$Cov[aX + b, cY + d] = ac\,Cov[X, Y], \tag{4.5.4}$$

$$r[aX + b, cY + d] = \begin{cases} r[X, Y] & (ac > 0) \\ -r[X, Y] & (ac < 0) \end{cases}. \tag{4.5.5}$$

**証明**．演習 4.4[69]． □

**命題 4.10** (積の期待値の分解)．$X \perp\!\!\!\perp Y$ のとき，

$$E[v(X)w(Y)] = E[v(X)]\,E[w(Y)]. \tag{4.5.6}$$

特に，$E[XY] = E[X]E[Y]$．

**証明**．$(X, Y)$ が 2 変量離散確率変数である場合，$X \perp\!\!\!\perp Y$ なので，$p(k, j) = p_1(k)p_2(j)$ が成り立ち，したがって，

$$E[v(X)w(Y)] = \sum_{k,j=0}^{\infty} v(x_k)w(y_j)p_1(k)p_2(j)$$
$$= \sum_{k=0}^{\infty} v(x_k)p_1(k)\left(\sum_{j=0}^{\infty} w(y_j)p_2(j)\right) = E[v(X)]\,E[w(Y)].$$

$(X, Y)$ が連続確率変数の場合も同様に示せる． □

**命題 4.11** (独立ならば無相関)．

$$X \perp\!\!\!\perp Y \;\Rightarrow\; Cov[X, Y] = r[X, Y] = 0. \tag{4.5.7}$$

**証明**. $X \perp\!\!\!\perp Y$ より $E[XY] = E[X]E[Y]$. よって，共分散公式より $Cov[X,Y] = 0$. したがって，$r[X,Y] = 0$. □

**命題 4.12** (分散の展開公式).
$$Var[ah + bg] = a^2 Var[h] + 2ab\, Cov[h,g] + b^2 Var[g]. \tag{4.5.8}$$

$X \perp\!\!\!\perp Y$ のとき，
$$Var[v(X) + w(Y)] = Var[v(X)] + Var[w(Y)]. \tag{4.5.9}$$

**証明**. $Var[ah + bg] = Cov[ah+bg, ah+bg]$ だから命題 4.8[61] を使えば (4.5.8) が導ける．また，$X \perp\!\!\!\perp Y$ のとき，命題 4.10[61] より $Cov[v,w] = E[vw] - E[v]E[w] = 0$. これから，(4.5.9) がわかる． □

《例 4.1 続③》 例 4.1[54] の壺 $\Omega_2$ を使って，年末セールで福引をすることになった．引いたコインの数字 $(X,Y)$ に対して，$Z = 500(X-1)$(円) の現金を景品にして，$W = 5000Y$(円) の商品券を副賞とすることにした．例 4.1 続②[60] より，$Cov[X,Y] = 0.3$ なので，

$$Cov[Z,W] = Cov[500(X-1), 5000Y] = 500 \times 5000\, Cov[X,Y] = 750000.$$

また，$r[Z,W] = r[X,Y] = 0.46291\cdots$. ▲

《例 4.3 続③》 例 4.3[56] の $X$ と $Y$ は独立だったので (例 4.3 続①[57])，命題 4.10[61] より $Cov[X,Y] = r[X,Y] = 0$ がわかる．一方，例 4.3 続②[60] では共分散公式を使って求めた． ▲

## 4.6 条件付き期待値*

とりうる値が $(x_k, y_j), k, j = 0, 1, 2, \ldots$ である 2 変量離散確率変数 $(X,Y)$ に対して，

$$E[h(X,Y) \mid Y = y_j] := \sum_{k=0}^{\infty} h(x_k, y_j) p_1(k|j) \tag{4.6.1}$$

と定義される $E[h(X,Y) \mid Y = y_j]$ を $Y = y_j$ の下での $h(X,Y)$ の**条件付き期待値** (conditional expectation) と呼ぶ．$E[g(X,Y) \mid X = x_k]$ も同様に $p_2(j|k)$ に対する期待値として定義する．
　また，$(X,Y)$ が同時確率密度関数が $f(x,y)$ である 2 変量連続確率変数であるときは，

$$E[h(X,Y) \mid Y = y] = \int_{-\infty}^{\infty} h(x,y) f_1(x|y) dx \tag{4.6.2}$$

と定義される $E[h(X,Y) \mid Y = y]$ を $Y = y$ の下での $h(X,Y)$ の**条件付き期待値** (conditional expectation) と呼ぶ．$E[g(X,Y) \mid X = x]$ も同様に $f_2(y|x)$ による期待値として定義する．$E[Y \mid X = x]$ を $x$ の関数と見て，$Y$ の $x$ 上への**回帰関数** (regression function) と呼ぶ．
　$H(y) := E[h(X,Y) \mid Y = y]$ とおいて，$E[h(X,Y)|Y] := H(Y)$ と表す．つまり，条件付き期待値 $E[h(X,Y) \mid Y = y]$ における条件 $Y = y$ の定数 $y$ に再度確率変数 $Y$ を代入したものを

$E[h(X,Y)|Y]$ と表す．離散の場合は，$x_k = k, y_j = j$ の場合に限り，同様に考える．

**命題 4.13.** (1) $X \perp\!\!\!\perp Y$ のとき，$E[h(X,Y)|Y=y] = E[h(X,y)], \forall y \in \mathbb{R}$.
(2) $E[h_1(X,Y)h_2(Y)|Y] = h_2(Y)E[h_1(X,Y)|Y]$.
(3) $E[E[h(X,Y)|Y]] = E[h(X,Y)]$.
(4) $E[(Y - E[Y|X])E[Y|X]] = 0$.
(5) $E[Y^2] = E[(E[Y|X])^2] + E[(Y - E[Y|X])^2]$.
(6) $Var[Y] = Var[E[Y|X]] + E[(Y - E[Y|X])^2]$.

**証明**．演習 4.11[69]． □

## 4.7 代表的な2変量確率変数*

### 4.7.1 三項分布*

とりうる値が非負整数である2変量離散確率変数 $(X,Y)$ の同時確率関数が

$$p(k,j) = \begin{cases} \dfrac{n!}{k!j!\ell!}p^k q^j r^\ell & (0 \leq k+j \leq n, \ell = n-k-j) \\ 0 & (それ以外) \end{cases} \quad (4.7.1)$$

であるとき，$(X,Y)$ は**三項分布** (trinomial distribution) に従うと言う．ただし，$n$ は自然数で，$p, q, r$ は $p \geq 0, q \geq 0, r \geq 0, p+q+r=1$ を満たす実数である．三項定理

$$(a+b+c)^n = \sum_{\substack{k \geq 0, j \geq 0, \ell \geq 0 \\ k+j+\ell=n}} \frac{n!}{k!j!\ell!} a^k b^j c^\ell \quad (4.7.2)$$

より，$p(k,j)$ が (4.1.3)[54] を満たすことがわかる．

**命題 4.14.** $(X,Y)$ が (4.7.1) の同時確率関数を持つ三項分布に従うとき，

(1) $X \sim B(n,p), Y \sim B(n,q), X+Y \sim B(n,p+q)$.
(2) $X = k$ のときの $Y$ の条件付き分布は $B(n-k, \frac{q}{q+r})$．
(3) $Cov[X,Y] = -npq, r[X,Y] = -\sqrt{\dfrac{pq}{(1-p)(1-q)}}$.
(4) $X+Y = t$ のときの $X$ の条件付き分布は $B(t, \frac{p}{p+q})$．

**証明**．演習 4.9[69]． □

### 4.7.2 2変量正規分布*

2変量連続確率変数 $(X,Y)$ の同時確率密度関数が

$$f(x,y) = \frac{1}{2\pi\sigma_1\sigma_2\sqrt{1-\rho^2}} \exp\left[-\frac{1}{2(1-\rho^2)}\left\{\left(\frac{x-\mu_1}{\sigma_1}\right)^2 \right.\right.$$
$$\left.\left. -2\rho\left(\frac{x-\mu_1}{\sigma_1}\right)\left(\frac{y-\mu_2}{\sigma_2}\right) + \left(\frac{y-\mu_2}{\sigma_2}\right)^2\right\}\right] \quad (4.7.3)$$

であるとき，$(X,Y)$ は **2 変量正規分布** (binormal distribution) に従うと言う．ただし，$\mu_1$ と $\mu_2$ は実数, $\sigma_1$ と $\sigma_2$ は正の実数, $\rho$ は $-1 < \rho < 1$ を満たす実数である．

**定理 4.1** (2 変量正規分布の周辺分布と条件付き分布).

(1) $X$ の周辺分布は $N(\mu_1, \sigma_1^2)$, $Y$ の周辺分布は $N(\mu_2, \sigma_2^2)$ である．

(2) $X = x$ のときの $Y$ の条件付き分布は
$$N\left(\mu_2 + \rho\sigma_2 \frac{x - \mu_1}{\sigma_1}, (1-\rho^2)\sigma_2^2\right).$$

(3) $Cov[X, Y] = \rho\sigma_1\sigma_2$, $r[X, Y] = \rho$.

(4) $\rho = 0 \iff X \perp\!\!\!\perp Y$.

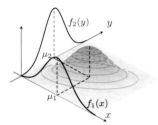

図 4.10　2 変量正規分布の p.d.f.

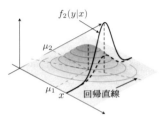

図 4.11　条件付き p.d.f.

2 変量正規分布の場合，回帰関数 $y = E[Y|X = x]$ は直線
$$y = \mu_2 + \rho\sigma_2 \frac{x - \mu_1}{\sigma_1} \tag{4.7.4}$$
になる．この直線を**回帰直線**と呼ぶ．データによる回帰直線 (2.8.3)[25] と区別するときは，**母回帰直線** (population regression line) と呼ぶ．同時 p.d.f. $f(x,y)$, 周辺 p.d.f. $f_1(x), f_2(y)$, 条件付き p.d.f. $f_2(y|x)$, および回帰直線のグラフは, 図 4.10, 図 4.11 のように表される．同時 p.d.f. は $(x, y) = (\mu_1, \mu_2)$ で最大となり，回帰直線はその点を通ることに注意しよう．

**証明**．$\mu_1 = \mu_2 = 0, \sigma_1 = \sigma_2 = 1$ のときの $f(x,y)$ を $f_0(x,y)$ と表すと，
$$f_0(x,y) = \frac{1}{2\pi\sqrt{1-\rho^2}} \exp\left(-\frac{x^2 - 2\rho xy + y^2}{2(1-\rho^2)}\right)$$
となり，
$$f(x,y) = \frac{1}{\sigma_1\sigma_2} f_0\left(\frac{x-\mu_1}{\sigma_1}, \frac{y-\mu_2}{\sigma_2}\right)$$
が成り立つ．$N(\mu, \sigma^2)$ の p.d.f. を $\phi(x|\mu, \sigma^2)$ とすると，$f_0(x,y) = \phi(x|0,1)\phi(y|\rho x, 1-\rho^2)$ が成り立つので (演習 4.10[69]), $f(x,y)$ は
$$f(x,y) = \phi(x|\mu_1, \sigma_1^2)\phi\left(y \,\middle|\, \mu_2 + \rho\frac{\sigma_2}{\sigma_1}(x-\mu_1), (1-\rho^2)\sigma_2^2\right) \tag{4.7.5}$$
と分解できる．(3.6.2)[44] を考慮すると，$X$ の周辺 p.d.f. $f_1(x)$ は，
$$f_1(x) = \int_{-\infty}^{\infty} f(x,y)dy = \phi(x|\mu_1, \sigma_1^2) \tag{4.7.6}$$

となり，$X \sim N(\mu_1, \sigma_1^2)$ がわかる．$Y \sim N(\mu_2, \sigma_2^2)$ も同様に導ける．

また，(4.7.5) と (4.7.6) から $f_2(y|x) = f(x,y)/f_1(x)$ を求めると，$X = x$ のときの $Y$ の条件付き分布は平均 $\mu_2 + \rho \frac{\sigma_2}{\sigma_1}(x - \mu_1)$, 分散 $(1 - \rho^2)\sigma_2^2$ の正規分布であることがわかる．さらに，命題 4.13[63](3),(2) を用いて変形すると，

$$E[XY] = E[XE[Y|X]] = E\left[X\left(\mu_2 + \rho\frac{\sigma_2}{\sigma_1}(X - \mu_1)\right)\right]$$
$$= E\left[\mu_2 X + \rho\frac{\sigma_2}{\sigma_1}(X - \mu_1)X\right] = \mu_1\mu_2 + \rho\sigma_1\sigma_2.$$

最後の等式は，$E[(X - \mu_1)X] = Var[X] = \sigma_1^2$ を用いた．よって，$Cov[X, Y] = \rho\sigma_1\sigma_2$. $Var[X] = \sigma_1^2, Var[Y] = \sigma_2^2$ なので $r[X, Y] = \rho$.

最後に，$\rho = 0$ のとき，(4.7.5)[64] より，$f(x, y) = \phi(x|\mu_1, \sigma_1^2)\phi(y|\mu_2, \sigma_2^2)$ だから，$X \perp\!\!\!\perp Y$ となる．命題 4.11[61] と合わせて，$Cov[X, Y] = 0 \iff X \perp\!\!\!\perp Y$ が導ける． $\square$

## 4.8 多変量確率変数*

とりうる値が $\{x_k\}_{k=0,1,2,\ldots}$ である $n$ 個の離散確率変数の組 $(X_1, \ldots, X_n)$ を $n$ **変量離散確率変数** ($n$-variate discrete r.v.) と呼び，

$$\sum_{k_1=0}^{\infty} \cdots \sum_{k_n=0}^{\infty} P(X_1 = x_{k_1}, \ldots, X_n = x_{k_n}) = 1$$

を満たすとき，$p(k_1, \ldots, k_n) = P(X_1 = x_{k_1}, \ldots, X_n = x_{k_n})$ を $n$ **変量同時確率関数** ($n$-variate joint probability function) と呼ぶ．また，$p_j(k) := P(X_j = x_k)$ を $X_j$ の **周辺確率関数** (marginal probability function) と呼ぶ．さらに，

$$p(k_1, \ldots, k_n) = p_1(k_1) \cdots p_n(k_n), \quad \forall k_1, \ldots, k_n = 0, 1, 2, \ldots \tag{4.8.1}$$

であるとき，$X_1, \ldots, X_n$ が**独立**であると言う．$h(x_1, \ldots, x_n)$ に対して，

$$E[h(X_1, \ldots, X_n)] := \sum_{k_1, \ldots, k_n = 0}^{\infty} h(x_{k_1}, \ldots, x_{k_n}) p(k_1, \ldots, k_n) \tag{4.8.2}$$

を $h(X_1, \ldots, X_n)$ の**期待値**，または，**平均**と呼ぶ．

一方，任意の $a_1 < b_1, \ldots, a_n < b_n$ に対して，

$$P(a_1 \leqq X_1 \leqq b_1, \ldots, a_n \leqq X_n \leqq b_n) = \int \cdots \int_{D_n} f(x_1, \ldots, x_n) dx_1 \cdots dx_n$$

が成り立つとき，$(X_1, \ldots, X_n)$ を $n$ **変量連続確率変数** ($n$-variate continuous r.v.) と呼び，$f(x_1, \ldots, x_n)$ を $n$ **変量同時確率密度関数** ($n$-variate joint p.d.f.) と呼ぶ．ただし，$D_n = [a_1, b_1] \times \cdots \times [a_n, b_n]$. 任意の $j = 1, \ldots, n$ に対して，

$$f_j(x) = \int \cdots \int_{\mathbb{R}^{n-1}} f(x_1, \ldots, x_{j-1}, x, x_{j+1}, \ldots, x_n) dx_1 \cdots dx_{j-1} dx_{j+1} \cdots dx_n \tag{4.8.3}$$

を $X_j$ の**周辺確率密度関数** (marginal p.d.f.) と呼ぶ．さらに，

$$f(x_1,\ldots,x_n) = f_1(x_1)\cdots f_n(x_n), \quad \forall x_1,\ldots,x_n \in \mathbb{R} \tag{4.8.4}$$

が成り立つとき，$X_1,\ldots,X_n$ が**独立**であると言う．

$$E[h(X_1,\ldots,X_n)] := \int\cdots\int_{\mathbb{R}^n} h(x_1,\ldots,x_n)f(x_1,\ldots,x_n)dx_1\cdots dx_n \tag{4.8.5}$$

を $h(X_1,\ldots,X_n)$ の**期待値**，または，**平均**と呼ぶ．

離散でも連続でも，2変量確率変数の場合と同様に，二つの $n$ 変数関数 $h, g$ に対して，

$$Cov[h,g] := E[(h(X_1,\ldots,X_n) - \mu_h)(g(X_1,\ldots,X_n) - \mu_g)]$$

と定義し，$h(X_1,\ldots,X_n)$ と $g(X_1,\ldots,X_n)$ の**共分散**と呼ぶ．ただし，$\mu_h = E[h(X_1,\ldots,X_n)]$, $\mu_g = E[g(X_1,\ldots,X_n)]$．さらに，

$$Var[h] := Cov[h,h]$$

と定義し，$h(X_1,\ldots,X_n)$ の**分散**と呼ぶ．

$n$ 変量確率変数 $(X_1,\ldots,X_n)$ の期待値や分散，共分散についても，2変量確率変数と同様の性質が成り立つ (命題 4.4[59]，命題 4.8[61]，命題 4.12[62] の証明を参照)．特に，以下の性質はよく使う．

**命題 4.15** (期待値の線形性)．定数 $a_1,\ldots,a_n$ に対して，

$$E\left[\sum_{i=1}^n a_i X_i\right] = \sum_{i=1}^n a_i E[X_i]. \tag{4.8.6}$$

**命題 4.16** (共分散の双線形性)．

$$Cov\left[\sum_{i=1}^n a_i X_i, X_k\right] = \sum_{i=1}^n a_i \, Cov[X_i, X_k], \tag{4.8.7}$$

$$Cov\left[X_k, \sum_{i=1}^n a_i X_i\right] = \sum_{i=1}^n a_j \, Cov[X_k, X_i]. \tag{4.8.8}$$

**命題 4.17** (分散の展開公式)．定数 $a_1,\ldots,a_n$ に対して，

$$Var\left[\sum_{i=1}^n a_i X_i\right] = \sum_{i=1}^n a_i^2 Var[X_i] + 2\sum_{1 \leqq i < j \leqq n} a_i a_j \, Cov[X_i, X_j]. \tag{4.8.9}$$

特に，$X_1,\ldots,X_n$ が独立であるとき，

$$Var\left[\sum_{i=1}^n a_i X_i\right] = \sum_{i=1}^n a_i^2 Var[X_i]. \tag{4.8.10}$$

《例 4.4》* $(m-1)$ 変量離散確率変数 $(X_1,\ldots,X_{m-1})$ の同時確率関数 $p(k_1,\ldots,k_{m-1}) = P(X_1 = k_1,\ldots,X_{m-1} = k_{m-1})$ が

$$p(k_1,\ldots,k_{m-1}) = \frac{n!}{k_1!\cdots k_{m-1}!k_m!} p_1^{k_1}\cdots p_{m-1}^{k_{m-1}} p_m^{k_m} \tag{4.8.11}$$

であるとき，$(X_1, \ldots, X_{m-1})$ は**多項分布** (multinomial distribution) に従うと言う．ただし，$k_1, \ldots, k_m$ は与えられた自然数 $n$ に対して，$k_1 + \cdots + k_m = n$ を満たす非負整数，$p_1, \ldots, p_m$ は $p_1 + \cdots + p_m = 1$ を満たす正の実数．このとき，多項定理 (三項定理 (4.7.2)[63] の一般化) を用いると，

$$P(X_1 = k_1, X_2 = k_2) = \sum_{\substack{k_3, \ldots, k_m = 0, \ldots, n \\ k_3 + \cdots + k_m = n - k_1 - k_2}} p(k_1, \ldots, k_{m-1})$$

$$= \frac{n!}{k_1! k_2! (n - k_1 - k_2)!} p_1^{k_1} p_2^{k_2} (1 - p_1 - p_2)^{n - k_1 - k_2}$$

が導ける．つまり，$(X_1, X_2)$ は三項分布に従うことがわかる．一般に，$i \neq j$ なる $i, j$ に対して，$(X_i, X_j)$ が三項分布に従い，命題 4.14[63] より，$i = 1, \ldots, m-1$ に対して，$X_i \sim B(n, p_i)$，$i \neq j$ のとき，$X_i + X_j \sim B(n, p_i + p_j), Cov[X_i, X_j] = -n p_i p_j$ がわかる． ▲

$n$ 変量確率変数 $(X_1, \ldots, X_n)$ に対して，

$$\boldsymbol{X} := \begin{bmatrix} X_1 \\ \vdots \\ X_n \end{bmatrix}, \quad E[\boldsymbol{X}] := \begin{bmatrix} E[X_1] \\ \vdots \\ E[X_n] \end{bmatrix} \tag{4.8.12}$$

のように定義される $\boldsymbol{X}$ を $n$ 次元**確率ベクトル** (random vector)，$E[\boldsymbol{X}]$ を $\boldsymbol{X}$ の**平均ベクトル** (mean vector) と呼ぶ．また，$Var[\boldsymbol{X}]$ を

$$Var[\boldsymbol{X}] := \begin{bmatrix} Cov[X_1, X_1] & \cdots & Cov[X_1, X_n] \\ \vdots & \ddots & \vdots \\ Cov[X_n, X_1] & \cdots & Cov[X_n, X_n] \end{bmatrix} \tag{4.8.13}$$

と定義し，**分散共分散行列** (variance-covariance matrix) と呼ぶ．

**命題 4.18.** すべての成分が定数の $m \times n$ 行列 $A$ と $m$ 次元ベクトル $\boldsymbol{b}$ に対して，$m$ 次元確率ベクトル $\boldsymbol{Y}$ を $\boldsymbol{Y} = A\boldsymbol{X} + \boldsymbol{b}$ と定義するとき，

$$E[\boldsymbol{Y}] = AE[\boldsymbol{X}] + \boldsymbol{b}, \quad Var[\boldsymbol{Y}] = A Var[\boldsymbol{X}] A' \tag{4.8.14}$$

が成り立つ．ここで，$A'$ は $A$ の転置行列を表す．

**証明．** 演習 4.17[70]． □

$n$ 次元確率ベクトル $\boldsymbol{X}$ が同時確率密度関数を持つとき，それを $n$ 次元列ベクトル変数 $\boldsymbol{x}$ を用いて $f(\boldsymbol{x})$ と表すことにする．$\boldsymbol{X}$ と $\boldsymbol{x}$ を

$$\boldsymbol{X} = \begin{bmatrix} \boldsymbol{X}_1 \\ \boldsymbol{X}_2 \end{bmatrix}, \quad \boldsymbol{x} = \begin{bmatrix} \boldsymbol{x}_1 \\ \boldsymbol{x}_2 \end{bmatrix} \tag{4.8.15}$$

のように $m$ 次元ベクトル $\boldsymbol{X}_1, \boldsymbol{x}_1$ と $(n-m)$ 次元ベクトル $\boldsymbol{X}_2, \boldsymbol{x}_2$ に分割し，$\boldsymbol{X}_1, \boldsymbol{X}_2$ の同時確率密度関数を $f_1(\boldsymbol{x}_1), f_2(\boldsymbol{x}_2)$ と表すことにする．このとき，それらを $\boldsymbol{X}_1, \boldsymbol{X}_2$ の**周辺確率密度関数** (marginal density function) と呼ぶ．また，

$$f_2(\boldsymbol{x}_2 \mid \boldsymbol{x}_1) = \frac{f(\boldsymbol{x})}{f_1(\boldsymbol{x}_1)} \tag{4.8.16}$$

と定義される $f_2(\boldsymbol{x}_2 \mid \boldsymbol{x}_1)$ を $\boldsymbol{X}_1 = \boldsymbol{x}_1$ の下での**条件付き確率密度関数** (conditional density function) と呼ぶ．さらに，任意の $\boldsymbol{x}$ に対して

$$f(\boldsymbol{x}) = f_1(\boldsymbol{x}_1) f_2(\boldsymbol{x}_2) \tag{4.8.17}$$

が成り立つとき，$\boldsymbol{X}_1$ と $\boldsymbol{X}_2$ は**独立**であると言い，$\boldsymbol{X}_1 \perp\!\!\!\perp \boldsymbol{X}_2$ と表す．

《例 4.5》* $n$ 次元確率ベクトル $\boldsymbol{X}$ の同時確率密度関数が

$$\phi_n(\boldsymbol{x}|\boldsymbol{\mu}, \Sigma) := \frac{1}{\sqrt{|2\pi\Sigma|}} \exp\left\{-\frac{1}{2}(\boldsymbol{x}-\boldsymbol{\mu})'\Sigma^{-1}(\boldsymbol{x}-\boldsymbol{\mu})\right\} \tag{4.8.18}$$

であるとき，$\boldsymbol{X}$ は $n$ **変量正規分布** ($n$-variate normal distribution) に従うと言い，$\boldsymbol{X} \sim N_n(\boldsymbol{\mu}, \Sigma)$ と表す．ただし，$\boldsymbol{\mu}$ は $n$ 次の列ベクトル，$\Sigma$ は固有値がすべて正の実数である $n$ 次の実対称行列である．また，$(\boldsymbol{x}-\boldsymbol{\mu})'$ は列ベクトル $\boldsymbol{x}-\boldsymbol{\mu}$ を転置した行ベクトルを表す．このとき，任意の $\boldsymbol{\mu}, \Sigma$ に対して，

$$\int_{\mathbb{R}^n} \phi_n(\boldsymbol{x}|\boldsymbol{\mu}, \Sigma) d\boldsymbol{x} = 1 \tag{4.8.19}$$

が成り立ち，$E[\boldsymbol{X}] = \boldsymbol{\mu}$，$Var[\boldsymbol{X}] = \Sigma$ が示せる．

また，(4.8.15)[67] のように $\boldsymbol{X}$ を $\boldsymbol{X}_1$ と $\boldsymbol{X}_2$ に分割し，同様に $\boldsymbol{\mu}$ と $\Sigma$ を

$$\boldsymbol{\mu} = \begin{bmatrix} \boldsymbol{\mu}_1 \\ \boldsymbol{\mu}_2 \end{bmatrix}, \quad \Sigma = \begin{bmatrix} \Sigma_{11} & \Sigma_{12} \\ \Sigma_{21} & \Sigma_{22} \end{bmatrix}. \tag{4.8.20}$$

のように $m$ 次の列ベクトル $\boldsymbol{\mu}_1$ と $n-m$ 次の列ベクトル $\boldsymbol{\mu}_2$，$m \times m$ 行列 $\Sigma_{11}$ と $m \times (n-m)$ 行列 $\Sigma_{12}$，$(n-m) \times m$ 行列 $\Sigma_{21}$，$(n-m) \times (n-m)$ 行列 $\Sigma_{22}$ にそれぞれ分割する．このとき，$\boldsymbol{X}_1 \sim N_m(\boldsymbol{\mu}_1, \Sigma_{11})$ である．また，$\boldsymbol{X}_1 = \boldsymbol{x}_1$ を与えたときの $\boldsymbol{X}_2$ の条件付き分布は，$N_{n-m}(\boldsymbol{\mu}_{2|1}(\boldsymbol{x}_1), \Sigma_{22 \cdot 1})$ である．ただし，$\boldsymbol{\mu}_{2|1}(\boldsymbol{x}_1) := \boldsymbol{\mu}_2 + \Sigma_{21}\Sigma_{11}^{-1}(\boldsymbol{x}_1 - \boldsymbol{\mu}_1)$，$\Sigma_{22 \cdot 1} := \Sigma_{22} - \Sigma_{21}\Sigma_{11}^{-1}\Sigma_{12}$．これらの証明は，演習 4.18[70] を参照．▲

# 演習問題

**演習** 4.1 $(X, Y)$ の確率関数 $p(k, j)$ が下表で与えられるとき，下の問に答えよ．ただし，$0 < r < \frac{1}{3}$ であり，表にない $(k, j)$ に対しては $p(k, j) = 0$.

(1) $X$ と $Y$ の周辺確率関数 $p_1(1), p_1(2), p_1(3), p_2(1), p_2(2)$ を求めよ．
(2) $X$ と $Y$ が独立となる $r$ の値を求めよ．
(3) $E[X], E[Y], E[XY]$ を求めよ．また，$Cov[X, Y] = 0$ のとき，$X$ と $Y$ が独立かどうか答えよ．

| $j \backslash k$ | 1 | 2 | 3 |
|---|---|---|---|
| 1 | $r$ | $\frac{1}{3} - r$ | $\frac{1}{3}$ |
| 2 | $\frac{1}{12}$ | $\frac{r}{2}$ | $\frac{1-2r}{4}$ |

(4) $E[X \mid Y = 1]$ を求めよ.

**演習** 4.2 $E[X] = 1, E[Y] = 2, Var[X] = 1, Var[Y] = 2, E[XY] = -2$ のとき, $Cov[X, Y]$, $E[3X - Y], Var[3X - Y]$ を求めよ. また, $Cov[X + cY, Y] = 0$ となるような $c$ を求めよ.

**演習** 4.3 $X_1, \ldots, X_n$ は独立で, 任意の $i = 1, \ldots, n$ に対して, $E[X_i] = \mu, Var[X_i] = \sigma^2$ とする. $Y := \sum_{i=1}^{n} a_i X_i$ が, 任意の $\mu$ に対して, $E[Y] = \mu$ を満たすとき, $Var[Y]$ を最小にする $a_1, \ldots, a_n$ とその最小値を求めよ.

**演習** 4.4 命題 $4.9_{[61]}$ を証明せよ.

**演習** 4.5 $0 < x < 1, 0 < y < 1$ のとき, $f(x, y) = \frac{1}{3}(x + ay + 2xy + b)$, その他のとき, $f(x, y) = 0$ である $f(x, y)$ が同時確率密度関数である $(X, Y)$ について, 以下の問に答えよ. ただし, $a, b$ はある定数.
(1) $a, b$ の満たすべき関係式を求めよ.
(2) $P\left(0 < X < \frac{1}{2}, \frac{1}{3} < Y < \frac{2}{3}\right)$ の値を $a, b$ を用いないで表せ.
(3) $X$ の周辺確率密度関数 $f_1(x)$ と $Y = y$ の下での $X$ の条件付き確率密度関数 $f_1(x|y)$ が $f_1(x) = f_1(x|y)$ を満たすように, $a, b$ の値を定めよ.
(4) $Cov[X, Y] = 0$ のとき, $X$ と $Y$ が独立であるかどうか答えよ.

**演習** 4.6 3 点 O(0,0), A(1,0), B(0,1) が頂点の △OAB の内部から無作為に 1 点 P を選び, その $x$ 座標を $X$, $y$ 座標を $Y$ とする. このとき, $(X, Y)$ の同時確率密度関数 $f(x, y)$ と $X$ の周辺確率密度関数 $f_1(x)$ を求めよ. また, $E[X], Var[X], E[XY], Cov[X, Y], r[X, Y]$ を求めよ.

**演習** 4.7* $\lambda > 0, 0 < p < 1, q = 1 - p$ とする. $X \sim Po(\lambda)$ であり, 任意の非負整数 $n$ と $k = 0, \ldots, n$ に対して, $P(Y = k | X = n) = {}_nC_k p^k q^{n-k}$ を満たすとき, $Y$ の周辺分布を求めよ. また, 相関係数 $r[X, Y]$ を求めよ.

**演習** 4.8* $(X, Y) \sim f(x, y) = \begin{cases} \frac{1}{2}(x + y)e^{-x-y} & (x > 0, y > 0) \\ 0 & (その他) \end{cases}$ のとき, $X$ の周辺 p.d.f. $f_1(x)$, $X = x$ の下で $Y$ の条件付き p.d.f. $f_2(y|x)$ を求めよ. また, $E[Y | X = x], E[X], Cov[X, Y]$ を求めよ.

**演習** 4.9* 命題 $4.14_{[63]}$ を示せ.

**演習** 4.10* 定理 $4.1_{[64]}$ に関して, 以下の問に答えよ.
(1) $f_0(x, y) = \phi(x|0, 1)\phi(y|\rho x, 1 - \rho^2)$ を示し, $(4.7.5)_{[64]}$ を示せ.
(2) $P(X > \mu_1, Y > \mu_2)$ を求めよ.

**演習** 4.11* 命題 $4.13_{[63]}$ を連続確率変数の場合に証明せよ.

## 第4章 多変量確率変数

**演習** 4.12** $E[|h(X,Y)|] = 0$ のとき，$P(h(X,Y) = 0) = 1$ を示せ．また，$P(h(X,Y) = 0) = 1$ のとき，$E[h(X,Y)] = 0$ を示せ．

**演習** 4.13* 2変量確率変数 $(X,Y)$ に対して，以下の問に答えよ．

(1) $|E[XY]| \leq \sqrt{E[X^2]E[Y^2]}$ (**シュワルツの不等式**) を示し，この等号成立条件は $E[X^2] = 0$, または，$E[X^2] > 0$ かつ $P\left(Y = \frac{E[XY]}{E[X^2]}X\right) = 1$ であることを示せ．

(2) $|r[X,Y]| \leq 1$ を示し，$P\left(Y = \frac{Cov[X,Y]}{Var[X]}(X - E[X]) + E[Y]\right) = 1$ が等号成立条件であることを示せ．

**演習** 4.14* $\alpha > 0$, $\beta > 0$ とする．2変量確率変数 $(X,Y)$ が，任意の $k = 0, 1, 2, \ldots$ と $0 \leq a < b$ を満たす実数 $a, b$ に対して，

$$P(X = k, a \leq Y \leq b) = \int_a^b \frac{y^k}{k!}e^{-y}\frac{1}{\Gamma(\alpha)\beta^\alpha}y^{\alpha-1}e^{-y/\beta}dy$$

を満たすとき，$X \sim NB\left(\alpha, \frac{\beta}{\beta+1}\right)$, $Y \sim Ga(\alpha, \beta)$ を示し，$\lambda > 0$ に対して，$\lim_{\Delta\lambda \to 0} P(X = k|\lambda \leq Y \leq \lambda + \Delta\lambda)$ を求めよ．

**演習** 4.15* 任意の $h(x)$ に対して，$E\left[(Y - E[Y|X])^2\right] \leq E\left[(Y - h(X))^2\right]$ を示せ．

**演習** 4.16* $(X,Y) \sim f(x,y)$ で，任意の $x, y \in \mathbb{R}$ に対して $f(-x,-y) = f(x,y)$ を満たすとき，$P(X \leq Y) = P(Y \leq X)$ を示せ．さらに，$X \perp Y$ を満たすとき，$h(x) := 2f_1(x)F_2(x)$ が確率密度関数であることを示せ[1]．ただし，$f_1(x)$ は $X$ の周辺 p.d.f. で，$F_2(y)$ は $Y$ の分布関数である．

**演習** 4.17* 命題 4.18[67] を示せ．

**演習** 4.18** 以下の問に答えよ．

(1) $A^{-1}$ が存在し，次が成り立つとき，$S, T$ を $A, B, C$ で表せ．
$$\begin{bmatrix} I_m & O \\ S & I_k \end{bmatrix}\begin{bmatrix} A & B \\ C & D \end{bmatrix}\begin{bmatrix} I_m & T \\ O & I_k \end{bmatrix} = \begin{bmatrix} A & O \\ O & SB + D \end{bmatrix}.$$
ただし，$I_m, I_k$ は $m$ 次と $k$ 次の単位行列である．

(2) $A^{-1}$ が存在するとき，$\left|\begin{matrix} A & B \\ C & D \end{matrix}\right|, \begin{bmatrix} A & B \\ C & D \end{bmatrix}^{-1}$ を求めよ．

(3) $\phi_n(\boldsymbol{x}|\boldsymbol{\mu}, \Sigma)$ を (4.8.18)[68] で定義し，$\boldsymbol{\mu}, \Sigma$ を (4.8.20)[68] のように分割し，$\boldsymbol{\mu}_{2|1}(\boldsymbol{x}_1)$, $\Sigma_{22\cdot 1}$ を例 4.5[68] のように定義する．このとき，

$$\phi_n(\boldsymbol{x}|\boldsymbol{\mu}, \Sigma) = \phi_m(\boldsymbol{x}_1|\boldsymbol{\mu}_1, \Sigma_{11})\phi_{n-m}(\boldsymbol{x}_2|\boldsymbol{\mu}_{2|1}(\boldsymbol{x}_1), \Sigma_{22\cdot 1}) \tag{4.E.1}$$

---

[1] $X \sim N(0, \sigma^2), Y \sim N(0, a^2\sigma^2)$ のとき，$h(x)$ に従う確率変数の確率分布を**非対称正規分布** (asymmetric normal distribution) と呼ぶ．

を示し，(4.8.19)[68] を示せ．また，例 4.5[68] における $X_1 \sim N_m(\boldsymbol{\mu}_1, \Sigma_{11})$ を示し，さらに $X_1 = \boldsymbol{x}_1$ を与えたときの $X_2$ の条件付き分布が $N_{n-m}(\boldsymbol{\mu}_{2|1}(\boldsymbol{x}_1), \Sigma_{22 \cdot 1})$ であることを示せ．

(4) $f(x, y)$ を (4.7.3)[63] で定義し，$\boldsymbol{\mu} = \begin{bmatrix} \mu_1 \\ \mu_2 \end{bmatrix}$, $\Sigma = \begin{bmatrix} \sigma_1^2 & \rho\sigma_1\sigma_2 \\ \rho\sigma_1\sigma_2 & \sigma_2^2 \end{bmatrix}$ とする．このとき，$\phi_2(\boldsymbol{x}|\boldsymbol{\mu}, \Sigma) = f(x_1, x_2)$ を示せ．また，$m = 1$ に対する (4.E.1)[70] は，(4.7.5)[64] で $x = x_1, y = x_2$ としたものと一致することを示せ．

# 第5章
# 確率変数の変換と積率母関数

　データ解析では，多数のデータを集計していくつかの指標を求め，それらから結論を導く．不確実性を持つ多数のデータから求められた指標に，どのように不確実性が遺伝するのかを考慮して，結論を評価する必要がある．本章では，データを変換・集計した場合の不確実性の取り扱い方について解説する．

## 5.1 連続確率変数の変換

連続確率変数 $X \sim f(x)$ の変換 $Y = h(X)$ について，その確率密度関数 $g(y)$ の導出方法について考える．

《例 5.1》 $X \sim N(0,1)$ のとき, $Y = X^2$ の確率分布を求める．$X$ の p.d.f. は $f(x) = \dfrac{1}{\sqrt{2\pi}}e^{-\frac{1}{2}x^2}$ であり，$Y$ の分布関数を $G(y)$ とすると，

$$G(y) = P(Y \leqq y) = P(X^2 \leqq y) = P(-\sqrt{y} \leqq X \leqq \sqrt{y})$$
$$= \int_{-\sqrt{y}}^{\sqrt{y}} \frac{1}{\sqrt{2\pi}}e^{-\frac{1}{2}x^2}dx = 2\int_0^{\sqrt{y}} \frac{1}{\sqrt{2\pi}}e^{-\frac{1}{2}x^2}dx.$$

したがって，確率密度関数を $g(y)$ とすると，

$$g(y) = G'(y) = 2\frac{1}{\sqrt{2\pi}}e^{-\frac{1}{2}(\sqrt{y})^2}\frac{d}{dy}\sqrt{y} = \frac{1}{\sqrt{2\pi}}y^{\frac{1}{2}-1}e^{-\frac{y}{2}}.$$

この $g(y)$ はガンマ分布 $Ga(\frac{1}{2}, 2)$ の p.d.f. なので，$Y \sim Ga(\frac{1}{2}, 2)$. ▲

$h(x)$ が単調増加，あるいは単調減少のときは，次のように求められる．

**命題 5.1.** 微分可能な関数 $h(x)$ が狭義単調増加であるか，または，狭義単調減少であり，$X \sim f(x)$ のとき，$Y = h(X)$ の p.d.f. は

$$g(y) = f(h^{-1}(y))\left|\frac{d}{dy}h^{-1}(y)\right|. \tag{5.1.1}$$

**証明**．$h'(x) > 0$ とする．このとき，$h(x)$ も $h^{-1}(y)$ も単調増加なので，$Y \leqq y \iff h^{-1}(Y) \leqq h^{-1}(y)$. $X = h^{-1}(Y)$ なので，$Y$ の分布関数を $G(y)$ とすると，

$$G(y) = P(Y \leqq y) = P(X \leqq h^{-1}(y)) = \int_{-\infty}^{h^{-1}(y)} f(x)dx.$$

よって，

$$g(y) = G'(y) = f(h^{-1}(y))\frac{d}{dy}h^{-1}(y).$$

$h'(x) < 0$ の場合は，$G(y) = P(Y \leqq y) = P(X \geqq h^{-1}(y))$ なので，

$$g(y) = G'(y) = \frac{d}{dy}\int_{h^{-1}(y)}^{\infty} f(x)dx = f(h^{-1}(y))\left(-\frac{d}{dy}h^{-1}(y)\right).$$

$h'(x) > 0$ の場合と $h'(x) < 0$ の場合をまとめると結果が得られる． □

《例 5.2》 $X \sim f(x)$ に対して $Y = aX + b$ とする．このとき，$Y$ の p.d.f. は

$$g(y) = \frac{1}{|a|}f\left(\frac{y-b}{a}\right).$$

たとえば，$X \sim N(\mu, \sigma^2)$ のとき，$Y = aX + b$ の p.d.f. は

$$g(y) = \frac{1}{|a|}\frac{1}{\sqrt{2\pi\sigma^2}}\exp\left(-\frac{(\frac{y-b}{a}-\mu)^2}{2\sigma^2}\right) = \frac{1}{\sqrt{2\pi a^2\sigma^2}}\exp\left(-\frac{(y-(a\mu+b))^2}{2a^2\sigma^2}\right)$$

であり, $Y \sim N(a\mu + b, a^2\sigma^2)$ がわかる (命題 3.12[45]).

また, $X \sim Ga(a,b)$ のとき, $Y = cX \ (c > 0)$ の確率密度関数は
$$g(y) = \frac{1}{c}\frac{1}{\Gamma(a)b^a}\left(\frac{y}{c}\right)^{a-1}e^{-(y/c)/b} = \frac{1}{\Gamma(a)(bc)^a}y^{a-1}e^{-y/(bc)}$$
であり, $Y \sim Ga(a,bc)$ であることがわかる. ▲

《例 5.3》 $X \sim U(0,1)$ のとき, $Y = -\frac{1}{\lambda}\log(1-X)$ とする. ただし, $\lambda > 0$. この変換は単調増加であり, $X = 1 - e^{-\lambda Y}$ である. したがって, $Y$ の p.d.f. は, $X$ の p.d.f. $f(x) = 1(0 < x < 1)$, $0$(その他) を使って,
$$g(y) = f(1-e^{-\lambda y})\lambda e^{-\lambda y} = \begin{cases} \lambda e^{-\lambda y} & (0 < 1 - e^{-\lambda y} < 1 \iff y > 0) \\ 0 & (y \leqq 0) \end{cases}$$
と求められる. この $g(y)$ は指数分布 $Ex(\lambda)$ の確率密度関数である. ▲

## 5.2 多変量確率変数の変換*

2 変量確率変数 $(X,Y) \sim f(\boldsymbol{x}) = f(x,y)$ に対して, 一対一対応の変換
$$\begin{cases} Z = h_1(X,Y) \\ W = h_2(X,Y) \end{cases}$$
で定義される 2 変量確率変数 $(V,W)$ について考える. この逆変換を
$$\begin{cases} X = H_1(Z,W) \\ Y = H_2(Z,W) \end{cases}$$
と表し, 逆変換のヤコビアンを
$$J(z,w) = \begin{vmatrix} \frac{\partial H_1}{\partial z} & \frac{\partial H_1}{\partial w} \\ \frac{\partial H_2}{\partial z} & \frac{\partial H_2}{\partial w} \end{vmatrix} \tag{5.2.1}$$
とおく. このとき, 次が成り立つ.

**命題 5.2.** $(Z,W)$ の同時確率密度関数 $g(z,w)$ は
$$g(z,w) = f(H_1(z,w), H_2(z,w))\mathrm{abs}(J(z,w)). \tag{5.2.2}$$
ただし, $\mathrm{abs}(x)$ は $x$ の絶対値を表す.

**証明**. 任意の集合 $A \subset \mathbb{R}^2$ に対して,
$$B = \{(x,y) \in \mathbb{R}^2 \mid (h_1(x,y), h_2(x,y)) \in A\}$$
とする. このとき,
$$P((Z,W) \in A) = P((X,Y) \in B) = \iint_B f(x,y)dxdy$$

$$= \iint_A f(H_1(z,w), H_2(z,w))\mathrm{abs}(J(z,w))dzdw. \qquad \square$$

$n$ 変量連続確率変数 $\boldsymbol{X} = (X_1,\ldots,X_n)$ から $\boldsymbol{Y} = (Y_1,\ldots,Y_n)$ への変換が一対一対応であるときも，同様の公式が成り立つ．

独立な確率変数の変換に関しては，次が成り立つ．

**命題 5.3.** $X \perp\!\!\!\perp Y, Z = h_1(X), W = h_2(Y) \Rightarrow Z \perp\!\!\!\perp W$.

**証明**.
$$\begin{aligned}
P(Z \in B_1, W \in B_2) &= P(X \in h_1^{-1}(B_1), Y \in h_2^{-1}(B_2)) \\
&= P(X \in h_1^{-1}(B_1))P(Y \in h_2^{-1}(B_2)) \\
&= P(Z \in B_1)P(W \in B_2). \qquad \square
\end{aligned}$$

同様に独立な確率ベクトル $\boldsymbol{X}_1, \boldsymbol{X}_2$ と任意の関数 $h_1, h_2$ に対して，$h_1(\boldsymbol{X}_1), h_2(\boldsymbol{X}_2)$ も独立であることがわかる．

## 5.3 確率変数の和の分布

**命題 5.4.** (1) 2 変量離散確率変数 $(X, Y)$ のとりうる値が $X, Y = 0, 1, 2, \ldots$ であり，同時確率関数が $p(k, j)$ であるとき，$Z = X + Y$ の確率関数 $q(k) = P(Z = k)$ は
$$q(k) = \sum_{j=0}^{k} p(k-j, j) = \sum_{j=0}^{k} p(j, k-j).$$

(2) 2 変量連続確率変数 $(X, Y)$ の同時確率密度関数が $f(x, y)$ であるとき，$Z = X + Y$ の確率密度関数 $g(z)$ は
$$g(z) = \int_{-\infty}^{\infty} f(z-y, y)dy = \int_{-\infty}^{\infty} f(x, z-x)dx.$$

**証明**. (1) $P(Z = k) = P(X + Y = k) = \sum_{j=0}^{k} P(X = k-j, Y = j)$.

(2) 変換 $Z = X + Y, W = Y$ を考えると，逆変換は $X = Z - W, Y = W$ なので，この変換に対する命題 5.2[75] の $J(z, w)$ は，
$$J(z, w) = \begin{vmatrix} \frac{\partial x}{\partial z} & \frac{\partial x}{\partial w} \\ \frac{\partial y}{\partial z} & \frac{\partial y}{\partial w} \end{vmatrix} = \begin{vmatrix} 1 & -1 \\ 0 & 1 \end{vmatrix} = 1$$

であり，$(Z, W)$ の同時 p.d.f. を $h(z, w)$ とすると，
$$h(z, w) = f(z-w, w)|1| = f(z-w, w).$$

よって，$Z$ の周辺分布 $g(z)$ は
$$g(z) = \int_{-\infty}^{\infty} h(z, y)dy = \int_{-\infty}^{\infty} f(z-y, y)dy. \qquad \square$$

独立な $X, Y$ が同じ種類の確率分布に従うときは，和 $X+Y$ も $X$ や $Y$ と同じ種類の確率分布に従う場合がある．そのような確率分布は**再生性** (reproductive property) を持つと言う．

**命題 5.5.** $X \perp\!\!\!\perp Y$ とする．

(1)　$X \sim N(\mu_1, \sigma_1^2), Y \sim N(\mu_2, \sigma_2^2) \implies X+Y \sim N(\mu_1+\mu_2, \sigma_1^2+\sigma_2^2)$.

(2)*　$X \sim Ga(\alpha_1, \beta), Y \sim Ga(\alpha_2, \beta) \implies X+Y \sim Ga(\alpha_1+\alpha_2, \beta)$.

(3)　$X \sim B(n_1, p), Y \sim B(n_2, p) \implies X+Y \sim B(n_1+n_2, p)$.

(4)*　$X \sim Po(\lambda_1), Y \sim Po(\lambda_2) \implies X+Y \sim Po(\lambda_1+\lambda_2)$.

**証明**．命題 5.4[76] を用いた証明は，(1) については演習 5.3[80]，(2) については演習 5.10[80]，(3)，(4) については演習 5.9[80] にある．また，積率母関数を用いた証明は，(1)，(2)，(3) については例 5.9[79]，(4) については演習 5.13[81] にある． □

**定理 5.1.** $X_1, \ldots, X_n$ が独立で同一の $N(\mu, \sigma^2)$ に従うとき，$\bar{X} \sim N(\mu, \sigma^2/n)$．

**証明**．演習 5.2[80]． □

## 5.4　積率母関数*

$M_X(t) := E\left[e^{tX}\right]$ により定義される $t$ の関数 $M_X(t)$ を，$X$ の**積率母関数** (moment generating function) と呼ぶ．**m.g.f.** と省略することもある．

**命題 5.6.** ある $\delta > 0$ に対して，$|t| < \delta \implies M_X(t) < \infty$ が成り立つとき，$M_X(t)$ は $(-\delta, \delta)$ で何回でも微分可能で，任意の非負整数 $m$ と $t \in (-\delta, \delta)$ に対して，$M_X^{(m)}(t) = E\left[X^m e^{tX}\right]$．よって，$E[X^m] = M_X^{(m)}(0)$．ただし，$M_X^{(m)}(t)$ は $M_X(t)$ は $m$ 次の導関数．

**証明**．期待値 $E$ と微分 $\frac{d}{dt}$ の順序の交換を認めると，

$$\frac{d}{dt}M_X(t) = \frac{d}{dt}E\left[e^{tX}\right] = E\left[\frac{\partial}{\partial t}e^{tX}\right] = E\left[Xe^{tX}\right].$$

これを繰り返すと，$M_X^{(m)}(t) = E\left[X^m e^{tX}\right]$．よって，$M_X^{(m)}(0) = E[X^m]$．ここでは，期待値 $E$ と微分 $\frac{d}{dt}$ の順序を形式的に交換したが，それが正しいことは演習 5.12[81] を参照． □

$E[X^m]$ のことを $X$ の $m$ 次の**積率** (moment) と呼ぶが，この命題から，$E[X^m]$ が積率母関数 $M_X(t)$ を微分することで求められることがわかる．

《例 5.4》 $X \sim B(n, p)$ のとき (3.5.1 節 [40])，二項定理より，

$$M_X(t) = \sum_{k=0}^{n} e^{tk} {}_nC_k p^k q^{n-k} = \sum_{k=0}^{n} {}_nC_k (pe^t)^k q^{n-k} = (pe^t + q)^n.$$

これを $t$ で微分すると，

$$M_X'(t) = n(pe^t+q)^{n-1}pe^t, \quad M_X''(t) = np(pe^t+q)^{n-2}e^t\{npe^t+q\}.$$

$p+q=1$ なので，$E[X] = M'_X(0) = np$, $E[X^2] = M''_X(0) = np(np+q)$ であり，分散公式（命題 3.3[38]）より，$Var[X] = npq$. ▲

《例 5.5》 $X \sim N(\mu, \sigma^2)$ のとき，$X$ の p.d.f. $\phi(x|\mu, \sigma^2)$ と $e^{tx}$ の積は

$$e^{tx}\phi(x|\mu,\sigma^2) = \phi(x|\mu+\sigma^2 t, \sigma^2)\exp\left(\mu t + \frac{\sigma^2}{2}t^2\right)$$

と変形され，(3.6.2)[44] より，$\int_{-\infty}^{\infty} \phi(x|\mu+\sigma^2 t, \sigma^2)dx = 1$ だから，

$$M_X(t) = \int_{-\infty}^{\infty} e^{tx}\phi(x|\mu,\sigma^2)dx = \exp\left(\mu t + \frac{\sigma^2}{2}t^2\right).$$

これから，$M'_X(t) = (\mu+\sigma^2 t)M_X(t)$, $M''_X(t) = \sigma^2 M_X(t) + (\mu+\sigma^2 t)M'_X(t)$. $M_X(0) = 1$ だから，$E[X] = M'_X(0) = \mu$, $E[X^2] = \sigma^2 + \mu^2$. ▲

《例 5.6》 $X \sim Ga(a,b)$ のとき，$c = 1/(\Gamma(a)b^a)$ とおくと，

$$M_X(t) = \int_0^{\infty} e^{tx}cx^{a-1}e^{-x/b}dx = \int_0^{\infty} c\left(\frac{y}{1-bt}\right)^{a-1}e^{-y/b}\frac{dy}{(1-bt)}$$
$$= (1-bt)^{-a}\int_0^{\infty} cy^{a-1}e^{-y/b}dy = (1-bt)^{-a}.$$

ただし，上の変形では，$1-bt > 0$, すなわち，$t < 1/b$ を仮定した．これから，

$$M'_X(t) = ab(1-bt)^{-a-1}, \quad M''_X(t) = a(a+1)b^2(1-bt)^{-a-2}.$$

したがって，$E[X] = M'_X(0) = ab$, $E[X^2] = M''_X(0) = a(a+1)b^2$. 分散公式より，$Var[X] = ab^2$（命題 3.15[47] を参照）. ▲

次の例のように積率母関数が存在しない確率変数もある．

《例 5.7》 $X \sim f(x) = \frac{1}{\pi(1+x^2)}$ とする．このとき，$X$ は**コーシー分布** (Cauchy distribution) に従うと言う．$t > 0$, $x > 0$ のとき，$\frac{e^{tx}}{1+x^2} \geq \frac{tx}{1+x^2}$ なので，$M_X(t) \geq \int_0^{\infty} \frac{tx}{\pi(1+x^2)}dx = \infty$. よって，$t > 0$ に対して $M_X(t)$ は存在しない．$t < 0$, $x < 0$ に対しても $\frac{e^{tx}}{1+x^2} \geq \frac{tx}{1+x^2}$ なので，$t < 0$ に対しても $M_X(t)$ が存在しないことがわかる． ▲

**定理 5.2** (積率母関数の一意性・連続性)．(1) 確率変数 $X$, $Y$ の分布関数を $F(x)$, $G(y)$ とする．ある $\delta > 0$ に対して，$\forall t \in (-\delta, \delta), M_X(t) = M_Y(t)$ が成り立つとき，任意の実数 $x$ に対して，$F(x) = G(x)$.

(2) $X_n$ と $X$ の分布関数を $F_n(x)$, $F(x)$, 積率母関数を $M_n(t)$, $M(t)$ とする．ある $\delta > 0$ に対して，$\forall t \in (-\delta, \delta), \lim_{n \to \infty} M_n(t) = M(t)$ が成り立つとき，$F(x)$ の任意の連続点 $x$ に対して，

$$\lim_{n \to \infty} F_n(x) = F(x). \tag{5.4.1}$$

**証明**. A.1.2 節 [166], A.1.3 節 [167]. □

(1) より, 積率母関数が一致すると確率分布が一致することがわかる. また, (2) より, 積率母関数が収束すると確率分布が収束することがわかる. $F(x)$ の任意の連続点 $x$ で (5.4.1) が成り立つとき, $X_n$ は $X$ に**分布収束** (convergence in distribution)[1]すると言い, $X_n \overset{d}{\Rightarrow} X(n \to \infty)$ と表す. 特に, $X \sim N(\mu, \sigma^2)$ のとき, $X_n \overset{d}{\Rightarrow} N(\mu, \sigma^2)(n \to \infty)$ と表す.

《例 5.8》 $Z \sim U(0,1)$ のとき (3.6.2 節 [46] 参照), $Y = -\frac{1}{\lambda}\log(1-Z)$, $\lambda > 0$ の積率母関数 $M_Y(t)$ は

$$M_Y(t) = E\left[e^{tY}\right] = E\left[e^{-t\frac{1}{\lambda}\log(1-Z)}\right] = E\left[(1-Z)^{-t/\lambda}\right]$$
$$= \int_0^1 (1-z)^{-t/\lambda} \times 1\, dz = \frac{1}{1-t/\lambda} = \frac{\lambda}{\lambda-t}.$$

最後から 2 番目の等号は $t < \lambda$ を仮定した. 一方, $X \sim Ga(a,b)$ のとき, $M_X(t) = (1-bt)^{-a}$ である (例 5.6[78]). 特に $X \sim Ga(1, 1/\lambda) = Ex(\lambda)$ のとき, $M_X(t) = (1-t/\lambda)^{-1} = M_Y(t)$ となる. よって, 定理 5.2[78](1) より $X$ と $Y$ の分布関数は一致することがわかり, $Y \sim Ex(\lambda)$ がわかる. ▲

**命題 5.7**. $X \perp\!\!\!\perp Y$ のとき, $M_{X+Y}(t) = M_X(t)M_Y(t)$.

**証明**. $M_{X+Y}(t) = E\left[e^{t(X+Y)}\right] = E\left[e^{tX}e^{tY}\right]$. $X \perp\!\!\!\perp Y$ だから, 命題 4.10[61] より, $M_{X+Y}(t) = E\left[e^{tX}\right]E\left[e^{tY}\right] = M_X(t)M_Y(t)$. □

《例 5.9》 $X \perp\!\!\!\perp Y$ とする. $X \sim N(\mu_1, \sigma_1^2)$, $Y \sim N(\mu_2, \sigma_2^2)$ のとき, $M_{X+Y}(t) = e^{\mu_1 t + \frac{1}{2}\sigma_1^2 t^2} e^{\mu_2 t + \frac{1}{2}\sigma_2^2 t^2} = e^{(\mu_1+\mu_2)t + \frac{1}{2}(\sigma_1^2+\sigma_2^2)t^2}$. これは $N(\mu_1+\mu_2, \sigma_1^2+\sigma_2^2)$ の積率母関数なので, $X+Y \sim N(\mu_1+\mu_2, \sigma_1^2+\sigma_2^2)$.

また, $X \sim Ga(a_1, b)$, $Y \sim Ga(a_2, b)$ のとき, $M_{X+Y}(t) = (1-bt)^{-a_1}(1-bt)^{-a_2} = (1-bt)^{-(a_1+a_2)}$. したがって, $X+Y \sim Ga(a_1+a_2, b)$.

さらに, $X \sim B(n_1, p)$, $Y \sim B(n_2, p)$ のとき, $M_{X+Y}(t) = (pe^t+q)^{n_1}(pe^t+q)^{n_2} = (pe^t+q)^{n_1+n_2}$. したがって, $X+Y \sim B(n_1+n_2, p)$. ▲

$n$ 次元確率ベクトル $\boldsymbol{X}$ に対しては, $n$ 次元列ベクトル変数 $\boldsymbol{t}$ の関数 $M_{\boldsymbol{X}}(\boldsymbol{t}) := E\left[e^{\boldsymbol{t}'\boldsymbol{X}}\right]$ を $\boldsymbol{X}$ の**積率母関数** (moment generating function) と呼ぶ. $M_{\boldsymbol{X}}(\boldsymbol{t})$ に対しても, 命題 5.6[77] や定理 5.2[78] と同様の結果が成り立つことが知られている. たとえば,

$$\frac{\partial^3}{\partial t_1^2 \partial t_2} M_{\boldsymbol{X}}(\boldsymbol{0}) = E\left[X_1^2 X_2\right].$$

複素数値関数 $\varphi_{\boldsymbol{X}}(\boldsymbol{t}) := E\left[e^{i\boldsymbol{t}'\boldsymbol{X}}\right]$ を**特性関数** (characteristic function) と呼ぶ. ここで, $i = \sqrt{-1}$. $\varphi_{\boldsymbol{X}}(\boldsymbol{t})$ も命題 5.6[77] と同様の性質を持つ. たとえば,

$$\frac{\partial^6}{\partial t_1^2 \partial t_2^3 \partial t_3} \varphi_{\boldsymbol{X}}(\boldsymbol{0}) = (i)^6 E\left[X_1^2 X_2^3 X_3\right].$$

---

1 **法則収束** (convergence in law), **弱収束** (weak convergence) と言うこともある.

また，$\varphi_X(t)$ から $X$ の確率分布を求める公式 (**反転公式** (inversion formula)) が知られている．このことから，特性関数が一致する確率変数は分布関数が一致することも証明できる．証明は多くの確率論の教科書に詳述されている．1 変量確率変数 $X$ の場合の反転公式は，

$$P(a \leqq X \leqq b) = \frac{1}{2\pi} \lim_{T \to \infty} \int_{-T}^{T} \frac{e^{-itb} - e^{-ita}}{-it} \varphi_X(t) dt. \tag{5.4.2}$$

ただし，$a, b$ は $P(X = a) = P(X = b) = 0, a < b$ を満たす実数．様々な確率分布の特性関数が簡単な表現を持つことが知られていて，たとえば，$X \sim N(\mu, \sigma^2)$ のときは，$\varphi_X(t) = e^{i\mu t - \frac{\sigma^2}{2}t^2}$ である．また，例 5.7[78] の $X$ は，積率母関数 $M_X(t)$ を持たなかったが，特性関数は $\varphi_X(t) = e^{-|t|}$ であることが示せる．一般に，どんな確率変数 $X$ も特性関数 $\varphi_X(t)$ を持つことが知られている．

## 演習問題

**演習** 5.1  互いに独立な確率変数 $X_1, X_2, X_3$ が $X_1 \sim N(3, 7), X_2 \sim N(2, 9), X_3 \sim N(1, 20)$ のとき，$P(4 \leqq X_1 + X_2 \leqq 7), P(\bar{X} < 3)$ を求めよ．また，$X_1, \ldots, X_6$ が独立で同一の $N(1, 150)$ に従うとき，$P(\bar{X} < 3)$ を求めよ．

**演習** 5.2  定理 5.1[77] を示せ．

**演習** 5.3  (1) $\bar{\sigma}^2 = \frac{\sigma_1^2 \sigma_2^2}{\sigma_1^2 + \sigma_2^2}, \bar{\mu} = \frac{\sigma_2^2 \mu_1 + \sigma_1^2 \mu_2}{\sigma_1^2 + \sigma_2^2}, c = -\frac{(\mu_2 - \mu_1)^2}{2(\sigma_1^2 + \sigma_2^2)}$ とおいて，次を示せ．

$$-\frac{1}{2\sigma_1^2}(x - \mu_1)^2 - \frac{1}{2\sigma_2^2}(x - \mu_2)^2 = -\frac{1}{2\bar{\sigma}^2}(x - \bar{\mu})^2 + c.$$

(2) $\int_{-\infty}^{\infty} \phi(x|\mu_1, \sigma_1^2) \phi(x|\mu_2, \sigma_2^2) dx = \phi(\mu_2|\mu_1, \sigma_1^2 + \sigma_2^2)$ を示せ．
(3) 命題 5.4[76](2) を用いて，命題 5.5[77](1) を示せ．

**演習** 5.4  $X \sim U(0, 1)$ のとき，$Y = \log \frac{X}{1-X}$ の p.d.f. を求めよ．

**演習** 5.5  $X \sim N(\mu, \sigma^2)$ のとき，$Y = |X|$ の p.d.f. を求めよ．$Y$ が従う確率分布を**折り畳み正規分布** (folded normal distribution) と呼ぶ．

**演習** 5.6  $X \sim N(\mu, \sigma^2)$ のとき，$Y = e^X$ の p.d.f. を求めよ．$Y$ が従う確率分布を**対数正規分布** (log-normal distribution) と言う．

**演習** 5.7*  $X \sim Be(a, b)$ のとき，$Y = \frac{bX}{a(1-X)}$ の p.d.f. を求めよ．

**演習** 5.8*  $(X, Y)$ の同時 p.d.f. が (4.7.3)[63] であるとき $U = X, V = Y - \frac{\sigma_2}{\sigma_1}\rho X$ の同時分布を求めよ．また，$W = X + Y$ の確率分布を求めよ．

**演習** 5.9*  命題 5.4[76](1) を用いて，命題 5.5[77](3)(4) を示せ．

**演習** 5.10*  命題 5.4[76](2) を用いて，命題 5.5[77](2) を示せ．

**演習** 5.11* $X \sim Ga(a_1, b)$, $Y \sim Ga(a_2, b)$, $X \perp\!\!\!\perp Y$ のとき, $Z = X+Y$, $W = \frac{X}{X+Y}$ として, $Z \perp\!\!\!\perp W$, $Z \sim Ga(a_1+a_2, b)$, $W \sim Be(a_1, a_2)$ を示せ. さらに, $V = \frac{X/a_1}{Y/a_2}$ の p.d.f. を求めよ.

**演習** 5.12** $\delta > 0$ とする. 任意の $t \in (-\delta, \delta)$ に対して, 確率変数 $X$ の積率母関数 $M_X(t)$ は存在するものと仮定する. また, $a > 0$, $n \in \mathbb{N}$ に対して, $C_{a,n} = \left(\frac{n}{a}\right)^n e^{-n}$ とおき, $t \in (-\delta, \delta)$, $m = 0, 1, 2, \ldots$ に対して, $L_{X,m}(t) := E[X^m e^{tX}]$, $\tilde{M}_X(t) := E[e^{t|X|}]$ とおく. 以下の問に答えよ.

(1) $a > 0$, $n \in \mathbb{N}$, $x \geqq 0$ のとき, $x^n e^{-ax} \leqq C_{a,n}$ を示せ.
(2) $t \in (-\delta, \delta)$ のとき, $\tilde{M}_X(t) < \infty$ を示せ.
(3) $n \in \mathbb{N}$, $t \in (-\delta, \delta)$ に対して, $|L_{X,n}(t)| < \infty$ を示せ.
(4) $x \in \mathbb{R}$, $t \in \mathbb{R}$, $\Delta t \neq 0$, $m = 0, 1, 2, \ldots$ のとき, 次を示せ.
$$\left|\frac{x^m e^{(t+\Delta t)x} - x^m e^{tx}}{\Delta t} - x^{m+1} e^{tx}\right| \leqq \frac{1}{2}|\Delta t| e^{(|t|+|\Delta t|)|x|} |x|^{m+2}.$$
(5) $t \in (-\delta, \delta)$, $m = 0, 1, 2, \ldots$ のとき, $\frac{d}{dt} L_{X,m}(t) = L_{X,m+1}(t)$ を示せ. また, 命題 5.6[77] を示せ.

**演習** 5.13* $X \sim Po(\lambda)$ の積率母関数を求め, それを用いて, $X \sim Po(\lambda_1)$, $Y \sim Po(\lambda_2)$, $X \perp\!\!\!\perp Y$ のとき, $X + Y \sim Po(\lambda_1 + \lambda_2)$ を示せ.

**演習** 5.14* $X \sim NB(r, p)$ の積率母関数を求め, $X \sim NB(r_1, p)$, $Y \sim NB(r_2, p)$, $X \perp\!\!\!\perp Y$ のとき, $X + Y \sim NB(r_1 + r_2, p)$ を示せ.

**演習** 5.15* $X \sim Po(\lambda_1)$, $Y \sim Po(\lambda_2)$, $Z \sim Po(\lambda_3)$ で互いに独立であるとき, $P(X = x, Y = y, Z = z | X + Y + Z = n)$ を求めよ. ただし, $x, y, z, n$ は $x + y + z = n$ を満たす非負の整数.

**演習** 5.16** $Y$ が対数正規分布 (演習 5.6[80]) に従うとき, 以下の問に答えよ.

(1) $n \in \mathbb{N}$ に対して, $E[Y^n]$ を求めよ. これから, $E[Y]$, $Var[Y]$ を求めよ.
(2) $t > 0$ のとき, $M_Y(t) = \infty$ であることを示せ.
(3) $\mu = 0$, $\sigma = 1$ と仮定し, $Y$ の p.d.f. を $f(y)$ とする.
  (a) $n = 0, 1, 2, \ldots$ に対して, $\int_0^\infty y^n f(y) \sin(2\pi \log y) dy$ を求めよ.
  (b) $g(y) = f(y)(1 + \sin(2\pi \log y))$ が p.d.f. であることを示せ. また, $Z \sim g(z)$ のとき, $E[Y^n] = E[Z^n]$ $(n \in \mathbb{N})$ を示せ.

**演習** 5.17* $X_n \sim B(n, \lambda/n)$ の積率母関数を $M_{X_n}(t)$ とする. $\lim_{n \to \infty} M_{X_n}(t)$ を求めよ (例 3.5[42] を参照).

**演習** 5.18* $X \sim Ga(a, b)$ に対して, $Z = \frac{X - E[X]}{\sqrt{Var[X]}}$ とおく. このとき, $Z \xrightarrow{d} N(0,1)$ $(a \to \infty)$ を示せ.

**演習 5.19*** $n$ 次元確率ベクトル $\boldsymbol{X}$ の同時 p.d.f. が $f(\boldsymbol{x})$ であり，成分がすべて定数である $n$ 次の正則行列 $A$ と $n$ 次元列ベクトル $\boldsymbol{b}$ に対して，$\boldsymbol{Y} = A\boldsymbol{X} + \boldsymbol{b}$ と定義する．このとき，$\boldsymbol{Y}$ の同時 p.d.f. $g(\boldsymbol{y})$ は次式で与えられることを示せ：

$$g(\boldsymbol{y}) = \frac{1}{\mathrm{abs}(|A|)} f(A^{-1}(\boldsymbol{y} - \boldsymbol{b})).$$

**演習 5.20**** 以下の問に答えよ．

(1) $\boldsymbol{X} \sim N_n(\boldsymbol{\mu}, \Sigma)$ のとき，$\boldsymbol{Y} = A\boldsymbol{X} + \boldsymbol{b} \sim N_n(A\boldsymbol{\mu} + \boldsymbol{b}, A\Sigma A')$ を示せ．ただし，$A$ は $n$ 次の正則行列，$\boldsymbol{b}$ は $n$ 次元ベクトルとする．

(2) $n$ 次元確率ベクトル $\boldsymbol{X} = (X_1, \ldots, X_n)'$ に対して，$X_1, \ldots, X_n \overset{i.i.d.}{\sim} N(0, \sigma^2)$ と $\boldsymbol{X} \sim N_n(\boldsymbol{0}, \sigma^2 I_n)$ は同値であることを示せ．

(3) $X_1, \ldots, X_n \overset{i.i.d.}{\sim} N(0, \sigma^2)$ のとき，$\boldsymbol{X} = (X_1, \ldots, X_n)'$ とおき，直交行列 $P$ に対して，$\boldsymbol{Y} = (Y_1, \ldots, Y_n)' = P\boldsymbol{X}$ と定義する．このとき，$Y_1, \ldots, Y_n \overset{i.i.d.}{\sim} N(0, \sigma^2)$ を示せ．

(4) $n$ 次の単位行列の第 $i$ 行と第 $j$ 行を入れ替えた行列を $C_{i,j}$ と表す．$n$ 次の正方行列 $A$ に対して，$C_{i,j}A$ は $A$ の $i$ 行と $j$ 行を入れ替えた行列であることを示せ．また，$A(C_{i,j})'$ は $A$ の $i$ 列と $j$ 列を入れ替えた行列であることを示せ．

(5) $\boldsymbol{X} \sim N_n(\boldsymbol{\mu}, \Sigma)$ のとき，$i \neq j$ を満たす任意の $i, j = 1, \ldots, n$ に対して，$\boldsymbol{\mu}$ の第 $k$ 成分を $\mu_k$，$\Sigma$ の $(k,l)$ 成分を $\sigma_{kl}$ として，次を示せ．

$$\begin{bmatrix} X_i \\ X_j \end{bmatrix} \sim N_2\left( \begin{bmatrix} \mu_i \\ \mu_j \end{bmatrix}, \begin{bmatrix} \sigma_{ii} & \sigma_{ij} \\ \sigma_{ji} & \sigma_{jj} \end{bmatrix} \right).$$

(6) $\boldsymbol{X} \sim N_n(\boldsymbol{\mu}, \Sigma)$ の積率母関数 $M_{\boldsymbol{X}}(\boldsymbol{t})$ を求めよ．また，$M_{\boldsymbol{X}}(\boldsymbol{t})$ を用いて，$X_i$ と $X_j$ の相関係数を求めよ．

# 第6章

# 標本分布

　一部の情報である標本を使って情報全体である母集団の特徴を推測する標本調査では，母集団の偏りのない情報を得るために標本は無作為に抽出する．無作為抽出した標本を要約して母集団を推測するとき，その誤差の大きさを確率的に評価する必要がある．本章では，標本平均と標本分散の確率分布について考える．

# 6.1 母集団と標本

　国勢調査や国の機関が行うセンサスと呼ばれる大規模な調査では，対象の集団のすべての要素を調べ，全体的な特徴や傾向を明らかにする．このようなすべての要素を調べる調査を**全数調査** (complete count) と言う．

　一方，報道機関が行う世論調査では，対象の集団から抽出された一部の要素について調べ，それから対象の集団全体の特徴を推測する．このような一部の要素に関する情報から全体の特徴を推測する調査を**標本調査** (sampling survey) と呼ぶ．工業製品や農産物に対する抜き取り検査も標本調査の一種である．また，物理法則を明らかにする実験でも，無数に繰り返すべき実験の一部が実際の実験結果であると考えると，標本調査の一種であると考えられる．標本調査のための方法論を**推測統計学** (inferential statistics) と呼ぶ．一般に，母集団と標本の実態やそれらの関係が明確に解釈できない場合でも，採取するたびに確率的に変動すると考えられるデータから，その確率変動のメカニズムを推し量る方法論を推測統計学と呼ぶが，本節では標本調査の枠組みでその考え方を解説する．

　標本調査において，調査対象の集団全体を**母集団** (population) と呼び，そこから抽出された一部の要素を**標本** (sample) と呼ぶ (図 6.1)．

　要素の数が有限の母集団を**有限母集団** (finite population)，要素が無数にある母集団を**無限母集団** (infinite population) と呼ぶ．

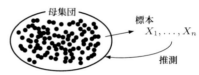

図 6.1　標本調査のイメージ

　世論調査では，国民全体が母集団であり，要素数が非常に多い有限母集団である．工業製品などの抜き取り検査では，一定条件で製造される製品全体が母集団であるが，ある期間に製造されたものに限定するなら有限母集団であり，期間を限定しないなら無限母集団と考えられる．物理実験などでは，無数に繰り返すべき架空の実験データの集合が母集団と考えられ，それは無限母集団である．

　母集団の特徴量の中で明らかにしたい数値を**未知母数** (unknown parameter) と呼び，一般に $\theta$ と表す．未知母数の典型的な例は，母集団の平均と分散である．それらは**母平均** (population mean)，**母分散** (population variance) と呼ばれ，それぞれを $\mu, \sigma^2$ と表される．

　データが個数や回数のような**計数値** (count) のときや二つの属性を 0 と 1 で表す **2 値データ** (binary data) のときは，母集団の要素はすべて非負整数であり，各非負整数 $k = 0, 1, 2, \ldots$ に対する相対度数 $p_k$ がわかっていれば，

$$\mu = \sum_{k=0}^{\infty} k p_k, \quad \sigma^2 = \sum_{k=0}^{\infty} (k - \mu)^2 p_k$$

のように母平均と母分散が計算できる．

　一方，データが長さや重さのような**計量値** (measurement) の場合は，母集団の要素はすべて実数であり，階級値 $c_k$ の相対度数が $p_k$ ならば，近似的に

$$\mu \fallingdotseq \sum_k c_k p_k, \quad \sigma^2 \fallingdotseq \sum_k (c_k - \mu)^2 p_k \tag{6.1.1}$$

となる ((2.4.2)[19], (2.5.2)[20]). データが密に分布する無限母集団の場合，階級幅 $\Delta x$ を小さくすると，棒の面積を相対度数とするヒストグラムはある確率密度関数 $f(x)$ ((3.2.4)[36] の性質を持つ) に収束し，$p_k \fallingdotseq f(c_k)\Delta x$ なので (図 2.4[17])，

$$\mu = \int_{-\infty}^{\infty} xf(x)dx,$$
$$\sigma^2 = \int_{-\infty}^{\infty} (x-\mu)^2 f(x)dx$$

のように計算できる ((2.4.3)[19],(2.5.3)[20]).

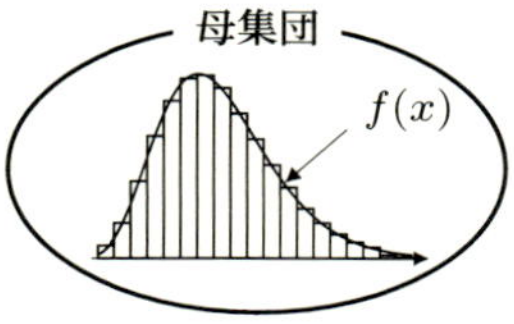

図 6.2　計量値の母集団

　計数値の度数分布 $p_k$ や計量値の度数分布の極限である確率密度関数 $f(x)$ を**母集団分布**と呼ぶことにしよう (図 6.2). 様々な条件の下でのデータや時々刻々と変動するデータなど，母集団の実態が明らかではないデータに対しては，その発生確率が母集団分布に対応し，その確率分布を指定する媒介変数が未知母数であると考えられる.

## 6.2　無作為標本

　標本は母集団の推測に用いるので，偏らないように抽出する必要がある. そのための最も単純な方法は，母集団の各要素を等確率で抽出する**無作為抽出**である. 複数の標本 $X_1, \ldots, X_n$ を母集団から順に抽出するとき，抽出した要素を戻してから再度抽出する**復元抽出** (sampling with replacement) と戻さずに抽出する**非復元抽出** (sampling without replacement) がある. どちらの場合も，標本 $X_1, \ldots, X_n$ は無作為に抽出したものであると考えると，確率変数である.

　有限母集団から非復元抽出する場合は，前に抽出した結果が後の抽出に影響するので，標本 $X_1, \ldots, X_n$ は独立ではなく，標本全体の確率を求めるのが複雑になる. 一方，有限母集団から復元抽出する場合は，何番目の標本も前の抽出結果とは無関係に同一の母集団から抽出することになる. したがって，各標本 $X_i, i = 1, \ldots, n$ は互いに独立で同一の母集団分布に従う確率変数であると考えられる.

　無限母集団から非復元抽出する場合は，前に抽出した有限個の標本の結果に影響されず，いつも同一の母集団から抽出するので，標本は互いに独立で同一の分布に従う確率変数であると考えられる. もちろん，無限母集団から復元抽出する場合も標本は独立で同一分布に従う確率変数である.

　有限母集団からの非復元抽出の場合でも，標本の個数 $n$ に比べて母集団の要素数が非常に多い場合は，無限母集団として標本に関する確率を計算しても，誤差は小さい.

　互いに独立で同一の周辺分布を持つ確率変数 $X_1, \ldots, X_n$ を **IID 列** (IID sequence) と呼び，同一の周辺分布が確率関数 $p_k$ により定義される離散分布の場合は $X_1, \ldots, X_n \overset{i.i.d.}{\sim} p_k$，確率密度関数 $f(x)$ により定義される連続分布の場合は $X_1, \ldots, X_n \overset{i.i.d.}{\sim} f(x)$ と表すことにしよう. ここでは標本が同じ母集団分布に従う IID 列であると (近似的に) みなせる場合だけを扱い[1]，そのような標本を (大きさ $n$ の) **無作為標本** (random sample) と呼ぶことにする. 無作為標本

---

1　この教科書では，要素数の少ない母集団からの非復元抽出で得られる標本は扱わない.

$X_1, \ldots, X_n$ の周辺分布はすべて母集団分布に等しいので,

$$E[X_1] = \cdots = E[X_n] = \mu, \quad Var[X_1] = \cdots = Var[X_n] = \sigma^2$$

が成り立つ．つまり，すべての $X_i$ の期待値は母平均，分散は母分散と等しい．

データを無作為標本と呼ばれる確率変数であると考えるのは，同じ条件下で得られたデータやデータから導かれる結論でも，実験や観測ごとに変動することを数学的に表現するためである．一方，実際に得られたデータは単なる定数列であり，確率的に変動するものではない．そのことを明確に区別するため，実際得られたデータである定数列を $x_1, \ldots, x_n$ のように小文字で表し，**標本値** (sample value)，あるいは，標本の**実現値** (realization) と呼ぶ．

《例 6.1》 サイコロを $n$ 回振るとき，出るだろう目を $X_1, \ldots, X_n$ とする．これらを無作為標本とみなすとき，母集団は 1 から 6 までの自然数を等しい割合で含む無限の要素からなる集合である．$\mu = \frac{7}{2}, \sigma^2 = \frac{35}{12}$ は容易にわかる． ▲

《例 3.3 続②》 例 3.3[39] で考えたように，無数の 0 と 1 のみからなる母集団である二項母集団では，1 の割合である母比率を $p$ とすると，母平均 $\mu = 0 \times (1-p) + 1 \times p = p$ となり，母平均と母比率が等しくなる．また，母分散 $\sigma^2$ は，$\sigma^2 = (0-p)^2 \times (1-p) + (1-p)^2 \times p = p(1-p)$ である．

例 3.3 続①[41] で見たように，二項母集団からの無作為標本 $X_1, \ldots, X_n$[2] は $P(X_i = 1) = p$, $P(X_i = 0) = 1-p$, $E[X_i] = p$, $Var[X_i] = p(1-p)$ を満たす互いに独立な確率変数であり，$\{X_1, \ldots, X_n\}$ に含まれる 1 の個数である $X_1 + \cdots + X_n$ は二項分布 $B(n, p)$ に従う．標本平均 $\bar{X}$ は標本における 1 の比率だから，**標本比率** (sample proportion) と呼び，$\hat{p}$ と表すことにする．標本調査では，実験や調査によって得られた標本比率 $\hat{p}$ から母比率 $p$ を推測することになるが，これらを区別することが重要である．

例 3.3 続①[41] の支持率調査の例では，全有権者が母集団，その支持率が母比率，無作為抽出した有権者が標本，その支持率が標本比率である．

また，大量に製造された製品の集合に対して，不良品を 1, 良品を 0 でおきかえると二項母集団が得られる．このとき，母比率 $p$ は製造された全製品における不良率であり，抜き取り検査における不良率が標本比率である． ▲

《例 6.2》 計量値を要素とする母集団で，その分布が正規分布 $N(\mu, \sigma^2)$ の確率密度関数で表現できるものを**正規母集団** (normal population) と呼ぶ．

たとえば，農産物 A を無作為に $n$ 個抽出し，それぞれの 1 グラムに含まれる有害物質 B の量を $X_1, \ldots, X_n$ とする．このとき，生産されるすべての農産物 A の 1 グラムあたりの有害物質 B の量を要素とする集合が母集団であり，もしその分布が正規分布で十分近似できるなら，$n$ 個の測定値は正規母集団からの無作為標本であるとみなせる．正規母集団からの無作為標本であることを $X_1, \ldots, X_n \overset{i.i.d.}{\sim} N(\mu, \sigma^2)$ と表す． ▲

---

[2] 二項母集団からの無作為抽出のように，結果が 2 種類に分類される試行を繰り返すことを**ベルヌイ試行** (Bernoulli trial) と呼ぶ．

## 6.3 標本分布の概念

標本 $X_1, \ldots, X_n$ に対して,

$$\bar{X} := \frac{1}{n}\sum_{i=1}^n X_i, \quad S^2 := \frac{1}{n}\sum_{i=1}^n (X_i - \bar{X})^2 \tag{6.3.1}$$

と定義される $\bar{X}$ を**標本平均**, $S^2$ を**標本分散** (sample variance) と呼ぶ. 標本平均 $\bar{X}$ や標本分散 $S^2$ は, 確率変数である標本 $X_1, \ldots, X_n$ の関数なので, $\bar{X}$ や $S^2$ も確率変数である. このとき, 標本平均の平均 $E[\bar{X}]$, 標本平均の分散 $Var[\bar{X}]$, 標本分散の平均 $E[S^2]$ などが何を意味するのか, 母集団と標本の関係から考察してみよう.

1度の実験で $n$ 個のデータ $x_1, \ldots, x_n$ を得て, それから標本平均 $\bar{x}$ と標本分散 $s_{xx}$ を計算するものとする. 再度同じ実験を行いデータ $x'_1, \ldots, x'_n$ を得て, それから標本平均 $\bar{x'}$ と標本分散 $s_{x'x'}$ を計算するものとしよう. これを下図のように無数に繰り返すものとする.

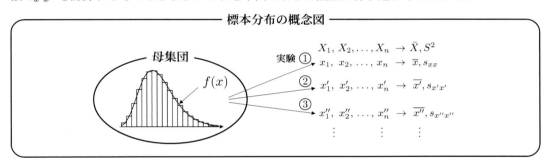

標本分布の概念図

1番目の標本 $X_1$ の確率分布は, 実験 ①, ②, ... における実現値 $x_1, x'_1, x''_1, \ldots$ の相対度数分布に一致し[3], それは母集団分布と等しい (図 6.3). 2 番目の標本 $X_2$ の確率分布も, 実現値 $x_2, x'_2, x''_2, \ldots$ の相対度数分布に一致し, それもまた, 母集団分布と等しい. 標本平均 $\bar{X}$ の確率分布も, 実験 ①, ②, ... における実現値 $\bar{x}, \bar{x'}, \bar{x''}, \ldots$ の相対度数分布 $g(x)$ に一致するが, 一般に母集団分布と等しくない (図 6.4). $S^2$ についても同様に, その確率分布は無数の実験における実現値の度数分布と一致するが, $f(x)$ とは等しくない.

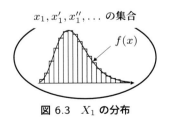

図 6.3 $X_1$ の分布

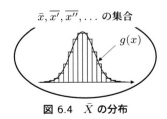

図 6.4 $\bar{X}$ の分布

このように, データを標本と呼び, 確率変数として扱うことは, 標本分布の概念図における縦方向の変動 (実験 ①, ②, ... 間の変動) を考慮することを意味している. 標本平均 $\bar{X}$ は各標本

---

3   $x_1, x'_1, x''_1, \ldots$ からなる集合のことを**標本空間** (sample space) と呼ぶが, これは母集団と同一である.

$X_1, \ldots, X_n$ の横方向の平均を意味しているのに対して，標本平均の平均 $E[\bar{X}]$ は標本平均 $\bar{X}$ の縦方向の変動，つまり，繰り返し行った場合の多数の実験に渡る平均を意味している．もちろん，$Var[\bar{X}]$ は $\bar{X}$ の実験 ①, ②, ... 間のバラツキを意味する．

それらは，実験ごとの変動を表す確率密度関数 $g(\bar{x})$ がわかれば，

$$E[\bar{X}] = \int_{-\infty}^{\infty} \bar{x} g(\bar{x}) d\bar{x} (=: \mu_{\bar{X}}), \quad Var[\bar{X}] = \int_{-\infty}^{\infty} (\bar{x} - \mu_{\bar{X}})^2 g(\bar{x}) d\bar{x}$$

のように定義に従って求められる．同様に，$S^2$ に関してもその実験ごとの変動を表す確率密度関数がわかれば，$E[S^2]$ を定義より求めることができる．ただし，期待値の線形性や分散の展開公式などを用いると，それらの確率密度関数がわからなくても以下のように求めることができる．

**定理 6.1.** $X_1, \ldots, X_n$ が，母平均 $\mu$，母分散 $\sigma^2$ の母集団からの無作為標本とする．このとき，

$$E[\bar{X}] = \mu, \qquad \cdots \textbf{(標本平均の平均)} \qquad (6.3.2)$$

$$Var[\bar{X}] = \frac{1}{n}\sigma^2, \qquad \cdots \textbf{(標本平均の分散)} \qquad (6.3.3)$$

$$E[S^2] = \frac{n-1}{n}\sigma^2. \qquad \cdots \textbf{(標本分散の平均)} \qquad (6.3.4)$$

**証明**. 演習 6.1[93]. □

この結果から，$\bar{X}$ は，実験 ①, ②, ... ごとに異なる値をとるが，平均的には母平均 $\mu$ と一致することがわかる．また，$\bar{X}$ の分散は母分散 $\sigma^2$ の $n$ 分の 1 であり，標本の大きさ $n$ を大きくすると，実験間のバラツキは小さくなることがわかる．したがって，標本の大きさ $n$ が大きいとき，どの実験でも $\bar{X}$ は $\mu$ に近い値をとると考えられる．

標本分散 $S^2$ に関しては，$E[S^2] = \frac{n-1}{n}\sigma^2 < \sigma^2$ であり，標本分散は平均的に母分散 $\sigma^2$ より小さい値をとる．それに対して，

$$U^2 := \frac{1}{n-1} \sum_{i=1}^{n} (X_i - \bar{X})^2 \qquad (6.3.5)$$

と定義される**標本不偏分散** (sample unbiased variance) は，$U^2 = \frac{n}{n-1}S^2$ という関係があるので，$E[U^2] = \frac{n}{n-1}E[S^2] = \sigma^2$ が成り立ち，平均的に母分散 $\sigma^2$ と一致する．この理由で，母分散の推定に $U^2$ を使うことが多い．

## 6.4 正規母集団からの統計量の分布

標本平均や標本分散などのように，標本の関数を**統計量** (statistic) と呼ぶ．本節では，正規母集団からの標本に対する統計量の確率分布について考える．

まず，$\bar{X}$ の標準化変量

$$Z = \frac{\bar{X} - E[\bar{X}]}{\sqrt{Var[\bar{X}]}} = \frac{\bar{X} - \mu}{\sqrt{\frac{\sigma^2}{n}}} = \sqrt{n}\frac{\bar{X} - \mu}{\sigma} \qquad (6.4.1)$$

に対しては，以下のことがわかる．

**定理 6.2.** $X_1, \ldots, X_n \overset{i.i.d.}{\sim} N(\mu, \sigma^2)$ のとき，$Z \sim N(0,1)$.

**証明．**定理 5.1[77] から $\bar{X} \sim N(\mu, \frac{1}{n}\sigma^2)$. 命題 3.12[45] より $Z \sim N(0,1)$. □

次に，標本分散 $S^2$ や標本不偏分散 $U^2$ の分布について考えるために，新しい確率分布を導入することにしよう．

$Z_1, \ldots, Z_\nu \overset{i.i.d.}{\sim} N(0,1)$ のとき，

$$Q := Z_1^2 + \cdots + Z_\nu^2 \qquad (6.4.2)$$

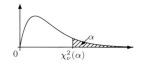

図 6.5 カイ二乗分布の p.d.f.

と定義される $Q$ の確率分布を自由度 $\nu$ の**カイ二乗分布** (Chi-squared distribution) と呼び，$\chi_\nu^2$ と表す．ここで，$\nu$ はギリシャ文字のニューである．$Q$ の p.d.f. は (6.E.1)[95] のように表され，図 6.5 のような形状をしている．

$P(Q > q) = \alpha$ となる $q$ を自由度 $\nu$ のカイ二乗分布の上側 $100\alpha\%$ 点 と呼び，$\chi_\nu^2(\alpha)$ と表す（図 6.5）．$\chi_\nu^2(\alpha)$ の値は表 C.3[227] から求められる．

―――― カイ二乗分布の構造 ――――

$$\chi_\nu^2 = \underbrace{\{N(0,1)\}^2 + \cdots + \{N(0,1)\}^2}_{\nu}$$

**定理 6.3.**\* $Q \sim \chi_\nu^2$ のとき，$E[Q] = \nu$, $Var[Q] = 2\nu$.

**証明．**\* 演習 6.9[95]. □

**定理 6.4.**\* $Z_1, \ldots, Z_n \overset{i.i.d.}{\sim} N(0,1)$ のとき，$Q_0 := \sum_{i=1}^{n}(Z_i - \bar{Z})^2$ とおくと，$Q_0 \sim \chi_{n-1}^2$ であり，$Q_0 \perp\!\!\!\perp \bar{Z}$.

**証明．**\* 演習 6.10[95]. □

**定理 6.5.** $X_1, \ldots, X_n \overset{i.i.d.}{\sim} N(\mu, \sigma^2)$ のとき，$\frac{n-1}{\sigma^2}U^2 \sim \chi_{n-1}^2$ であり，$U^2 \perp\!\!\!\perp \bar{X}$ である．

**証明．**\* 演習 6.10[95]. □

$Z \sim N(0,1), Q \sim \chi_\nu^2, Z \perp\!\!\!\perp Q$ のとき，

$$T := \frac{Z}{\sqrt{\dfrac{Q}{\nu}}} \qquad (6.4.3)$$

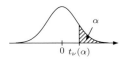

図 6.6 ティー分布の p.d.f.

と定義される $T$ の確率分布を自由度 $\nu$ の**ティー分布** (t-distribution) と呼び，$t_\nu$ と表す．$T$ の p.d.f. は図 6.6 のように原点に関して左右対称であり，(6.E.2)[95] のように表される．

$T \sim t_\nu$ のとき，$P(T > t) = \alpha$ となる $t$ をティー分布の上側 $100\alpha\%$ 点と呼び，$t_\nu(\alpha)$ と表

す．代表的な $\alpha$ に関しては表 C.4[228] から求められる．

---
**$t$ 分布の構造**

$$t_\nu = \frac{N(0,1)}{\sqrt{\dfrac{\chi^2_\nu}{\nu}}}$$

---

**定理 6.6.** $X_1, \ldots, X_n \overset{i.i.d.}{\sim} N(\mu, \sigma^2)$ のとき，

$$T = \frac{\bar{X} - \mu}{\sqrt{\dfrac{U^2}{n}}} \sim t_{n-1}. \tag{6.4.4}$$

**証明**$^*$ $Z := \sqrt{n}\dfrac{\bar{X}-\mu}{\sigma}$, $Q := \dfrac{(n-1)}{\sigma^2}U^2$ とおくと $T = Z/\sqrt{Q/(n-1)}$ であり，$Z \sim N(0,1)$, $Q \sim \chi^2_{n-1}$, $Z \perp\!\!\!\perp Q$ なので，$T \sim t_{n-1}$． □

この定理における $T$ のように標準化変量 $Z$ の $\sigma^2$ の部分をその推定量でおきかえる変形のことを**スチューデント化** (studentization) と呼ぶ．

---
**スチューデント化**

標準化 $Z = \dfrac{\bar{X}-\mu}{\sqrt{\dfrac{\sigma^2}{n}}}$ $\overset{\sigma^2 \to U^2}{\Longrightarrow}$ スチューデント化 $T = \dfrac{\bar{X}-\mu}{\sqrt{\dfrac{U^2}{n}}}$

---

《例 6.3》 $X_1, \ldots, X_{16} \overset{i.i.d.}{\sim} N(\mu, 3)$ のとき，$P(U^2 \leqq u) = 0.95$ となる $u$ を求めよう．
$Q := \dfrac{16-1}{3}U^2 \sim \chi^2_{15}$ なので，$P(U^2 \leqq u) = P(Q \leqq 5u) = 0.95$ である．したがって，表 C.3[227] より $5u = \chi^2_{15}(0.05) = 24.996$ であり，$u = 4.9992$．

次に，$Var[U^2]$ を求めよう．$Q \sim \chi^2_{15}$ なので $Var[Q] = 2 \times 15 = 30$ であり，$Var[U^2] = Var\left[\dfrac{1}{5}Q\right] = \dfrac{1}{25} \times 30 = \dfrac{6}{5}$．

最後に $T = (\bar{X} - \mu)/\sqrt{U^2/16}$ に対して，$P(|T| < s) = 0.95$ となる $s$ を求めよう．$T \sim t_{15}$ であり，$t$ 分布の p.d.f. が原点に関して左右対称なので，$P(T > s) = (1 - 0.95)/2 = 0.025$ である．したがって，表 C.4[228] より $s = t_{15}(0.025) = 2.131$．▲

## 6.5 二つの正規母集団からの統計量の分布

本節では，$X_1, \ldots, X_m \overset{i.i.d.}{\sim} N(\mu_1, \sigma_1^2)$, $Y_1, \ldots, Y_n \overset{i.i.d.}{\sim} N(\mu_2, \sigma_2^2)$ である二つの無作為標本からなる統計量の確率分布について考える．つまり，母集団分布が $N(\mu_1, \sigma_1^2)$ と $N(\mu_2, \sigma_2^2)$ である二つの正規母集団からの無作為標本の統計量の分布を考える．このとき，二つの無作為標本は互いに独立であると考える．以下では $X_1, \ldots, X_m$ の標本平均，標本不偏分散を $\bar{X}$, $U_X^2$, $Y_1, \ldots, Y_n$ のそれらを $\bar{Y}$, $U_Y^2$ と表す．$\mu_1$ と $\mu_2$ の差の推測を行うとき (9.1 節 [126])，次の定理が用いられる．

**定理 6.7.** $\sigma_1^2 = \sigma_2^2$ のとき,

$$\frac{\bar{X} - \bar{Y} - (\mu_1 - \mu_2)}{\sqrt{\left(\frac{1}{m} + \frac{1}{n}\right)\hat{\sigma}^2}} \sim t_{m+n-2}. \tag{6.5.1}$$

ただし,

$$\hat{\sigma}^2 = \frac{1}{m+n-2}((m-1)U_X^2 + (n-1)U_Y^2). \tag{6.5.2}$$

**証明**. 演習 6.12[95]. □

$Q_1 \sim \chi_{\nu_1}^2$, $Q_2 \sim \chi_{\nu_2}^2$, $Q_1 \perp Q_2$ のとき, $W := \dfrac{Q_1/\nu_1}{Q_2/\nu_2}$ が従う確率分布を自由度 $(\nu_1, \nu_2)$ の**エフ分布** (F-distribution) と呼び, $F_{\nu_1,\nu_2}$ と表す.

---
**エフ分布の構造**

$$F_{\nu_1,\nu_2} = \frac{\chi_{\nu_1}^2/\nu_1}{\chi_{\nu_2}^2/\nu_2}$$

---

$W \sim F_{\nu_1,\nu_2}$ のとき, $P(W > w) = \alpha$ を満たす $w$ をエフ分布の上側 $100\alpha\%$ 点と呼び, $f_{\nu_1,\nu_2}(\alpha)$ と表す. いくつかの自由度 $(\nu_1, \nu_2)$ の組み合わせに対する $f_{\nu_1,\nu_2}(0.05)$ については, 表 C.5[229] に与えられているが,

$$f_{\nu_2,\nu_1}(\alpha) = \frac{1}{f_{\nu_1,\nu_2}(1-\alpha)} \tag{6.5.3}$$

という関係式から (演習 6.13[95]), 表にないものを求めることもできる.

**定理 6.8.**
$$\frac{U_X^2/\sigma_1^2}{U_Y^2/\sigma_2^2} \sim F_{m-1,n-1}. \tag{6.5.4}$$

**証明**. 定理 6.5[89] とエフ分布の定義から明らか. □

## 6.6　大標本における標本分布の近似

確率変数列 $X_1, X_2, \ldots$ と実数 $a$ が, 任意の $\epsilon > 0$ に対して,

$$\lim_{n \to \infty} P(|X_n - a| > \epsilon) = 0 \tag{6.6.1}$$

を満たすとき, $X_n$ は $a$ に**確率収束** (convergence in probability) すると言い, $X_n \xrightarrow{P} a(n \to \infty)$ と表す (図 6.7). $\epsilon$ が非常に小さい場合を考えると, (6.6.1) は『$X_n$ が $a$ から少し ($\epsilon$) でも離れている確率が小さくなる』ことを意味している.

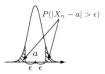

図 6.7　確率収束

**定理 6.9 (チェビシェフの不等式** (Chebyshev's inequality)**).** 任意の $\epsilon > 0$ と任意の $a \in \mathbb{R}$ に対して,

$$P(|X - a| > \epsilon) \leq \frac{E\left[(X-a)^2\right]}{\epsilon^2}. \tag{6.6.2}$$

**証明**. 演習 6.15[96]. □

この不等式は，確率収束を示すために有効である．

《例 6.4》 母平均 $\mu$, 母分散 $\sigma^2$ の母集団からの無作為標本の標本平均 $\bar{X}$ は，$E[\bar{X}] = \mu$, $Var[\bar{X}] = E[(\bar{X} - \mu)^2] = \frac{1}{n}\sigma^2$ なので，

$$P(|\bar{X} - \mu| > \epsilon) \leq \frac{\sigma^2}{n\epsilon^2}.$$

よって，$\lim_{n \to \infty} P(|\bar{X} - \mu| > \epsilon) = 0$ となり，$\bar{X} \xrightarrow{P} \mu (n \to \infty)$ がわかる．同様に，標本比率 $\hat{p}$ が母比率 $p$ に確率収束することもわかる．さらに，標本分散 $S^2$ と標本不偏分散 $U^2$ は，どちらも母分散 $\sigma^2$ に確率収束することが示せる (演習 6.16[96])．▲

確率変数 $X_n$ の分布関数 $F_n(x)$ と確率変数 $X$ の分布関数 $F(x)$, および $F(x)$ の任意の連続点 $x$ に対して，

$$\lim_{n \to \infty} F_n(x) = F(x)$$

が成り立つとき，$X_n \xrightarrow{d} X(n \to \infty)$ と表し，$X_n$ は $X$ に**分布収束**すると言うのであった ((5.4.1)[78])．特に，$X \sim N(0,1)$ のとき，$X_n \xrightarrow{d} N(0,1) \ (n \to \infty)$ と表し，$n \to \infty$ のとき $X_n$ は $N(0,1)$ に分布収束すると言う．

**定理 6.10** (標本比率の正規近似)．母比率 $p$ の二項母集団からの大きさ $n$ の標本における標本比率 $\hat{p}$ に対して，

$$\sqrt{n}\frac{\hat{p} - p}{\sqrt{p(1-p)}} \xrightarrow{d} N(0,1) \ (n \to \infty). \tag{6.6.3}$$

**証明**. 例 3.3 続②[86] より $X := n\hat{p} \sim B(n,p)$ であり，$q = 1 - p$ とすると，$\frac{X - np}{\sqrt{npq}} = \sqrt{n}\frac{\hat{p} - p}{\sqrt{p(1-p)}}$ なので，定理 3.1[46] より証明できる． □

この定理から，$\sqrt{n}\frac{\hat{p}-p}{\sqrt{p(1-p)}}$ の確率分布は，$n$ が大きいとき $N(0,1)$ で近似できることがわかる．このような正規分布による近似を**正規近似** (normal approximation) と呼ぶ．

《例 6.5》 $p = \frac{1}{10}$, $n = 144$ のとき，$Z := \sqrt{n}\frac{\hat{p}-p}{\sqrt{p(1-p)}}$ とおくと，$Z = 4(10\hat{p} - 1)$ となる．$0.08 \leq \hat{p} \leq 0.12 \iff -0.8 \leq Z \leq 0.8$ なので，

$$P(0.08 \leq \hat{p} \leq 0.12) = P(-0.8 \leq Z \leq 0.8) \fallingdotseq 0.576.$$

▲

標本比率 $\hat{p}$ は母比率 $p$ に確率収束するので，標本の大きさ $n$ が大きいとき，$\hat{p}$ は $p$ と非常に近い値をとることがわかる．このことから，次のこともわかる．

**定理 6.11**. 母比率 $p$ の二項母集団からの大きさ $n$ の標本における標本比率 $\hat{p}$ に対して，

$$\sqrt{n}\frac{\hat{p} - p}{\sqrt{\hat{p}(1-\hat{p})}} \xrightarrow{d} N(0,1) \ (n \to \infty). \tag{6.6.4}$$

**証明**. 演習 6.21[97](1)． □

次に標本平均 $\bar{X}$ の確率分布の近似について述べる.

**定理 6.12** (**中心極限定理** (central limit theorem)). 母平均 $\mu$, 母分散 $\sigma^2$ の母集団からの大きさ $n$ の標本に対して, 標本平均を $\bar{X}$ とすると,

$$Z := \sqrt{n}\frac{\bar{X} - \mu}{\sigma} \overset{d}{\Rightarrow} N(0,1) \quad (n \to \infty). \tag{6.6.5}$$

**証明**. 演習 6.20[96]. □

母集団が, 三つの数値 1, 2, 3 から構成され, それらの相対度数がそれぞれ $1/2, 1/3, 1/6$ のとき, $Z$ の確率分布は図 6.8 の棒グラフのようになる. 各図における曲線は $N(0,1)$ の p.d.f. を表しているが, $n$ が大きくなると $Z$ の確率分布が $N(0,1)$ に近づくことがわかる.

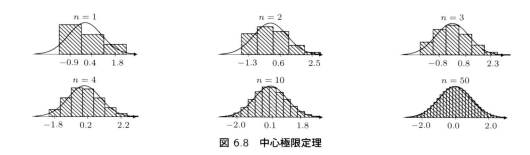

図 6.8　中心極限定理

《例 6.6》 $\mu = 3$, $\sigma^2 = 16$, $n = 100$ のとき, $Z = 10(\bar{X} - 3)/4$ なので, $\bar{X} < 4 \iff Z < 2.5$. よって, $P(\bar{X} < 4) = P(Z < 2.5) \fallingdotseq 0.9938$. ▲

例 3.3 続②[86] で考えたように, 母比率 $p$ の二項母集団では, $\mu = p$, $\sigma^2 = p(1-p)$ であり, $\bar{X} = \hat{p}$ であった. よって, 定理 6.10[92] は定理 6.12 の特別な場合であると考えられる.

標本不偏分散 $U^2$ は母分散 $\sigma^2$ に確率収束するので (演習 6.16[96]), スチューデント化変量 $T = \sqrt{n}(\bar{X} - \mu)/U$ と標準化変量 $Z = \sqrt{n}(\bar{X} - \mu)/\sigma$ は非常に近い値をとり, 次のことがわかる.

**定理 6.13**. 母平均 $\mu$, 母分散 $\sigma^2$ の母集団からの大きさ $n$ の標本に対して, $T \overset{d}{\Rightarrow} N(0,1) \quad (n \to \infty)$.

**証明**. 演習 6.21[97](2). □

## 演習問題

**演習 6.1** 定理 6.1[88] を証明せよ.

**演習 6.2** $-1, 0, 2, 3$ を $1:4:2:1$ の割合で含む (無限) 母集団 $\Omega$ とそこからの無作為標本 $X_1, \ldots, X_n$, その標本平均 $\bar{X}$, 標本分散 $S^2$ について考える.

93

(1) $\Omega$ の母平均 $\mu$ と母分散 $\sigma^2$ を求めよ.
(2) 無作為標本の実現値が $2, 0, 3, 2, -1$ であった. このとき, 標本平均と標本分散の実現値を求めよ.
(3) $n = 9$ のとき, $E[\bar{X}], Var[\bar{X}], E[S^2]$ を求めよ.
(4) $n = 3$ のとき, $P(\bar{X} \geqq 3.5\mu)$ を求めよ. また, $n = 108$ のとき, $P(\bar{X} \geqq 1.3\mu)$ を正規近似 (定理 6.12[93]) を用いて求めよ.

**演習 6.3** サイコロを $105$ 回振ったとき, $i$ 回目に出た目を $X_i$ とし, $\bar{X} = \frac{1}{105}\sum_{i=1}^{105} X_i$, $S^2 = \frac{1}{105}\sum_{i=1}^{105}(X_i - \bar{X})^2$ とする. 以下の問に答えよ.

(1) $X_1, \ldots, X_{105}$ をある母集団からの無作為標本であると考えるとき, 母平均と母分散を求めよ.
(2) $E[\bar{X}], Var[\bar{X}], E[S^2]$ を求めよ.
(3) $P(3.2 \leqq \bar{X} \leqq 3.8)$ を正規近似 (定理 6.12[93]) を用いて求めよ.

**演習 6.4** 全有権者における内閣支持率を $p$, 無作為に抽出した有権者 $400$ 人の内閣支持率を $\hat{p}$ とする. 以下の問に答えよ.

(1) この調査の母集団と標本, 標本の大きさを答えよ. また, $\hat{p} = 0.25$ であったとき, 母比率と標本比率が何か答えよ.
(2) $p = 1/5$ のとき, $E[\hat{p}], Var[\hat{p}]$ を求めよ. また, $P(\hat{p} > A) = 0.05$ となる $A$ を中心極限定理を用いて求めよ.

**演習 6.5** $Z_1, Z_2, Z_3, Z_4 \overset{i.i.d.}{\sim} N(0,1)$ のとき, $Var[Z_1^2 + Z_2^2 + Z_3^2 + Z_4^2]$ を求めよ. また, $P(Z_1^2 + Z_2^2 + Z_3^2 + Z_4^2 < a) = 0.95$ を満たす $a$ を求めよ. さらに, $P\left(\frac{3Z_1^2}{Z_2^2+Z_3^2+Z_4^2} < b^2\right) = 0.95$, $P\left(\frac{Z_1^2}{Z_1^2+Z_2^2+Z_3^2} < \frac{c^2}{c^2+2}\right) = 0.9$ を満たす $b > 0, c > 0$ を求めよ.

**演習 6.6** $X_1, \ldots, X_n \overset{i.i.d.}{\sim} N(\mu, \sigma^2)$ に対して, その平均を $\bar{X}$, 標本不偏分散を $U^2$, $Z = \sqrt{n}(\bar{X} - \mu)/\sigma$ とする. $n = 25$ のとき, 以下の問に答えよ.

(1) $\sigma = 30$ のとき, $Var[\bar{X}], E[S^2], Var[S^2]$ を求めよ.
(2) $\mu = 110, \sigma = 30$ のとき, $\bar{X}$ が $122$ 以上になる確率を求めよ.
(3) $P(Z < a) = 0.95$ となる $a$ の値を求めよ.
(4) $\sigma^2 = 12/7$ のとき, $P(U^2 < b) = 0.99$ となる $b$ の値を求めよ.
(5) $P\left(\bar{X} - c\frac{U}{\sqrt{n}} \leqq \mu \leqq \bar{X} + c\frac{U}{\sqrt{n}}\right) = 0.95$ となる $c$ の値を求めよ.
(6) $P\left(\sigma^2 \leqq \frac{(n-1)U^2}{d_1}\right) = 0.975$, $P\left(\frac{(n-1)U^2}{d_2} \leqq \sigma^2\right) = 0.975$ となる $d_1, d_2$ の値を求めよ.

**演習 6.7** 平日 $10$ 日間の午前中に, ある公共サービスカウンターを利用した人の数を

$X_1, \ldots, X_{10}$ とする．これらをある母集団からの無作為標本であると考えるとき，母集団は何か答えよ．母集団分布がポアソン分布 $Po(\lambda)$ であるとき，母平均と母分散，標本平均 $\bar{X}$ の期待値と分散と $P(\bar{X} = 3)$ を求めよ．

**演習** 6.8  交通量の少ないある道路における，次の自動車が通過するまでの時間間隔の測定値を $X_1, \ldots, X_n$ とする．これらをある母集団からの無作為標本であると考えると，その母集団は何か答えよ．母集団分布が指数分布 $Ex(\lambda)$ であるとき，母平均，母分散，標本平均の期待値と分散を求めよ．

**演習** 6.9*  $Q \sim \chi_\nu^2$ のとき，以下の問に答えよ．

(1)  $Q \sim Ga(\frac{\nu}{2}, 2)$ を示せ．
(2)  定理 6.3[89] を示せ．
(3)  $Q$ の p.d.f. $f(x)$ が，次の式で与えられることを示せ．
$$f(x) = \begin{cases} \frac{1}{\Gamma(\frac{\nu}{2}) 2^{\frac{\nu}{2}}} x^{\frac{\nu}{2} - 1} e^{-\frac{x}{2}} & (x > 0) \\ 0 & (x \leqq 0) \end{cases}. \tag{6.E.1}$$
(4)  $\chi_1^2(\alpha) = \left(z\left(\frac{\alpha}{2}\right)\right)^2$, $\chi_2^2(\alpha) = -2 \log \alpha$ を示せ．

**演習** 6.10*  定理 6.4[89], 定理 6.5[89] を示せ．

**演習** 6.11**  $T \sim t_\nu$ とする．以下の問に答えよ．

(1)  $\nu > 1$ のとき，$E[T] = 0$．$\nu > 2$ のとき，$Var[T] = \frac{\nu}{\nu - 2}$ を示せ．
(2)  $T$ の p.d.f. $f(x)$ は
$$f(x) = \frac{\Gamma\left(\frac{\nu + 1}{2}\right)}{\sqrt{\nu \pi} \, \Gamma\left(\frac{\nu}{2}\right)} \left(1 + \frac{x^2}{\nu}\right)^{-\frac{\nu + 1}{2}} \tag{6.E.2}$$
であることを示し，**スターリングの公式** (Stirling's formula) $\lim_{z \to \infty} \frac{\Gamma(z + 1)}{\sqrt{2\pi z} \left(\frac{z}{e}\right)^z} = 1$ を用いて，$\lim_{\nu \to \infty} f(x) = \frac{1}{\sqrt{2\pi}} e^{-\frac{x^2}{2}}$ も示せ．
(3)  自由度 1 のティー分布 (**コーシー分布** (例 5.7[78])) の p.d.f. が
$$f(x) = \frac{1}{\pi(1 + x^2)} \tag{6.E.3}$$
であることを示せ．また，$t_1(\alpha) = \tan(\pi(\frac{1}{2} - \alpha))$ を示せ．

**演習** 6.12*  定理 6.7[90] を証明せよ．

**演習** 6.13**  (1) $W \sim F_{\nu_1, \nu_2}$ の p.d.f. $f(w)$ が次のように与えられることを示せ．
$$f(w) = \frac{1}{B\left(\frac{\nu_1}{2}, \frac{\nu_2}{2}\right)} \left(\frac{\nu_1 w}{\nu_1 w + \nu_2}\right)^{\frac{\nu_1}{2}} \left(1 - \frac{\nu_1 w}{\nu_1 w + \nu_2}\right)^{\frac{\nu_2}{2}} w^{-1}. \tag{6.E.4}$$

(2) (6.5.3)[91] を示せ．また，$(t_\nu(\alpha))^2 = f_{1,\nu}(2\alpha)$ を示せ．

**演習** 6.14** $0 < p < 1$, $n = 1, 2, \ldots$, $k = 1, \ldots, n$ として，$X \sim B(n, p)$ とする．このとき，$0 < \alpha < 1$ を満たす $\alpha$ と $n \in \mathbb{N}, k = 1, \ldots, n$ を任意の与えたとき，$P(X \geqq k) = \alpha$ を満たす $p$ は $\frac{k}{(n-k+1)f_{2(n-k+1),2k}(\alpha)+k}$ に限ることを示せ．

**演習** 6.15* 定理 6.9[91] を示せ．

**演習** 6.16** 母平均 $\mu$，母分散 $\sigma^2$ である母集団からの無作為標本 $X_1, \ldots, X_n$ に対して，$Q = \frac{1}{\sigma^2} \sum_{i=1}^{n} (X_i - \bar{X})^2$, $Z_i = \frac{X_i - \mu}{\sigma}$ とおく．以下の問に答えよ．

(1) $Q^2 = \sum_{i,j=1}^{n} Z_i^2 Z_j^2 + \frac{1}{n^2} \sum_{i,j,k,l=1}^{n} Z_i Z_j Z_k Z_l - \frac{2}{n} \sum_{i,j,k=1}^{n} Z_i^2 Z_j Z_k$ を示せ．

(2) $m_k = E\left[Z_1^k\right] = E\left[(X_1 - \mu)^k\right]/\sigma^k$ として，次を示せ．
$$E\left[Q^2\right] = \frac{(n-1)^2}{n} m_4 + \frac{(n-1)(n^2 - 2n + 3)}{n}. \tag{6.E.5}$$

(3) 次を示せ．
$$E\left[(U^2 - \sigma^2)^2\right] = \frac{\sigma^4}{n} \left(m_4 - \frac{n-3}{n-1}\right),$$
$$E\left[(S^2 - \sigma^2)^2\right] = \frac{\sigma^4}{n} \left(\frac{(n-1)^2}{n^2} m_4 - \frac{n^2 - 5n + 3}{n^2}\right).$$

(4) $U^2 \xrightarrow{P} \sigma^2 (n \to \infty)$, $S^2 \xrightarrow{P} \sigma^2 (n \to \infty)$ を示せ．

**演習** 6.17* $X_n$ が $a$ に確率収束し，$g(x)$ が連続であるとき，$g(X_n)$ は $g(a)$ に確率収束することを証明せよ．

**演習** 6.18** $X_n \xRightarrow{d} X$ のとき，$X$ の分布関数 $F(x)$ の連続点 $x_0$ に対して，$\lim_{n \to \infty} P(X_n = x_0) = 0$ を示せ．

**演習** 6.19*** $X_n, X, Y_n, Y$ の分布関数を $F_n(x), F(x), G_n(x), G(x)$ として，以下の問に答えよ．ただし，任意の分布関数の連続点は稠密であることを用いてもよい．

(1) $X_n \xRightarrow{d} X$ のとき，$aX_n + b \xRightarrow{d} aX + b$ を示せ．

(2) $x_1 < x < x_2$ のとき，
$$G_n(x_1) - p_n(\delta_1) \leqq F_n(x) \leqq G_n(x_2) + p_n(\delta_2)$$
を示せ．ただし，$\delta_i = |x - x_i|$, $p_n(\delta_i) = P(|X_n - Y_n| > \delta_i)$, $i = 1, 2$．さらに，$X_n - Y_n \xrightarrow{P} 0$, $Y_n \xRightarrow{d} Y$ のとき，$X_n \xRightarrow{d} Y$ を示せ．

(3) 任意の $\delta > 0, K > 0$ に対して，
$$P(|X_n Y_n| > \delta) \leqq P(|Y_n| > \delta/K) + q_n(K)$$
が成り立つことを示せ．ただし，$q_n(K) = F_n(-K) + 1 - F_n(K)$．さらに，$X_n \xRightarrow{d} X$, $Y_n \xrightarrow{P} 0$ のとき，$X_n Y_n \xrightarrow{P} 0$ を示せ．

(4) $X_n \xRightarrow{d} X$, $Y_n \xrightarrow{P} a$, $Z_n \xrightarrow{P} b$ のとき，$X_n Y_n + Z_n \xRightarrow{d} aX + b$ を示せ．

**演習** 6.20* 定理 6.12[93] において $M_{X_i}(t)$ の存在を仮定して，以下に答えよ．

(1) $Y_i = \frac{X_i - \mu}{\sigma}$ とおく．テイラー展開を用いて，$M_{Y_i}(t) = 1 + \frac{1}{2} M''_{Y_i}(ct) t^2, 0 < c < 1$ を満たす $c$ が存在することを示せ．

(2) $M_Z(t) \to e^{\frac{t^2}{2}} (n \to \infty)$ を示し，定理 6.12[93] を示せ．

**演習 6.21**\*\*

(1) 定理 6.11[92] を示せ．
(2) 定理 6.13[93] を示せ．

**演習 6.22**\*\* 第 $i$ 成分が $X_{n,i}$ である $d$ 次元確率ベクトルを $\boldsymbol{X}_n$，第 $i$ 成分が定数 $a_i \in \mathbb{R}$ である $d$ 次元ベクトルを $\boldsymbol{a}$ とする．任意の $\epsilon > 0$ に対して，

$$\lim_{n \to \infty} P(||\boldsymbol{X}_n - \boldsymbol{a}|| > \epsilon) = 0 \tag{6.E.6}$$

を満たすとき，$\boldsymbol{X}_n \xrightarrow{P} \boldsymbol{a} \ (n \to \infty)$ と表し，$\boldsymbol{X}_n$ は $\boldsymbol{a}$ に**確率収束**すると言う．このとき，以下の問に答えよ．

(1) $r > 0, \boldsymbol{c} \in \mathbb{R}^d$ に対して，$S_r(\boldsymbol{c}) := \{\boldsymbol{x} \in \mathbb{R}^d \mid \forall k, |x_k - c_k| \leqq r\}$, $B_r(\boldsymbol{c}) := \{\boldsymbol{x} \in \mathbb{R}^d \mid ||\boldsymbol{x} - \boldsymbol{c}|| \leqq r\}$ とするとき，$S_{\frac{r}{\sqrt{d}}}(\boldsymbol{c}) \subset B_r(\boldsymbol{c}) \subset S_r(\boldsymbol{c})$ を示せ．また，任意の $i = 1, \ldots, d$ に対して $X_{n,i}$ が $a_i$ に確率収束することと $\boldsymbol{X}_n$ が $\boldsymbol{a}$ に確率収束することが同値であることを示せ．

(2) $\boldsymbol{X}_n$ が $\boldsymbol{a}$ に確率収束し，$g: \mathbb{R}^d \to \mathbb{R}^m$ が連続であるとき，$g(\boldsymbol{X}_n)$ は $g(\boldsymbol{a})$ に確率収束することを示せ．

**演習 6.23**\*\* 互いに独立で同一の分布に従う $\boldsymbol{Y}_i = (Y_{1i}, \ldots, Y_{pi})', i = 1, \ldots, n$ に対して，$\boldsymbol{\mu} = E[\boldsymbol{Y}_i], \Sigma = Var[\boldsymbol{Y}_i]$ とおき，原点 $\boldsymbol{0}$ 近傍 $U$ で $M(\boldsymbol{t}) = E\left[e^{\boldsymbol{t}'\boldsymbol{Y}_i}\right]$ が存在すると仮定する．以下の問に答えよ．

(1) $\boldsymbol{a} = (a_1, \ldots, a_p)' \in \mathbb{R}^p$ に対して，$X_i = \boldsymbol{a}'\boldsymbol{Y}_i$ と定義するとき，$\sqrt{n}(\bar{X} - \boldsymbol{a}'\boldsymbol{\mu})/\sqrt{\boldsymbol{a}'\Sigma\boldsymbol{a}} \xrightarrow{d} N(0, 1)(n \to \infty)$ を示せ．

(2) $g: \mathbb{R}^p \to \mathbb{R}$ が $C^1$ 級であるとき，$\sqrt{n}(g(\bar{\boldsymbol{Y}}) - g(\boldsymbol{\mu})) \xrightarrow{d} N(0, \sigma_g^2)(n \to \infty)$ を示せ．ただし，$\bar{\boldsymbol{Y}} = \frac{1}{n}\sum_{i=1}^n \boldsymbol{Y}_i, \sigma_g^2 = \sum_{j=1}^p \sum_{j'=1}^p \frac{\partial g}{\partial x_j}(\boldsymbol{\mu})\frac{\partial g}{\partial x_{j'}}(\boldsymbol{\mu})\sigma_{jj'}, \sigma_{jj'} = Cov[Y_{j1}, Y_{j'1}]$ であり，$C^1$ 級とは全ての 1 次偏導関数が連続であることを言う．

# 第7章

# 統計的推定

　母集団の特徴である未知母数の値を無作為標本から推定するとき，その推定精度が問題となる．本章では，母集団の平均，分散，あるいは，ある性質を持つ要素の割合を推定する方法について主に解説する．

## 7.1 点推定

母集団の特徴量である未知母数 $\theta$ を無作為標本 $\boldsymbol{X} = (X_1, \ldots, X_n)$ の関数 $\hat{\theta}(\boldsymbol{X})$ を用いて見積もることを**点推定** (point estimation) と言う (図 7.1)。

通常，母平均 $\mu$ は標本平均 $\bar{X}$ で点推定され，母分散 $\sigma^2$ は標本不偏分散 $U^2$ で，母比率 $p$ は標本比率 $\hat{p}$ で点推定される。

点推定に用いる $\hat{\theta}(\boldsymbol{X})$ を**推定量** (estimator) と呼び，標本 $\boldsymbol{X}$ に実現値 $\boldsymbol{x}$ を代入した値 $\hat{\theta}(\boldsymbol{x})$ を**推定値** (estimate) と呼ぶ。もちろん，$\hat{\theta}(\boldsymbol{X})$ は確率変数であり，$\hat{\theta}(\boldsymbol{x})$ は定数である。

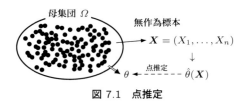

図 7.1 点推定

## 7.2 区間推定の基本概念

未知母数 $\theta$ を一点 $\hat{\theta}(\boldsymbol{X})$ で推定するのを点推定と呼ぶが，

『$\theta$ は区間 $[L(\boldsymbol{X}), U(\boldsymbol{X})]$ の中にある』

のように区間を用いて推測する方法を**区間推定** (interval estimation) と呼ぶ。そのとき，用いる区間 $[L(\boldsymbol{X}), U(\boldsymbol{X})]$ を**信頼区間** (confidence interval) と呼び，$[L(\boldsymbol{X}), U(\boldsymbol{X})]$ が $\theta$ を含む確率

$$P(\theta \in [L(\boldsymbol{X}), U(\boldsymbol{X})]) = P(L(\boldsymbol{X}) \leqq \theta \leqq U(\boldsymbol{X}))$$

を**信頼係数** (confidence coefficient) と呼ぶ。$0 < \alpha < 1$ である $\alpha$ を与えて，信頼係数が $1 - \alpha$ となるように信頼区間は構成される。応用上は $\alpha = 0.05, 0.01$ とすること，つまり，信頼係数 $1 - \alpha$ を $0.95 (= 95\%), 0.99 (= 99\%)$ とすることが多い。信頼係数が $1 - \alpha$ である信頼区間を簡単に，$1 - \alpha$ 信頼区間，あるいは，$100(1 - \alpha)\%$ 信頼区間と呼ぶ。信頼係数は**信頼度** (confidence level) と言うこともある。

《例 7.1》 入学試験の国語の平均点 $\mu$ を区間推定するために，無作為に $n$ 人の受験生を選んでその平均点 $\bar{X}$ を求めることにした。母平均 $\mu$ は標本平均 $\bar{X}$ の近くにあると考えられるので，$[L(X), U(X)] = [\bar{X} - c, \bar{X} + c]$ が信頼区間として自然であろう。信頼係数 $P(\bar{X} - c \leqq \mu \leqq \bar{X} + c)$ が $1 - \alpha$ となるように $c$ を決めたい。

入学試験の国語の得点分布は，例年 $N(\mu, 30^2)$ で十分近似できるものとすると，$Z = \sqrt{n}(\bar{X} - \mu)/30 \sim N(0, 1)$ である。このとき，

$$\begin{aligned} P(\bar{X} - c \leqq \mu \leqq \bar{X} + c) &= P(-c \leqq \bar{X} - \mu \leqq c) \\ &= P\left(-\frac{\sqrt{n}}{30}c \leqq Z \leqq \frac{\sqrt{n}}{30}c\right) = 1 - \alpha \end{aligned}$$

なので，標準正規分布の上側 $100\alpha\%$ 点 $z(\alpha)$ を用いて，$\frac{\sqrt{n}}{30}c = z(\alpha/2)$ とすればよいことがわ

かる．つまり，$c = \frac{30}{\sqrt{n}} z(\alpha/2)$ と選んで，

$$[L(\boldsymbol{X}), U(\boldsymbol{X})] = \left[\bar{X} - \frac{30}{\sqrt{n}} z(\alpha/2), \ \bar{X} + \frac{30}{\sqrt{n}} z(\alpha/2)\right] \tag{7.2.1}$$

とすれば，この信頼区間の信頼係数が $1 - \alpha$ となる．

たとえば，信頼係数が 95% のときは，$\alpha = 0.05$ なので，表 C.2[226] より $z(\alpha/2) = 1.96$ である．$n = 25, \bar{X} = 110$ であったとき，信頼区間は

$$\left[110 - \frac{30}{\sqrt{25}} \times 1.96, \quad 110 + \frac{30}{\sqrt{25}} \times 1.96\right] = [98.24, \quad 121.76]$$

となる． ▲

信頼係数 $P(L(\boldsymbol{X}) \leqq \theta \leqq U(\boldsymbol{X}))$ の意味を標本分布の概念から考えてみよう．図 7.2 のように，実験①で得られた標本 $\boldsymbol{x} = (x_1, \ldots, x_n)$ から信頼区間 $[L(\boldsymbol{x}), U(\boldsymbol{x})]$ を作り，実験②で得られた標本 $\boldsymbol{x}' = (x'_1, \ldots, x'_n)$ から信頼区間 $[L(\boldsymbol{x}'), U(\boldsymbol{x}')]$ を作るものとする．これを無数繰り返すとき，作られる多数の信頼区間の中で，$\theta$ を含むものの割合が信頼係数である．つまり，信頼係数とは，信頼区間 $[L(\boldsymbol{X}), U(\boldsymbol{X})]$ の性能 (命中率) を表していると考えられる．

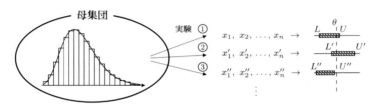

図 7.2 信頼区間の信頼係数

一方，標本調査において $\theta$ は未知なので，1 組の標本 $\boldsymbol{x} = (x_1, \ldots, x_n)$ から求められた一つの信頼区間 $[L(\boldsymbol{x}), U(\boldsymbol{x})]$ に $\theta$ が含まれるかどうかわからない．ただし，$\theta$ の値は得られる標本の値と無関係に一定なので，$\theta$ が信頼区間に含まれるか含まれないかのどちらか一方が正しい．

したがって，例 7.1[100] で求めた (7.2.1) の信頼区間は，多数の標本セットに対して何度も利用するとその命中率が $1 - \alpha$ であるが，得られた 1 組の標本の値から計算した $[98.24, 121.76]$ の中には，含まれるか含まれないかのどちらかである．ましてや，$[98.24, 121.76]$ の中に $\mu$ が含まれる確率が 95% ではない．

未知なる $\theta$ を得られた 1 組の標本 $\boldsymbol{x}$ だけから推測する状況においては，高い確率で命中する方法を利用し，その結果が当たっているか外れているかは方法の命中確率程度に信じようとするのが信頼区間の考え方である．方法の性能を数学的に評価した確率を，実際に得られた結果を信頼する度合いに利用するため，信頼係数，あるいは，信頼度と表現する．

例 7.1[100] で考えたように，未知母数 $\theta$ の信頼区間は，点推定量 $\hat{\theta}$ を含む範囲に構成することが自然である．多くのものは，$\left[\hat{\theta} - c, \hat{\theta} + c\right]$ という形か，$0 < c_1 < 1 < c_2$ である $c_1, c_2$ を用いた $\left[c_1 \hat{\theta}, c_2 \hat{\theta}\right]$ の形になるが，母集団分布や未知母数に応じて形が決まる．

## 7.3 色々な信頼区間

母平均 $\mu$, 母分散 $\sigma^2$, 母比率 $p$ に対する信頼区間は以下のようになる．ただし，$\bar{X}$ は標本平均，$U^2$ は標本不偏分散，$\hat{p}$ は標本比率を表し，$z(\alpha), t_n(\alpha), \chi_n^2(\alpha)$ はそれぞれ，標準正規分布 $N(0,1)$，自由度 $n$ のティー分布，自由度 $n$ のカイ二乗分布の上側 $100\alpha\%$ 点を表すものとする．

(1) 正規母集団 $N(\mu, \sigma_0^2)$ の母平均 $\mu$ の信頼区間 ($\sigma_0^2$ は既知定数)
$$\left[\bar{X} - z(\alpha/2)\frac{\sigma_0}{\sqrt{n}},\ \bar{X} + z(\alpha/2)\frac{\sigma_0}{\sqrt{n}}\right] \tag{7.3.1}$$

(2) 正規母集団 $N(\mu, \sigma^2)$ の母平均 $\mu$ の信頼区間 ($\sigma^2$ は未知母数)
$$\left[\bar{X} - t_{n-1}(\alpha/2)\frac{U}{\sqrt{n}},\ \bar{X} + t_{n-1}(\alpha/2)\frac{U}{\sqrt{n}}\right] \tag{7.3.2}$$

(3) 正規母集団 $N(\mu, \sigma^2)$ の母分散 $\sigma^2$ の信頼区間
$$\left[\frac{(n-1)U^2}{\chi_{n-1}^2(\alpha/2)},\ \frac{(n-1)U^2}{\chi_{n-1}^2(1-\alpha/2)}\right] \tag{7.3.3}$$

(4) 一般の母集団の母平均 $\mu$ の信頼区間 ($n$ が大きいとき)
$$\left[\bar{X} - z(\alpha/2)\frac{U}{\sqrt{n}},\ \bar{X} + z(\alpha/2)\frac{U}{\sqrt{n}}\right] \tag{7.3.4}$$

(5) 二項母集団の母比率 $p$ の信頼区間 (1: Score 型)
$$\left[\hat{p} - z(\alpha/2)\frac{\sqrt{\hat{p}(1-\hat{p})}}{\sqrt{n}},\ \hat{p} + z(\alpha/2)\frac{\sqrt{\hat{p}(1-\hat{p})}}{\sqrt{n}}\right] \tag{7.3.5}$$

(6) 二項母集団の母比率 $p$ の信頼区間 (2: Wald 型)*
$$\left[\frac{\hat{p} + \tilde{z}_n - \tilde{\sigma}_n(\hat{p})}{1 + 2\tilde{z}_n},\ \frac{\hat{p} + \tilde{z}_n + \tilde{\sigma}_n(\hat{p})}{1 + 2\tilde{z}_n}\right] \tag{7.3.6}$$
ただし，$\tilde{z}_n = \frac{1}{2n}z^2(\alpha/2), \tilde{\sigma}_n(x) = \sqrt{2\tilde{z}_n x(1-x) + \tilde{z}_n^2}$．

(7) 二項母集団の母比率 $p$ の信頼区間 (3: Clopper-Pearson 型)*
$$(\rho_{n,n\hat{p}}(\alpha/2),\ \rho_{n,n\hat{p}+1}(1-\alpha/2)) \tag{7.3.7}$$
ここで，$\rho_{n,0}(\alpha) = 0, \rho_{n,n+1}(\alpha) = 1$ であり，$k = 1, \ldots, n$ に対して，
$$\rho_{n,k}(\alpha) = \frac{k}{(n-k+1)f_{2(n-k+1),2k}(\alpha) + k} \tag{7.3.8}$$
と定義する．ただし，$f_{2(n-k+1),2k}(\alpha)$ は自由度 $(2(n-k+1), 2k)$ のエフ分布の上側 $100\alpha\%$ 点である．

最初の三つの信頼区間 (1)〜(3) の信頼係数が $1-\alpha$ であることは，定理 6.2[89]，定理 6.6[90]，定理 6.5[89] からわかる．また，信頼区間 (4) の信頼係数は $n$ が大きいとき近似的に $1-\alpha$ であることが，定理 6.13[93] からわかる．

信頼区間 (5) の真の信頼係数は，$Y \sim B(n,p)$ に対する確率
$$P\left(n\frac{p + \tilde{z}_n - \tilde{\sigma}_n(p)}{1 + 2\tilde{z}_n} \leq Y \leq n\frac{p + \tilde{z}_n + \tilde{\sigma}_n(p)}{1 + 2\tilde{z}_n}\right)$$
と等しく，信頼区間 (6) の真の信頼係数は

$$P\left(np - nz(\alpha/2)\frac{\sqrt{p(1-p)}}{\sqrt{n}} \leqq Y \leqq np + nz(\alpha/2)\frac{\sqrt{p(1-p)}}{\sqrt{n}}\right)$$

と等しい．どちらも，$n, p, \alpha$ を決めれば正確に求めることができる．また，どちらの真の信頼係数も，$n \to \infty$ のとき，$1 - \alpha$ に収束することが証明できる (定理 6.11[92]，定理 6.10[92] を参照)．$\min(np, n(1-p))$ が 20 より小さいとき，信頼区間 (5) の真の信頼係数は名目の信頼係数より小さくなる傾向が強く，真の信頼係数との誤差の小さい信頼区間 (6) を用いる方が望ましい．

信頼区間 (7) の真の信頼係数はどんな $n, p$ に対しても名目の信頼係数 $1 - \alpha$ より大きいことが証明できる (演習 7.7[108])．慎重な判断が要求されるときは，この信頼区間を使用するべきである．

《例 7.2》 あるスポーツ飲料水に含まれるカリウムの質量 (mg) はペットボトルごとに異なり，無作為に選んだペットボトル $n$ 本の測定値 $X_1, \ldots, X_n$ は，互いに独立で同一の正規分布 $N(\mu, \sigma^2)$ に従うものとする．

(1) $\sigma^2 = 169$ がわかっていて，$n = 16$ のとき，$\mu$ の 95% 信頼区間は，$1 - \alpha = 0.95$ なので，$\alpha/2 = 0.025$ であり，$z(0.025) \times \frac{\sigma}{\sqrt{n}} = 1.96 \times \frac{\sqrt{169}}{\sqrt{16}} = 6.37$ だから，$[\bar{X} - 6.37, \bar{X} + 6.37]$．$\bar{X} = 102$ のとき，小数第 1 位を四捨五入すると $[96, 108]$ である．

(2) $\sigma^2$ が未知で，$n = 16$ のとき，$\mu$ の 95% 信頼区間は，$t_{16-1}(0.025) \times \frac{U}{\sqrt{n}} = 2.131 \times \frac{U}{\sqrt{16}} = \frac{2.131}{4} \times U$ だから，$[\bar{X} - \frac{2.131}{4} \times U, \bar{X} + \frac{2.131}{4} \times U]$．$\bar{X} = 102, U^2 = 196$ のとき，小数第 1 位を四捨五入すると，$[95, 109]$ である．

(3) さらに，$\sigma^2$ の 95% 信頼区間は，$\chi^2_{16-1}(0.025) = 27.5, \chi^2_{16-1}(0.975) = 6.26$ なので，$\left[\frac{15}{27.5}U^2, \frac{15}{6.26}U^2\right]$．$U^2 = 196$ のとき，小数第 1 位を四捨五入すると，$[107, 470]$ である．

(5) カリウムの質量が 100mg 以下のものの割合 $p$ に対する信頼区間を求めるために $n = 147$ 個のペットボトルの検査をすることにした．このとき，$p$ の 95% 信頼区間は，(7.3.5)[102] を利用すると，

$$\left[\hat{p} - 1.96 \times \frac{\sqrt{\hat{p}(1-\hat{p})}}{\sqrt{147}}, \hat{p} + 1.96 \times \frac{\sqrt{\hat{p}(1-\hat{p})}}{\sqrt{147}}\right].$$

$\hat{p} = 63/147$ のとき，小数第 3 位を四捨五入すると，$[0.35, 0.51]$ である． ▲

《例 7.3》 入学試験の国語の得点分布が正規分布であると仮定できなくても，標本の大きさ $n$ が大きければ，(7.3.4)[102] を用いて信頼区間を構成できる．たとえば，無作為に選んだ 2500 人の受験生の平均点 $\bar{X} = 110$, 標本不偏分散 $U^2 = 40^2$ のとき，95% 信頼区間は $[108.432, 111.568]$ となる． ▲

その他の信頼区間として，次のようなものもある．

(8) 指数母集団 $Ex(1/\mu)$ の母平均 $\mu$ の信頼区間*
$$\left[\frac{2n\bar{X}}{\chi^2_{2n}(\alpha/2)}, \frac{2n\bar{X}}{\chi^2_{2n}(1-\alpha/2)}\right] \tag{7.3.9}$$
この信頼区間の信頼係数は $1 - \alpha$ であることが示せる (演習 7.11[109])．

(9) ポアソン母集団 $Po(\lambda)$ の母平均 $\lambda$ の信頼区間*
$$\left(\frac{1}{n}\ell_{n\bar{X}}(\alpha/2),\ \frac{1}{n}\ell_{n\bar{X}+1}(1-\alpha/2)\right) \tag{7.3.10}$$
ただし，$\ell_0(\alpha) = 0$, $\ell_k(\alpha) = \frac{1}{2}\chi^2_{2k}(1-\alpha)$, $k \in \mathbb{N}$. この信頼区間の信頼係数は $1-\alpha$ 以上であることが示せる (演習 7.8[108]).

(10) 母集団分布が確率密度関数 $f(x)$ であるときの下側分位点 $q = F^{-1}(p)$ の信頼区間*
$$[X_{(k)}, X_{(\ell)}] \tag{7.3.11}$$
ただし，無作為標本 $X_1,\ldots,X_n$ の順序統計量を $X_{(1)} \leq \cdots \leq X_{(n)}$ とし，$k, \ell$ は，$Y \sim B(n,p)$ に対して $P(k \leq Y < \ell) \geq 1-\alpha$ を満たす非負整数．このとき，この信頼区間の信頼係数は $1-\alpha$ 以上であることが示せる (演習 7.9[109])．$k, \ell$ として，(8.5.5)[118], (8.5.5)[118] の $\bar{b}_{n,p}(\alpha)$, $b_{n,p}(\alpha)$ に対して，$k = b_{n,p}(\alpha/2)+1$, $\ell = \bar{b}_{n,p}(\alpha/2)$ と選ぶことができる．また，$n$ が大きいときは，定理 3.1[46] を応用して，$k = np+1-z(\alpha/2)\sqrt{np(1-p)}$, $\ell = np + z(\alpha/2)\sqrt{np(1-p)}$ とすると，近似的に信頼係数 $1-\alpha$ の信頼区間になる．

## 7.4 推定量の構成法*

未知母数 $\theta$ を持つ母集団分布が確率密度関数 $f(x|\theta)$ で表されるとき，そこからの無作為標本 $\boldsymbol{X} = (X_1,\ldots,X_n)$ の同時確率密度関数は，$f(x_1|\theta) \times \cdots \times f(x_n|\theta)$ で与えられるが，
$$L(u|\boldsymbol{x}) := f(x_1|u) \times \cdots \times f(x_n|u) \tag{7.4.1}$$
と定義される $L(u|\boldsymbol{x})$ を ($\boldsymbol{x} = (x_1,\ldots,x_n)$ に対する) $u$ の**尤度関数** (likelihood function)，あるいは，**尤度** (likelihood) と呼ぶ．母集団分布が確率関数 $p(k|\theta)$ で表されるときは，
$$L(u|\boldsymbol{x}) := p(x_1|u) \times \cdots \times p(x_n|u) \tag{7.4.2}$$
と定義する．無作為標本 $\boldsymbol{X}$ に対する尤度 $L(u|\boldsymbol{X})$ の最大値を与える $u$ を $\theta$ の**最尤推定量** (maximum likelihood estimator, MLE) と呼ぶ．
$$\ell(u|\boldsymbol{x}) := \log L(u|\boldsymbol{x}) \tag{7.4.3}$$
と定義される $\ell(u|\boldsymbol{x})$ を**対数尤度関数** (log likelihood function) と呼ぶが，最尤推定量は $\ell(u|\boldsymbol{X})$ を最大にする $u$ でもある．

《例 7.4》母集団分布が指数分布 $Ex(\lambda)$ であるとき，無作為標本 $X_1,\ldots,X_n$ に対する対数尤度関数は，同時確率密度関数が $\lambda e^{-\lambda x_1} \times \cdots \times \lambda e^{-\lambda x_n}$ だから，
$$\ell(u|\boldsymbol{X}) = \log\left(ue^{-uX_1} \times \cdots \times ue^{-uX_n}\right) = n\left(\log u - u\bar{X}\right)$$
である．$\frac{d}{du}\ell(u|\boldsymbol{X}) = 0$ の解 $u = \frac{1}{\bar{X}}$ で，$\ell(u|\boldsymbol{X})$ は最大となるので，$\frac{1}{\bar{X}}$ が $\lambda$ の最尤推定量である． ▲

未知母数が $\boldsymbol{\theta} = (\theta_1,\ldots,\theta_p)$ のように複数ある場合も，同様に尤度関数 $L(\boldsymbol{u}|\boldsymbol{X})$ や対数尤度

関数 $\ell(\boldsymbol{u}|\boldsymbol{X})$ が定義され，それらを最大にする $\boldsymbol{u}$ を $\boldsymbol{\theta}$ の最尤推定量と呼ぶ．

《例 7.5》 母集団分布が $N(\mu, \sigma^2)$ であるとき，$\boldsymbol{u} = (u_1, u_2)$ とすると，

$$\ell(\boldsymbol{u}) = \sum_{i=1}^{n} \log\left(\frac{1}{\sqrt{2\pi u_2}} e^{-\frac{(X_i - u_1)^2}{2u_2}}\right) = -\frac{n}{2}\log 2\pi u_2 - \frac{1}{2u_2}\sum_{i=1}^{n}(X_i - u_1)^2.$$

$\frac{\partial \ell}{\partial u_1} = 0, \frac{\partial \ell}{\partial u_2} = 0$ の解 $u_1 = \bar{X}, u_2 = S^2$ で最大となるので，$(\bar{X}, S^2)$ が $(\mu, \sigma^2)$ の最尤推定量である． ▲

未知母数 $\boldsymbol{\theta} = (\theta_1, \ldots, \theta_p)$ を持つ母集団分布が確率密度関数 $f(x|\boldsymbol{\theta})$ で与えられるとき，その $j$ 次の積率は，

$$m_j(\boldsymbol{\theta}) := \int_{-\infty}^{\infty} x^j f(x|\boldsymbol{\theta}) dx$$

のように定義される．標本 $\boldsymbol{X} = (X_1, \ldots, X_n)$ の $j$ 次積率 $\hat{m}_j(\boldsymbol{X}) = \frac{1}{n}\sum_{i=1}^{n} X_i^j$ と $m_j(\boldsymbol{\theta})$ と等しいと置いた $\boldsymbol{u} = (u_1, \ldots, u_p)$ の連立方程式

$$m_j(\boldsymbol{u}) = \hat{m}_j(\boldsymbol{X}), j = 1, \ldots, p$$

の解を $\boldsymbol{\theta}$ の**モーメント推定量** (moment estimator) と呼ぶ．

《例 7.6》 母集団分布がガンマ分布 $Ga(a, b)$ であるとき，母平均 $\mu$ が $ab$ で，母分散 $\sigma^2$ は $ab^2$ なので，$m_1(a, b) = ab, m_2(a, b) = \sigma^2 + \mu^2 = ab^2(1 + a)$．よって，$m_1(u_1, u_2) = \bar{X}$, $m_2(u_1, u_2) = \frac{1}{n}\sum_{i=1}^{n} X_i^2$ の解は，$u_1 = \frac{\bar{X}^2}{S^2}, u_2 = \frac{S^2}{\bar{X}}$．これらが，$a$ と $b$ のモーメント推定量である． ▲

## 7.5 推定量の評価法*

未知母数 $\theta$ の推定量 $\hat{\theta}(\boldsymbol{X})$ に対して，

$$b[\hat{\theta}] := E\left[\hat{\theta}(\boldsymbol{X})\right] - \theta \tag{7.5.1}$$

を $\hat{\theta}(\boldsymbol{X})$ の**偏り** (bias) と呼ぶ．$b[\hat{\theta}]$ は誤差 $\hat{\theta}(\boldsymbol{X}) - \theta$ の平均であり，0 であることが望ましい．どんな $\theta$ の値に対しても，$b[\hat{\theta}] = 0$ となるとき，つまり，任意の $\theta$ に対して，

$$E\left[\hat{\theta}(\boldsymbol{X})\right] = \theta \tag{7.5.2}$$

が成り立つとき，$\hat{\theta}(\boldsymbol{X})$ を**不偏推定量** (unbiased estimator) と呼ぶ．また，

$$\mathrm{MSE}[\hat{\theta}] := E\left[(\hat{\theta}(\boldsymbol{X}) - \theta)^2\right] \tag{7.5.3}$$

を $\hat{\theta}(\boldsymbol{X})$ の**平均二乗誤差** (mean squared error) と呼ぶ．$\mathrm{MSE}[\hat{\theta}]$ は小さい方が，平均的な推定精度が高いと考えられる．$\mathrm{MSE}[\hat{\theta}]$ は，

$$\mathrm{MSE}[\hat{\theta}] = Var\left[\hat{\theta}(\boldsymbol{X})\right] + \left\{b[\hat{\theta}]\right\}^2 \tag{7.5.4}$$

のように分散と偏りの二乗の和で表せる (演習 7.16[109]) ので，分散と偏りが共に小さいと推定精度が高いことがわかる．$\hat{\theta}(\boldsymbol{X})$ が不偏推定量のときは，$\mathrm{MSE}[\hat{\theta}] = Var\left[\hat{\theta}(\boldsymbol{X})\right]$ であるが，不偏推定量の分散については，次のことが知られている．

**定理 7.1 (クラメール・ラオの不等式** (Cramér-Rao inequality)**).**[**] 母集団分布が確率密度関数 $f(x|\theta)$ で表されるとき，その母集団からの無作為標本 $\boldsymbol{X} = (X_1, \ldots, X_n)$ による $\theta$ の推定量 $\hat{\theta}(\boldsymbol{X})$ が不偏推定量ならば，

$$Var\left[\hat{\theta}(\boldsymbol{X})\right] \geqq \frac{1}{nI(\theta)} \tag{7.5.5}$$

が成り立つ．ただし，

$$I(\theta) := E\left[\left(\frac{\partial}{\partial \theta}\log f(X_1|\theta)\right)^2\right] \tag{7.5.6}$$

であり，**フィッシャー情報量** (Fisher information) と呼ぶ．等号は，

$$\hat{\theta}(\boldsymbol{X}) = \theta + \frac{1}{nI(\theta)}\sum_{i=1}^{n}\frac{\partial}{\partial \theta}\log f(X_i|\theta) \tag{7.5.7}$$

が成り立つときに限る．母集団分布が確率関数 $p(k|\theta)$ で表されるときも $f(x|\theta)$ を $p(k|\theta)$ におきかえて，同じ結果が成り立つ．

**証明**．演習 7.23[110]． □

分散が $\frac{1}{nI(\theta)}$ である不偏推定量を**有効推定量** (efficient estimator) と呼ぶ．また，不偏推定量の中で分散が最小のものを**最小分散不偏推定量** (minimum variance unbiased estimator) と呼ぶ．(7.5.5) により，不偏推定量の分散は $\frac{1}{nI(\theta)}$ 以上なので，有効推定量が存在すればそれが最小分散不偏推定量であることがわかる．(7.5.7) の右辺が未知母数 $\theta$ に依存している場合は，$E\left[\hat{\theta}(\boldsymbol{X})\right] = \theta$, $Var\left[\hat{\theta}(\boldsymbol{X})\right] = \frac{1}{nI(\theta)}$ を満足する唯一の $\hat{\theta}(\boldsymbol{X})$ が $\theta$ に依存することになる．未知母数 $\theta$ に依存する $\hat{\theta}(\boldsymbol{X})$ は推定量になりえないので，そのような場合は有効推定量が存在しないことになる．ただし，有効推定量が存在しない場合でも，最小分散不偏推定量が存在することがある．

《例 7.7》ポアソン母集団 $Po(\lambda)$ における 0 である要素の割合 $\theta$ を無作為標本 $\boldsymbol{X} = (X_1, \ldots, X_n)$ を用いて推定したい．$p(k|\theta) := P(X_1 = k)$ とすると，$p(k|\theta) = \frac{\lambda^k}{k!}e^{-\lambda}$, $\theta = e^{-\lambda}$ なので，$\frac{\partial}{\partial \theta}\log p(k|\theta) = -\frac{k-\lambda}{\lambda\theta}$ となる．したがって，$I(\theta) = \frac{1}{\lambda^2\theta^2}Var[X_1] = \frac{1}{\lambda\theta^2}$ であり，

$$\theta + \frac{1}{nI(\theta)}\sum_{i=1}^{n}\frac{\partial}{\partial \theta}\log p(X_i|\theta) = \theta(1 - \bar{X} - \log\theta).$$

これは (7.5.7) の右辺であり，$\theta$ に依存するので，有効推定量が存在しない．

一方，任意の不偏推定量 $\hat{\theta}$ と任意の標本の統計量 $T$ に対して，$\hat{\theta}^*(T) = E\left[\hat{\theta}\,\middle|\,T\right]$ とおくと，条件付期待値の性質 (命題 4.13[63](3),(6)) から，

$$E\left[\hat{\theta}^*(T)\right] = E\left[\hat{\theta}\right] = \theta, \quad Var\left[\hat{\theta}\right] \geqq Var\left[\hat{\theta}^*(T)\right] \tag{7.5.8}$$

が成り立つ．つまり，$\hat{\theta}^*(T)$ は，$\hat{\theta}$ 以上に優れた不偏推定量であることがわかる．ただし，$\hat{\theta}^*(T)$ は $\theta$ に依存する場合があり，そのときは，推定量として利用できない．

ポアソン母集団 $Po(\lambda)$ からの無作為標本 $\boldsymbol{X} = (X_1, \ldots, X_n)$ に対して，$T = X_1 + \cdots + X_n$ とおくと，ポアソン分布の再生性より $T \sim Po(n\lambda)$ がわかり，演習 5.15[81] と同様に考えると，

$$P(X_1 = k_1, \ldots, X_n = k_n | T = t) = \frac{t!}{k_1! \cdots k_n!} \left(\frac{1}{n}\right)^{k_1} \cdots \left(\frac{1}{n}\right)^{k_n} \quad (7.5.9)$$

が導かれる．一方，未知母数 $\theta$ はポアソン母集団における 0 の割合なので，標本の中の 0 の割合

$$\hat{\theta} = \frac{1}{n} \sum_{i=1}^{n} 1_{\{0\}}(X_i) \quad (7.5.10)$$

が $\theta$ の自然な推定量であり，不偏推定量であることも容易に確かめられる．この $\hat{\theta}$ に対して，$\hat{\theta}^*(T) = E\left[\hat{\theta} \mid T\right]$ を求めると $\hat{\theta}^*(T) = (1 - n^{-1})^T$ となるが，$\hat{\theta}^*(T)$ は $\theta$ に依存しないので，$\hat{\theta}$ 以上に優れた不偏推定量として利用できることがわかった．

(7.5.9) のように，統計量 $T$ で条件をつけると無作為標本 $\boldsymbol{X}$ の確率分布が未知母数 $\theta$ に依存しなくなるとき，$T$ を $\theta$ の**十分統計量** (sufficient statistic) と呼ぶ．上の議論のように，適当な不偏推定量と十分統計量があれば，より優れた不偏推定量を構成できることがわかるが，この結果は **Rao-Blackwell の定理**として知られている．

(7.5.10) の $\hat{\theta}$ から求めた $\hat{\theta}^*$ は $\hat{\theta}$ 以上に優れているが，他の不偏推定量 $\tilde{\theta}$ と比べて，優れていると言えるのだろうか？ 実は，$\tilde{\theta}^*(T) := E\left[\tilde{\theta} \mid T\right]$ とおくと，下で述べるように $\hat{\theta}^*(T) = \tilde{\theta}^*(T)$ が証明できるので，(7.5.8)[106] より，$Var\left[\tilde{\theta}\right] \geqq Var\left[\tilde{\theta}^*(T)\right] = Var\left[\hat{\theta}^*(T)\right]$ となり，$\hat{\theta}^*(T)$ は任意の不偏推定量 $\tilde{\theta}$ 以上に優れている，つまり最小分散不偏推定量であることがわかる．

いま，$g(T) = \hat{\theta}^*(T) - \tilde{\theta}^*(T)$ とおくと，$\hat{\theta}^*$ と $\tilde{\theta}^*$ の不偏性から，任意の $\theta$ に対して $E[g(T)] = 0$ が成り立つことがわかる．ポアソン母集団では $T \sim Po(n\lambda)$ なので，任意の $\lambda$ に対して，

$$E[g(T)] = \sum_{t=0}^{\infty} g(t) \frac{(n\lambda)^t}{t!} e^{-n\lambda} = 0$$

が成り立ち，これは $a_t := g(t)/t!$ を係数とするベキ級数 $h(z) = \sum_{t=0}^{\infty} a_t z^t$ が恒等的に 0 であることを意味する．これより，$g(t) = 0, t = 0, 1, \ldots$．つまり，$\hat{\theta}^*(T) = \tilde{\theta}^*(T)$ が導かれる．

一般に，任意の $\theta$ に対して $E[g(T)] = 0$ ならば，任意の $T$ に対して $g(T) = 0$ となるとき，$T$ は**完備性** (completeness) を持つと言う．この例のように，どんな不偏推定量 $\hat{\theta}$ に対しても，完備な十分統計量 $T$ による $\hat{\theta}^*(T)$ は唯一の最小分散不偏推定量であるとがわかるが，この結果は **Lehmann-Scheffe の定理**として知られている． ▲

未知母数 $\theta$ の推定量 $\hat{\theta}(\boldsymbol{X})$ が

$$\hat{\theta}(\boldsymbol{X}) \xrightarrow{P} \theta \ (n \to \infty) \quad (7.5.11)$$

を満たす，すなわち，$\theta$ に確率収束するとき，$\hat{\theta}(\boldsymbol{X})$ は $\theta$ の**一致推定量** (consistent estimator) である，あるいは，**一致性** (consistency) を持つと言う．これは推定量 $\hat{\theta}$ が推定の対象である未知母数 $\theta$ から少しでも離れている確率が，データ数が多くなると 0 になることを意味していて，当然満足すべき性質である．

《例 6.4 続②》 例 6.4[92] で見たように，$\bar{X} \xrightarrow{P} \mu (n \to \infty)$ なので，$\bar{X}$ は $\mu$ の一致推定量である．また，$U^2 \xrightarrow{P} \sigma^2 (n \to \infty)$ なので，$U^2$ は $\sigma^2$ の一致推定量である．$S^2$ も $\sigma^2$ の一致推定量であることもわかる． ▲

複数の未知母数 $\theta_1, \ldots, \theta_p$ に対する推定量 $\hat{\theta}_1, \ldots, \hat{\theta}_p$ をそれぞれ列ベクトルで表したものを $\boldsymbol{\theta}, \hat{\boldsymbol{\theta}}$ として，(6.E.6)[97] の定義の意味で $\hat{\boldsymbol{\theta}} \xrightarrow{P} \boldsymbol{\theta} (n \to \infty)$ が成り立つとき，$\hat{\boldsymbol{\theta}}$ は $\boldsymbol{\theta}$ の**一致推定量**であると言う．演習 6.22[97] で考えたように，任意の成分 $\theta_j$ に対して $\hat{\theta}_j$ が一致推定量であることは，$\boldsymbol{\theta}$ に対して $\hat{\boldsymbol{\theta}}$ が一致推定量であることと同値であり，$g$ が連続関数であるとき，$\hat{\boldsymbol{\theta}}$ が $\boldsymbol{\theta}$ の一致推定量なら，$g(\hat{\boldsymbol{\theta}})$ は $g(\boldsymbol{\theta})$ の一致推定量であることもわかる．

## 演習問題

**演習 7.1** パソコンの組み立てに要する時間を 12 回測定したら，標本平均が 35 分，標本不偏分散が 3 であった．組み立て時間が正規分布に従うものとして，母平均と母分散の 95% 信頼区間を求めよ．

**演習 7.2** 母分散が 225 である正規母集団の母平均 $\mu$ に対して，無作為標本 $X_1, \ldots, X_n$ による 95% 信頼区間を求めよ．また，求めた信頼区間の幅が 2 以下になるようにするために必要な標本の大きさを答えよ．

**演習 7.3** 無作為に選んだ 288 世帯中 32 世帯がある番組を視聴していた．(7.3.5)[102] を用いて，その番組の視聴率の 99% 信頼区間を求めよ．

**演習 7.4** (7.3.2)[102] と (7.3.3)[102] の信頼係数が $1 - \alpha$ であることを示せ．

**演習 7.5** (7.3.5)[102] と (7.3.6)[102] の信頼係数が $n \to \infty$ のとき $1 - \alpha$ に収束することを示せ．

**演習 7.6** 母比率 $p$ の標本比率 $\hat{p}$ による信頼区間 $\left[\hat{p} - \dfrac{1}{\sqrt{n}}, \hat{p} + \dfrac{1}{\sqrt{n}}\right]$ の信頼係数について，$n \to \infty$ のときの極限が 95% 以上であることを示せ．

**演習 7.7**\*\* $0 < p < 1, n \in \mathbb{N}$ として，$X \sim B(n, p)$ とする．$0 < \alpha < 1$ として，$\rho_{n,k}(\alpha)$ を (7.3.8)[102] とその上の行の記述のように定義するとき，以下の問に答えよ．

(1) $k = 1, \ldots, n, \theta \in (0, 1)$ に対して，$h_{n,k}(\theta) = \displaystyle\sum_{i=k}^{n} {}_n C_i \theta^i (1-\theta)^{n-i}$ とするとき，$h_{n,k}(\rho_{n,k}(\alpha)) = \alpha$ を示せ．また，$\theta < \theta' \iff h_{n,k}(\theta) < h_{n,k}(\theta')$ を示せ．

(2) $b_{n,p}(\alpha)$ を (8.5.6)[118]，$\bar{b}_{n,p}(\alpha)$ を (8.5.5)[118] のように定義するとき，$k = 0, 1, \ldots, n$ に対して，$p \leqq \rho_{n,k}(\alpha) \iff \bar{b}_{n,p}(\alpha) \leqq k$ と $\rho_{n,k+1}(\alpha) \leqq p \iff k \leqq b_{n,p}(1-\alpha)$ を示せ．

(3) (7.3.7)[102] の信頼係数が $1 - \alpha$ 以上であることを示せ．

**演習 7.8**\*\* $X \sim Po(\lambda)$ として，$\ell_k(\alpha)$ を (7.3.10)[104] で用いられているものとする．このと

き，以下の問に答えよ．

(1) $P\left(\ell_X\left(\frac{\alpha}{2}\right) < \lambda < \ell_{X+1}\left(1-\frac{\alpha}{2}\right)\right) \geq 1-\alpha$ を示せ (演習 7.7[108] と同様に).

(2) (7.3.10)[104] の信頼係数が $1-\alpha$ 以上であることを示せ．

**演習** 7.9** 母集団分布が確率密度関数 $f(x)$ であり，そこからの無作為標本 $X_1,\ldots,X_n$ に対して，$U_i = F(X_i)$, $i=1,\ldots,n$ とおく．また，$X_1,\ldots,X_n$ と $U_1,\ldots,U_n$ の順序統計量をそれぞれ，$X_{(1)} \leqq \cdots \leqq X_{(n)}$, $U_{(1)} \leqq \cdots \leqq U_{(n)}$ とする．さらに，$f(x)$ の分布関数を $F(x)$, $0<p<1$ に対して，$q = F^{-1}(p)$ とおく．$k, \ell$ が $0 \leqq k \leqq \ell \leqq n$ を満たす整数として，以下の問に答えよ．

(1) $1 - P(X_{(k)} \leqq q \leqq X_{(\ell)}) = P(U_{(\ell)} < p) + P(p < U_{(k)})$ を示せ．

(2) $Y \sim B(n,p)$ のとき，$P(U_{(\ell)} < p) = P(Y \geqq \ell)$ を示せ．さらに，$P(k \leqq Y < \ell) \geqq 1-\alpha$ のとき，$P(X_{(k)} \leqq q \leqq X_{(\ell)}) \geqq 1-\alpha$ を示せ．

**演習** 7.10* (7.3.6)[102], (7.3.7)[102] を用いて，演習 7.3[108] の信頼区間を求め，演習 7.3[108] で求めた信頼区間と比べよ．

**演習** 7.11** (7.3.9)[103] の信頼係数が $1-\alpha$ であることを示せ (ヒント：ガンマ分布の再生性).

**演習** 7.12* 母平均が $\mu$, 母分散が $\sigma^2$ である母集団からの無作為標本 $X_1,\ldots,X_n$ に対して，$\hat{\mu} = a_1 X_1 + \cdots + a_n X_n$ とおく．$\hat{\mu}$ が $\mu$ の不偏推定量であるとき，$a_1,\ldots,a_n$ の満たす条件を求めよ．また，$\hat{\mu}$ が不偏推定量であるとき，分散を最小にする $a_1,\ldots,a_n$ の値を求めよ．

**演習** 7.13** 同一の母集団からの 2 組の無作為標本 $X_1,\ldots,X_m$ と $Y_1,\ldots,Y_n$ が利用できるとき，$\hat{\mu} = (\bar{X}+\bar{Y})/2$ は $\mu$ の不偏推定量であるかどうか答えよ．$\hat{\mu}$ より分散の小さい不偏推定量は存在するかどうか答えよ．

**演習** 7.14** 正規母集団 $N(\mu,\sigma^2)$ からの無作為標本 $X_1,\ldots,X_n$ に対して，標本分散を $S^2$ とする．このとき，$\sigma^2$ の推定量 $aS^2$ の平均二乗誤差 $E[(aS^2 - \sigma^2)^2]$ を最小にする $a$ を求めよ．

**演習** 7.15** 母平均 $\mu$, 母分散 $\sigma^2$ の母集団からの標本平均 $\bar{X}$ と定数 $c$ に対して，$E[(c\bar{X}-\mu)^2] = \frac{1}{n}\sigma^2 c^2 + \mu^2(c-1)^2$ を示せ．母集団分布が $Ex(\lambda)$ のとき，$E[(c\bar{X}-\mu)^2]$ を最小にする $c$ を求めよ．

**演習** 7.16 (7.5.4)[106] を示せ．

**演習** 7.17* 定理 6.7[90] の $U_X^2, U_Y^2$ に対して，$\hat{\sigma}^2(k) := kU_X^2 + (1-k)U_Y^2$ とおく．任意の $k \in \mathbb{R}$ に対して，$\hat{\sigma}^2(k)$ は $\sigma^2$ の不偏推定量であることを示せ．$\sigma^2$ の不偏推定量の集合 $\{\hat{\sigma}^2(k) \mid 0 \leqq k \leqq 1\}$ の中で分散が最小となる推定量を求めよ．

**演習** 7.18** 母集団分布が $Po(\lambda)$ のとき，$\lambda$ のモーメント推定量と最尤推定量を求めよ．また，有効推定量が存在すれば求めよ．

**演習** 7.19** 母集団分布が $Ex(\lambda)$ のとき，$\lambda$ の有効推定量が存在すれば求めよ．さらに，母平

均 $\mu$ の最尤推定量を求め，有効推定量が存在すれば求めよ．

**演習 7.20**\*\*　母集団分布が $U(a,b)$ のとき，$a,b$ のモーメント推定量を求めよ．また，最尤推定量を求めよ．ただし，$U(a,b)$ の p.d.f. $f(x)$ は $a \leqq x \leqq b$ のとき $\frac{1}{b-a}$，それ以外では 0 とする．

**演習 7.21**\*\*　母集団分布が $NB(r,p)$ のとき，$r,p$ のモーメント推定量を求めよ．また，$r=r_0$ ($r_0$ は既知の定数) のとき $p$ の最尤推定量を求めよ．さらに，その場合 $p$ の有効推定量が存在するかどうか吟味せよ．

**演習 7.22**\*\*　例 7.7[106] に関して，$Var\left[\hat{\theta}\right], Var\left[\hat{\theta}^*\right]$ を $\lambda, n$ で表し，$Var\left[\hat{\theta}\right] > Var\left[\hat{\theta}^*\right] > \frac{1}{nI(\theta)}$ を示せ．

**演習 7.23**\*\*\*　未知母数 $\theta$ を持つ母集団分布が確率密度関数 $f(x|\theta)$ で表されるとき，そこからの無作為標本 $\boldsymbol{X}=(X_1,\ldots,X_n)$ の同時 p.d.f. を $f_n(\boldsymbol{x}|\theta)$, 対数尤度関数を $\ell(u|\boldsymbol{X})$ とし，$s(u|\boldsymbol{X}) = \dfrac{\partial}{\partial u}\ell(u|\boldsymbol{X})$ とおく．これを**スコア関数** (score function) と呼ぶ．また，$f(x|\theta) > 0$ を満たす $x$ の集合を $D$ として，$D$ が $\theta$ に依存しないものとする．以下の問に答えよ．

(1) $\dfrac{d}{du}\displaystyle\int_D f(x|u)dx = \int_D \dfrac{\partial}{\partial u}f(x|u)dx \cdots$ ① を仮定して，$E\left[s(\theta|\boldsymbol{X})\right]=0$ を示せ．

(2) $\dfrac{d}{du}\displaystyle\int_{D^n}\hat{\theta}(\boldsymbol{x})f_n(\boldsymbol{x}|u)d\boldsymbol{x} = \int_{D^n}\hat{\theta}(\boldsymbol{x})\dfrac{\partial}{\partial u}f_n(\boldsymbol{x}|u)d\boldsymbol{x} \cdots$ ② を満たす不偏推定量 $\hat{\theta}(\boldsymbol{X})$ に対して，①を仮定して，$Cov\left[\hat{\theta}(\boldsymbol{X}), s(\theta|\boldsymbol{X})\right]=1$ を示せ．

(3) ①と②を仮定して，クラメール・ラオの不等式 (定理 7.1[106]) を証明せよ．

# 第8章

# 仮説検定

　未知母数の値に対する仮説の真偽を無作為標本から判定する方法を仮説検定と言う．仮説を誤判定する確率が小さい方法が望ましいが，仮説の真偽と判定方法に関する確率の関係が，背理法的で論理が複雑である．本章では，仮説検定の考え方と一つの母集団の未知母数に関する基本的な仮説検定の方法について解説する．

# 第 8 章 仮説検定

## 8.1 導入例

《例 8.1》 1.2 節 [10] の例を再び考えよう．農産物 A の 1 グラムにおける有害物質 B の平均含有量 $\mu$ が安全基準値 $\mu_0$ より少ないかどうかが問題であった．$n$ 個の個体を無作為に選び，1 グラム当たりの B の含有量を測定し，その平均 $\bar{X}$ が適当に決めた値 $c$ より小さいとき，安全であると判断するものとする．平均含有量 $\mu$ に関して

$$\begin{cases} H_0 : \mu \geqq \mu_0 & (\text{農産物 A は危険である}) \\ H_1 : \mu < \mu_0 & (\text{農産物 A は安全である}) \end{cases}$$

のどちらかが成り立つが，本当は危険 ($H_0$) なのに安全 ($H_1$) であると誤判定することはなるべく避けたい．以下では，母集団分布として母分散が既知の $N(\mu, \sigma_0^2)$ を仮定して，その誤判定確率が $\alpha_0$ 以下となるように $c$ を決めることにする．$\alpha_0$ として 0.05 や 0.01 を選ぶことが多い．

母集団分布が $N(\mu, \sigma_0^2)$ のとき，$\bar{X} \sim N(\mu, \sigma_0^2/n)$ であり，誤判定確率は，$\mu \geqq \mu_0$ のときの $P(\bar{X} < c)$ なので，それを $\alpha$ と表すと，図 8.1 のようになる．① $\mu > \mu_0$ のときと ② $\mu = \mu_0$ のときのを比較すると，②のときの方が $\mu$ が $c$ に近いので，$\alpha$ は大きくなる．したがって，② $\mu = \mu_0$ のとき $\alpha = \alpha_0$ となるように $c$ を選べば，$\mu \geqq \mu_0$ のとき，必ず $\alpha \leqq \alpha_0$ となることがわかる．

さて，$\mu = \mu_0$ のとき，$Z_0 := \sqrt{n}\dfrac{\bar{X} - \mu_0}{\sigma_0} \sim N(0,1)$ なので，

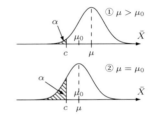

図 8.1 誤判定確率 $\alpha$

$$\alpha_0 = \alpha = P(\bar{X} < c) = P\left(Z_0 < \sqrt{n}\frac{c - \mu_0}{\sigma_0}\right)$$

とすると，

$$\sqrt{n}\frac{c - \mu_0}{\sigma_0} = -z(\alpha_0) \iff c = \mu_0 - z(\alpha_0)\frac{\sigma_0}{\sqrt{n}}$$

である．したがって，$\bar{X} < \mu_0 - z(\alpha_0)\dfrac{\sigma_0}{\sqrt{n}}$ のとき，安全 ($H_1$) と判定すれば誤判定確率 $\alpha$ は $\alpha_0$ 以下となることがわかった．$Z_0 < -z(\alpha_0)$ のとき $H_1$ が正しいと判定しても $\alpha \leqq \alpha_0$ となることに注意しよう． ▲

## 8.2 基本的な概念

未知母数 $\theta$ が互いに素な集合 $\Theta_0, \Theta_1$ のどちらかの要素である場合，二つの仮説

$$\begin{cases} H_0 : \theta \in \Theta_0 \\ H_1 : \theta \in \Theta_1 \end{cases}$$

のうちどちらが正しいのか，標本 $\boldsymbol{X} = (X_1, \ldots, X_n)$ に基づいて判断することを**仮説検定** (hypothesis testing) と呼ぶ．ただし，$H_1$ が主張したい仮説であり，それを否定した仮説が $H_0$ である．$H_0$ を**帰無仮説** (null hypothesis)，$H_1$ を**対立仮説** (alternative hypothesis) と呼ぶ．

例 8.1 における $\bar{X}$ や $Z_0$ のように検定のために用いる標本 $\boldsymbol{X}=(X_1,\ldots,X_n)$ の関数を**検定統計量** (test statistic), 誤判定確率 $\alpha$ の上限 $\alpha_0$ を**有意水準** (significance level) と呼ぶ. 有意水準は, 誤判定の現実的な影響を考えて 0.05, 0.01, 0.001 などがよく用いられる. 例 8.1 における

$$\left\{\boldsymbol{X} \ \Big| \ \bar{X} < \mu_0 - z(\alpha_0)\frac{\sigma_0}{\sqrt{n}}\right\} = \{\boldsymbol{X} \mid Z_0 < -z(\alpha_0)\}$$

のように, 対立仮説 $H_1$ が正しいと判断する標本 $\boldsymbol{X}$ の領域を $H_1$ の**採択域** (acceptance region), または, $H_0$ の**棄却域** (rejection region) と呼び, $R$ と表す. $R$ の境界値を**棄却限界値** (critical value) と呼ぶ. 例 8.1[112] では, $\mu_0 - z(\alpha_0)\frac{\sigma_0}{\sqrt{n}}$ や $-z(\alpha_0)$ が棄却限界値である.

仮説検定では, 『帰無仮説 $H_0$ が正しいのに, 対立仮説 $H_1$ が正しい』と判定する誤りと『$H_1$ が正しいのに, $H_0$ が正しい』と判定する誤りがあり, 前者を**第1種の過誤** (Type I error), 後者を**第2種の過誤** (Type II error) と呼ぶ. 第1種の過誤が起こる確率が上で考えた誤判定確率 $\alpha$ であり, 第2種の過誤が起こる確率 $\beta$ と表すと, 真実と判定による過誤の確率の関係は, 表 8.1 の

表 8.1　仮説検定の過誤

| | | 真実 | |
|---|---|---|---|
| | | $H_0$ | $H_1$ |
| 判定 | $H_0$ | 正 | $\beta$ |
| | $H_1$ | $\alpha$ | 正 |

ようになる. $H_0$ が正しいとき $\boldsymbol{X} \in R$ となると第1種の過誤が起こるので, $\alpha$ を $P(\boldsymbol{X} \in R \mid H_0)$ と表すこともある. 同様に, $\beta$ を $P(\boldsymbol{X} \notin R \mid H_1)$ とも表す.

表 8.1 の右下の状況は, 主張したい仮説である対立仮説 $H_1$ が正しいとき, 間違えることなく $H_1$ を採択する場合であるが, その確率を**検出力** (power) と言う. 検出力は $1-\beta$ と等しいので, $\beta$ が小さいことと検出力が大きいことは同値である.

《例 8.1 続①》　例 8.1[112] では, 検出力 $1-\beta$ は $\mu < \mu_0$ のときの $P(\bar{X} < c)$ であり, 図 8.2 のように, $\mu < c$ のときは $1-\beta > 0.5 > \alpha_0$ であるが, $c < \mu < \mu_0$ のときは $\alpha_0 < 1-\beta < 0.5$ となることがわかる. 後者の場合は, $1-\alpha_0 > \beta > 0.5$ であり, 第2種の過誤の確率は高い. したがって, $c \leq \bar{X}$, つまり, $\boldsymbol{X} \notin R$ のとき, $H_0 : \mu \geq \mu_0$ が正しいと判定する方法は, 大きな誤判定確率 $\beta$ を伴う場合があり, 望ましい判定方法とは言えない.

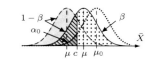

図 8.2　例 8.1[112] の検出力

$\alpha \leq \alpha_0$ となるように $c$ を設定したのと同様に考えると, $\bar{X} > \mu_0 + z(\alpha_0)\frac{\sigma_0}{\sqrt{n}}$ のとき $H_0$ が正しいと判定すると $\beta \leq \alpha_0$ となることがわかる. したがって,

$$\mu_0 - z(\alpha_0)\frac{\sigma_0}{\sqrt{n}} \leq \bar{X} \leq \mu_0 + z(\alpha_0)\frac{\sigma_0}{\sqrt{n}}$$

のときは, $H_0$ と $H_1$ のどちらを正しいと判定しても, $\alpha$ も $\beta$ も $\alpha_0$ 以下とはならない, グレーな状況であると考えられる.　▲

仮説検定では, 第1種の過誤の確率 $\alpha$ は小さい値 $\alpha_0$ 以下となるように棄却域 $R$ が作られているので, $\boldsymbol{X} \in R$ のときは, $H_1$ が正しいと判定し, その判断を『$H_1$ は ($100\alpha\%$) **有意** (significant) である』と表現する. 例 8.1[112] のように $H_1$ が $\mu$ が $\mu_0$ より小さいことを意味するとき, 『$\mu$ は $\mu_0$ より有意に小さい』と具体的に言うこともある.

一方, 例 8.1 続①で考えたように, 第2種の過誤の確率 $\beta$ は大きいかもしれないので, $\boldsymbol{X} \notin R$

のときは，$H_0$ が正しいと判断すべきではない．そのときは，『$H_1$ は有意水準 $100\alpha\%$ では有意であるとは言えなかった』などと表現して，仮説の真偽の判断を保留するべきである．

対立仮説 $H_1$ の形は，

$$H_1: \theta < \theta_0, \quad H_1: \theta > \theta_0, \quad H_1: \theta \neq \theta_0 \tag{8.2.1}$$

の三つに分類され，それぞれ，**下側仮説** (lower-tailed hypothesis)，**上側仮説** (upper-tailed hypothesisi)，**両側仮説** (two-tailed hypothesis) と呼ぶ．帰無仮説は対立仮説を否定した形で，それぞれ，

$$H_0: \theta \geqq \theta_0, \quad H_0: \theta \leqq \theta_0, \quad H_0: \theta = \theta_0 \tag{8.2.2}$$

となる．上側仮説と下側仮説を合わせて，**片側仮説** (one-tailed hypothesis) と呼び，両側仮説や片側仮説のように未知母数 $\theta$ がとりうる値が複数ある仮説を**複合仮説** (composite hypothesisi) と言う．一方，上の帰無仮説 $H_0: \theta = \theta_0$ のように，とりうる値が一つの仮説を**単純仮説** (simple hypothesis) と言う．

例 8.1[112] では，$H_0$ が正しいときに $H_1$ を正しいと判断する確率 $\alpha$ は，$\mu = \mu_0$ のとき最大となった．一般に，未知母数 $\theta$ が $H_0$ の中でも $H_1$ に最も近い値をとるとき，$\alpha$ は最大になる．したがって，(8.2.1) のどの三つの対立仮説に対しても，$\theta = \theta_0$ のときの $\alpha$ が有意水準以下になるように棄却域 $R$ を構成すればよいことがわかる．したがって，以降では

$$\begin{cases} H_0: \theta = \theta_0 \\ H_1: \theta < \theta_0 \end{cases}, \quad \begin{cases} H_0: \theta = \theta_0 \\ H_1: \theta > \theta_0 \end{cases}, \quad \begin{cases} H_0: \theta = \theta_0 \\ H_1: \theta \neq \theta_0 \end{cases}$$

のように帰無仮説 $H_0$ を単純仮説 $\theta = \theta_0$ の場合に限定して様々な仮説検定を考えることにする．また，そのとき有意水準 $\alpha_0$ と第 1 種の過誤を犯す確率 $\alpha$ は一致するので，それらを同一視し，$\alpha$ のことを有意水準と呼ぶことにする．

検定統計量の実現値に対して，その値で $H_1$ が有意となる有意水準の下限を **$p$ 値** (p-value) と呼び，小さい $p$ 値ほど実現値による $H_1$ の有意性が高いと解釈される．検定統計量が連続確率変数であるときは，実現値が棄却限界値である棄却域の有意水準が $p$ 値である．

《例 8.1 続②》 例 8.1[112] において，有意水準 $\alpha$ の棄却域を $R(\alpha)$ と表すと，表 C.2[226] より $R(0.05) = \{\boldsymbol{X} \mid Z_0 < -1.645\}$ であり，$R(0.01) = \{\boldsymbol{X} \mid Z_0 < -2.326\}$ である．検定統計量 $Z_0$ の実現値が $-2$ の場合は，有意水準 $5\%$ では $H_1$ は有意であるが，$1\%$ では有意でない．また，表 C.1[226] より，$R(0.0228) = \{\boldsymbol{X} \mid Z_0 < -2\}$ なので，有意水準が $2.28\%$ より大きいと実現値 $-2$ で $H_1$ は有意になるが，$2.28\%$ 以下ならば有意にならない．したがって，実現値 $-2$ に対する $p$ 値は $2.28\%$ である． ▲

## 8.3 母平均の検定

母平均 $\mu$ に対する

$$(B) \begin{cases} H_0 : \mu = \mu_0 \\ H_1 : \mu \neq \mu_0 \end{cases}, \quad (U) \begin{cases} H_0 : \mu = \mu_0 \\ H_1 : \mu > \mu_0 \end{cases}, \quad (L) \begin{cases} H_0 : \mu = \mu_0 \\ H_1 : \mu < \mu_0 \end{cases}$$

の3種類の仮説の組について考える．それぞれに対応する有意水準 $\alpha$ の棄却域を $R_B, R_U, R_L$ と表すことにする．

### 8.3.1 母分散既知の正規母集団

$X_1, \ldots, X_n \overset{i.i.d.}{\sim} N(\mu, \sigma_0^2)$ で $\sigma_0^2$ が既知であるとき，

$$R_B := \left\{ \boldsymbol{X} \ \middle| \ |Z_0| > z\left(\frac{\alpha}{2}\right) \right\}, \tag{8.3.1}$$

$$R_U := \left\{ \boldsymbol{X} \ \middle| \ Z_0 > z(\alpha) \right\}, \tag{8.3.2}$$

$$R_L := \left\{ \boldsymbol{X} \ \middle| \ Z_0 < -z(\alpha) \right\} \tag{8.3.3}$$

である (図8.3)．ただし，

$$Z_0 = \sqrt{n}\frac{\bar{X} - \mu_0}{\sigma_0} \tag{8.3.4}$$

である．

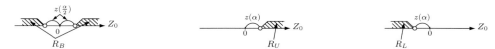

図 8.3 分散既知の母平均の検定統計量 $Z_0$ による棄却域

検定統計量 $|Z_0|$ の実現値 $|z_0|$ に対して，$R_B$ に対する $p$ 値は $P(|Z_0| > |z_0| \mid H_0) = 2(1 - \Phi(|z_0|))$ である (図8.4)．ただし，$\Phi(x)$ 標準正規分布の分布関数である．同様に，検定統計量 $Z_0$ の実現値 $z_0$ に対して，$R_U$ に対する $p$ 値は $P(Z_0 > z_0 \mid H_0) = 1 - \Phi(z_0)$ であり (図8.5)，$R_L$ に対する $p$ 値は $\Phi(z_0)$ であることがわかる．

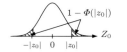

図 8.4 両側仮説の $p$ 値

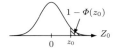

図 8.5 上側仮説の $p$ 値

《例 8.2》 ある機械部品を製造する工場において，製造された部品の大きさが規格 $\mu_0$ に合致しているかどうかを調べるために，製造された部品を無作為に $n$ 個抜き取って，大きさの平均 $\bar{X}$ を測定することにした．検定したい仮説は，$H_0 : \mu = \mu_0$ と $H_1 : \mu \neq \mu_0$ である．

$X_1, \ldots, X_n \overset{i.i.d.}{\sim} N(\mu, 16)$ と仮定し，$n = 9, \mu_0 = 20$ の場合を考えよう．有意水準を 5% として検定するときは，$\alpha = 0.05, z(\alpha/2) = z(0.025) = 1.96$ だから，$R_B = \{\boldsymbol{X} \mid |Z_0| > 1.96\}$ となる．ただし，$Z_0 = \frac{3}{4}(\bar{X} - 20)$．検査により $\bar{X} = 17$ が得られたならば，$Z_0 = -2.25 \in R_B$ となり，有意水準 5% で $\mu$ は 20 と有意な差があると言える．$Z_0 = -2.25$ に対する $p$ 値は，0.0244 なので (図8.6)，有意水準 1% では $H_0$ は棄却されず，$\mu$ は 20 とは有意な差があるとは言えない．

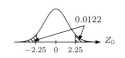

図 8.6 両側仮説の $p$ 値の例

5% で有意な結果を *, 1% で有意な結果を ** と表すソフトウェアが多い． ▲

### 8.3.2 母分散未知の正規母集団

$X_1, \ldots, X_n \overset{i.i.d.}{\sim} N(\mu, \sigma^2)$ で $\sigma^2$ が未知のとき，

$$R_B := \left\{ \boldsymbol{X} \;\middle|\; |T_0| > t_{n-1}\left(\frac{\alpha}{2}\right) \right\}, \tag{8.3.5}$$

$$R_U := \left\{ \boldsymbol{X} \;\middle|\; T_0 > t_{n-1}(\alpha) \right\}, \tag{8.3.6}$$

$$R_L := \left\{ \boldsymbol{X} \;\middle|\; T_0 < -t_{n-1}(\alpha) \right\} \tag{8.3.7}$$

である (図 8.7)．ただし，

$$T_0 = \sqrt{n}\frac{\bar{X} - \mu_0}{U} \tag{8.3.8}$$

である．

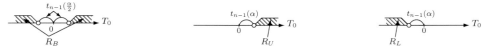

図 8.7　分散未知正規母集団の母平均の棄却域

分散既知の正規母集団の母平均に対する検定の $p$ 値と同様に考えると，検定統計量 $T_0$ の実現値 $t_0$ に対して，$R_B$ の $p$ 値は $2(1 - F_{n-1}(|t_0|))$ であることがわかる．ただし，$F_{n-1}(x)$ は $t_{n-1}$ に従う確率変数の分布関数とする．同様に，$R_U$ の $p$ 値は $1 - F_{n-1}(t_0)$，$R_L$ の $p$ 値は $F_{n-1}(t_0)$ である．

《例 8.2 続①》　例 8.2[115] の仮説検定について，$X_1, \ldots, X_n \overset{i.i.d.}{\sim} N(\mu, \sigma^2)$ で $\sigma^2$ を未知であると仮定し，$n = 9$, $\mu_0 = 20$ の場合を考える．有意水準 $5\%(\alpha = 0.05)$ のとき，表 C.4[228] より $t_{9-1}(\alpha/2) = t_8(0.025) = 2.306$ だから，$R_B = \{\boldsymbol{X} \mid |T_0| > 2.306\}$ となる．ただし，$T_0 = \frac{3}{U}(\bar{X} - 20)$．検査により $\bar{X} = 17$, $U^2 = 20$ が得られたならば，$T_0 = -2.01246\cdots$ となり，$T_0 \notin R_B$ がわかる．つまり，$\mu$ は 20 と有意な差がない．

$t$ 分布の分布関数の数表は利用できないことが多いので，数表から $p$ 値を求めることができないが，Excel や R などのソフトウェアを用いると容易に求めることができる．Excel の関数 T.DIST によると $T_0 = -2.01246\cdots$ に対する $p$ 値は $0.0789\cdots$ であり，有意水準が約 $8\%$ で有意な差がある． ▲

### 8.3.3　一般の母集団からの大標本

$X_1, \ldots, X_n$ が正規母集団以外の母集団からの無作為標本で，$n$ が大きいとき，

$$R_B := \left\{ \boldsymbol{X} \;\middle|\; |T_0| > z\left(\frac{\alpha}{2}\right) \right\}, \tag{8.3.9}$$

$$R_U := \left\{ \boldsymbol{X} \ \middle| \ T_0 > z(\alpha) \right\}, \tag{8.3.10}$$

$$R_L := \left\{ \boldsymbol{X} \ \middle| \ T_0 < -z(\alpha) \right\} \tag{8.3.11}$$

である．ただし，

$$T_0 = \sqrt{n}\frac{\bar{X} - \mu_0}{U} \tag{8.3.12}$$

である．

検定統計量 $T_0$ の実現値を $t_0$ と表す．このとき，$R_B$ の $p$ 値は近似的に $2(1-\varPhi(|t_0|))$，$R_U$ の $p$ 値は近似的に $1-\varPhi(t_0)$，$R_L$ の $p$ 値は近似的に $\varPhi(t_0)$ である．

## 8.4　母分散の検定

正規母集団 $N(\mu, \sigma^2)$ に対する

$$(B) \begin{cases} H_0 : \sigma^2 = \sigma_0^2 \\ H_1 : \sigma^2 \neq \sigma_0^2 \end{cases}, \quad (U) \begin{cases} H_0 : \sigma^2 = \sigma_0^2 \\ H_1 : \sigma^2 > \sigma_0^2 \end{cases}, \quad (L) \begin{cases} H_0 : \sigma^2 = \sigma_0^2 \\ H_1 : \sigma^2 < \sigma_0^2 \end{cases}$$

の3種類の仮説の組に対して，それぞれに対応する有意水準 $\alpha$ の棄却域は，

$$R_B := \left\{ \boldsymbol{X} \ \middle| \ Q_0 < \chi_{n-1}^2\left(1 - \frac{\alpha}{2}\right), \ \chi_{n-1}^2\left(\frac{\alpha}{2}\right) < Q_0 \right\}, \tag{8.4.1}$$

$$R_U := \left\{ \boldsymbol{X} \ \middle| \ Q_0 > \chi_{n-1}^2(\alpha) \right\}, \tag{8.4.2}$$

$$R_L := \left\{ \boldsymbol{X} \ \middle| \ Q_0 < \chi_{n-1}^2(1-\alpha) \right\} \tag{8.4.3}$$

である．ただし，

$$Q_0 = \frac{n-1}{\sigma_0^2}U^2 = \frac{1}{\sigma_0^2}\sum_{i=1}^{n}(X_i - \bar{X})^2 \tag{8.4.4}$$

である．

$\chi_{n-1}^2$ に従う確率変数の分布関数を $F_{n-1}$ とすると，$Q_0$ の実現値 $q_0$ に対する $R_B$ の $p$ 値は $2 \times \min(F_{n-1}(q_0), 1 - F_{n-1}(q_0))$ であり，$R_U$ と $R_L$ の $p$ 値は，それぞれ，$1 - F_{n-1}(q_0)$，$F_{n-1}(q_0)$ である．

《例 8.3》 ある機械部品を製造する工程において，部品の大きさの分散が基準値 0.01 より小さいことが要求されている．このことをデータから明らかにするために，$H_0 : \sigma^2 = 0.01$，$H_1 : \sigma^2 < 0.01$ について，検定することになった．ここで，$\sigma^2$ は製造されるすべての部品の大きさの分散を表す．このとき，$R_L$ が有意水準 $\alpha$ の棄却域である．

たとえば，$\alpha = 0.05$, $n = 16$ のとき，表 C.3[227] より $\chi_{n-1}^2(1-\alpha) = \chi_{15}^2(0.95) = 7.261$ なので，$R_L = \{Q_0 \mid Q_0 < 7.261\}$ となる．実際データを採って，$U^2 = 0.005$ であったとき，$Q_0 = 15 \times 0.005/0.01 = 7.5$ なので，$H_0$ は棄却されず，部品の分散は有意に 0.01 より小さいとは言えない．

Excel で CHISQ.DIST(7.5,15,TRUE) として，自由度 15 のカイ二乗分布の 7.5 以下の確率を

求めると，0.05773 となり，この値が $p$ 値であることがわかる．したがって，有意水準 10% では 0.01 より小さいと言える．R の場合は，`pchisq(7.5,15)` とすれば $p$ 値が求められる． ▲

## 8.5 母比率の検定

母比率 $p$ の二項母集団に対する

$$(B) \begin{cases} H_0 : p = p_0 \\ H_1 : p \neq p_0 \end{cases}, \quad (U) \begin{cases} H_0 : p = p_0 \\ H_1 : p > p_0 \end{cases}, \quad (L) \begin{cases} H_0 : p = p_0 \\ H_1 : p < p_0 \end{cases}$$

の 3 種類の仮説の組に対して，それぞれに対応する有意水準 $\alpha$ の棄却域は，

$$R_B := \left\{ \boldsymbol{X} \mid |Z_0| > z\left(\frac{\alpha}{2}\right) \right\}, \tag{8.5.1}$$

$$R_U := \left\{ \boldsymbol{X} \mid Z_0 > z(\alpha) \right\}, \tag{8.5.2}$$

$$R_L := \left\{ \boldsymbol{X} \mid Z_0 < -z(\alpha) \right\} \tag{8.5.3}$$

である．ただし，$\boldsymbol{X}$ は二項母集団からの大きさ $n$ の無作為標本であり，$\hat{p}$ はその標本比率として，

$$Z_0 = \sqrt{n}\frac{\hat{p} - p_0}{\sqrt{p_0(1 - p_0)}} \tag{8.5.4}$$

とする．このとき，有意水準は近似的に $\alpha$ である．これらの棄却域の表現は，母分散既知の正規母集団の母平均に対する棄却域 (8.3.1)[115]，(8.3.2)[115]，(8.3.3)[115] と同一であるが，$Z_0$ の定義 (8.3.4)[115] と (8.5.4) は異なることに注意しよう．

《例 8.4》 ある疾患に対する新薬の治癒率 $p$ が目標値 $p_0$ を上回っているかどうか調べるために，無作為抽出された患者に新薬を投与し，その治癒率 $\hat{p}$ を調べることにした．このとき，検定したい仮説の組は，$H_0 : p = p_0, H_1 : p > p_0$ である．

棄却域は $R_U$ を用いればよい．たとえば，$\alpha = 0.05$，$n = 100$，$p_0 = 1/5$ のとき，$z(0.05) = 1.645$，$R_U = \{Z_0 \mid Z_0 > 1.645\}$ であり，$\sqrt{p_0(1 - p_0)} = 2/5$ だから，$Z_0 = 25\hat{p} - 5$ である．実際，$\hat{p} = 1/4 = 0.25$ であったときは，$Z_0 = 1.25$ なので，有意水準 5% では $p$ は $1/5$ を上回っていると言えない．また，$p$ 値は $0.1056$ である． ▲

二項分布 $B(n,p)$ に従う $X$ と $x \in \mathbb{R}$ に対して，$F_{n,p}(x) = P(X \leq x)$，$\bar{F}_{n,p}(x) = P(X \geq x)$ とおいて，

$$\bar{b}_{n,p}(\alpha) := \min\left\{ m \in \mathbb{Z} \mid \bar{F}_{n,p}(m) \leq \alpha \right\}, \tag{8.5.5}$$

$$b_{n,p}(\alpha) := \max\left\{ m \in \mathbb{Z} \mid F_{n,p}(m) \leq \alpha \right\} \tag{8.5.6}$$

とする．これらが利用できるときは，$H_0 : p = p_0$ が真のとき $n\hat{p} \sim B(n, p_0)$ なので，

$$R_B := \left\{ \boldsymbol{X} \ \middle| \ n\hat{p} \leqq b_{n,p_0}(\alpha/2), \bar{b}_{n,p_0}(\alpha/2) \leqq n\hat{p} \right\}, \tag{8.5.7}$$

$$R_U := \left\{ \boldsymbol{X} \ \middle| \ n\hat{p} \geqq \bar{b}_{n,p_0}(\alpha) \right\}, \tag{8.5.8}$$

$$R_L := \left\{ \boldsymbol{X} \ \middle| \ n\hat{p} \leqq b_{n,p_0}(\alpha) \right\} \tag{8.5.9}$$

を用いるとよい．これらの棄却域に対しては，第 1 種の過誤を犯す確率が $\alpha$ 以下になることがわかり，近似誤差を考える必要はない．

これらの棄却域は，(7.3.8)[102] の $\rho_{n,k}(\alpha)$ を用いて，

$$R_B := \left\{ \boldsymbol{X} \ \middle| \ p_0 \leqq \rho_{n,n\hat{p}}(\alpha/2), \rho_{n,n\hat{p}+1}(1-\alpha/2) \leqq p_0 \right\}, \tag{8.5.10}$$

$$R_U := \left\{ \boldsymbol{X} \ \middle| \ \rho_{n,n\hat{p}}(\alpha) \geqq p_0 \right\}, \tag{8.5.11}$$

$$R_L := \left\{ \boldsymbol{X} \ \middle| \ \rho_{n,n\hat{p}+1}(1-\alpha) \leqq p_0 \right\} \tag{8.5.12}$$

と表すことができる (演習 7.7[108])．

$\bar{F}_{n,p}(m) = \alpha$ を満たす整数 $m$ が存在するときは，$\bar{b}_{n,p}(\alpha)$ は上側 $\alpha$ 分位数 $u$ であるが，そうでないときは，$u+1$ と等しい．また，$F_{n,p}(m) = \alpha$ を満たす整数 $m$ が存在するときは，$b_{n,p}(\alpha)$ は $\alpha$ 分位数 $q$ であるが，そうでないときは，$q-1$ と等しい．Excel では BINOM.INV で分位数が求められるので，その分位数より大きい確率や小さい確率を BINOM.DIST で確認して，$\bar{b}_{n,p}(\alpha)$ や $b_{n,p}(\alpha)$ を求めることができる．

《例 8.4 続②》 例 8.4[118] の新薬の治癒率 $p$ が $1/5$ を上回っているかどうか考える．$\bar{b}_{100,1/5}(0.05) = 28$ なので，$R_U = \{\boldsymbol{X} \mid n\hat{p} \geqq 28\}$. $\hat{p} = 1/4$ のとき，$n\hat{p} = 25$ なので，$p$ は $1/5$ を上回っているとは言えない．$n\hat{p} \sim B(100, 1/5)$ のとき，$P(n\hat{p} \geqq 25) = 0.1314$ なので，$p$ 値は $0.1314$ である．また，$P(n\hat{p} \geqq 28) = 0.0342$ なので，この棄却域 $R_U$ の第 1 種の過誤を犯す確率は，$0.0342$ であり，有意水準 $0.05$ より小さい．▲

## 8.6 最強力検定*

ここまでの棄却域は，対立仮説を主張するために根拠となりうる形から出発して，有意水準に合わせて棄却限界値を設定したものであったが，第 2 種の過誤の小ささ，あるいは，検出力の大きさは考慮しなかった．本節では，要求する有意水準を満たす検定の中で，検出力が大きい検定について考える．

母集団分布が確率密度関数 $f(x|\theta)$, または，確率関数 $p(k|\theta)$ で表されるとき，そこからの無作為標本 $\boldsymbol{X} = (X_1, \ldots, X_n)$ の尤度関数 $L(u|\boldsymbol{X})$ を (7.4.1)[104], あるいは，(7.4.2)[104] で定義する．対立仮説が単純仮説である

$$\begin{cases} H_0 : \theta = \theta_0 \\ H_1 : \theta = \theta_1 \end{cases} \tag{8.6.1}$$

に対して,
$$LR_{\theta_0,\theta_1}(c) = \left\{ \boldsymbol{x} = (x_1, \ldots, x_n) \mid L(\theta_1|\boldsymbol{x}) > cL(\theta_0|\boldsymbol{x}) \right\} \tag{8.6.2}$$
と定義される棄却域の検定を**尤度比検定** (likelihood ratio test) と呼ぶ.

**定理 8.1 (ネイマン・ピアソンの補題** (Neyman-Pearson's lemma)**).** $\alpha \in (0,1)$ に対して, $P(\boldsymbol{X} \in LR_{\theta_0,\theta_1}(c_0) \mid H_0) = \alpha$ を満たす $c_0$ が存在するとき, (8.6.1)[119] に対する有意水準 $\alpha$ 以下の検定の中で, $LR_{\theta_0,\theta_1}(c_0)$ の検出力は最大である.

**証明.** 演習 8.8[123]. □

(8.6.1)[119] のように対立仮説が単純仮説であるとき, 要求される有意水準を満たす検定の中で, 検出力が最も高い検定を**最強力検定** (most powerful test) と言う. 第1種の過誤を犯す確率が有意水準と等しくなるような棄却限界値 $c$ が選べるならば, 尤度比検定が最強力検定であることがこの定理からわかる.

《例 8.1 続③》 農産物に含まれる有害物質に関する例 8.1[112] を再び考えよう. ただし, $H_0: \mu = \mu_0, H_1: \mu = \mu_1 \ (\mu_1 < \mu_0)$ の単純仮説の場合を考える.

$X_1, \ldots, X_n \overset{i.i.d.}{\sim} N(\mu, \sigma_0^2)$ なので,
$$\log \frac{L(\mu_1|\boldsymbol{x})}{L(\mu_0|\boldsymbol{x})} = -\frac{n(\mu_0 - \mu_1)}{\sigma_0^2}\bar{x} - \frac{n}{2\sigma_0^2}(\mu_1^2 - \mu_0^2). \tag{8.6.3}$$

$\mu_1 < \mu_0$ に注意すると
$$\frac{L(\mu_1|\boldsymbol{x})}{L(\mu_0|\boldsymbol{x})} > c \iff \bar{x} < k \iff \sqrt{n}\frac{\bar{x} - \mu_0}{\sigma_0} < k'. \tag{8.6.4}$$

ただし, $k = \frac{\sigma_0^2}{n(\mu_0 - \mu_1)}\left(\frac{n}{2\sigma_0^2}(\mu_0^2 - \mu_1^2) - \log c\right)$, $k' = \sqrt{n}\frac{k - \mu_0}{\sigma_0}$. したがって, 有意水準 $\alpha$ の最強力検定は,
$$R = \{\boldsymbol{x} \mid z_0 < -z(\alpha)\}, \quad z_0 = \sqrt{n}\frac{\bar{x} - \mu_0}{\sigma_0} \tag{8.6.5}$$
である. ▲

対立仮説が複合仮説である仮説の組
$$\begin{cases} H_0: \theta = \theta_0 \\ H_1: \theta \in \Theta_1 \end{cases} \tag{8.6.6}$$
をある棄却域 $R$ で検定するとき, 検出力 $P(\boldsymbol{X} \in R|\theta \in \Theta_1)$ は未知母数 $\theta$ の関数になる. $R$ の検出力が対立仮説のどんな未知母数の値に対しても最大であるとき, その検定を**一様最強力検定** (uniformly most powerful test) と呼ぶ.

任意の $\theta_1 \in \Theta_1$ を選んで, (8.6.1)[119] に対する最強力検定の棄却域 $R$ を作ったとき, それが $\theta_1$ に依存しなければ, その検定は複合仮説である対立仮説 $H_1: \theta \in \Theta_1$ に対して一様最強力検定である.

《例 8.1 続④》 $H_0: \mu = \mu_0, H_1: \mu = \mu_1 \ (\mu_1 < \mu_0)$ に対する最強力検定の棄却域 $R$ は, (8.6.5) であり, これは $\mu_1$ の値に依存しないので, $H_1: \mu < \mu_0$ に対する一様最強力検定の棄却域でも

ある. ▲

定理 8.1 では，$P(\boldsymbol{X} \in LR_{\theta_0,\theta_1}(c_0) \mid H_0) = \alpha$ となる $c_0$ の存在が条件として必要であった．母集団分布が離散分布である場合は，このような $c_0$ が存在しない場合がある．

《例 8.5》 母集団分布が $Po(\lambda)$ である場合，無作為標本 $\boldsymbol{X} = (X_1, \ldots, X_5)$ によって $H_0 : \lambda = 1$, $H_1 : \lambda = 2$ を検定するとき，$T_0 = \sum_{i=1}^{5} X_i$ とすると，

$$\frac{L(2|\boldsymbol{X})}{L(1|\boldsymbol{X})} = 2^{T_0} e^{-5} > c \iff T_0 > \frac{\log c + 5}{\log 2} =: d.$$

$H_0 : \lambda = 1$ が真のとき，$T_0 \sim Po(5)$ なので，Excel などを利用すると，

$$P\left(T_0 > 9 \mid H_0\right) < 0.04 < 0.05 < 0.06 < P\left(T_0 > 8 \mid H_0\right)$$

がわかる．よって，$P(\boldsymbol{X} \in LR_{1,2}(c_0) \mid H_0) = 0.05$ を満たす $c_0$ は存在しないが，$d = 9$ とすると，$LR_{1,2}(c)$ の有意水準は 5% 以下となることがわかる． ▲

無作為標本 $\boldsymbol{X}$ と独立な補助確率変数 $Y \sim U(0,1)$ を用いた検定として，下のように定義される棄却域 $LRR_{\theta_0,\theta_1}(c, \rho)$ を考えよう．

$$\overline{LR}_{\theta_0,\theta_1}(c) = \{\boldsymbol{x} \mid L(\theta_1|\boldsymbol{x}) = cL(\theta_0|\boldsymbol{x}))\}, \tag{8.6.7}$$

$$LRR_{\theta_0,\theta_1}(c, \rho) = (LR_{\theta_0,\theta_1}(c) \times (0,1)) \cup \left(\overline{LR}_{\theta_0,\theta_1}(c) \times (0,\rho)\right) \tag{8.6.8}$$

と定義される $LRR_{\theta_0,\theta_1}(c, \rho)$ と有意水準 $\alpha \in (0,1)$ に対して，

$$P((\boldsymbol{X}, Y) \in LRR_{\theta_0,\theta_1}(c,\rho) | H_0) = \alpha \tag{8.6.9}$$

を満たすような $c > 0$, $\rho \in (0,1)$ が存在する．このような補助確率変数を用いた検定を**確率化検定** (randomization test) と言う．

**定理 8.2** (確率化検定のネイマン・ピアソンの補題). (8.6.9) を満たすように $c, \rho$ を選ぶと，棄却域 $LRR_{\theta_0,\theta_1}(c, \rho)$ による検定は (8.6.1)[119] に対する有意水準 $\alpha$ の検定の中で最強力である．

**証明**. 演習 8.9[123]. □

《例 8.5 続①》 $d = 9$ に対応する $c$ に対して，

$$P((\boldsymbol{X}, Y) \in LRR_{1,2}(c,\rho) | H_0) = P(\boldsymbol{X} \in LR_{1,2}(c) | H_0) + \rho P(\boldsymbol{X} \in \overline{LR}_{1,2}(c))$$
$$= P(T_0 > 9 | H_0) + \rho P(T_0 = 9 | H_0) = 0.05.$$

Excel を利用すると，$P(T_0 > 9|H_0) = 0.0318$, $P(T_0 = 9|H_0) = 0.0362$ なので，$\rho = 0.501$ と選べば，第 1 種の過誤を犯す確率が有意水準 0.05 と等しくなることがわかる．このように選んだ $c, \rho$ に対する $LRR_{1,2}(c, \rho)$ は複合仮説 $H_1 : \lambda > 1$ に対しても一様最強力であることがわかる． ▲

対立仮説が両側であったり，正規分布や負の二項分布などのように未知母数が複数ある場合は一様最強力検定を作るのが難しい．ただし，検出力が有意水準以上になる検定 (**不偏検定 (unbiased test)**) に限定すると，一様最強力検定を構成できる場合があることが知られている．

## 演習問題

**演習** 8.1 ある競走馬がトレーニングをした後で，心拍数が 1 分間に 100 回以下になるまでの時間 (回復時間) を 16 回測定したところ，平均で 490 秒で，不偏分散が 8100 であった．回復時間の平均が 530 秒より短いと判断できるか，回復時間が正規分布に従うと仮定して検定せよ (有意水準 5% と 1% で).

**演習** 8.2 あるスナック菓子を無作為に 16 袋選び，その内容量を測定したら標本平均が 98g, 標本不偏分散が 9 であった．内容量が正規分布に従うと仮定して，以下の問に答えよ．

(1) 全製品の平均内容量が表示された 100g と異なるかどうか，有意水準 5% で仮説検定を行え．また，有意水準 1% でも行え．
(2) 内容量の母分散が 8 と異なるかどうか，有意水準 5% で仮説検定を行え．また，有意水準 1% でも行え．

**演習** 8.3 T 社の風邪薬 20 錠に含まれるある成分の含有量を測定したところ，標本平均が 7(mg) であり，標本不偏分散が 5(mg$^2$) だった．成分の含有量が正規分布 $N(\mu, \sigma^2)$ に従うものとして，次の問に答えよ．

(1) $\mu > 6$(mg) を検定せよ (有意水準 5% と 1% で).
(2) $\sigma^2 < 8$ を検定せよ (有意水準 5% と 1% で).

**演習** 8.4 10 代から 60 代の男性において虫歯のない人の割合 $p$ が 0.5 より小さいかどうか調査するために，無作為選んだ 400 人に聞き取り調査したところ，180 人がないと答えた．$p < 0.5$ と言えるかどうか検定を行え (有意水準 5% と 1% で).

**演習** 8.5 総合鼻炎薬 B の新商品の改善率が，従来品の 55% と比べて，優れているかどうか検討するために，鼻炎患者 99 人に処方したところ，64 人に改善が見られた．この結果から仮説検定を行え (有意水準 5% と 1% で).

**演習** 8.6 $X_1, \ldots, X_{16} \overset{i.i.d.}{\sim} N(\mu, 4)$ のとき，帰無仮説 $H_0 : \mu = 5$, 対立仮説 $H_1 : \mu > 5$ に対して，棄却域 $R = \{Z_0 \mid Z_0 > 2.326\}$ で検定するものとする．ただし，$Z_0 = 2(\bar{X} - 5)$. $\mu = 6.008$ のときの検出力を求めよ．また，検出力が 0.9 のときの $\mu$ の値を求めよ．

**演習** 8.7* 帰無仮説 $H_0 : \mu \leqq \mu_0$, 対立仮説 $H_1 : \mu > \mu_0$ に対して，(8.3.6)[116] の棄却域 $R_U$ の第 1 種の過誤を犯す確率は $\alpha$ 以下であることを示せ．また，不偏検定であることを示せ．

**演習** 8.8**  $R$ を定理 8.1[120] の $LR_{\theta_0,\theta_1}(c_0)$, $R'$ を $\mathbb{R}^n$ の任意の部分集合とする．このとき，$1_R(\boldsymbol{x}) - 1_{R'}(\boldsymbol{x}) > 0 \implies L(\theta_1|\boldsymbol{x}) > c_0 L(\theta_0|\boldsymbol{x})$ を示せ．また，常に $(1_R(\boldsymbol{x}) - 1_{R'}(\boldsymbol{x}))(L(\theta_1|\boldsymbol{x}) - c_0 L(\theta_0|\boldsymbol{x})) \geqq 0$ が成り立つことを示せ．これらを用いて，定理 8.1[120] を示せ．

**演習** 8.9**  定理 8.2[121] を示せ (演習 8.8 と同様にできる)．

**演習** 8.10**  母集団分布が $Ex(\lambda)$ である母集団に関する $H_0 : \lambda = \lambda_0, H_1 : \lambda > \lambda_0$ に対して，そこからの無作為標本 $X_1, \ldots, X_n$ による有意水準 $\alpha$ の一様最強力検定を求めよ．

**演習** 8.11**  母比率が $p$ である二項母集団からの無作為標本 $\boldsymbol{X} = (X_1, \ldots, X_{10})$ を用いて，$H_0 : p = 0.5, H_1 : p < 0.5$ に対する有意水準 $0.05$ の一様最強力検定を求めよ．

# 第9章
# 複数の母集団の平均と分散の推測

母平均を比較する対象が理論的な根拠や法令に基づく具体的な数値でない場合は，異なる条件や状況下における複数の平均を比較することになる．本章では，複数の母集団の母平均や母分散の比較方法について解説する．

## 9.1 母平均の差の推測

《例 9.1》 ある英語能力検定に対する大学生の学習法 A,B を比較するため，それらの方法で学習する前に検定を受験した学生の中から，A で学習する学生を $m$ 人，B で学習する学生を $n$ 人，無作為に選び，1 年後の検定の結果を調べることにした．A で学習した学生の 1 年間の得点の伸びを $X_1, \ldots, X_m$, B で学習した学生の伸びを $Y_1, \ldots, Y_n$ とし，それぞれの学習法による平均的な伸びを $\mu_1, \mu_2$ とする．$\mu_1$ と $\mu_2$ の比較をどのように行えばよいだろうか． ▲

本節では，二つの母集団 $\Omega_1, \Omega_2$ の母平均 $\mu_1, \mu_2$ の比較について考える．$\Omega_1$ と $\Omega_2$ の母分散をそれぞれ $\sigma_1^2, \sigma_2^2$ と表し，$\Omega_1$ と $\Omega_2$ からの無作為標本をそれぞれ $\boldsymbol{X} = (X_1, \ldots, X_m)$, $\boldsymbol{Y} = (Y_1, \ldots, Y_n)$ と表す．また，それら $m+n$ 個の標本は互いに独立であると仮定する．

これらの無作為標本を用いた $\mu_1 - \mu_2$ の区間推定や，仮説の組

$$(B) \begin{cases} H_0 : \mu_1 = \mu_2 \\ H_1 : \mu_1 \neq \mu_2 \end{cases}, \quad (U) \begin{cases} H_0 : \mu_1 = \mu_2 \\ H_1 : \mu_1 > \mu_2 \end{cases}, \quad (L) \begin{cases} H_0 : \mu_1 = \mu_2 \\ H_1 : \mu_1 < \mu_2 \end{cases}$$

に対する棄却域 $R_B, R_U, R_L$ について，母集団分布や標本の大きさによって場合分けして考える．

以下では，

$$\bar{X} := \frac{1}{m}\sum_{i=1}^{m} X_i, \ U_X^2 := \frac{1}{m-1}\sum_{i=1}^{m}(X_i - \bar{X})^2,$$

$$\bar{Y} := \frac{1}{n}\sum_{i=1}^{n} Y_i, \ U_Y^2 := \frac{1}{n-1}\sum_{i=1}^{n}(Y_i - \bar{Y})^2$$

とおくことにする．このとき，標本の独立性や期待値，分散の性質から，

$$E\left[\bar{X} - \bar{Y}\right] = \mu_1 - \mu_2, \ Var\left[\bar{X} - \bar{Y}\right] = \frac{1}{m}\sigma_1^2 + \frac{1}{n}\sigma_2^2,$$

$$E\left[U_X^2\right] = \sigma_1^2, \ E\left[U_Y^2\right] = \sigma_2^2$$

が成り立つ．簡単のために，

$$\delta = \sqrt{\frac{1}{m}\sigma_1^2 + \frac{1}{n}\sigma_2^2}, \ N = \frac{mn}{m+n} = \frac{1}{\frac{1}{m} + \frac{1}{n}}$$

とおく．

### 9.1.1 母分散が等しい場合

$\sigma_1^2 = \sigma_2^2$ の場合について考える．$\sigma_1^2 = \sigma_2^2$ を $\sigma^2$ と表すと，

$$Var\left[\bar{X} - \bar{Y}\right] = \left(\frac{1}{m} + \frac{1}{n}\right)\sigma^2 = \frac{\sigma^2}{N} \tag{9.1.1}$$

となり，$\bar{X} - \bar{Y}$ を標準化すると，

$$Z := \frac{\bar{X} - \bar{Y} - E\left[\bar{X} - \bar{Y}\right]}{\sqrt{Var\left[\bar{X} - \bar{Y}\right]}} = \frac{\bar{X} - \bar{Y} - (\mu_1 - \mu_2)}{\sqrt{\frac{\sigma^2}{N}}} \tag{9.1.2}$$

となる.
$$\hat{\sigma}^2 = \frac{(m-1)U_X^2 + (n-1)U_Y^2}{m+n-2} \tag{9.1.3}$$
と定義すると,$\hat{\sigma}^2$ は $\sigma^2$ の不偏推定量なので (最適性については演習 7.17[109] を参照),これを用いて標準化変量 $Z$ をスチューデント化すると,
$$\hat{T} = \frac{\bar{X} - \bar{Y} - (\mu_1 - \mu_2)}{\sqrt{\frac{\hat{\sigma}^2}{N}}} \tag{9.1.4}$$
を得る.

### 正規母集団の場合

$\Omega_1, \Omega_2$ が正規母集団のとき,定理 6.7[90] から,$\hat{T} \sim t_{m+n-2}$.このことから,$\mu_1 - \mu_2$ の $(1-\alpha)$ の信頼区間は
$$\left[ \bar{X} - \bar{Y} - t_{m+n-2}\left(\frac{\alpha}{2}\right) \frac{\hat{\sigma}}{\sqrt{N}},\ \bar{X} - \bar{Y} + t_{m+n-2}\left(\frac{\alpha}{2}\right) \frac{\hat{\sigma}}{\sqrt{N}} \right] \tag{9.1.5}$$
である.また,$H_0 : \mu_1 = \mu_2$ が真のとき,$\hat{T}$ は,
$$\hat{T}_0 = \frac{\bar{X} - \bar{Y}}{\sqrt{\frac{\hat{\sigma}^2}{N}}} \tag{9.1.6}$$
となるので,有意水準 $\alpha$ の棄却域は
$$R_B = \{(\boldsymbol{X}, \boldsymbol{Y}) \mid |\hat{T}_0| > t_{m+n-2}(\alpha/2)\}, \tag{9.1.7}$$
$$R_U = \{(\boldsymbol{X}, \boldsymbol{Y}) \mid \hat{T}_0 > t_{m+n-2}(\alpha)\}, \tag{9.1.8}$$
$$R_L = \{(\boldsymbol{X}, \boldsymbol{Y}) \mid \hat{T}_0 < -t_{m+n-2}(\alpha)\} \tag{9.1.9}$$
である.

《例 9.1 続①》 学習法 A, B による英語検定の得点の伸びは,分散が等しい正規分布 $N(\mu_1, \sigma^2)$ と $N(\mu_2, \sigma^2)$ に従うと仮定して,$\mu_1 < \mu_2$ であるかどうか検定することにする.A で学習した学生の伸びが $26, 0, 19, 10, 29, 23, 9, 13, 11, 25$,B で学習した学生の伸びが $14, 21, 34, 35, 42, 30, 22, 39, 28, 40, 17, 20, 32, -4, 8$ であったとき,$m = 10, n = 15, \bar{X} = 16.5$,$\bar{Y} = 25.2, U_X^2 = 86.72, U_Y^2 = 167.03$ であり,$\hat{T}_0 = -1.830$ である.$t_{10+15-2}(0.05) = 1.714$ なので,$\hat{T}_0 \in R_L$ であり,有意水準 5% では,$\mu_2$ が $\mu_1$ より有意に大きいと言える. ▲

### 大標本の場合

母集団分布が正規分布でないが,標本の大きさ $m, n$ が大きい場合を考える.$m, n \to \infty$ のとき,$Z \xrightarrow{d} N(0,1)$, $\hat{\sigma}^2 \xrightarrow{P} \sigma^2$ なので,$\hat{T} \xrightarrow{d} N(0,1)$ である (演習 9.4[139] の $r = 2$ の場合).したがって,信頼係数が近似的に $1 - \alpha$ である $\mu_1 - \mu_2$ の信頼区間として,
$$\left[ \bar{X} - \bar{Y} - z\left(\frac{\alpha}{2}\right) \frac{\hat{\sigma}}{\sqrt{N}},\ \bar{X} - \bar{Y} + z\left(\frac{\alpha}{2}\right) \frac{\hat{\sigma}}{\sqrt{N}} \right] \tag{9.1.10}$$

が得られる．また，有意水準が近似的に $\alpha$ である棄却域として，

$$R_B = \{(\boldsymbol{X}, \boldsymbol{Y}) \mid |\hat{T}_0| > z(\alpha/2)\}, \tag{9.1.11}$$

$$R_U = \{(\boldsymbol{X}, \boldsymbol{Y}) \mid \hat{T}_0 > z(\alpha)\}, \tag{9.1.12}$$

$$R_L = \{(\boldsymbol{X}, \boldsymbol{Y}) \mid \hat{T}_0 < -z(\alpha)\} \tag{9.1.13}$$

が得られる．ただし，$T_0$ は (9.1.6)[127] で定義される．

## 9.1.2　母分散が等しくない場合

$\sigma_1^2 \neq \sigma_2^2$ の場合について考える．このとき，$\bar{X} - \bar{Y}$ を標準化すると，

$$Z := \frac{\bar{X} - \bar{Y} - (\mu_1 - \mu_2)}{\delta} \tag{9.1.14}$$

となる．$\delta = \sqrt{\frac{\sigma_1^2}{m} + \frac{\sigma_2^2}{n}}$ を $\hat{\delta} = \sqrt{\frac{U_X^2}{m} + \frac{U_Y^2}{n}}$ で推定すると，スチューデント化変量

$$\tilde{T} = \frac{\bar{X} - \bar{Y} - (\mu_1 - \mu_2)}{\hat{\delta}} \tag{9.1.15}$$

を得る．

### 正規母集団の場合

$\Omega_1, \Omega_2$ が正規母集団のとき，$\bar{X} - \bar{Y} \sim N(\mu_1 - \mu_2, \delta^2)$ なので $Z \sim N(0,1)$ は示せるが，適当な自然数 $c$ に対して $\tilde{T} \sim t_c$ を示すことは困難である．

そこで，$c > 0$ に対して，

$$\tilde{Q} := \frac{c}{\delta^2}\hat{\delta}^2 \tag{9.1.16}$$

とおくと，

$$\tilde{T} = \frac{Z}{\sqrt{\frac{\hat{\delta}^2}{\delta^2}}} = \frac{Z}{\sqrt{\frac{\tilde{Q}}{c}}}$$

と変形できて，仮に $\tilde{Q} \sim \chi_c^2$ が成り立てば，$\tilde{T} \sim t_c$ が成り立つことがわかる．そこで，$\tilde{Q} \sim \chi_c^2$ であるための必要条件を用いて，$c$ を決定して，そのように求められた $c$ に対して，$\tilde{T}$ が近似的に $t_c$ に従うと考えるものとする．

まず，$\frac{m-1}{\sigma_1^2}U_X \sim \chi_{m-1}^2$, $\frac{n-1}{\sigma_2^2}U_Y^2 \sim \chi_{n-1}^2$ から $Var[\tilde{Q}]$ を求めると

$$Var[\tilde{Q}] = 2c^2\left(\frac{d^2}{m-1} + \frac{(1-d)^2}{n-1}\right) \tag{9.1.17}$$

となる．ただし，$d = \frac{\sigma_1^2}{m\delta^2}$．一方，$\tilde{Q} \sim \chi_c^2$ ならば $Var[\tilde{Q}] = 2c$ となるはずである．これらが等しいとき，

$$c = \frac{1}{\frac{d^2}{m-1} + \frac{(1-d)^2}{n-1}} \tag{9.1.18}$$

となる．この $c$ に対して，$\tilde{Q} \sim \chi_c^2$ が成り立つと考え，$\tilde{T}$ の分布を $t_c$ で近似する方法を**ウェルチの近似** (Welch's approximation) と呼ぶ[1]．

---

1　(9.1.18) は**ウェルチ-サタスウェイトの式** (Welch-Satterthwaite equation) と呼ばれ，多数の標本分散の和をカイ二乗分布で近似する場合に拡張できる．

(9.1.18) で求めた $c$ は未知母数 $\sigma_1^2, \sigma_2^2$ に依存する実数なので，そのまま区間推定や検定に用いることはできない．そこで，(9.1.18) の左辺の $d$ にその推定量

$$\hat{d} = \frac{U_X^2}{m\hat{\delta}^2}$$

を代入して得られる $c$ の推定量 $\hat{c}$ を求め，それを四捨五入して自然数にした $\tilde{c}$ を用いて，$\tilde{T}$ が近似的に $t_{\tilde{c}}$ に従うものとする．

こうして信頼係数が近似的に $1-\alpha$ である $\mu_1 - \mu_2$ のウェルチの信頼区間

$$\left[\bar{X}-\bar{Y}-t_{\tilde{c}}\left(\frac{\alpha}{2}\right)\hat{\delta},\ \bar{X}-\bar{Y}+t_{\tilde{c}}\left(\frac{\alpha}{2}\right)\hat{\delta}\right] \tag{9.1.19}$$

が得られる．また，有意水準が近似的に $\alpha$ である棄却域

$$R_B = \{(\boldsymbol{X},\boldsymbol{Y}) \mid |\tilde{T}_0| > t_{\tilde{c}}(\alpha/2)\}, \tag{9.1.20}$$

$$R_U = \{(\boldsymbol{X},\boldsymbol{Y}) \mid \tilde{T}_0 > t_{\tilde{c}}(\alpha)\}, \tag{9.1.21}$$

$$R_L = \{(\boldsymbol{X},\boldsymbol{Y}) \mid \tilde{T}_0 < -t_{\tilde{c}}(\alpha)\} \tag{9.1.22}$$

が得られる．ただし，

$$\tilde{T}_0 = \frac{\bar{X}-\bar{Y}}{\hat{\delta}}. \tag{9.1.23}$$

《例 9.1 続②》 英語の検定の伸びが正規分布に従うと仮定できるが，学習法 A,B による伸びの分散が等しいと考えられない場合に，$\mu_1 < \mu_2$ であるかどうか検定することにする．例 9.1 続① [127] のデータに対しては，$\tilde{c}=23, \tilde{T}_0 = -1.9548$ である．$t_{23}(0.05) = 1.714$ なので，$\tilde{T}_0 \in R_L$ であり，有意水準 5% では，$\mu_2$ が $\mu_1$ より有意に大きい． ▲

**大標本の場合**

母集団分布が正規分布ではないが，二つの標本の大きさが大きい場合を考える．$m,n \to \infty$ のとき，$Z \xrightarrow{d} N(0,1), U_X^2 \xrightarrow{P} \sigma_1^2, U_Y^2 \xrightarrow{P} \sigma_2^2$ なので，$\tilde{T} \xrightarrow{d} N(0,1)$ である (演習 9.4[139] の $r=2$ の場合)．したがって，$\mu_1 - \mu_2$ の (近似的に) 信頼係数 $(1-\alpha)$ の信頼区間は

$$\left[\bar{X}-\bar{Y}-z\left(\frac{\alpha}{2}\right)\hat{\delta},\ \bar{X}-\bar{Y}+z\left(\frac{\alpha}{2}\right)\hat{\delta}\right] \tag{9.1.24}$$

である．また，(近似的に) 有意水準 $\alpha$ の棄却域は

$$R_B = \{(\boldsymbol{X},\boldsymbol{Y}) \mid |\tilde{T}_0| > z(\alpha/2)\}, \tag{9.1.25}$$

$$R_U = \{(\boldsymbol{X},\boldsymbol{Y}) \mid \tilde{T}_0 > z(\alpha)\}, \tag{9.1.26}$$

$$R_L = \{(\boldsymbol{X},\boldsymbol{Y}) \mid \tilde{T}_0 < -z(\alpha)\} \tag{9.1.27}$$

である．ただし，$\tilde{T}_0$ は (9.1.23) で定義される．

### 9.1.3 小標本・非正規母集団の検定

二つの母集団 $\Omega_1, \Omega_2$ の分布が正規分布でなく，標本の大きさ $m,n$ がどちらも大きくないときは，順位に基づく検定が利用できる．$X_1,\ldots,X_m, Y_1,\ldots,Y_n$ の $m+n$ 個のデータ全体を小さい順に並べたとき，$X_i$ が $R_i$ 番目に並べられるものとする．$\mu_1 < \mu_2$ であるとき，

$X_1, \ldots, X_m$ の順位の和
$$W = R_1 + \cdots + R_m \tag{9.1.28}$$
は小さい値をとる可能性が高い．このような順位の性質を利用して行う検定を**ウィルコクソンの順位和検定** (Wilcoxon rank sum test) と呼ぶ．

《例 9.2》 簡単のために，$m=3$, $n=5$ で，$X_1, X_2, X_3, Y_1, \ldots, Y_5$ は (確率 1) で同じ値はとらない場合について考える．このとき，$W$ のとりうる値の最小値は $1+2+3=6$ であり，最大値は $6+7+8=21$ である．$X_1, X_2, X_3, Y_1, \ldots, Y_5$ の順位の組を $(R_1, R_2, R_3, R_4, \ldots, R_8)$ とすると，とりうる順位の組は，
$$(R_1, \ldots, R_8) = (1, 2, \ldots, 7, 8), (1, 2, \ldots, 8, 7), \ldots, (8, 7, \ldots, 2, 1)$$
の 8! 通りあり，$\Omega_1$ と $\Omega_2$ の母集団分布が同じときは，それらの順位の組はすべて同じ確率 $1/8!$ で実現する．したがって，
$$\begin{cases} H_0 : \mu_1 = \mu_2 \quad (\Omega_1 \text{ と } \Omega_2 \text{ の分布は同じ}) \\ H_1 : \mu_1 < \mu_2 \end{cases} \tag{9.1.29}$$
という帰無仮説 $H_0$，対立仮説 $H_1$ を検定する場合は，棄却域を
$$R = \{(\boldsymbol{X}, \boldsymbol{Y}) \mid W \leqq 7\} \tag{9.1.30}$$
とすると，有意水準は
$$\begin{aligned} P(W \leqq 7 \mid H_0) &= P(W = 6 \mid H_0) + P(W = 7 \mid H_0) \\ &= \frac{3! \cdot 5!}{8!} + \frac{3! \cdot 5!}{8!} = 0.03571 \cdots \end{aligned}$$
となる． ▲

《例 9.1 続③》 例 9.1 続①[127] のデータに対して R で順位和検定を実行すると，次のようになる．

```
> x <-c(26,0,19,10,29,23,9,13,11,25)
> y <-c(14,21,34,35,42,30,22,39,28,40,17,20,32,-4,8)
> wilcox.test(x, y,alternative = "less")

Wilcoxon rank sum exact test

data:  x and y
W = 42, p-value = 0.03546
alternative hypothesis: true location shift is less than 0
```

この出力による W は $W - \frac{1}{2}m(m+1)$ で $m=10$ なので，$W = 42 + \frac{1}{2} 10 \cdot 11 = 97$ である．$p$ 値が 0.03546 であり，有意水準 5% では，$H_1 : \mu_1 < \mu_2$ が有意であると言える． ▲

## 9.2 母分散の比の推測

二つの正規母集団 $\Omega_1, \Omega_2$ に対して，母分散 $\sigma_1^2$ と $\sigma_2^2$ の比較について考える．$Q_X = \frac{m-1}{\sigma_1^2}U_X^2 \sim \chi_{m-1}^2$, $Q_Y = \frac{n-1}{\sigma_2^2}U_Y^2 \sim \chi_{n-1}^2$ なので (定理 6.8[91])，

$$Q := \frac{U_X^2/\sigma_1^2}{U_Y^2/\sigma_2^2} = \frac{\frac{Q_X}{m-1}}{\frac{Q_Y}{n-1}} \sim F_{m-1,n-1}.$$

したがって，分散比 $\sigma_1^2/\sigma_2^2$ の $(1-\alpha)$ 信頼区間は

$$\left[\frac{U_X^2}{f_{m-1,n-1}(\alpha/2)U_Y^2}, \frac{U_X^2}{f_{m-1,n-1}(1-\alpha/2)U_Y^2}\right] \tag{9.2.1}$$

となる．また，仮説の組

$$(B)\begin{cases} H_0 : \sigma_1^2 = \sigma_2^2 \\ H_1 : \sigma_1^2 \neq \sigma_2^2 \end{cases}, \quad (U)\begin{cases} H_0 : \sigma_1^2 = \sigma_2^2 \\ H_1 : \sigma_1^2 > \sigma_2^2 \end{cases}, \quad (L)\begin{cases} H_0 : \sigma_1^2 = \sigma_2^2 \\ H_1 : \sigma_1^2 < \sigma_2^2 \end{cases}$$

に対する有意水準 $\alpha$ の棄却域は，それぞれ，

$$R_B = \{(\boldsymbol{X},\boldsymbol{Y}) \mid Q_0 < f_{m-1,n-1}(1-\alpha/2),\ f_{m-1,n-1}(\alpha/2) < Q_0\}, \tag{9.2.2}$$

$$R_U = \{(\boldsymbol{X},\boldsymbol{Y}) \mid Q_0 > f_{m-1,n-1}(\alpha)\}, \tag{9.2.3}$$

$$R_L = \{(\boldsymbol{X},\boldsymbol{Y}) \mid Q_0 < f_{m-1,n-1}(1-\alpha)\} \tag{9.2.4}$$

となる．ただし，

$$Q_0 = \frac{U_X^2}{U_Y^2}. \tag{9.2.5}$$

《例 9.1 続④》 英語の検定の伸びが正規分布に従うものと仮定して，$\sigma_1 \neq \sigma_2$ であるかどうか検定することにする．例 9.1 続①[127] のデータを集計した結果から $Q_0 = 0.519$ であり，$f_{9,14}(0.05) = 2.65$, $f_{9,14}(0.95) = 1/f_{14,9}(0.05) = 0.330$ なので，$Q_0 \notin R_B$ であり，有意水準 10% で $\sigma_1$ と $\sigma_2$ は有意に異なるとは言えない． ▲

## 9.3 多数の母平均の比較*

正規母集団 $\Omega_1, \ldots, \Omega_m$ の母平均 $\mu_1, \ldots, \mu_m$ の比較について考える[2]．以下ではすべての母集団の母分散が等しく，$\sigma^2$ であると仮定する．まず，母平均に違いがあるかどうか，つまり，

$$\begin{cases} H_0 : \mu_1 = \cdots = \mu_m \\ H_1 : \mu_1, \ldots, \mu_m \text{ の中に異なるものがある} \end{cases} \tag{9.3.1}$$

という仮説について考える．母集団 $\Omega_i$ からの無作為標本を $X_{i1}, \ldots, X_{in_i}$ とし，その標本平均を $\bar{X}_i$, 標本不偏分散を $U_i^2$ とし，$n = n_1 + \cdots + n_m$ とする．このとき，すべての標本の平均

---

[2] 要因の効果を考察する実験においては，本節の方法を**一元配置** (one way layout) と呼ぶ．

$$\bar{\bar{X}} = \sum_{i=1}^{m} \frac{n_i}{n} \bar{X}_i \tag{9.3.2}$$

を**総平均** (grand mean) と呼び，母集団ごとの平均のバラツキである

$$S_B = \sum_{i=1}^{m} n_i (\bar{X}_i - \bar{\bar{X}})^2 \tag{9.3.3}$$

を**群間変動** (between group variation) と呼ぶ．また，各母集団内部のバラツキの総和

$$S_W := (n_1 - 1)U_1^2 + \cdots + (n_m - 1)U_m^2 \tag{9.3.4}$$

を**郡内変動** (within group variation) と呼ぶ．$S_B$ は母集団ごとの母平均の不均一性を表しているのに対して，$S_W$ は母集団の違いと無関係な，標本抽出に伴う誤差的変動を表すと考えられる．したがって，$S_B$ が誤差的な変動 $S_W$ と比較して十分大きいとき不均一であると判断する棄却域

$$R = \left\{ \boldsymbol{X} \mid \frac{S_B}{S_W} > c \right\} \tag{9.3.5}$$

が上の仮説に対して適当なものであると考えられる．ここで，$\boldsymbol{X}$ は $X_{ij}, i = 1, \ldots, m$ を要素とするベクトルを表すものとする．棄却限界値 $c$ の決定には次の結果が有用である．

**定理 9.1.** $\mu_1 = \cdots = \mu_m$ のとき，

$$W_0 := \frac{\frac{S_B}{m-1}}{\frac{S_W}{n-m}} \sim F_{m-1, n-m}. \tag{9.3.6}$$

**証明**. 演習 9.5[139]． □

$\frac{S_B}{S_W} > c \iff W_0 > \frac{n-m}{m-1} c$ なので，$f_{m-1, n-m}(\alpha) = \frac{n-m}{m-1} c$ となるように $c$ を定めると，$H_0$ が真のとき $P(\frac{S_B}{S_W} > c) = P(W_0 > f_{m-1, n-m}(\alpha)) = \alpha$ となる．つまり，$c = \frac{m-1}{n-m} f_{m-1, n-m}(\alpha)$ のとき，(9.3.5) の棄却域を用いた検定は，有意水準が $\alpha$ となる．検定統計量を $W_0$ とすると，

$$R = \{ \boldsymbol{X} \mid W_0 > f_{m-1, n-m}(\alpha) \} \tag{9.3.7}$$

と表すこともできる．

次に，差のある母平均の組を検出する方法を考える．仮説の組

$$\begin{cases} H_0(i,j) : \mu_i = \mu_j \\ H_1(i,j) : \mu_i \neq \mu_j \end{cases} \tag{9.3.8}$$

に対する棄却域は，二つの母集団だけの場合と同様に ((9.1.7)[127] 参照)，

$$R_{i,j} := \{ \boldsymbol{X} \mid |T_{i,j}| > c_{i,j} \} \tag{9.3.9}$$

とすればよい．ただし，

$$T_{i,j} = \frac{\bar{X}_i - \bar{X}_j}{\sqrt{\left(\frac{1}{n_i} + \frac{1}{n_j}\right) \hat{\sigma}^2}} \tag{9.3.10}$$

であり，$\hat{\sigma}^2 = \frac{1}{n-m} S_W$．複数の仮説検定を行う場合は，検定全体の誤判定確率が要求された基準値以下となるように，棄却限界値 $c_{ij}$ を決める必要がある．

自然数 $m$ に対して $\mathscr{I}_m := \{(i,j) \in \mathbb{N}^2 \mid 1 \leqq i < j \leqq m\}$ として，$\mathscr{I}_m$ の任意の部分集合 $\mathscr{C}$

に対して，$\boldsymbol{\mu} = (\mu_1, \ldots, \mu_m)$ の集合 $H(\mathscr{C})$ を

$$H(\mathscr{C}) := \left\{ \boldsymbol{\mu} \ \middle| \ \forall (i,j) \in \mathscr{C}, \mu_i = \mu_j \right\} \tag{9.3.11}$$

と定義する．このとき，

$$\mathrm{FWER}(\mathscr{C}) := \sup_{\boldsymbol{\mu} \in H(\mathscr{C})} P\left( \boldsymbol{X} \in \bigcup_{(i,j) \in \mathscr{C}} R_{i,j} \ \middle| \ \boldsymbol{\mu} \right) \tag{9.3.12}$$

を**タイプ 1-FWER**(type 1 family-wise error rate) と呼ぶ．ここで，右辺の確率は $\boldsymbol{\mu} \in H(\mathscr{C})$ である $\boldsymbol{\mu}$ に対する確率である．したがって，$\mathrm{FWER}(\mathscr{C})$ は，$\mathscr{C}$ に属する $(i,j)$ すべてについて $H_0(i,j): \mu_i = \mu_j$ が正しい場合に，どれか一つでも間違えて $\mu_i \neq \mu_j$ と判定してしまう確率である．どの仮説が正しいかわからない状況では，すべての $\mathscr{C}$ について，$\mathrm{FWER}(\mathscr{C})$ が一定の基準以下であることが望ましい．

いま，$Z_1, \ldots, Z_m \overset{i.i.d.}{\sim} N(0,1)$, $Q \sim \chi_k^2$, $Z_i \perp\!\!\!\perp Q$ のとき，任意の $\alpha \in (0,1)$ に対して，

$$\alpha = P\left( \max_{1 \leq i,j \leq m} \frac{|Z_i - Z_j|}{\sqrt{\frac{Q}{k}}} > t \right) \tag{9.3.13}$$

を満たす $t$ を**スチューデント化された範囲の分布の上側** $100\alpha\%$ **点** (upper $100\alpha$th percentile of the distribution of studentized range) と呼び，$q_{m,k}(\alpha)$ と表すことにする[3]．このとき，次が成り立つ．

**定理 9.2.** $c_{ij} = q_{m,n-m}(\alpha)/\sqrt{2}$ のとき，任意の $\mathscr{C} \subset \mathscr{M}$ に対して，

$$\mathrm{FWER}(\mathscr{C}) \leqq \alpha. \tag{9.3.14}$$

**証明**．演習 9.6[139]． □

この命題から，$c_{ij} = q_{m,n-m}(\alpha)/\sqrt{2}$ として個々の仮説 $H_1(i,j)$ を検定すれば，どんな $\boldsymbol{\mu}$ の値に対しても誤判定確率が $\alpha$ 以下となることがわかる．このような検定法を **Tukey の多重比較** (Tukey's multiple comparison) と呼ぶ．多数の母平均に対する検定を同時に行うことを**多重比較** (multiple comparison) と呼び，対立仮説の形に応じて様々な手法が提案されている．

《例 9.3》ある店舗の総菜廃棄量 (kg) を 9 月から 11 月までの平日に調査したところ，下のようになった．

| 曜日 (日数) | 月 (10) | 火 (13) | 水 (13) | 木 (13) | 金 (12) |
|---|---|---|---|---|---|
| 平均 | 14.1 | 11.9 | 12.6 | 11.2 | 15.2 |
| 不偏分散 | 13.2 | 6.9 | 10.2 | 6.3 | 14.7 |

このとき，$S_B = 129.6$, $S_W = 561.3$ であり，$W_0 = 3.23$. $f_{4,56}(0.05) = 2.54$ なので，有意水準 5% では平均廃棄量は曜日による差がある．また，$T_{\text{木金}} = -3.16$, $q_{5,56}(0.05)/\sqrt{2} = 2.82$ なので，有意水準 5% で木金に有意な差がある． ▲

---

[3] $q_{m,k}(\alpha)$ は，R では `qtukey(1-α,m,k)` で求められる．

## 9.4 多数の母分散の比較*

正規母集団 $\Omega_1, \ldots, \Omega_m$ の母分散 $\sigma_1^2, \ldots, \sigma_m^2$ の比較について考える．ここでは，9.3 節 [131] と同じ記号で統計量を表すことにする．ただし，母分散はすべて等しいとは仮定せず，$\Omega_j$ の母分散を $\sigma_j^2$ と表すことにする．さて，

$$\begin{cases} H_0: \sigma_1^2 = \cdots = \sigma_m^2 \\ H_1: \sigma_1^2, \ldots, \sigma_m^2 \text{ の中に異なるものがある} \end{cases} \tag{9.4.1}$$

という仮説について考えることにしよう．$\sigma_j^2$ は $\Omega_j$ からの標本の不偏分散 $U_j^2$ で推定できるので，$\hat{\sigma}_j^2 = U_j^2$ とおく．また，$\sigma_1^2 = \cdots = \sigma_m^2 = \sigma^2$ のとき，$\sigma^2$ は 9.3 節 [131] で考えたように，$\hat{\sigma}^2 = \frac{1}{n-m} S_W$ は $\sigma^2$ の不偏推定量になる．これらは，相加平均と相乗平均の関係から，

$$\hat{\sigma}^2 \geqq \sqrt[n-m]{(\hat{\sigma}_1^2)^{n_1-1} \cdots (\hat{\sigma}_m^2)^{n_m-1}} \tag{9.4.2}$$

が成り立ち（演習 9.8[139]），等号成立は $\hat{\sigma}_1^2 = \cdots = \hat{\sigma}_m^2$ のときのみである．よって，

$$U_0 := \frac{\hat{\sigma}^2}{\sqrt[n-m]{(\hat{\sigma}_1^2)^{n_1-1} \cdots (\hat{\sigma}_m^2)^{n_m-1}}} \tag{9.4.3}$$

が 1 より遥かに大きいとき，$H_0$ を棄却すればよいと考えられる．

$$c_0 := 1 + \frac{1}{3(m-1)} \left( \sum_{j=1}^{m} \frac{1}{n_j-1} - \frac{1}{n-m} \right) \tag{9.4.4}$$

と定義される $c_0$ に対して，

$$Q_0 := \frac{(n-m) \log U_0}{c_0} = \frac{(n-m) \log \hat{\sigma}^2 - \sum_{j=1}^{m} (n_j-1) \log \hat{\sigma}_j^2}{c_0} \tag{9.4.5}$$

と定義すると，$n_1, \ldots, n_m \to \infty$ のとき，$Q_0 \xrightarrow{d} \chi_{m-1}^2$ となることが知られている．$c_0$ はカイ二乗分布の近似精度をよくする修正，**バートレット修正** (Bartlett correction) と呼ぶ．[4]．このことを利用すると，（近似的に）有意水準 $\alpha$ の棄却域

$$R = \{\boldsymbol{X} \mid Q_0 > \chi_{m-1}^2(\alpha)\} \tag{9.4.6}$$

が得られる．この検定を**バートレット検定** (Bartlett test) と言う．

《例 9.3 続①》 ある店舗の総菜廃棄量（例 9.3[133]）のバラツキが曜日によって違うことを検定するために，$Q_0$ を求めると 3.0428 であった．$\chi_4^2(0.05) = 9.487$ なので有意水準約 5% では曜日による分散の違いは認められない． ▲

---

[4] $(n-m) \log U_0$ は尤度比検定統計量を不偏検定にするために修正すると得られ，$(n-m) \log U_0 \xrightarrow{d} \chi_{m-1}^2$ である．$c_0$ で割る修正をすると小標本での近似精度が高くなることが知られている．この修正を**バートレット修正** (Bartlett correction) と呼ぶ．

## 9.5 要因実験*

**《例 9.4》** 英語の映画を用いた 3 種類の英語リスニング学習法を比較したい．ある学科の英語クラスの成績上位クラス ($B_1$) と下位クラス ($B_2$) をそれぞれ 3 グループに分けて，最初のグループは字幕を表示して ($A_1$)，2 番目のクラスでは字幕を表示せず映像だけで ($A_2$)，3 番目のクラスでは映像も表示せず ($A_3$)，それぞれリスニングの練習を行うことにした．この練習を繰り返し，半年後リスニングの試験を行ったところ，表 9.1 のようになった．この結果，方法によって効果が違うと言えるだろうか？ クラスによる違いがあるのだろうか？

表 9.1 リスニング試験の結果

|       | $B_1$        | $B_2$        |
|-------|--------------|--------------|
| $A_1$ | 62  58  60   | 62  63  67   |
| $A_2$ | 60  63  66   | 71  74  68   |
| $A_3$ | 55  57  59   | 68  70  69   |

▲

この例の学習法や学力のように，方法や対象・条件などの違いが結果に影響を与えるかどうかを検証するために行う実験を**要因実験** (factorial experiment) と呼ぶ．この例のように学習法と学生の能力という二つの要因について分析する手法を**二元配置分散分析** (two-way analysis of variance) と呼ぶ．例 9.3[133] は，曜日によって廃棄料が異なるかどうか見ているので，一つの要因の影響を明らかにする**一元配置分散分析** (one-way analysis of variance) と呼ばれる要因実験である．学習法 $A_1$, $A_2$ や月曜，火曜などのように，各要因における具体的な条件を**水準** (level) と呼ぶ．

要因 $A$ が $r$ 水準，要因 $B$ が $s$ 水準，各要因の組み合わせの下で $t$ 回実験を行う場合，水準の組 $(A_i, B_j)$ の下での $k$ 番目の観測値を $y_{ijk}$ と表すと，二元配置のデータは表 9.2 のようになる．

表 9.2 二元配置のデータ

|       | $B_1$                        | ······ | $B_s$                        |
|-------|------------------------------|--------|------------------------------|
| $A_1$ | $y_{111}$ ··· $y_{11t}$      | ······ | $y_{1s1}$ ··· $y_{1st}$      |
| $A_2$ | $y_{211}$ ··· $y_{21t}$      | ······ | $y_{2s1}$ ··· $y_{2st}$      |
| ⋮     | ⋮                            | ⋮      | ⋮                            |
| $A_r$ | $y_{r11}$ ··· $y_{r1t}$      | ······ | $y_{rs1}$ ··· $y_{rst}$      |

データ $\{y_{ijk}\}$ は，

$$\{Y_{ijk}\}_{i=1,\ldots,r, j=1,\ldots,s, k=1,\ldots,t} \overset{i.i.d.}{\sim} N(\mu_{ij}, \sigma^2) \tag{9.5.1}$$

である確率変数列 $\{Y_{ijk}\}$ の実現値であるとする．$\mu_{ij}$ は水準 $(A_i, B_j)$ に対する平均的な効果を表すと解釈できる．この $\mu_{ij}$ に対して，

$$\mu = \frac{1}{rs}\sum_{i=1}^{r}\sum_{j=1}^{s} \mu_{ij}, \quad \delta_{ij} = \mu_{ij} - \mu$$

とおき，さらに，

$$\alpha_i = \frac{1}{s}\sum_{j=1}^{s} \delta_{ij}, \quad \beta_j = \frac{1}{r}\sum_{i=1}^{r} \delta_{ij}, \quad \gamma_{ij} = \delta_{ij} - \alpha_i - \beta_j$$

とおく．このとき，$\mu$ は全水準の組み合わせに対する効果の平均であり，**全平均** (grand mean) と呼ぶ．また，$\alpha_i$, $\beta_j$ はそれぞれ水準 $A_i$ と $B_j$ の効果と考えられ，**主効果** (main effedt) と呼ぶ．さらに，$\gamma_{ij}$ は水準 $A_i$ と $B_j$ の組み合わせの効果と考えられ，**交互作用** (interaction effect) と呼ぶ．これらは，

$$\sum_{i=1}^{r} \alpha_i = \sum_{j=1}^{s} \beta_j = \sum_{i=1}^{r} \gamma_{ij'} = \sum_{j=1}^{s} \gamma_{i'j} = 0 \tag{9.5.2}$$

を満たすことに注意しよう．ここで，$i' = 1, \ldots, r$, $j' = 1, \ldots, s$.

これらの未知母数は，

$$\hat{\mu}_{ij} = \frac{1}{t} \sum_{k=1}^{t} Y_{ijk}, \quad \hat{\mu} = \frac{1}{rs} \sum_{i=1}^{r} \sum_{j=1}^{s} \hat{\mu}_{ij}, \quad \hat{\delta}_{ij} = \hat{\mu}_{ij} - \hat{\mu}, \tag{9.5.3}$$

$$\hat{\alpha}_i = \frac{1}{s} \sum_{j=1}^{s} \hat{\delta}_{ij}, \quad \hat{\beta}_j = \frac{1}{r} \sum_{i=1}^{r} \hat{\delta}_{ij}, \quad \hat{\gamma}_{ij} = \hat{\delta}_{ij} - \hat{\alpha}_i - \hat{\beta}_j \tag{9.5.4}$$

で推定するのが自然であり，これらは最尤推定量でもある．また，$Y_{ijk}$ の分散は $i, j, k$ によらず一定の $\sigma^2$ であるが，その不偏推定量は

$$\hat{\sigma}^2 = \frac{1}{rs(t-1)} \sum_{i=1}^{r} \sum_{j=1}^{s} \sum_{k=1}^{t} (Y_{ijk} - \hat{\mu}_{ij})^2. \tag{9.5.5}$$

これらの推定量の分布について以下が証明できる．

**定理 9.3.**

$$\frac{\hat{\mu}_{ij} - \mu_{ij}}{\sqrt{\frac{\hat{\sigma}^2}{t}}} \sim t_{rs(t-1)}, \quad \frac{\hat{\mu}_{ij} - \hat{\mu}_{i'j'} - (\mu_{ij} - \mu_{i'j'})}{\sqrt{\frac{2}{t}\hat{\sigma}^2}} \sim t_{rs(t-1)}, \quad \frac{\hat{\mu} - \mu}{\sqrt{\frac{\hat{\sigma}^2}{rst}}} \sim t_{rs(t-1)},$$

$$\frac{\hat{\alpha}_i - \alpha_i}{\sqrt{\frac{(r-1)\hat{\sigma}^2}{rst}}} \sim t_{rs(t-1)}, \quad \frac{\hat{\beta}_j - \beta_j}{\sqrt{\frac{(s-1)\hat{\sigma}^2}{rst}}} \sim t_{rs(t-1)}, \quad \frac{\hat{\gamma}_{ij} - \gamma_{ij}}{\sqrt{\frac{(r-1)(s-1)\hat{\sigma}^2}{rst}}} \sim t_{rs(t-1)}.$$

**証明**．定理 6.5[89] より，各 $(i, j)$ の組に対して $\hat{\mu}_{ij}$ と $\frac{1}{\sigma^2} \sum_{k=1}^{t} (Y_{ijk} - \hat{\mu}_{ij})^2$ が独立で，後者が $\chi^2_{t-1}$ に従うこと，さらに，正規分布の再生性 (命題 5.5[77](1))，カイ二乗分布の再生性 (命題 5.5[77](2)) を用いると証明できる． □

これらを用いて，それぞれの未知母数の区間推定や仮説検定が行える．さらに，

$$S_T = \sum_{i=1}^{r} \sum_{j=1}^{s} \sum_{k=1}^{t} (Y_{ijk} - \hat{\mu})^2, \quad S_A = st \sum_{i=1}^{r} \hat{\alpha}_i^2, \quad S_B = rt \sum_{j=1}^{s} \hat{\beta}_j^2,$$

$$S_{AB} = t \sum_{i=1}^{r} \sum_{j=1}^{s} \hat{\gamma}_{ij}^2, \quad S_E = \sum_{i=1}^{r} \sum_{j=1}^{s} \sum_{k=1}^{t} (Y_{ijk} - \hat{\mu}_{ij})^2$$

とおくと，

$$S_T = S_A + S_B + S_{AB} + S_E \tag{9.5.6}$$

が成り立つことがわかる．これを**平方和の分解** (partition of sums of squares) と呼ぶ．$S_T$ は水準全般にわたる観測値の変動を表していて，$S_A, S_B$ は要因 $A, B$ の水準の違いによる変動，$S_{AB}$ は要因 $A$ と $B$ の水準の組み合わせの違いによる変動を表している．さらに，$S_E$ は考察対象の要因以外の要因による変動を表している．

各要因の水準による違いがあるかどうか表す仮説は

$$\begin{cases} H_{A0} : & \alpha_1 = \cdots = \alpha_r \\ H_{A1} : & \exists i, \; \alpha_i \neq 0 \end{cases} \tag{9.5.7}$$

$$\begin{cases} H_{B0} : & \beta_1 = \cdots = \beta_s \\ H_{B1} : & \exists j, \; \beta_j \neq 0 \end{cases} \tag{9.5.8}$$

$$\begin{cases} H_{AB0} : & \gamma_{11} = \cdots = \gamma_{rs} \\ H_{AB1} : & \exists i, j, \; \gamma_{ij} \neq 0 \end{cases} \tag{9.5.9}$$

のように表されるが，これらの仮説を検定するために，

$$F_A = \frac{\dfrac{S_A}{r-1}}{\dfrac{S_E}{rst-rs}}, \quad F_B = \frac{\dfrac{S_B}{s-1}}{\dfrac{S_E}{rst-rs}}, \quad F_{AB} = \frac{\dfrac{S_{AB}}{(r-1)(s-1)}}{\dfrac{S_E}{rst-rs}}$$

が用いられる．

**定理 9.4.** $H_{A0}$ が真のとき，$F_A \sim F_{r-1, rs(t-1)}$，$H_{B0}$ が真のとき，$F_B \sim F_{s-1, rs(t-1)}$，$H_{AB0}$ が真のとき，$F_{AB} \sim F_{(r-1)(s-1), rs(t-1)}$．

**証明**．定理 6.5[89] より，各 $(i,j)$ の組に対して $\hat{\mu}_{ij}$ と $\frac{1}{\sigma^2}\sum_{k=1}^{t}(Y_{ijk} - \hat{\mu}_{ij})^2$ が独立で，後者が $\chi^2_{t-1}$ に従うことがわかり，正規分布の再生性 (命題 5.5[77](1))，カイ二乗分布の再生性 (命題 5.5[77](2)) を用いると $H_{A0}$ が真のとき，$S_A/\sigma^2 \sim \chi^2_{r-1}$, $S_E/\sigma^2 \sim \chi^2_{rs(t-1)}$ が示せて，それらが独立なので，$F_A \sim F_{r-1, rs(t-1)}$．他も同様に示せる． □

これらの結果，$H_{A1}, H_{B1}, H_{AB1}$ が正しいと主張する仮説検定を有意水準 $\alpha$ で行うためには，$F_A, F_B, F_{AB}$ のそれぞれの自由度のエフ分布の上側 $100\alpha\%$ より大きいかどうかで判断すればよい．

平方和とそれらの自由度，および平均平方和，$F$ 統計量の実現値を表 9.3 のようにまとめたものを分散分析表と言う．$F$ 値に対応する $p$ 値を右の列に追加することもある．

表 9.3　二元配置の分散分析表

| 変動要因 | 平方和 | 自由度 | 平均平方和 | $F$ 値 |
|---|---|---|---|---|
| 要因 A | $S_A$ | $r-1$ | $V_A = S_A/(r-1)$ | $F_A = V_A/V_E$ |
| 要因 B | $S_B$ | $s-1$ | $V_B = S_B/(s-1)$ | $F_B = V_B/V_E$ |
| 交互作用 AB | $S_{AB}$ | $(r-s)(s-1)$ | $V_{AB} = S_{AB}/\{(r-1)(s-1)\}$ | $F_{AB} = V_{AB}/V_E$ |
| 残差 | $S_E$ | $rs(t-1)$ | $V_E = S_E/(rs(t-1))$ | |
| 全体 | $S_T$ | $rst-1$ | | |

仮説の組 $H_{A0}^{(i,j)} : \alpha_i = \alpha_j$, $H_{A1}^{(i,j)} : \alpha_i \neq \alpha_j$ や $H_{B0}^{(i,j)} : \beta_i = \beta_j$, $H_{B1}^{(i,j)} : \beta_i \neq \beta_j$, あるいは，$H_{AB0}^{(i,j)} : \alpha_i = \beta_j$, $H_{AB1}^{(i,j)} : \alpha_i \neq \beta_j$ を同時に検定する場合は，対応する検定統計量

$$T_A^{(i,j)} = \sqrt{t}\frac{\hat{\alpha}_i - \hat{\alpha}_j}{\sqrt{\hat{\sigma}^2}}, \ T_B^{(i,j)} = \sqrt{t}\frac{\hat{\beta}_i - \hat{\beta}_j}{\sqrt{\hat{\sigma}^2}}, \ T_{AB}^{(i,j)} = \frac{\sqrt{t}(\hat{\alpha}_i - \hat{\beta}_j)}{\sqrt{(1 - \frac{1}{\max(r,s)})\hat{\sigma}^2}} \quad (9.5.10)$$

の絶対値が棄却限界値 $q_{rs,rst-rs}(\alpha)$ を超えるかどうかで検定すると，タイプ 1-FWER が $\alpha$ 以下になる (演習 9.7[139])．要因 A の主効果に関する $H_{A0}^{(i,j)} : \alpha_i = \alpha_j$, $H_{A1}^{(i,j)} : \alpha_i \neq \alpha_j$ $(1 \leqq i < j \leqq r)$ しか検定しない場合は，$\tilde{T}_A^{(i,j)} = \sqrt{ts}(\hat{\alpha}_i - \hat{\alpha}_j)/\hat{\sigma}$ の絶対値が $q_{r,rst-r}(\alpha)$ を超えるかどうかで検定すると，タイプ 1-FWER が $\alpha$ 以下になる (定理 9.2[133] から示せる)．

《例 9.4 続①》 リスニング学習法の例 9.4[135] に関して，$\hat{\mu} = 64$, $\hat{\alpha}_1 = -2$, $\hat{\alpha}_2 = 3$, $\hat{\alpha}_3 = -1$, $\hat{\beta}_1 = -4$, $\hat{\beta}_2 = 4$, $\hat{\gamma}_{11} = \hat{\gamma}_{32} = 2$, $\hat{\gamma}_{31} = \hat{\gamma}_{12} = -12$, $\hat{\gamma}_{21} = \hat{\gamma}_{22} = 0$ であり，二元配置の分散分析表を作ると表 9.4 のようになる．

表 9.4 リスニング学習法の二元配置分散分析表

| 変動要因 | 平方和 | 自由度 | 平均平方和 | $F$ 値 |
|---|---|---|---|---|
| 要因 A | 84 | 2 | 42 | 7.41 |
| 要因 B | 288 | 1 | 288 | 50.8 |
| 交互作用 AB | 48 | 2 | 24 | 4.26 |
| 残差 | 68 | 12 | 5.667 | |
| 全体 | 488 | 17 | | |

$f_{2,12}(0.05) = 3.88$, $f_{1,12}(0.05) = 4.75$ だから，要因 A，要因 B に関しても，交互作用に関しても有意水準 5% で有意な効果があると言える．Excel の F.DIST.RT を用いて，それぞれの $p$ 値を求めると，0.008, 0.000012, 0.04 なので，交互作用は有意水準 1% では有意にならない．また，$q_{r,rst-r}(0.05) = 3.673$ なので，絶対値がこの値を超える検定統計量は，$\tilde{T}_A^{(1,2)} = -5.145$, $\tilde{T}_A^{(2,3)} = 4.116$ であり，学習法 $A_1$ と $A_3$ の間には差があるとは言えないことがわかった． ▲

# 演習問題

**演習** 9.1 2 種類のブルーベリー $A, B$ の 20 粒の平均重量 $\mu_A, \mu_B$ を比較するために，$A$ を 7 回測定したところ標本平均が 101g，標本不偏分散が 12，$B$ を 9 回測定したところ標本平均が 96g，標本不偏分散が 16 であった．測定値はそれぞれ $N(\mu_A, \sigma^2)$, $N(\mu_B, \sigma^2)$ に従うものとして，$\mu_A$ と $\mu_B$ が等しいかどうか有意水準 5% と 1% で検定せよ．

**演習** 9.2 二つの工場 $A, B$ で製造される溶液の濃度を比較するため，$A$ 製を 8 回測定したら標本平均が 50%，標本不偏分散が 4 となり，$B$ 製を 10 回測定したら標本平均が 54%，標本不偏分散が 15 となった．どちらの測定値も正規分布に従うと仮定して以下の問に答えよ．

(1) 母分散 $\sigma_A^2, \sigma_B^2$ が等しいかどうか有意水準 10% で検定せよ．
(2) 上の検定の結果，有意に異なる場合は $\sigma_A \neq \sigma_B$ として，そうでない場合は $\sigma_A^2 = \sigma_B^2$ として，母平均 $\mu_A, \mu_B$ が異なるかどうか有意水準 5% で検定せよ．

**演習** 9.3** (9.1.16)[128] の $\tilde{Q}$ について, $\forall c > 0, E[\tilde{Q}] = c$ を示せ. また, (9.1.17)[128] を示し, $Var[\tilde{Q}] = 2c$ と連立させて, (9.1.18)[128] を導け. さらに, (9.1.18)[128] で与えられる $c$ に対して, $c \leqq m + n - 2$ を示せ.

**演習** 9.4** $r$ 個の母集団 $\Omega_1, \ldots, \Omega_r$ の各 $\Omega_i$ に対して, 母平均を $\mu_i$, 母分散を $\sigma_i^2$, 無作為標本を $X_{i1}, \ldots, X_{in_i}$, 標本平均を $\bar{X}_i$, 不偏分散を $U_i^2$ と表す. また, $\boldsymbol{n} = (n_1, \ldots, n_r)$ とおき, 各 $X_{i1}$ の積率母関数 $M_i(t)$ は原点近傍 $U$ で存在すると仮定する. このとき, 任意の $r$ 次元列ベクトル $\boldsymbol{a} = (a_1, \ldots, a_r)'$ に対して, $Z = \boldsymbol{a}'(\bar{\boldsymbol{X}} - \boldsymbol{\mu})/\delta \overset{d}{\Rightarrow} N(0,1)(\|\boldsymbol{n}\| \to \infty)$ を示せ. ただし, $\delta^2 = \sum_{i=1}^r a_i^2 \sigma_i^2/n_i$, $\boldsymbol{b}'$ は $\boldsymbol{b}$ の転置を表す.

また, $\hat{\delta}^2 = \sum_{i=1}^r a_i^2 U_i^2/n_i$ とおき, $n_i/\|\boldsymbol{n}\| \to c_i(\|\boldsymbol{n}\| \to \infty)$ と仮定する. このとき, $\tilde{T} = \boldsymbol{a}'(\bar{\boldsymbol{X}} - \boldsymbol{\mu})/\hat{\delta} \overset{d}{\Rightarrow} N(0,1)(\|\boldsymbol{n}\| \to \infty)$ を示せ. さらに, $\hat{\sigma}^2 = \frac{1}{\sum_{i=1}^r n_i - r} \sum_{i=1}^r (n_i - 1)U_i^2$, $N = (\frac{1}{n_1} + \cdots + \frac{1}{n_r})^{-1}$ とおき, $\sigma_1^2 = \cdots = \sigma_r^2 = \sigma^2$ と $n_i/\|\boldsymbol{n}\| \to c_i(\|\boldsymbol{n}\| \to \infty)$ が成り立つと仮定する. このとき, $\hat{T} = \boldsymbol{a}'(\bar{\boldsymbol{X}} - \boldsymbol{\mu})/\sqrt{\hat{\sigma}^2/N} \overset{d}{\Rightarrow} N(0,1)(\|\boldsymbol{n}\| \to \infty)$ を示せ.

**演習** 9.5** 定理 9.1[132] を示せ.

**演習** 9.6** $n_1 = \cdots = n_m$ のとき, 定理 9.2[133] を示せ[5].

**演習** 9.7** $\mathcal{C} = \{(c_1, \ldots, c_m) \in \mathbb{R}^m \mid \sum_{i=1}^m c_i = 0\}$ として, $\boldsymbol{c} = (c_1, \ldots, c_m) \in \mathcal{C}$ と $\xi_{ij} = \xi_{ji}$ を満たす $\boldsymbol{\xi} = \{\xi_{ij}\}_{i,j=1,\ldots,m}$ に対して, $M(\boldsymbol{c}, \boldsymbol{\xi}) = \frac{2\sum_{i=1}^m \sum_{j=1}^m c_i^+ c_j^- \xi_{ij}}{\sum_{i=1}^m |c_i|}$ とする. ただし, $c_i^+ = \max(c_i, 0)$, $c_i^- = \max(-c_i, 0)$. このとき, 実数 $y_1, \ldots, y_m$ に対して,

$$\forall i, j = 1, \ldots, m, |y_i - y_j| < \xi_{ij} \iff \forall \boldsymbol{c} \in \mathcal{C}, \left|\sum_{i=1}^m c_i y_i\right| < M(\boldsymbol{c}, \boldsymbol{\xi})$$

を示せ. また, (9.5.10)[138] による検定のタイプ 1-FWER が $\alpha$ 以下になることを示せ.

**演習** 9.8** (9.4.2)[134] を示せ.

**演習** 9.9** 表 9.5 の 3 地点の放射線測定値に関して, 以下の問に答えよ.

表 9.5 放射線量の測定値

| $A_1$ | 26 | 38 | 38 | 26 | 32 |
|---|---|---|---|---|---|
| $A_2$ | 44 | 50 | 44 | 38 | 44 |
| $A_3$ | 32 | 44 | 38 | 38 | |

($\times$ 0.001 μシーベルト/h)

(1) 地点による差はあるかどうか有意水準 5% で検定せよ. また, どの地点とどの地点に差があるか有意水準 5% で検定せよ. ただし, $q_{3,11}(0.05)/\sqrt{2} = 2.70$ を用いてよい.

(2) 地点による分散の差があるかどうか有意水準 5% で検定せよ.

**演習** 9.10** 4 種類の飼料で同じ種類の豚を育てて, 6 カ月後の体重 (kg) を調べると表 9.6[140]

---

[5] $n_1, \ldots, n_m$ が等しくない場合は, Hayter,A.J.(1984):A Proof of the Conjecture that the Tukey-Kramer Multiple Comparisons Procedure is Conservative, *Annals of Statistics.* **12**, 61–75 を参照.

のようになった．以下の問に答えよ．

表 9.6 豚の体重

| 飼料 (頭数) | A(12) | B(14) | C(12) | D(15) |
|---|---|---|---|---|
| 平均 | 115 | 117 | 113 | 121 |
| 不偏分散 | 17.1 | 14.8 | 19.5 | 14.3 |

(1) 飼料による平均体重に差はあるかどうか有意水準 5% で検定せよ．また，どの飼料とどの飼料に差があるか有意水準 5% で検定せよ．ただし，$q_{4,49}(0.05)/\sqrt{2} = 2.6594$．

(2) 飼料による分散の差があるかどうか有意水準 5% で検定せよ．

**演習** 9.11** あるコンビニエンスストアのおにぎりの販売個数を調査したところ，表 9.7 のようになった．要因 $A$ は陳列位置の違い，要因 $B$ 時間帯の違いを表す．このデータに対して，各要因の主効果の 95% 信頼区間を作れ．また，主効果や交互作用があるかどうか，分散分析表を作成し，仮説検定を行え．

表 9.7 おにぎりの販売個数

|  | $B1$ |  |  |  | $B2$ |  |  |  |
|---|---|---|---|---|---|---|---|---|
| $A1$ | 70 | 65 | 69 | 68 | 59 | 54 | 63 | 56 |
| $A2$ | 57 | 56 | 60 | 55 | 65 | 64 | 63 | 60 |
| $A3$ | 60 | 65 | 61 | 58 | 60 | 50 | 51 | 51 |

# 第10章
# 複数の比率の推測

　一つの母集団が何種類かに分類されるとき，それらの割合の比較をどのように行うか，あるいは，ある属性を持つ要素が二つの母集団に存在するとき，それらの母集団ごとの割合をどのように比較するかについて，解説する．

## 10.1 一つの母集団内の二つの比率の差

《例 10.1》 ある社会問題に対する有力な政策 A, B について，賛成する人の割合を調査した．無作為に選んだ $n$ 人の中で，$X$ 人が A を，$Y$ 人が B を賛成すると答え，$Z$ 人がそれ以外の回答であったとき，社会全体における政策 A, B を賛成する人の割合 $p_A, p_B$ の大小をどのように推測したらよいだろう． ▲

一般に，調査や実験などの試行の結果を三つのカテゴリー A, B, C に分け，$n$ 回の試行における A, B, C の回数を $X, Y, Z$ とすると，$(X, Y)$ は三項分布 (4.7.1 節) に従う確率変数であり，$X + Y + Z = n$ が成り立つ．

1 回の試行で A, B, C が起こる確率を $p_A, p_B, p_C$，それらの推定量を $\hat{p}_A = \frac{X}{n}, \hat{p}_B = \frac{Y}{n}, \hat{p}_C = \frac{Z}{n}$ とすると，命題 4.14[63] から，

$$E[\hat{p}_A - \hat{p}_B] = p_A - p_B, \quad Var[\hat{p}_A - \hat{p}_B] = \frac{1}{n} v_{A,B} \tag{10.1.1}$$

を得る．ただし，$v_{A,B} := p_A + p_B - (p_A - p_B)^2$. したがって，$\hat{p}_A - \hat{p}_B$ の標準化変量は，

$$Z = \sqrt{n} \frac{\hat{p}_A - \hat{p}_B - (p_A - p_B)}{\sqrt{v_{A,B}}}$$

となり，演習 9.4[139] と同様にすると，$n \to \infty$ のとき，$Z \xrightarrow{d} N(0,1)$ が示せる．また，分母の $p_A, p_B$ に $\hat{p}_A, \hat{p}_B$ を代入すると，スチューデント化変量

$$T = \sqrt{n} \frac{\hat{p}_A - \hat{p}_B - (p_A - p_B)}{\sqrt{\hat{v}_{A,B}}}$$

が得られる．ただし，$\hat{v}_{A,B} := \hat{p}_A + \hat{p}_B - (\hat{p}_A - \hat{p}_B)^2$. $n \to \infty$ のとき，$\hat{p}_A \xrightarrow{P} p_A, \hat{p}_B \xrightarrow{P} p_B$ なので，$T \xrightarrow{d} N(0,1)$ がわかる．これを利用して，信頼係数が近似的に $1 - \alpha$ である $p_A - p_B$ の信頼区間

$$\left[ \hat{p}_A - \hat{p}_B - z(\alpha/2) \frac{\sqrt{\hat{v}_{A,B}}}{\sqrt{n}}, \hat{p}_A - \hat{p}_B + z(\alpha/2) \frac{\sqrt{\hat{v}_{A,B}}}{\sqrt{n}} \right] \tag{10.1.2}$$

を得る．また，$p_A = p_B$ のとき，$v_{A,B} = p_A + p_B$ なので，$T$ は

$$T_0 = \sqrt{n} \frac{\hat{p}_A - \hat{p}_B}{\sqrt{\hat{p}_A + \hat{p}_B}} = \frac{X - Y}{\sqrt{X + Y}} \tag{10.1.3}$$

となり，$n \to \infty$ のとき，$T_0 \xrightarrow{d} N(0,1)$ となることを利用して，$p_A \ne p_B, p_A > p_B, p_A < p_B$ の検定ができる．

《例 10.1 続①》 政策 A, B について，$n = 650$ 人に調査したら，A に賛成する人が 284 人，B に賛成する人が 245 人であった．(10.1.3) の $T_0 > 1.69 > 1.645 = z(0.05)$ なので，(近似的に) 有意水準 5% では，A を賛成する人の方が B より多いと言える． ▲

上の検定の第 1 種の過誤を犯す確率は近似的に予め設定された有意水準に等しいが，$n$ が小さいとき近似精度は高くない．$H_0 : p_A = p_B, H_1 : p_A > p_B$ に対しては，

$$R := \{(X, Y) \mid X \geqq \bar{b}_{X+Y, 0.5}(\alpha)\} \tag{10.1.4}$$

と定義される棄却域を用いると，第 1 種の過誤を犯す確率が $\alpha$ 以下であることが証明できる (演習 10.6[149]). ただし，$\bar{b}_{n,p}(\alpha)$ は (8.5.5)[118] で定義される．また，実現値 $(X, Y) = (x, y)$ に対して，$Z \sim B(x+y, 0.5)$ とすると，$P(Z \geqq x)$ が $p$ 値であり，Excel では 1-BINOM.DIST($x-1$, $x+y$, 0.5, TRUE) で求められる．

《例 10.1 続②》 例 10.1 続①[142] の問題を (10.1.4) を用いて検定すると，その有意確率は 0.049 なので，有意水準 5% で $p_A$ が $p_B$ より大きいと言える． ▲

## 10.2　二つの母集団の比率の差

二つの二項母集団 $\Omega_1, \Omega_2$ の母比率 $p_1, p_2$ の比較について考える．それぞれの母集団から得られた大きさ $m, n$ の標本における標本比率を $\hat{p}_1, \hat{p}_2$ とする．また，$E[\hat{p}_1 - \hat{p}_2] = p_1 - p_2$, $Var[\hat{p}_1 - \hat{p}_2] = \frac{p_1(1-p_1)}{m} + \frac{p_2(1-p_2)}{n}$ なので，$\hat{p}_1 - \hat{p}_2$ の標準化変量は

$$Z := \frac{\hat{p}_1 - \hat{p}_2 - (p_1 - p_2)}{\sqrt{\dfrac{p_1(1-p_1)}{m} + \dfrac{p_2(1-p_2)}{n}}}$$

であり，演習 9.4[139] の $r = 2$ のときを考えると，$m, n \to \infty$ のとき $Z \overset{d}{\Rightarrow} N(0, 1)$ がわかる．また，スチューデント化変量は，

$$T := \frac{\hat{p}_1 - \hat{p}_2 - (p_1 - p_2)}{\sqrt{\dfrac{\hat{p}_1(1-\hat{p}_1)}{m} + \dfrac{\hat{p}_2(1-\hat{p}_2)}{n}}}$$

であり，$m, n \to \infty$ のとき，$T \overset{d}{\Rightarrow} N(0, 1)$ がわかる (演習 9.4[139]). よって，この分母の平方根の中を $\tilde{v}_{1,2}$ とおくと，信頼係数が近似的に $1 - \alpha$ である $p_1 - p_2$ の信頼区間

$$[\hat{p}_1 - \hat{p}_2 - z(\alpha/2)\sqrt{\tilde{v}_{1,2}},\ \hat{p}_1 - \hat{p}_2 + z(\alpha/2)\sqrt{\tilde{v}_{1,2}}] \tag{10.2.1}$$

を得る．

$p_1 = p_2 = p$ のときは，$Z$ の分母が $\sqrt{(\frac{1}{m} + \frac{1}{n})p(1-p)}$ となるので，$p$ を $\hat{p} := \frac{m\hat{p}_1 + n\hat{p}_2}{m+n}$ で推定したスチューデント化変量

$$T_0 := \frac{\hat{p}_1 - \hat{p}_2}{\sqrt{\left(\dfrac{1}{m} + \dfrac{1}{n}\right)\hat{p}(1-\hat{p})}} \tag{10.2.2}$$

が得られ，$m, n \to \infty$ のとき $T_0 \overset{d}{\Rightarrow} N(0, 1)$ を利用して検定ができる．

《例 10.2》 第 1 工場と第 2 工場で製造される製品の抜き取り検査をした結果，第 1 工場では 196 個中 16 個が，第 2 工場では 140 個中 5 が不良品であった．このとき，$T_0 = 1.71429$, $z(0.05) = 1.645, z(0.01) = 2.326$ なので，有意水準 5% では第 1 工場の不良率の方が有意に大

きいと言えるが，有意水準 $1\%$ では有意に大きいとは言えない． ▲

上の検定では，第 1 種の過誤を犯す確率は近似的に有意水準 $\alpha$ と等しいが，$m, n$ が小さいときは近似精度は高くない．$H_0 : p_1 = p_2$, $H_1 : p_1 > p_2$ に対しては，

$$R := \{(X, Y) \mid X \geq \bar{h}_{m+n,m,X+Y}(\alpha)\} \tag{10.2.3}$$

と定義される棄却域を用いると，第 1 種の過誤を犯す確率が $\alpha$ 以下であることが証明できる (演習 10.7[149])．ここで，$\bar{h}_{M,N,n}(\alpha)$ は $Z \sim HG(M, N, n)$ に対して，

$$\bar{h}_{M,N,n}(\alpha) = \min \{j = 0, 1, \ldots, \min(n, N) \mid P(Z \geq j) \leq \alpha\} \tag{10.2.4}$$

と定義される．実現値 $(X, Y) = (x, y)$ に対して，$Z \sim HG(m+n, m, x+y)$ とすると，$P(Z \geq x)$ が $p$ 値であり，Excel では 1-HYPGEOM.DIST($x-1, x+y, m, m+n$, TRUE) で求められる．

《例 10.2 続①》 例 10.2[143] で考えた仮説を (10.2.3) を用いて検定すると，$p$ 値は 0.06591 であり，有意水準 $5\%$ でも $p_1$ が大きいとは言えない． ▲

## 10.3　比率の適合度検定

《例 10.3》 駅前のレストランでは，ランチメニュー A, B, C, D の注文件数の割合が $4 : 3 : 1 : 1$ であったが，大学前の新店舗で 1 週間調査したところ，A が 86, B が 72, C が 20, D が 38 であった．新店舗の割合は駅前店と異なるか？ ▲

実験や調査などの試行の結果が $k$ 種類のカテゴリーに分かれるとき，$n$ 回の試行の結果，$i$ 番のカテゴリーの回数を $X_i$ とすると，

$$P(X_1 = x_1, \ldots, X_k = x_k) = \frac{n!}{x_1! \cdots x_k!} p_1^{x_1} \cdots p_k^{x_k} \tag{10.3.1}$$

が成り立つ．つまり，$(X_1, \ldots, X_k)$ は多項分布に従う (例 4.4[66])．ただし，1 回の試行で $i$ 番のカテゴリーになる確率を $p_i$ とする．$x_1 + \cdots + x_k = n$, $p_1 + \cdots + p_k = 1$ が成り立つことに注意しよう．このとき，

$$Q = \sum_{i=1}^{k} \frac{(X_i - np_i)^2}{np_i} \tag{10.3.2}$$

とおくと，次が成り立つ．

**定理 10.1.** $Q \stackrel{d}{\Rightarrow} \chi^2_{k-1} (n \to \infty)$.

**証明**．A.2.1 節 [168]． □

与えられた定数 $q_1, \ldots, q_k$ に対して，

$$\begin{cases} H_0 & : & p_1 = q_1, \ldots, p_k = q_k \\ H_1 & : & H_0 \text{ ではない} \end{cases}$$

で定義される対立仮説 $H_1$ を検定するとき,

$$Q_0 := \sum_{i=1}^{k} \frac{(X_i - nq_i)^2}{nq_i} \tag{10.3.3}$$

が大きいことが, $H_1$ を主張する根拠となりうる. 帰無仮説 $H_0$ の下では $Q_0 = Q$ なので, 有意水準が近似的に $\alpha$ となる棄却域として,

$$R := \{Q_0 \mid Q_0 > \chi^2_{k-1}(\alpha)\} \tag{10.3.4}$$

を得る.

《例 10.3 続①》 $k = 4$, $q_1 = 4/9$, $q_2 = 3/9$, $q_3 = 1/9$, $q_4 = 1/9$ であり, $Q_0 = \frac{79}{8} = 9.875$, $\chi^2_{4-1}(0.05) = 7.815$, $\chi^2_{4-1}(0.01) = 11.345$ なので, 有意水準 5% では有意に異なると言えるが, 有意水準 1% では言えない. ▲

## 10.4 独立性の検定

《例 10.4》 大学進学希望の高校生を無作為に 270 人選び, 所属部活動の運動系, 文化系, 所属なしと志望学部の文系理系をまとめた結果, 表 10.1 のようになった. 所属部活の種類と志望の文理は無関係かどうか？

表 10.1 部活別志望傾向

|  | 運動系 | 文化系 | 所属なし |
|---|---|---|---|
| 理系 | 64 | 72 | 26 |
| 文系 | 26 | 63 | 19 |

▲

一般に 2 種類のカテゴリー $A_1, \ldots, A_r$ と $B_1, \ldots, B_s$ の組み合わせ $(A_i, B_j)$ ごとにデータを分類し, その個数 $X_{ij}$ を表 10.2 のようにまとめた表を**分割表**と言うのであった (表 2.5[23]).

表 10.2 分割表

| $A \backslash B$ | $B_1$ | $\cdots$ | $B_j$ | $\cdots$ | $B_s$ | 計 |
|---|---|---|---|---|---|---|
| $A_1$ | $X_{11}$ | $\cdots$ | $X_{1j}$ | $\cdots$ | $X_{1s}$ | $X_{1\bullet}$ |
| $\vdots$ | $\vdots$ |  | $\vdots$ |  | $\vdots$ |  |
| $A_i$ | $X_{i1}$ | $\cdots$ | $X_{ij}$ | $\cdots$ | $X_{is}$ | $X_{i\bullet}$ |
| $\vdots$ | $\vdots$ |  | $\vdots$ |  | $\vdots$ |  |
| $A_r$ | $X_{r1}$ | $\cdots$ | $X_{rj}$ | $\cdots$ | $X_{rs}$ | $X_{r\bullet}$ |
| 計 | $X_{\bullet 1}$ |  | $X_{\bullet j}$ |  | $X_{\bullet s}$ | $n$ |

ここで, $X_{i\bullet} = \sum_{j=1}^{s} X_{ij}$, $X_{\bullet j} = \sum_{i=1}^{r} X_{ij}$ を表す.

カテゴリー $(A_i, B_j)$ に入る確率が $p_{ij}$ である試行を $n$ 回繰り返した結果, 表 10.2 が得られたものとすると, $\boldsymbol{X} = (X_{11}, \ldots, X_{rs})$ は, 同時確率関数が

$$P(\boldsymbol{X} = \boldsymbol{x}) = n\frac{\boldsymbol{p}^{\boldsymbol{x}}}{\boldsymbol{x}!} \tag{10.4.1}$$

で表される多項分布に従う確率変数であると考えられる. ただし, $\boldsymbol{x} = (x_{11}, \ldots, x_{rs})$ は, 和が $n$ となる $rs$ 個の非負整数の組を要素とする集合 $\mathcal{C}_n$ の任意の要素であり, $\boldsymbol{x}! = x_{11}! \cdots x_{rs}!$,

$p^x = p_{11}^{x_{11}} \cdots p_{rs}^{x_{rs}}$.

$p_{i\bullet} := \sum_{j=1}^{s} p_{ij}$, $p_{\bullet j} := \sum_{i=1}^{r} p_{ij}$ とおくと，$p_{i\bullet}$ は $A_i$ に分類される確率であり，$p_{\bullet j}$ は $B_j$ に分類される確率である．したがって，$A$ と $B$ が独立ならば，$p_{ij} = p_{i\bullet} \times p_{\bullet j}$ が成り立つはずである．$p_{ij}, p_{i\bullet}, p_{\bullet j}$ はそれぞれ，

$$\hat{p}_{ij} = \frac{1}{n} X_{ij}, \quad \hat{p}_{\bullet j} = \frac{1}{n} \sum_{i=1}^{r} X_{ij}, \quad \hat{p}_{i\bullet} = \frac{1}{n} \sum_{j=1}^{s} X_{ij} \tag{10.4.2}$$

で推定するのが自然なので，$|\hat{p}_{ij} - \hat{p}_{i\bullet} \times \hat{p}_{\bullet j}|$ の大きさを全体的に見たときに，それが大きいときは独立性が成り立たないと考えるのが妥当であろう．いま，

$$Q_0 = n \sum_{i=1}^{r} \sum_{j=1}^{s} \frac{(\hat{p}_{ij} - \hat{p}_{i\bullet}\hat{p}_{\bullet j})^2}{\hat{p}_{i\bullet}\hat{p}_{\bullet j}} \tag{10.4.3}$$

とおくと，次が成り立つ．

**定理 10.2.** $A$ と $B$ が独立のとき，$Q_0 \xrightarrow{d} \chi^2_{(r-1)(s-1)}(n \to \infty)$.

**証明**．A.2.3 節 [171]． □

$$\begin{cases} H_0 : A \text{ と } B \text{ が独立 } (p_{11} = p_{1\bullet}p_{\bullet 1}, \ldots, p_{rs} = p_{r\bullet}p_{\bullet s}) \\ H_1 : A \text{ と } B \text{ が独立でない} \end{cases} \tag{10.4.4}$$

に対して，有意水準が近似的に $\alpha$ である棄却域として

$$R := \{\boldsymbol{X} \mid Q_0 > \chi^2_{(r-1)(s-1)}(\alpha)\} \tag{10.4.5}$$

を得る．

なお，$A$ と $B$ が独立であるとき，$(A_i, B_j)$ のクラスに分類される観測値の個数の期待値 $np_{i\bullet}p_{\bullet j}$ は，$\hat{X}_{ij} := n\hat{p}_{i\bullet}\hat{p}_{\bullet j}$ で推定できる．この $\hat{X}_{ij}$ を**期待度数**と呼び，実際に観測された $X_{ij}$ を**観測度数** (observed frequency) と呼ぶ．これらを使うと，

$$Q_0 = \sum_{i=1}^{r} \sum_{j=1}^{s} \frac{(X_{ij} - \hat{X}_{ij})^2}{\hat{X}_{ij}} \tag{10.4.6}$$

と表される．(2.7.5)[23] における $Q_0$ と (10.4.3)，あるいは (10.4.6) の $Q_0$ は同一のものであるが，本節では観測度数を確率変数と考えたため，異なる表記を用いた．

《例 10.4 続①》 $Q_0 = \frac{65}{9} = 7.22\cdots$，$\chi^2_2(0.05) = 5.991$ なので有意水準 5% では独立ではない． ▲

《例 2.3 続①》 例 2.3[23] における数学好きの調査では，地理との関係の場合，$Q_0 = 19.98$ であり，$\chi^2_4(0.001) = 14.860$ なので，有意水準 0.1% でも関連があると考えられる．一方，歴史との関係の場合，$Q_0 = 3.00$ であり，$\chi^2_4(0.1) = 7.779$ なので有意水準 10% でも関連性は認められない． ▲

これらの検定は，近似的な方法なので，実際の有意水準は設定したものより大きい可能性がある．より慎重な判断が求められる場合は，以下のような方法が用いられる．

任意の $\boldsymbol{x} = (x_{11}, \ldots, x_{rs}) \in \mathcal{C}_n$ に対して，$\boldsymbol{x}! = x_{11}! \cdots x_{rs}!$ とおき，

$$\mathrm{mag}(\boldsymbol{x}) = (x_{1\bullet}, \ldots, x_{r\bullet}, x_{\bullet 1}, \ldots, x_{\bullet s})$$

と定義する．$\sum_{i=1}^{r} \nu_{i*} = \sum_{j=1}^{s} \nu_{*j} = n$ を満たす自然数の組 $\boldsymbol{\nu} = (\nu_{1*}, \ldots, \nu_{r*}, \nu_{*1}, \ldots, \nu_{*s})$ に対して，$\boldsymbol{\nu}! = \nu_{1*}! \cdots \nu_{r*}! \nu_{*1}! \cdots \nu_{*s}!$ とおき，

$$\mathcal{M}_{\boldsymbol{\nu}} = \left\{ \boldsymbol{x} \in \mathcal{C}_n \mid \mathrm{mag}(\boldsymbol{x}) = \boldsymbol{\nu} \right\} \tag{10.4.7}$$

と定義する．また，任意の $\boldsymbol{x} \in \mathcal{M}_{\boldsymbol{\nu}}$ に対して，

$$h(\boldsymbol{x} \mid \boldsymbol{\nu}) = \frac{\boldsymbol{\nu}!}{n! \boldsymbol{x}!} \tag{10.4.8}$$

と定義し，さらに，$\mathcal{L}_{\boldsymbol{\nu}}(\boldsymbol{x}) = \{ \boldsymbol{y} \in \mathcal{M}_{\boldsymbol{\nu}} \mid h(\boldsymbol{y} \mid \boldsymbol{\nu}) \leqq h(\boldsymbol{x} \mid \boldsymbol{\nu}) \}$ として，

$$\mathrm{Fisher}(\boldsymbol{x} \mid \boldsymbol{\nu}) = \sum_{\boldsymbol{y} \in \mathcal{L}_{\boldsymbol{\nu}}(\boldsymbol{x})} h(\boldsymbol{y} \mid \boldsymbol{\nu}) \tag{10.4.9}$$

と定義する．このとき，

$$R = \{ \boldsymbol{X} \mid \mathrm{Fisher}(\boldsymbol{X} \mid \mathrm{mag}(\boldsymbol{X})) \leqq \alpha \} \tag{10.4.10}$$

は，(10.4.4)[146] に対する有意水準 $\alpha$(以下) の棄却域である (演習 10.8[149])．このような検定を**フィッシャーの直接確率検定** (Fisher exact test) と呼ぶ．

《例 10.4 続②》 $n = 270$, $\mathrm{mag}(\boldsymbol{X}) = (162, 108, 90, 135, 45)$ なので，$\boldsymbol{y} \in \mathcal{M}_{\mathrm{mag}(\boldsymbol{X})}$ のとき，$y_{11}$, $y_{12}$ は，$0 \leqq y_{11} \leqq 162$, $0 \leqq y_{12} \leqq 108$, $117 \leqq y_{11} + y_{12} \leqq 162$ の条件を満たす整数の組で，その他の要素は $\mathrm{mag}(\boldsymbol{y}) = \mathrm{mag}(\boldsymbol{X})$ から決まる整数である．その範囲で，$\boldsymbol{y} \in \mathcal{L}_{\mathrm{mag}(\boldsymbol{X})}(\boldsymbol{X})$ となる $h(\boldsymbol{y} \mid \mathrm{mag}(\boldsymbol{X}))$ の和を R や Python などで求めると，約 0.027 となり，有意水準 5% では独立でないことがわかる．R の関数 `fisher.test` を使うと容易に $\mathrm{Fisher}(\boldsymbol{X} \mid \mathrm{mag}(\boldsymbol{X}))$ を求められる． ▲

　本節では，表 10.2[145] の $\boldsymbol{X}$ に対して，$n$ は予め与えられた定数であるとして，(10.4.1)[145] で表される多項分布を仮定した．一方，一定時間に得られた観測値を集計した場合は $n$ は予め与えられた定数ではなく，$X_{ij}$ は互いに独立な $Po(\lambda_{ij})$ に従うと仮定する方が適当であろう．あるいは，$r$ 個の群から，それぞれ決められた個数 $n_{1*}, \ldots, n_{r*}$ の標本を得て，$B_1, \ldots, B_s$ の属性に分類した場合は，表 10.2[145] の異なる行の標本は独立であり，同一の行の標本は多項分布に従うと仮定するのが適当である．それらのどの場合でも，フィッシャーの直接確率検定は有効であることが知られている．

## 10.5　推定量を伴う適合度検定

《例 10.5》 J リーグのあるチームの 2015 年度から 2018 年度途中までの 136 試合について，得点別試合数をまとめると表 10.3[148] のようになった．この得点分布はポアソン分布と異なると言えるだろうか？

表 10.3 サッカーの得点

| 得点 | 0 | 1 | 2 | 3 | 4 | 5 | 6 |
|---|---|---|---|---|---|---|---|
| 試合数 | 41 | 30 | 36 | 15 | 8 | 5 | 1 |

適合度検定のときに考えたように，$\boldsymbol{X} = (X_1, \ldots, X_k)$ が (10.3.1)[144] を満たす多項分布に従うとき，

$$\begin{cases} H_0 : p_1 = q_1(\boldsymbol{\theta}), \ldots, p_k = q_k(\boldsymbol{\theta}) \\ H_1 : H_0 \text{ ではない} \end{cases} \tag{10.5.1}$$

という仮説に対する検定を考える．ここで，$q_1, \ldots q_k$ は，$\boldsymbol{\theta} = (\theta_1, \ldots, \theta_m)$ の既知の関数である．$H_0$ を仮定して，$\boldsymbol{\theta}$ の推定量 $\hat{\boldsymbol{\theta}}$ が得られるとき，

$$\hat{Q}_0 := \sum_{i=1}^{k} \frac{(X_i - nq_i(\hat{\boldsymbol{\theta}}))^2}{nq_i(\hat{\boldsymbol{\theta}})} \tag{10.5.2}$$

が大きいことは $H_0$ が正しくないことを意味すると考えられる．このとき，次が成り立つ．

**定理 10.3.** $(i,j)$ 成分が $(q_i(\boldsymbol{\theta}))^{-1/2} \frac{\partial q_i}{\partial \theta_j}(\boldsymbol{\theta})$ である $k \times m$ 行列を $M(\boldsymbol{\theta})$ として，任意の $\boldsymbol{\theta}$ に対して，$\mathrm{rank}(M(\boldsymbol{\theta})) = m$ と仮定する．また，$p_i = q_i(\boldsymbol{\theta})$ に対する最尤推定量を $\hat{\boldsymbol{\theta}}$ とする．このとき，$H_0$ が真のとき，$\hat{Q}_0 \overset{d}{\Rightarrow} \chi^2_{k-m-1} (n \to \infty)$.

**証明**．A.2.2 節 [169]． □

これらから，有意水準が近似的に $\alpha$ である棄却域として，

$$R := \{\boldsymbol{X} \mid \hat{Q}_0 > \chi^2_{k-m-1}(\alpha)\} \tag{10.5.3}$$

が得られる．ただし，$X_i < 5$ であるような $X_i$ が存在するときは収束速度が遅いことが知られているので，カテゴリーの合併をして調整することが望ましい．

《例 10.5 続①》 得点分布にポアソン分布 $Po(\lambda)$ を仮定すると，得点が $i$ である確率 $p_i$ は $p_i = q_i(\lambda) = \frac{\lambda^i}{i!} e^{-\lambda}$ と表せる．ただし，$p_5$ はポアソン分布の 5 以上の確率とした．平均得点が 1.544 なので，$\lambda$ の最尤推定量 $\hat{\lambda} = 1.544$ であり，$q_0(\hat{\lambda}) = 0.2135, q_1(\hat{\lambda}) = 0.3297, q_2(\hat{\lambda}) = 0.2545, q_3(\hat{\lambda}) = 0.1310, q_4(\hat{\lambda}) = 0.0506$ と推定される．6 得点の試合が 1 試合しかないので，5 得点と合わせて，5 点以上の試合が 6 試合と考える．5 点以上の試合の確率の推定量は $1 - q_0(\hat{\lambda}) - \cdots - q_4(\hat{\lambda}) = 0.0207$ なので，これらから，(10.5.2) の $\hat{Q}_0 = 14.11$ となり，$\chi^2_{6-1-1}(0.01) = 13.277$ だから有意水準 1% でもポアソン分布と異なると言える．

一方，得点分布に負の二項分布 $NB(r,p)$ を仮定して，$r, p$ をモーメント推定量で推定すると，$\hat{r} = 5.088, \hat{p} = 0.233$ となり，ポアソン分布の場合と同様に $Q_0$ を求めると，$Q_0 = 5.85192$ となる．これと，$\chi^2_{6-2-1}(0.1) = 6.251$ と比較すると，有意水準 10% でも負の二項分布とは異なると言えないことがわかる．

以上より，対象のサッカーの得点データは，ポアソン分布より，負の二項分布の方が当てはまりの度合いが高いことがわかる．実力差が等しい試合の得点データはポアソン分布が適合するが，実力差が異なる試合のデータ全体は負の二項分布が適合することが予想される． ▲

## 演習問題

**演習 10.1**  無作為に選んだ航空機利用者 165 人中，仕事が理由の人が 72 人，観光が理由の人が 49 人であった．仕事が理由の人の割合が観光の人の割合より多いか有意水準 5% と有意水準 1% で仮説検定を行え．また，(10.1.4)[143] の棄却域を用いて同様の検定を行え．

**演習 10.2**  無作為抽出した 135 人の一人暮らし女子大学生中 119 人が朝食をとり，無作為抽出した 121 人の一人暮らし男子大学生中 97 人が朝食をとると答えた．一人暮らし女子大学生の方が，男子大学生より朝食をとる割合が多いかどうか，有意水準 5% と有意水準 1% で仮説検定を行え．また，(10.2.3)[144] の棄却域を用いて同様の検定を行え．

**演習 10.3**  ある神社でおみくじを引いた人 105 人を無作為に選んで，何が出たかを調査したところ，大吉 28 人，中吉 30 人，吉 40 人，大凶 7 人 であった．おみくじの割合は，大凶が吉の 10 分の 1 で，大吉，中吉の 5 分の 1 であるかどうか有意水準 5% と有意水準 1% で仮説検定を行え．

**演習 10.4**  Fisher の iris データにおいて，品種の区別なくガクの幅 (cm) の平均，標本不偏分散を求めると，3.057, 0.18998 となり，度数分布表を求めると，表 10.4 のようになった．ガクの幅の分布が正規分布と異なるかどうか有意水準 10% で検定せよ．

表 10.4  iris のガク幅

| 階級 | $\leq 2.4$ | $\leq 2.6$ | $\leq 2.8$ | $\leq 3.0$ | $\leq 3.2$ | $\leq 3.4$ | $\leq 3.6$ | $\leq 3.8$ | $3.8 <$ |
|---|---|---|---|---|---|---|---|---|---|
| 度数 | 11 | 13 | 23 | 36 | 24 | 18 | 10 | 9 | 6 |

**演習 10.5**  あるレストランにおいて，ランチの注文数をアルコールの注文の有無別に集計した結果，表 10.5 のようになった．注文されるランチの種類とアルコール注文有無は独立かどうか，有意水準 5% と 1% で仮説検定を行え．

表 10.5  ランチのアルコール注文

|  | A ランチ | B ランチ | C ランチ |
|---|---|---|---|
| アルコール有 | 18 | 14 | 40 |
| アルコール無 | 24 | 14 | 16 |

**演習 10.6**\*\*  棄却域 (10.1.4)[143] の第 1 種の過誤を犯す確率が $\alpha$ 以下であることを示せ．

**演習 10.7**\*\*  棄却域 (10.2.3)[144] の第 1 種の過誤を犯す確率が $\alpha$ 以下であることを示せ．

**演習 10.8**\*  $\boldsymbol{X} = (X_{11}, \ldots, X_{rs})$ は，同時確率関数が (10.4.1)[145] で与えられるとき，以下の問に答えよ．

(1) $\sum_{i=1}^{r} \nu_{i*} = \sum_{j=1}^{s} \nu_{*j} = n$ を満たす自然数の組 $\boldsymbol{\nu} = (\nu_{1*}, \ldots, \nu_{r*}, \nu_{*1}, \ldots, \nu_{*s})$ に対して，$\mathrm{mag}(\boldsymbol{X}) = \boldsymbol{\nu}$ という条件の下での $\boldsymbol{X}$ の条件付き確率関数は

$$h(\boldsymbol{x} \mid \boldsymbol{\nu}, \boldsymbol{\psi}) = \frac{\frac{n!}{\boldsymbol{x}!}\boldsymbol{\psi}^{\boldsymbol{x}}}{\sum_{\boldsymbol{y} \in \mathcal{M}_{\boldsymbol{\nu}}} \frac{n!}{\boldsymbol{y}!}\boldsymbol{\psi}^{\boldsymbol{y}}} \tag{10.E.1}$$

となることを示せ．ただし，$x! = x_{11}!\cdots x_{rs}!$, $\psi^x = \psi_{11}^{x_{11}}\cdots\psi_{rs}^{x_{rs}}$, $\psi_{ij} = \frac{p_{ij}p_{rs}}{p_{is}p_{rj}}$. この確率関数 $h(x\,|\nu,\psi)$ に従う確率分布を**多変量非心超幾何分布** (multivariate non-central hypergeometric distribution) と呼び，$\psi_{ij}$ を**オッズ比** (odds ratio) と呼ぶ．

(2) (10.4.4)[146] の $H_0$ が真であるとき，$h(x\,|\nu,\psi)$ は (10.4.8)[147] の $h(x\,|\nu)$ と一致することを示せ．さらに，(10.4.10)[147] の棄却域 $R$ の有意水準が $\alpha$ 以下であることを示せ．

# 第11章
# 変量関係の推測*

　各個体が複数の特性を持つとき，それらの関係をどのように明らかにするかを考える．ある一つの特性量が他の特性量で説明できる場合は，それらの関係を明らかにする方法についても考察する．

## 11.1 相関係数の推測

《例 11.1》 無作為に選んだ 15 人の自宅大学生の片道通学時間と 1 週間アルバイト従事時間の相関係数を求めたところ，−0.43 であった．通学時間とアルバイト時間に負の相関があると言えるか？ ▲

このような相関があるかどうかを検討する問題には，$\boldsymbol{X} = (X_1, \ldots, X_n)$ と $\boldsymbol{Y} = (Y_1, \ldots, Y_n)$ に関する次の定理が有効である．

**定理 11.1.** $(X_1, Y_1), \ldots, (X_n, Y_n)$ は互いに独立で，それぞれ同一の同時確率密度関数 (4.7.3)[63] を持つ 2 変量正規分布に従うとする．$\rho = 0$ のとき，これら $(X_i, Y_i)$, $i = 1, \ldots, n$ の相関係数 $r_{XY}$ に対して，以下が成り立つ．

$$T_r := \frac{\sqrt{n-2}\, r_{XY}}{\sqrt{1 - r_{XY}^2}} \sim t_{n-2}. \tag{11.1.1}$$

**証明**．演習 11.3[162]． □

$T_r$ は $r_{XY}$ の単調増加関数であり，$r_{XY} < 0$ のとき $T_r < 0$ である．したがって，

$$\begin{cases} H_0 : \rho = 0 \\ H_1 : \rho < 0 \end{cases} \tag{11.1.2}$$

という仮説を有意水準 $\alpha$ で検定するためには，

$$R := \{(\boldsymbol{X}, \boldsymbol{Y}) \mid T_r < -t_{n-2}(\alpha)\} \tag{11.1.3}$$

で定義される棄却域を用いればよいことがわかる．同様に，対立仮説が $H_1 : \rho \neq 0$ のときは，

$$R := \{(\boldsymbol{X}, \boldsymbol{Y}) \mid |T_r| > t_{n-2}(\alpha/2)\}, \tag{11.1.4}$$

対立仮説が $H_1 : \rho > 0$ のときは

$$R := \{(\boldsymbol{X}, \boldsymbol{Y}) \mid T_r > t_{n-2}(\alpha)\} \tag{11.1.5}$$

を用いればよい．

《例 11.1 続①》 自宅大学生全体における片道通学時間と 1 週間アルバイト従事時間が，相関係数 $\rho$ の 2 変量正規分布に従うものと仮定する．15 人の標本における相関係数 $r_{XY}$ が −0.43 のとき，$T_r = -1.71 \cdots$．$\alpha = 0.05$ のとき，$t_{n-2}(\alpha) = t_{13}(0.05) = 1.771$ なので，有意水準 5% でも負の相関があると言えない． ▲

《例 11.2》 無作為に選んだ 115 人の理学部大学生の月間アルバイト収入と月間外食費の相関係数は 0.45 であった．一方，無作為に選んだ 128 の工学部大学生に関する同様の相関係数は 0.63 であった．工学部大学生の相関係数の方が高いと言えるか？ ▲

**定理 11.2.** $(X_1, Y_1), \ldots, (X_n, Y_n)$ は互いに独立で，相関係数 $\rho$ の同一の 2 変量正規分布に従うものと仮定する．

$$g(x) = \frac{1}{2} \log \left( \frac{1+x}{1-x} \right) \tag{11.1.6}$$

とすると，$\sqrt{n-3}(g(r_{XY}) - g(\rho)) \overset{d}{\Rightarrow} N(0,1) \ (n \to \infty)$.

**証明**．演習 6.23[97] を用いると証明できる． □

(11.1.6) の $g$ による変換 $g(r_{XY})$ をフィッシャーの $z$ **変換** (z-transformation) と呼ぶ．

ところで，$\tilde{Z} = \sqrt{n}(r_{XY} - \rho)/(1-\rho^2)$ と $Z_a = \sqrt{n-a}(g(r_{XY}) - g(\rho))$ も，演習 6.23[97] を用いると $N(0,1)$ に分布収束することがわかるが，$\sqrt{n}E[\tilde{Z}^3] \not\to 0$ であるのに対して，$\sqrt{n}E[Z_a^3] \to 0$ であることが知られている．つまり，$z$ 変換 $g$ を用いた $Z_a$ の 3 次の積率の方が $N(0,1)$ の 3 次の積率である 0 に速く収束する．

また，$Z_a$ の分散は，$N(0,1)$ の分散 1 に収束するが，$n(Var[Z_a] - 1) \to 3 - \frac{1}{2}\rho^2 - a$ なので，$a = 3 - \frac{1}{2}\rho^2 \fallingdotseq 3$ のように選ぶと，$Z_a$ の分散は $N(0,1)$ の分散 1 に速く収束する．

実際，$n$ が 10 程度でも，$Z_3$ の確率分布と $N(0,1)$ の差は非常に小さいことが数値実験で確認されていて，データ解析では，定理 11.2[152] の結果を利用することが多い[1]．

**系 11.1.** $(X_1, Y_1), \ldots, (X_m, Y_m)$ は互いに独立で，相関係数 $\rho_1$ の同一の 2 変量正規分布に従い，$(Z_1, W_1), \ldots, (Z_n, W_n)$ は互いに独立で，相関係数 $\rho_2$ の同一の 2 変量正規分布に従うものとする．このとき，

$$\frac{g(r_{XY}) - g(r_{ZW}) - (g(\rho_1) - g(\rho_2))}{\sqrt{\frac{1}{m-3} + \frac{1}{n-3}}} \overset{d}{\Rightarrow} N(0,1), \quad (m, n \to \infty).$$

ただし，$r_{XY}$ は $\boldsymbol{X} = (X_1, \ldots, X_m)$ と $\boldsymbol{Y} = (Y_1, \ldots, Y_m)$ の，$r_{ZW}$ は $\boldsymbol{Z} = (Z_1, \ldots, Z_n)$, $\boldsymbol{W} = (W_1, \ldots, W_n)$ の相関係数である．

$g(x)$ は $-1 < x < 1$ において単調増加なので，$r_{XY} < r_{ZW} \iff g(r_{XY}) < g(r_{ZW})$．また，$\rho_1 = \rho_2$ のとき，

$$Z_0 := \frac{g(r_{XY}) - g(r_{ZW})}{\sqrt{\frac{1}{m-3} + \frac{1}{n-3}}} \tag{11.1.7}$$

は，$m, n$ が大きいとき，近似的に $N(0,1)$ に従うので，

$$\begin{cases} H_0 : \rho_1 = \rho_2 \\ H_1 : \rho_1 < \rho_2 \end{cases} \tag{11.1.8}$$

という仮説を有意水準 $\alpha$ で検定するためには，

$$R := \{(\boldsymbol{X}, \boldsymbol{Y}, \boldsymbol{Z}, \boldsymbol{W}) \mid Z_0 < -z(\alpha)\} \tag{11.1.9}$$

を用いればよい．同様に，対立仮説が $H_1 : \rho_1 \neq \rho_2$ に対しては，

$$R := \{(\boldsymbol{X}, \boldsymbol{Y}, \boldsymbol{Z}, \boldsymbol{W}) \mid |Z_0| > z(\alpha/2)\}, \tag{11.1.10}$$

対立仮説が $H_1 : \rho_1 > \rho_2$ に対しては，

$$R := \{(\boldsymbol{X}, \boldsymbol{Y}, \boldsymbol{Z}, \boldsymbol{W}) \mid Z_0 > z(\alpha)\} \tag{11.1.11}$$

---

[1] 詳しくは，柴田義貞 (1981)，正規分布，東京大学出版会 (p.195–p.202) を参照．

《例 11.2 続①》 理学部大学生全体の月間アルバイト収入と月間外食費が相関係数 $\rho_1$ の 2 変量正規分布に従い，工学部大学生全体に対しても相関係数 $\rho_2$ の 2 変量正規分布に従うと仮定する．無作為に選んだ 115 人の理学部大学生の相関係数 $r_{XY}$ が 0.45, 無作為に選んだ 128 の工学部大学生の相関係数 $r_{ZW}$ が 0.63 のとき，$Z_0 = -1.97\cdots$ である．$z(0.05) = 1.645$, $z(0.01) = 2.326$ なので，有意水準 5% では工学部学生の方が大きいと言えるが，1% では言えない． ▲

## 11.2 単回帰モデルと最小二乗推定量

《例 11.3》 同一機種のスマートフォンを無作為に 28 台選び，使用期間と連続利用可能時間を調べたところ，使用期間の平均と分散が 41.73 カ月（1 カ月を 30 日として），155.75, 連続利用可能時間の平均と分散が 12.08 時間，27.43 であった．また，共分散は −59.18 であった．この結果から，使用期間と連続利用可能時間の関係が明らかになるだろうか？ ▲

2 次元データ $(x_1, y_1), \ldots, (x_n, y_n)$ における $y_1, \ldots, y_n$ を，

$$Y_i := \beta_0 + \beta_1 x_i + \varepsilon_i, i = 1, \ldots, n \tag{11.2.1}$$

のように定義される確率変数 $Y_1, \ldots, Y_n$ の実現値であると仮定しよう．ただし，$\beta_1, \beta_0$ は未知定数であり，$\varepsilon_1, \ldots, \varepsilon_n$ は

$$E[\varepsilon_i] = 0, Var[\varepsilon_i] = \sigma^2, \quad i = 1, \ldots, n \tag{11.2.2}$$

を満たす IID 列である．このとき，(11.2.1) を 2 次元データの**単回帰モデル** (simple regression model) と呼び，$Y_i$ およびその実現値 $y_i$ を**目的変数** (objective variable), $x_i$ を**説明変数** (explanatory variable), $\beta_1, \beta_0$ を**母回帰係数** (population regression coefficient), $\varepsilon_i$ を**誤差項** (error term), 直線 $y = \beta_0 + \beta_1 x$ を**母回帰直線**と呼ぶ．以下では，目的変数 $Y_i$ は確率変動を明確に議論するとき以外は，$y_i$ と表現する．

仮定 (11.2.2) より，$E[Y_i] = \beta_0 + \beta_1 x_i$ を満たす．したがって，(11.2.1) は『$Y_i$ の値は，$x_i$ の値に依存して決まる平均 $\beta_0 + \beta_1 x_i$ と測定ごとに変化する $\varepsilon_i$ の和である』と仮定していることになる．単回帰モデルは，測定値に対して想定する**仮想的な関係**である．母回帰係数 $\beta_1, \beta_0$ は観測できないが観測ごとに変化しない一定の数であり，誤差項 $\varepsilon_i$ も観測できないけれど，観測ごとに変化する確率変数であると考えられる．

母回帰係数 $\beta_1, \beta_0$ は，最小二乗法 (2.8 節 [24]) により

$$\hat{\beta}_1 = \frac{s_{xy}}{s_{xx}}, \quad \hat{\beta}_0 = \bar{y} - \bar{x}\frac{s_{xy}}{s_{xx}}$$

で推定できる．この $\hat{\beta}_1, \hat{\beta}_0$ は

$$S(b_0, b_1) = \sum_{i=1}^{n}(y_i - (b_0 + b_1 x_i))^2$$

を最小にする $b_1, b_0$ の値であり，**最小二乗推定量**と呼ばれる．また，直線 $y = \hat{\beta}_0 + \hat{\beta}_1 x$ を**回帰直線**，$\hat{\beta}_1, \hat{\beta}_0$ を**回帰係数**と呼ぶこともある．

$x = x_i$ に対する平均値 $E[Y_i] = \beta_0 + \beta_1 x_i$ は，母回帰係数の最小二乗推定量を用いて，$\hat{y}_i := \hat{\beta}_0 + \hat{\beta}_1 x_i$ と推定できる．この値を $x = x_i$ における**予測値**と呼ぶ．また，誤差 $\varepsilon_i = y_i - (\beta_0 + \beta_1 x_i)$ も最小二乗推定量を用いて，$\hat{e}_i := y_i - \hat{y}_i = y_i - (\hat{\beta}_0 + \hat{\beta}_1 x_i)$ と推定できる．これを $x = x_i$ に対する**残差**と呼ぶ．

さらに，候補直線 $y = b_0 + b_1 x$ とデータ点全体の縦方向のズレの二乗 $S(b_0, b_1)$ は，最小値

$$S(\hat{\beta}_0, \hat{\beta}_1) = \sum_{i=1}^{n}\left(y_i - (\hat{\beta}_0 + \hat{\beta}_1 x_i)\right)^2 = \sum_{i=1}^{n}\hat{e}_i^2$$

をとるが，これは残差 $\hat{e}_i$ の二乗和なので，**残差平方和**とも呼び，$S_{ee}$ と表すことにする．このとき，命題 2.5[24] より

$$S_{ee} = \sum_{i=1}^{n}\hat{e}_i^2 = n\left(s_{yy} - \frac{s_{xy}^2}{s_{xx}}\right) = ns_{yy}(1 - r_{xy}^2)$$

が成り立つことがわかる．$r_{xy}^2$ を**寄与率** (contribution ratio) と呼ぶ．

《例 11.3 続①》 例 11.3[154] では，$\hat{\beta}_1 = \frac{-59.18}{155.75} = -0.380$, $\hat{\beta}_0 = 12.08 - (-0.38) \times 41.73 = 27.94$ なので，回帰直線は

$$\text{連続利用可能時間} = -0.38 \times \text{使用期間} + 27.94$$

である．また，相関係数が $r_{xy} = \frac{-59.18}{\sqrt{155.75 \times 27.43}} = -0.905$ なので，$r_{xy}^2 = 0.819$．残差平方和は，$S_{ee} = 28 \times 27.43 \times (1 - 0.819) = 139.0$ である． ▲

## 11.3 単回帰における区間推定と検定

前節では，最小二乗推定量 $\hat{\beta}_1, \hat{\beta}_0$ を $Y_i$ の実現値 $y_i$ に対して定義したが，本節では，$\hat{\beta}_1, \hat{\beta}_0$ を確率変数 $Y_i$ の関数である確率変数として取り扱う．

**定理 11.3.** $E\left[\hat{\beta}_1\right] = \beta_1$, $Var\left[\hat{\beta}_1\right] = \frac{1}{ns_{xx}}\sigma^2$, $E\left[\hat{\beta}_0\right] = \beta_0$, $Var\left[\hat{\beta}_0\right] = \frac{1}{n}(1 + \frac{\bar{x}^2}{s_{xx}})\sigma^2$, $E[S_{ee}] = (n-2)\sigma^2$.

**証明**．演習 11.1[161]． □

**定理 11.4.** 単回帰モデル (11.2.1)[154] において，

$$\varepsilon_1, \ldots, \varepsilon_n \overset{i.i.d.}{\sim} N(0, \sigma^2) \tag{11.3.1}$$

を仮定すると，

$$\hat{\beta}_1 \sim N\left(\beta_1, \frac{\sigma^2}{ns_{xx}}\right), \quad \hat{\beta}_0 \sim N\left(\beta_0, \frac{1}{n}\left(1 + \frac{\bar{x}^2}{s_{xx}}\right)\sigma^2\right)$$

であり，任意の $x_0 \in \mathbb{R}$ に対して，

$$\hat{\beta}_1 x_0 + \hat{\beta}_0 \sim N\left(\beta_1 x_0 + \beta_0, \frac{1}{n}\left(1 + \frac{(x_0 - \bar{x})^2}{s_{xx}}\right)\sigma^2\right). \tag{11.3.2}$$

また，$\frac{1}{\sigma^2} S_{ee} \sim \chi^2_{n-2}$, $\hat{\beta}_1 \perp\!\!\!\perp S_{ee}$, $\hat{\beta}_0 \perp\!\!\!\perp S_{ee}$.

**証明**. 演習 11.2[162]. □

$$\hat{\sigma}^2 := \frac{1}{n-2} S_{ee}, \quad \hat{\sigma}^2_{\hat{\beta}_1} := \frac{\hat{\sigma}^2}{s_{xx}}, \quad \hat{\sigma}^2_{\hat{\beta}_0} := \left(1 + \frac{\bar{x}^2}{s_{xx}}\right)\hat{\sigma}^2$$

とおいて，

$$T_{\beta_1} := \frac{\hat{\beta}_1 - \beta_1}{\sqrt{\frac{\hat{\sigma}^2_{\hat{\beta}_1}}{n}}}, \quad T_{\beta_0} := \frac{\hat{\beta}_0 - \beta_0}{\sqrt{\frac{\hat{\sigma}^2_{\hat{\beta}_0}}{n}}} \tag{11.3.3}$$

と定義すると，以下が成り立つ．

**系 11.2**. (11.3.1)[155] を仮定すると，$T_{\beta_1} \sim t_{n-2}$, $T_{\beta_0} \sim t_{n-2}$.

**証明**. 定理 11.4[155] より容易に示せる． □

この結果から，$\beta_1$, $\beta_0$ の $100(1-\alpha)\%$ 信頼区間は，次のように与えられる．

$$\left[\hat{\beta}_1 - \frac{\hat{\sigma}_{\hat{\beta}_1}}{\sqrt{n}} t_{n-2}\left(\frac{\alpha}{2}\right), \hat{\beta}_1 + \frac{\hat{\sigma}_{\hat{\beta}_1}}{\sqrt{n}} t_{n-2}\left(\frac{\alpha}{2}\right)\right], \tag{11.3.4}$$

$$\left[\hat{\beta}_0 - \frac{\hat{\sigma}_{\hat{\beta}_0}}{\sqrt{n}} t_{n-2}\left(\frac{\alpha}{2}\right), \hat{\beta}_0 + \frac{\hat{\sigma}_{\hat{\beta}_0}}{\sqrt{n}} t_{n-2}\left(\frac{\alpha}{2}\right)\right]. \tag{11.3.5}$$

与えられた定数 $b_1$ に対して，回帰係数 $\beta_1$ に関する3種類の仮説

$$(B) \begin{cases} H_0 : \beta_1 = b_1 \\ H_1 : \beta_1 \neq b_1 \end{cases}, \quad (U) \begin{cases} H_0 : \beta_1 = b_1 \\ H_1 : \beta_1 > b_1 \end{cases}, \quad (L) \begin{cases} H_0 : \beta_1 = b_1 \\ H_1 : \beta_1 < b_1 \end{cases}$$

を考えよう．系11.2 より，有意水準 $\alpha$ の棄却域は，それぞれ，

$$R_B = \left\{\tilde{T}_{\beta_1} \;\middle|\; |\tilde{T}_{\beta_1}| > t_{n-2}\left(\frac{\alpha}{2}\right)\right\}, \tag{11.3.6}$$

$$R_U = \left\{\tilde{T}_{\beta_1} \;\middle|\; \tilde{T}_{\beta_1} > t_{n-2}(\alpha)\right\}, \tag{11.3.7}$$

$$R_L = \left\{\tilde{T}_{\beta_1} \;\middle|\; \tilde{T}_{\beta_1} < -t_{n-2}(\alpha)\right\} \tag{11.3.8}$$

となる．ただし，

$$\tilde{T}_{\beta_1} := \frac{\hat{\beta}_1 - b_1}{\sqrt{\frac{\hat{\sigma}^2_{\hat{\beta}_1}}{n}}}. \tag{11.3.9}$$

回帰係数 $\beta_0$ に関しても同様に，与えられた定数 $b_0$ に対して3種類の仮説

$$(B)\begin{cases} H_0 : \beta_0 = b_0 \\ H_1 : \beta_0 \neq b_0 \end{cases}, \quad (U)\begin{cases} H_0 : \beta_0 = b_0 \\ H_1 : \beta_0 > b_0 \end{cases}, \quad (L)\begin{cases} H_0 : \beta_0 = b_0 \\ H_1 : \beta_0 < b_0 \end{cases}$$

を考えよう．系 11.2 より，有意水準 $\alpha$ の棄却域は，それぞれ，

$$R_B = \left\{ \tilde{T}_{\beta_0} \;\middle|\; |\tilde{T}_{\beta_0}| > t_{n-2}\left(\frac{\alpha}{2}\right) \right\}, \tag{11.3.10}$$

$$R_U = \left\{ \tilde{T}_{\beta_0} \;\middle|\; \tilde{T}_{\beta_0} > t_{n-2}(\alpha) \right\}, \tag{11.3.11}$$

$$R_L = \left\{ \tilde{T}_{\beta_0} \;\middle|\; \tilde{T}_{\beta_0} < -t_{n-2}(\alpha) \right\} \tag{11.3.12}$$

となる．ただし，

$$\tilde{T}_{\beta_0} := \frac{\hat{\beta}_0 - b_0}{\sqrt{\frac{\hat{\sigma}_{\beta_0}^2}{n}}}. \tag{11.3.13}$$

《例 11.3 続②》 例 11.3[154] において，$S_{ee} = 139.0$ だったので，$\hat{\sigma}^2 = 5.35$．したがって，$\hat{\sigma}_{\beta_1}^2 = \frac{5.35}{155.75} = 0.034$, $\hat{\sigma}_{\beta_0}^2 = (1 + \frac{41.73^2}{155.75}) \times 5.35 = 65.17$．よって，$t_{26}(0.025) = 2.056$ であり，$\hat{\beta}_1 = -0.38$ だったので $\beta_1$ の 95% 信頼区間は $[-0.45, -0.31]$ である．また，$\hat{\beta}_0 = 27.94$ だったので $\beta_0$ の信頼区間は $[24.8, 31.08]$ である．$b_1 = 0$ に対して，$\tilde{T}_{\beta_1} = -10.85$ であり，$|\tilde{T}_{\beta_1}| > t_{26}(0.005)$ なので，有意水準 1% で $H_1 : \beta_1 \neq 0$ は有意である． ▲

## 11.4 重回帰モデルと最小二乗推定量

下の表のように，$n$ 個の個体それぞれに対して，$p+1$ 個の測定値 $y_i, x_{i1}, \ldots, x_{ip}, i = 1, \ldots, n$ が得られる場合について考える．

表 11.1 重回帰分析のデータ

| $i$ | $y_i$ | $x_{i1}$ | $x_{i2}$ | $\cdots\cdots$ | $x_{ip}$ |
|---|---|---|---|---|---|
| 1 | $y_1$ | $x_{11}$ | $x_{12}$ | $\cdots\cdots$ | $x_{1p}$ |
| 2 | $y_2$ | $x_{21}$ | $x_{22}$ | $\cdots\cdots$ | $x_{2p}$ |
| $\vdots$ | $\vdots$ | $\vdots$ | $\vdots$ | | $\vdots$ |
| $n$ | $y_n$ | $x_{n1}$ | $x_{n2}$ | $\cdots\cdots$ | $x_{np}$ |

測定値 $y_1, \ldots, y_n$ が

$$Y_i = \beta_0 + \beta_1 x_{i1} + \cdots + \beta_p x_{ip} + \varepsilon_i, \quad i = 1, \ldots, n \tag{11.4.1}$$

のように定義される確率変数 $Y_1, \ldots, Y_n$ の実現値であるものと仮定する．ただし，$\beta_0, \beta_1, \ldots, \beta_p$ は未知定数であり，$\varepsilon_1, \ldots, \varepsilon_n$ は (11.2.2)[154] を満たす IID 列である．このとき，(11.4.1) を 表 11.1 のデータに対する**重回帰モデル** (multiple regression model) と呼び，$y_i$ と $Y_i$ を**目的変数**，$x_{i1}, \ldots, x_{ip}$ を**説明変数**，$\beta_0, \beta_1, \ldots, \beta_p$ を**母回帰係数**，$\varepsilon_i$ を**誤差項**，

$y = \beta_0 + \beta_1 x_1 + \cdots + \beta_p x_p$ を**母回帰平面** (population regression plane) と呼ぶ.

単回帰モデルの場合と同様に, (11.2.2)[154] を仮定するので, $E[Y_i] = \beta_0 + \beta_1 x_{i1} + \cdots + \beta_p x_{ip}$ である. したがって, (11.4.1) の仮定の下では, 『目的変数 $Y_i$ は確率的に一定の値をとる説明変数と母回帰係数によって決まる平均 $\beta_0 + \beta_1 x_{i1} + \cdots + \beta_p x_{ip}$ に誤差的要因 $\varepsilon_i$ を加えた量であり, 測定ごとにランダムに変動する量である』と考えていることに注意しよう. また, 重回帰モデルでは, 回帰係数 $\beta_0, \beta_1, \ldots, \beta_p$ と誤差の分散 $\sigma^2$ は測定できないが実験ごとに変化しない定数であり, 誤差 $\varepsilon_i$ は測定できないが測定ごとに変化するランダムな量であることにも注意しよう.

母回帰平面の候補 $y = b_0 + b_1 x_1 + \cdots + b_p x_p$ を用いて求めた $y$ の値 $b_0 + b_1 x_{i1} + \cdots + b_p x_{ip}$ と実際の測定値 $y_i$ のズレの全体的な大きさを

$$S(b_0, b_1, \ldots, b_p) = \sum_{i=1}^{n} (y_i - (b_0 + b_1 x_{i1} + \cdots + b_p x_{ip}))^2 \tag{11.4.2}$$

で測ることにする. また, $\bar{y} = \frac{1}{n}\sum_{i=1}^{n} y_i, j, j' = 1, \ldots, p$ に対して, $\bar{x}_j = \frac{1}{n}\sum_{i=1}^{n} x_{ij}$,

$$s_{jj'} = \frac{1}{n}\sum_{i=1}^{n}(x_{ij} - \bar{x}_j)(x_{ij'} - \bar{x}_{j'}), \tag{11.4.3}$$

$$s_{yj} = \frac{1}{n}\sum_{i=1}^{n}(y_i - \bar{y})(x_{ij} - \bar{x}_j) \tag{11.4.4}$$

とおく. このとき, 次が成り立つ.

**定理 11.5.** $\hat{\beta}_1, \ldots, \hat{\beta}_p$ を連立方程式

$$\begin{cases} s_{11}\hat{\beta}_1 + \cdots + s_{1p}\hat{\beta}_p = s_{y1} \\ \quad\vdots \qquad\qquad\qquad\quad \vdots \\ s_{p1}\hat{\beta}_1 + \cdots + s_{pp}\hat{\beta}_p = s_{yp} \end{cases} \tag{11.4.5}$$

の解として, $\hat{\beta}_0$ を

$$\hat{\beta}_0 = \bar{y} - (\bar{x}_1\hat{\beta}_1 + \cdots + \bar{x}_p\hat{\beta}_p) \tag{11.4.6}$$

とおく. また, $i = 1, \ldots, n$ に対して, $\hat{y}_i = \hat{\beta}_0 + \hat{\beta}_1 x_{i1} + \cdots + \hat{\beta}_p x_{ip}$, $\hat{e}_i = y_i - \hat{y}_i$ とおく. このとき, $s_{\hat{y}\hat{e}} = 0$ であり, 任意の実数 $b_0, b_1, \ldots, b_p$ に対して,

$$S(b_0, b_1, \ldots, b_p) \geqq S(\hat{\beta}_0, \hat{\beta}_1, \ldots, \hat{\beta}_p) \tag{11.4.7}$$

となる.

**証明**. 演習 11.5[162], 演習 11.8[163](1), (2). □

この定理から, (11.4.5), (11.4.6) を満たす $\hat{\beta}_0, \hat{\beta}_1, \ldots, \hat{\beta}_p$ が $S(b_0, b_1, \ldots, b_p)$ の最小値を与えることがわかる. $\hat{\beta}_0, \hat{\beta}_1, \ldots, \hat{\beta}_p$ を $\beta_0, \beta_1, \ldots, \beta_p$ の**最小二乗推定量**と呼び, (11.4.5) と (11.4.6) を**正規方程式** (normal equation) と呼ぶ. また, $y = \hat{\beta}_0 + \hat{\beta}_1 x_1 + \cdots + \hat{\beta}_p x_p$ を**回帰平面**と呼ぶ.

定理 11.5 の $\hat{y}_i$ は, 期待値 $E[Y_i] = \beta_0 + \beta_1 x_{i1} + \cdots + \beta_p x_{ip}$ の最小二乗推定量 $\hat{\beta}_i$ による推定量であり, **予測値**と呼ぶ. また, 定理 11.5 の $\hat{e}_i$ は, 誤差 $\varepsilon_i = Y_i - (\beta_0 + \beta_1 x_{i1} + \cdots + \beta_p x_{ip})$

の $\hat{\beta}_i$ による推定量であり，**残差**と呼ぶ．さらに，

$$S_{ee} := \sum_{i=1}^{n} \hat{e}_i^2 \tag{11.4.8}$$

と定義される $S_{ee}$ を**残差平方和**と呼ぶ．$S_{ee}$ は $S(b_0, b_1, \ldots, b_p)$ の最小値 $S(\hat{\beta}_0, \hat{\beta}_1, \ldots, \hat{\beta}_p)$ と等しい．

11.3 節[155] の冒頭で注意したように，最小二乗推定量を確率変数と考えると，以下の結果を得る．

**定理 11.6.** $(j, j')$ 成分が (11.4.3)[158] で定義される $s_{jj'}$ である行列が正則であるとき，$j = 0, 1, \ldots, p$ に対して，$E\left[\hat{\beta}_j\right] = \beta_j$ であり，$E[S_{ee}] = (n - p - 1)\sigma^2$.

**証明**．演習 11.8[163](5). □

この定理から，

$$\hat{\sigma}^2 := \frac{1}{n-p-1} \sum_{i=1}^{n} \hat{e}_i^2 = \frac{1}{n-p-1} S_{ee}$$

と定義すると，$E\left[\hat{\sigma}^2\right] = \sigma^2$ となることがわかる．すなわち，$\hat{\sigma}^2$ は $\sigma^2$ の不偏推定量である．

## 11.5　寄与率

引き続き表 11.1[157] のデータについて考える．観測値 $y_i$ と予測値 $\hat{y}_i$ の相関係数を

$$R := \frac{s_{y\hat{y}}}{\sqrt{s_{yy} s_{\hat{y}\hat{y}}}} \tag{11.5.1}$$

と表し，$y$ と $x_1, \ldots, x_p$ の**重相関係数** (multiple correlation coefficient) と呼ぶ．回帰モデルが観測値にとって適当なモデルであるとき，予測値が観測値に近い値をとるので，重相関係数の二乗 $R^2$ は 1 に近い値をとる．$R^2$ を**寄与率**，あるいは，**決定係数** (coefficient of determination) と呼び，回帰モデルの妥当性を評価するために用いられる．

$$S_{yy} = n s_{yy} = \sum_{i=1}^{n} (y_i - \bar{y})^2, \tag{11.5.2}$$

$$S_{\hat{y}\hat{y}} = n s_{\hat{y}\hat{y}} = \sum_{i=1}^{n} (\hat{y}_i - \bar{\hat{y}})^2 \tag{11.5.3}$$

とおくと次の性質が成り立つ．ただし，$\bar{\hat{y}} = \frac{1}{n} \sum_{i=1}^{n} \hat{y}_i$.

**命題 11.1.**

$$S_{yy} = S_{\hat{y}\hat{y}} + S_{ee}, \tag{11.5.4}$$

$$s_{\hat{y}\hat{y}} = s_{y\hat{y}} = s_{y1}\hat{\beta}_1 + \cdots + s_{yp}\hat{\beta}_p, \tag{11.5.5}$$

$$R^2 = 1 - \frac{S_{ee}}{S_{yy}} \tag{11.5.6}$$

と表せる.

**証明**. 演習 11.6[162], 演習 11.8[163](3). □

(11.5.4) を**平方和の分解** (partition of sums of squares) と呼ぶ. この関係から, 目的変数の変動 $S_{yy}$ が回帰モデルによる予測値の変動 $S_{\hat{y}\hat{y}}$ と説明変数に依存しない誤差的変動 $S_{ee}$ に分解できることがわかる. 回帰モデルがデータによく当てはまっているならば, 目的変数の変動 $S_{yy}$ の大部分は回帰モデル由来の $S_{\hat{y}\hat{y}}$ が占めるはずである.

説明変数の個数が多いと $R^2$ が大きくなるので, 説明変数の個数が異なるモデルを比較するには, その欠点を修正した

$$R^{*2} = 1 - \frac{S_{ee}/\phi_e}{S_{yy}/\phi_T}, \quad \phi_e = n-p-1, \ \phi_T = n-1$$

を用いる方がよい. $R^{*2}$ を**自由度調整済み寄与率** (adjusted contribution) と呼ぶ.

## 11.6 回帰係数の検定

説明変数の個数 $p$ が多くなると, 予測値の変動要因が増加し $S_{\hat{y}\hat{y}}$ は大きくなるが, 回帰モデルの当てはまりはよくなるので $S_{ee}$ は小さくなると考えられる. それらを考慮し, 誤差的変動に対する回帰モデル由来の変動の大きさとして,

$$W := \frac{\frac{S_{\hat{y}\hat{y}}}{p}}{\frac{S_{ee}}{n-p-1}} \tag{11.6.1}$$

と定義される統計量 $W$ を考えることにする. (11.5.4)[159], (11.5.6)[159] を用いると $W = \frac{p}{\phi_e}\frac{R^2}{1-R^2}$ となり, $W$ は $R^2$ の単調増加な関数であることがわかる. $W$ の確率分布に関して以下のことがわかる.

**定理 11.7.** $\varepsilon_1,\ldots,\varepsilon_n \stackrel{i.i.d.}{\sim} N(0,\sigma^2)$ と仮定する. $\beta_1 = \cdots = \beta_p = 0$ のとき,

$$W \sim F_{p,n-p-1} \tag{11.6.2}$$

である.

**証明**. 演習 11.8[163](6). □

この定理から, 説明変数が目的変数に一切影響が与えない状況 ($\beta_1 = \cdots = \beta_p = 0$) において, $W$ はエフ分布に従うことがわかる. したがって,

$$\begin{cases} H_0: & \beta_1 = \cdots = \beta_p = 0 \\ H_1: & 少なくとも一つの \beta_j に対して \beta_j \neq 0 \end{cases} \tag{11.6.3}$$

という仮説の組に対して, 有意水準 $\alpha$ の仮説検定の棄却域は

$$R = \{W \mid W > f_{p,n-p-1}(\alpha)\} \tag{11.6.4}$$

で与えられることがわかる．この検定に用いる統計量の実現値を表 11.2[161] のようにまとめたものを**分散分析表** (analysis of variance table) と呼ぶ．なお，$p$ 値は，$W$ の実現値 $w_0$ が棄却限界値 $f_{p,n-p-1}(\alpha)$ と等しくなるような $\alpha$ のことであり，$W^* \sim F_{p,n-p-1}$ とすると $P(W^* \geqq w_0)$ と $p$ 値は等しい．

表 11.2 分散分析表

| 変動要因 | 自由度 | 平方和 | 不偏分散 | $F$ 値 | $p$ 値 |
|---|---|---|---|---|---|
| 回帰 | $p$ | $S_{\hat{y}\hat{y}}$ | $S_{\hat{y}\hat{y}}/p$ | $W$ | |
| 残差 | $n-p-1$ | $S_{ee}$ | $S_{ee}/(n-p-1)$ | | |
| 全体 | $n-1$ | $S_{yy}$ | | | |

《例 11.4》 野球部に所属する中学 3 年生男子 15 人の体力測定の結果，握力 ($x_1$) の平均 $\bar{x}_1 = 38.34$ で分散 $s_{11} = 45.42$, 身長 ($x_2$) の平均 $\bar{x}_2 = 168.6$ で分散 $s_{22} = 48.77$, 体重 ($x_3$) の平均 $\bar{x}_3 = 58.4$ で分散 $s_{33} = 77.04$, 遠投 ($y$) の平均 $\bar{y} = 83.2$ で分散 $s_{yy} = 15.23$ であった．また，握力 ($x_1$) と身長 ($x_2$) の共分散 $s_{12} = 24.93$, 握力 ($x_1$) と体重 ($x_3$) の共分散 $s_{13} = 50.07$, 身長 ($x_2$) と体重 ($x_3$) の共分散 $s_{23} = 42.56$ であった．さらに，遠投 ($y$) と握力 ($x_1$) の共分散 $s_{y1}$, 身長 ($x_2$) の共分散 $s_{y2}$, 体重 ($x_3$) の共分散 $s_{y3}$ はそれぞれ $s_{y1} = 19.67$, $s_{y2} = 18.68$, $s_{y3} = 26.99$ であった．

これらから，正規方程式を解くと，$\hat{\beta}_1 = 0.203$, $\hat{\beta}_2 = 0.174$, $\hat{\beta}_3 = 0.121$, $\hat{\beta}_0 = 39.043$ が得られ，

$$(遠投) = 39.043 + 0.203 \times (握力) + 0.174 \times (身長) + 0.121 \times (体重)$$

という関係が平均的に成り立つと考えられる．また，残差平方和 $S_{ee}$ は

$$S_{ee} = n\{s_{yy} - s_{y1}\hat{\beta}_1 - s_{y2}\hat{\beta}_2 - s_{y3}\hat{\beta}_3\} = 70.98$$

なので，平均的関係からのズレ (誤差) の標準偏差 $\sigma$ は $\hat{\sigma} = \sqrt{\frac{1}{n-3-1}S_{ee}} = 2.54$ と推定される．また，$S_{yy} = ns_{yy} = 228.45$ なので，$R^2 = 0.689$, $R^{*2} = 0.605$ であることがわかる．

さらに，$p = 3$, $\phi_e = 11$ なので，$W = 8.12$ であり，表 C.5[229] より $f_{3,15-3-1}(0.05) = 3.59$ だから，帰無仮説 $H_0: \beta_1 = \beta_2 = \beta_3 = 0$ は有意水準 5% で棄却されることがわかる．つまり，遠投が握力と身長，体重で説明できると言える．

▲

## 演習問題

**演習 11.1*** 定理 11.3[155] について以下の問に答えよ．

(1) $s_{xY} = \beta_1 s_{xx} + s_{x\varepsilon}$ を示せ．$c_i = \frac{x_i - \bar{x}}{ns_{xx}}$, $d_i = \frac{1}{n} - \bar{x}c_i$ として，$\hat{\beta}_1 = \beta_1 + \sum_{i=1}^n c_i \varepsilon_i$, $\hat{\beta}_0 = \beta_0 + \sum_{i=1}^n d_i \varepsilon_i$ を示せ．

(2) $E[\hat{\beta}_1] = \beta_1$, $Var[\hat{\beta}_1] = \frac{1}{ns_{xx}}\sigma^2$, $E[\hat{\beta}_0] = \beta_0$, $Var[\hat{\beta}_0] = \frac{1}{n}(1 + \frac{\bar{x}^2}{s_{xx}})\sigma^2$ を示せ．

(3) $\hat{e}_i = \varepsilon_i - (\hat{\beta}_1 - \beta_1)x_i - (\hat{\beta}_0 - \beta_0)$, $s_{\hat{e}\hat{e}} = s_{\varepsilon\varepsilon} - s_{xx}(\hat{\beta}_1 - \beta_1)^2$ を示せ.

(4) $E[S_{ee}] = (n-2)\sigma^2$ を示せ.

**演習** 11.2* 定理 11.4[155] の条件のもとで，任意の実数 $a, b$ に対して，$a\hat{\beta}_1 + b\hat{\beta}_0$ が平均 $a\beta_1 + b\beta_2$, 分散 $\frac{1}{n}\left(\frac{(a-\bar{x}b)^2}{s_{xx}} + b^2\right)\sigma^2$ の正規分布に従うことを示せ．さらに，定理 11.4[155] を示せ.

**演習** 11.3** $\boldsymbol{x} = (x_1, \ldots, x_n) \in \mathbb{R}^n, \boldsymbol{y} = (y_1, \ldots, y_n) \in \mathbb{R}^n$ に対して，$T_r(\boldsymbol{x}, \boldsymbol{y}) = \sqrt{n-2}r_{xy}/\sqrt{1-r_{xy}}$ とおく．以下の問に答えよ.

(1) (11.3.3)[156] の $T_{\beta_1}$ において $Y_i = y_i$, $\beta_1 = 0$ とすると，$T_{\beta_1} = T_r(\boldsymbol{x}, \boldsymbol{y})$ が成り立つことを示せ.

(2) 自由度 $\nu$ の $t$ 分布の分布関数を $G_\nu(x)$ とする．任意の $\beta_0 \in \mathbb{R}$, $\sigma^2 > 0$ に対して，$Y_1, \ldots, Y_n \overset{i.i.d.}{\sim} N(\beta_0, \sigma^2)$ のとき，$P(T_r(\boldsymbol{x}, \boldsymbol{Y}) \leqq t) = G_{n-2}(t)$ が成り立つことを示せ (系 11.2[156] を用いよ).

(3) 定理 11.1[152] を示せ.

**演習** 11.4** 18 個体について，説明変数 $x_1, x_2, x_3$ の平均が $\bar{x}_1 = 2, \bar{x}_2 = 3, \bar{x}_3 = -1$ で目的変数 $y$ の平均が $\bar{y} = 6$, $s_{11} = 4$, $s_{22} = 6$, $s_{33} = 1$, $s_{12} = 4$, $s_{13} = 1$, $s_{23} = 1$, $s_{y1} = 3$, $s_{y2} = 4$, $s_{y3} = 2$, $s_{yy} = 9$ のとき，回帰平面を求めよ．また，誤差分散 $\sigma^2$ の推定量，寄与率，自由度調整済み寄与率を求めよ．さらに，検定統計量 $W$ の値を求め，回帰係数 $\beta_1, \beta_2, \beta_3$ に関する

$$\begin{cases} H_0: & \beta_1 = \beta_2 = \beta_3 = 0 \\ H_1: & H_0 \text{ でない} \end{cases}$$

を有意水準 5% で検定せよ.

**演習** 11.5** 定理 11.5[158] について，以下の問に答えよ．ただし，$(\hat{e}_1, x_{1j}), \ldots, (\hat{e}_n, x_{nj})$ の共分散を $s_{\hat{e}j}$ とする.

(1) $\bar{\hat{e}} = 0$, $s_{\hat{e}j} = s_{\hat{e}\hat{y}} = 0$ を示せ.
(2) $S(b_0, b_1, \ldots, b_p) \geqq S(\hat{\beta}_0, \hat{\beta}_1, \ldots, \hat{\beta}_p)$ を示せ.

**演習** 11.6** 命題 11.1[159] を示せ (演習 2.17[30] を参照).

**演習** 11.7** $\boldsymbol{a}_1, \ldots, \boldsymbol{a}_r \in \mathbb{R}^n$ を列ベクトルとする $n \times r$ 行列 $A = [\boldsymbol{a}_1 \cdots \boldsymbol{a}_r]$ に対して，$\mathscr{M}(A) = \{c_1\boldsymbol{a}_1 + \cdots + c_r\boldsymbol{a}_r \mid c_1, \ldots, c_r \in \mathbb{R}\}$, $\mathscr{M}(A)^\perp = \{\boldsymbol{v} \in \mathbb{R}^n \mid \forall \boldsymbol{u} \in \mathscr{M}(A), (\boldsymbol{v}, \boldsymbol{u}) = 0\}$ とおき，$A$ の転置行列を $A'$, $n$ 次の単位行列を $I_n$ と表す．ただし，$(\boldsymbol{v}, \boldsymbol{u})$ は $\mathbb{R}^n$ の標準内積とする．以下の問に答えよ.

(1) $\boldsymbol{x} \in \mathscr{M}(A)$ と $\boldsymbol{x} = A\boldsymbol{c}$ を満たす $\boldsymbol{c} \in \mathbb{R}^r$ が存在することは同値であることを示せ．また，任意の $\boldsymbol{y} \in \mathscr{M}(A)^\perp$ に対して，$A'\boldsymbol{y} = \boldsymbol{0}$ を示せ.
(2) $\text{rank}(A'A) = \text{rank}(A)$ を示せ.

以下では $n \geq r$, $\mathrm{rank}(A) = r$ を仮定し，$P_A = A(A'A)^{-1}A'$ と表す．

(3) ① $P_A A = A$, ② 任意の $\boldsymbol{x} \in \mathscr{M}(A)$ に対して $P_A \boldsymbol{x} = \boldsymbol{x}$, ③ 任意の $\boldsymbol{y} \in \mathscr{M}(A)^\perp$ に対して $P_A \boldsymbol{y} = \boldsymbol{0}$, の三つの主張を示せ．

(4) $P_A$ と $I_n - P_A$ はどちらも対称行列であり，ベキ等であることを示せ．ただし，正方行列 $B$ がベキ等であるとは $B^2 = B$ を満たすことを言う．

(5) $\mathrm{rank}(P_A) = \mathrm{tr}(P_A) = \mathrm{rank}(A)$ を示せ．

(6) $\mathscr{M}(A)$ の正規直交基底 $\boldsymbol{q}_1, \ldots, \boldsymbol{q}_r$, $\mathscr{M}(A)^\perp$ の正規直交基底 $\boldsymbol{q}_{r+1}, \ldots, \boldsymbol{q}_n$ に対して，$Q = [\boldsymbol{q}_1, \ldots, \boldsymbol{q}_n]$ とおき，最初の $r$ 個の対角成分が 1，残りの対角成分が 0 の対角行列を $\Lambda$ とすると $P_A = Q\Lambda Q'$ が成り立つことを示せ．

**演習 11.8**\*\*　重回帰モデル (11.4.1)[157] に対して，第 $i$ 成分が $Y_i, y_i, x_{ij}, \varepsilon_i, 1$ である $n$ 次元列ベクトルを $\boldsymbol{Y}, \boldsymbol{y}, \boldsymbol{x}_j, \boldsymbol{\varepsilon}, \boldsymbol{1}$, 第 $j$ 成分が $\beta_j$ である $p$ 次元列ベクトルを $\boldsymbol{\beta}$ とし，

$$X := [\boldsymbol{x}_1 \ldots \boldsymbol{x}_p], \quad A := [\boldsymbol{1}\ X], \quad \boldsymbol{\theta} := \begin{bmatrix} \beta_0 \\ \boldsymbol{\beta} \end{bmatrix}$$

とする．また，定理 11.5[158] における $\hat{\beta}_j, \bar{y}, \bar{x}_j, s_{jj'}, s_{yj}$ に対して，

$$S_{xx} = \begin{bmatrix} s_{11} & \cdots & s_{1p} \\ \vdots & \ddots & \vdots \\ s_{p1} & \cdots & s_{pp} \end{bmatrix}, \quad \hat{\boldsymbol{\beta}} = \begin{bmatrix} \hat{\beta}_1 \\ \vdots \\ \hat{\beta}_p \end{bmatrix}, \quad \bar{\boldsymbol{x}} = \begin{bmatrix} \bar{x}_1 \\ \vdots \\ \bar{x}_p \end{bmatrix}, \quad \boldsymbol{s}_{yx} = \begin{bmatrix} s_{y1} \\ \vdots \\ s_{yp} \end{bmatrix},$$

$$\hat{\boldsymbol{\theta}} = \begin{bmatrix} \hat{\beta}_0 \\ \hat{\boldsymbol{\beta}} \end{bmatrix}, \quad \tilde{\boldsymbol{y}} = \boldsymbol{y} - \bar{y}\boldsymbol{1}, \quad \tilde{\boldsymbol{x}}_j = \boldsymbol{x}_j - \bar{x}_j \boldsymbol{1}, \quad \tilde{X} = [\tilde{\boldsymbol{x}}_1 \ldots \tilde{\boldsymbol{x}}_p].$$

さらに，第 $i$ 成分が予測値 $\hat{y}_i = \hat{\beta}_0 + \hat{\beta}_1 x_{i1} + \cdots + \hat{\beta}_p x_{ip}$，残差 $\hat{e}_i = y_i - \hat{y}_i$ である $n$ 次元列ベクトルを $\hat{\boldsymbol{y}}, \hat{\boldsymbol{e}}$ とおき，$\bar{\hat{y}} = \frac{1}{n}\sum_{i=1}^{n}\hat{y}_i, \tilde{\hat{\boldsymbol{y}}} = \hat{\boldsymbol{y}} - \bar{\hat{y}}\boldsymbol{1}$ とおく．このとき，以下の問に答えよ．

(1) $S_{xx} = \frac{1}{n}\tilde{X}'\tilde{X} = \frac{1}{n}X'X - \bar{\boldsymbol{x}}\bar{\boldsymbol{x}}'$, $A'A\hat{\boldsymbol{\theta}} = A'\boldsymbol{y}$ を示せ．

(2) 任意の $\boldsymbol{t} \in \mathbb{R}^{p+1}$ に対して，$\|\boldsymbol{y} - A\boldsymbol{t}\|^2 \geq \|\boldsymbol{y} - A\hat{\boldsymbol{\theta}}\|^2$ であり，等号成立は $A(\boldsymbol{t} - \hat{\boldsymbol{\theta}}) = \boldsymbol{0}$ のときに限ることを示せ．

(3) $\boldsymbol{1}'\boldsymbol{y} = \boldsymbol{1}'\hat{\boldsymbol{y}}$ を示し，$\bar{y} = \bar{\hat{y}}$ を示せ．また，$\|\tilde{\boldsymbol{y}}\|^2 = \|\tilde{\hat{\boldsymbol{y}}}\|^2 + \|\hat{\boldsymbol{e}}\|^2$, $\|\tilde{\hat{\boldsymbol{y}}}\|^2 = \tilde{\boldsymbol{y}}'\tilde{\hat{\boldsymbol{y}}} = n\boldsymbol{s}'_{yx}\hat{\boldsymbol{\beta}}$ を示せ．

(4) 次の (i) 〜 (iv) が互いに同値であることを示せ．(i) $\mathrm{rank}(A) = p+1$, (ii) $\mathrm{rank}(\tilde{X}) = p$, (iii) $A'A$ が正則，(iv) $S_{xx}$ が正則．

以下では，重回帰モデル (11.4.1)[157] を仮定して，$\boldsymbol{y}$ を確率変数 $\boldsymbol{Y}$ とし，$\hat{\boldsymbol{Y}}$ や $\tilde{\hat{\boldsymbol{Y}}}$ は $\hat{\boldsymbol{y}}, \tilde{\hat{\boldsymbol{y}}}$ と同様に定義する．また，$S_{xx}$ が正則であると仮定し，$P_A = A(A'A)^{-1}A'$ と表す．

(5) $E\left[\hat{\beta}_j\right] = \beta_j, j = 0, 1, \ldots, p$, $E[S_{ee}] = (n-p-1)\sigma^2$ を示せ．

(6) $\boldsymbol{q}_1 = \frac{1}{\sqrt{n}}\boldsymbol{1}$ とし，$\boldsymbol{q}_1, \ldots, \boldsymbol{q}_{p+1}$ が $\mathscr{M}(A)$ の正規直交基底となるように $\boldsymbol{q}_2, \ldots, \boldsymbol{q}_{p+1}$ を選び，$\boldsymbol{q}_{p+2}, \ldots, \boldsymbol{q}_n$ が $\mathscr{M}(A)^\perp$ の正規直交基底になるように選び，$Q = [\boldsymbol{q}_1, \ldots, \boldsymbol{q}_n]$ とする．$\boldsymbol{Z} = \frac{1}{\sigma}\boldsymbol{\varepsilon}$, $\boldsymbol{W} = Q'\boldsymbol{Z}$ とすると，$\frac{1}{\sigma^2}\|\hat{\boldsymbol{e}}\|^2 = \sum_{i=p+2}^{n} W_i^2$ となることを示せ．また，

$\boldsymbol{\beta} = \boldsymbol{0}$ のとき,$\frac{1}{\sigma^2}||\tilde{\hat{\boldsymbol{Y}}}||^2 = \sum_{i=2}^{p+1} W_i^2$ を示せ.ただし,$W_i$ は $\boldsymbol{W}$ の第 $i$ 成分.さらに,定理 11.7[160] を示せ.

# 付録A

# 補遺

　定理は，本文内か演習問題で証明を考えたが，積率母関数に関する定理と分割表に対する定理は証明が難解であるため取り扱わなかった．それらの証明のアウトラインを追加する．

# A.1 積率母関数

## A.1.1 積率母関数の微分可能性 (命題 5.6)

**定理 A.1** (期待値とパラメータ微分の交換). $B \subset \mathbb{R}$ は，$P(X \in B) = 1$ を満たし，$I \subset \mathbb{R}$ を開区間とする．$B \times I$ で定義された実数値関数 $f(x,t)$ が任意の $x \in B$ に対して，$t$ で偏微分可能であり，任意の $t \in I$ に対して，$E[|f(X,t)|] < \infty$ とする．また，任意の $t \in I$ に対して，$t \in J \subset I$ となる開区間 $J$ と $E[g(X)] < \infty$ を満たす $B$ で定義された実数値関数 $g$ が存在して，

$$\forall x \in B, \sup_{s \in J} \left| \frac{\partial}{\partial t} f(x,s) \right| \leq g(x)$$

が成り立つと仮定する．このとき，$u(t) := E[f(X,t)]$ は $t$ で微分可能であり，

$$\frac{d}{dt} u(t) = E\left[ \frac{\partial f}{\partial t}(X,t) \right]$$

である．

**証明**. 微分を関数列の極限におきかえて，ルベーグの優収束定理を適用すれば証明できる． □

積率母関数の微分可能性 (命題 5.6) の別証明

$f_m(x,t) = x^m e^{tx}$ とする．演習 5.12[81](3) の解答のように考えると $E[|f_m(X,t)|] < \infty$ であり，$L_{X,m}(t) = E[f_m(X,t)]$ は定義できる．任意の $t \in (-\delta, \delta)$ に対して，$|t| < t_0 < t_1 < \delta$ を満たす $t_0, t_1$ をとり，$J = (-t_0, t_0)$ として，$s \in J$ とすると，

$$\left| \frac{\partial}{\partial t} f(x,s) \right| = |x^{m+1} e^{sx}| \leq |x|^{m+1} e^{-(t_1-t_0)|x|} e^{t_1|x|} \leq C_{t_1-t_0, m+1}(e^{-t_1 x} + e^{t_1 x}).$$

よって，$g(x) = C_{t_1-t_0, m+1}(e^{-t_1 x} + e^{t_1 x})$ とすると，$|\pm t_1| < \delta$ なので，$E[g(X)] = C_{t_1-t_0, m+1}(M_X(-t_1) + M_X(t_1)) < \infty$．よって，$L_{X,m}(t) = E[f_m(X,t)]$ は微分可能で，$\frac{\partial}{\partial t} L_{X,m}(t) = L_{X,m+1}(t)$． □

## A.1.2 積率母関数の一意性 (定理 5.2(1)) の証明の概略

**命題 A.1**. $|t| < \delta$ に対して $M_X(t) = E[e^{tX}] < \infty$ であるとき，複素数 $z = t + ui$ の複素関数 $E[e^{zX}] = E[e^{tX} \cos uX] + iE[e^{tX} \sin uX]$ は，$|\Re z| < \delta$ で正則である．

**証明**. 各 $u \in \mathbb{R}$ に対して，$f(x,t) = e^{tx} \cos ux$ とおいて，積率母関数の微分可能性 (命題 5.6) の別証明のようにすると $E[e^{tX} \cos uX] = E[f(X,t)]$ は $t$ で偏微分可能で

$$\frac{\partial}{\partial t} E[e^{tX} \cos uX] = E[Xe^{tX} \cos uX].$$

同様にすると，$E[e^{zX}]$ はコーシー・リーマンの関係式を満たすことがわかる． □

**定理 A.2** (一致の定理). $f, g$ は連結開領域 $D$ で正則であるとする．$a \in D$ と $\{z_n\}_{n \in \mathbb{N}} \subset D \setminus \{a\}$ が存在して，

$$\forall n \in \mathbb{N}, f(z_n) = g(z_n) \wedge \lim_{n \to \infty} z_n = a$$

が成り立つとき，任意の $z \in D$ に対して $f(z) = g(z)$.

**証明**. 標準的な複素関数論の教科書を参照 (たとえば, [4]). □

積率母関数の一意性 (定理 5.2(1)) の証明

$E\left[e^{zY}\right]$ も同様に正則である．実数列 $z_n = \frac{\delta}{n+1}$ に対して，$M_X(z_n) = E\left[e^{z_n X}\right] = E\left[e^{z_n Y}\right] = M_Y(z_n)$ であり，$z_n \to 0$ なので，一致の定理より $|\Re z| < \delta$ で $E\left[e^{zX}\right] = E\left[e^{zY}\right]$. よって，$E\left[e^{iuX}\right] = E\left[e^{iuY}\right]$. これより，$X$ と $Y$ の特性関数は一致することがわかり，特性関数の一意性 (レビーの反転公式より証明できる) より $F(x) = G(x)$ が導ける. □

### A.1.3 積率母関数の連続性 (定理 5.2(2)) の証明の概略

分布関数の集合を $\mathcal{D}$, 右連続で単調増加な関数の集合を $\mathcal{D}_0$, 関数 $f$ の連続点の集合を $C(f)$ と表し，$F_n \in \mathcal{D}$ と $F_0 \in \mathcal{D}_0$ に対して，

$$\forall x \in C(F_0), \lim_{n \to \infty} F_n(x) = F_0(x)$$

を $F_n \xrightarrow{v} F_0 (n \to \infty)$ と表す.

**定理 A.3** (ヘリーの選択定理). $\{F_n\} \subset \mathcal{D}$ のとき，部分列 $\{F_{n_k}\}$ と $F_0 \in \mathcal{D}_0$ が存在して，$F_{n_k} \xrightarrow{v} F_0 (k \to \infty)$.

**証明**. Durrett[2] の Theorem 3.2.6(p.103)，または Gut[3] の Theorem 8.3(p.234) を参照. □

**定理 A.4** (ヘリー・ブレーの定理). 連続関数 $f$, $\{F_n\} \subset \mathcal{D}$ と $F_0 \in \mathcal{D}_0$ に対して，

(1)  $F_n \xrightarrow{v} F_0 (n \to \infty)$,
(2)  $\lim_{\lambda \to \infty} \sup_{n \in \mathbb{N}} \int_{|x|>\lambda} f(x) F_n(dx) = 0$ ($f$ の $\{F_n\}$ に関する一様可積分性)

が成り立つとき，

$$\lim_{n \to \infty} \int_{-\infty}^{\infty} f(x) F_n(dx) = \int_{-\infty}^{\infty} f(x) F_0(dx).$$

**証明**. $F_0$ の連続点 $a, b$ に対して，

$$\lim_{n \to \infty} \int_a^b f(x) F_n(dx) = \int_a^b f(x) F_0(dx)$$

が (2) の条件がなくても証明できる (Chow-Teicher[1] の Lemma 2(p.274))．区間 $[a, b]$ を十分広くとって，$x < a, b < x$ の積分は，(2) を用いて小さいことを示せば，結論が得られる (Chow-Teicher[1] の Theorem 2(p.276)). □

**命題 A.2** (部分列による収束判定). $\{F_n\} \subset \mathcal{D}$ と $F_0 \in \mathcal{D}_0$ に対して，

$$\exists \{F_{n_k}\} \subset \{F_n\}, \exists G \in \mathcal{D}_0, F_{n_k} \xrightarrow{v} G(k \to \infty) \implies \forall x \in \mathbb{R}, G(x) = F_0(x)$$

が成り立つとき，$F_n \xrightarrow{v} F_0 (n \to \infty)$.

**証明**. $x_0 \in C(F_0)$ で $F_n(x_0)$ が $F_0(x_0)$ に収束しないと仮定すると，ある $\epsilon_0 > 0$ と部分列 $\{F_{n_k}\}$ に対して，

$$\forall k \in \mathbb{N}, |F_{n_k}(x_0) - F_0(x_0)| \geqq \epsilon_0 \cdots (※)$$

が成り立つ．$\{F_{n_k}\}$ は定理 A.3 より，部分列 $\{F_{n_{k_j}}\}$ と $F_1 \in \mathcal{D}_0$ が存在して，$F_{n_{k_j}} \overset{v}{\to} F_1(j \to \infty)$．$\{F_{n_{k_j}}\}$ は $\{F_n\}$ の部分列なので命題の仮定から $F_1(x) = F_0(x)$．つまり，$F_{n_{k_j}} \overset{v}{\to} F_0$．これは (※) に矛盾する．よって，$F_n \overset{v}{\to} F_0(n \to \infty)$． □

### 積率母関数の一意性 (定理 5.2(1)) の証明

分布関数列 $\{F_n\}$ に対して，$\{F_{n_k}\} \overset{v}{\to} F_0$ となる部分列 $\{F_{n_k}\}$ と $F_0 \in \mathcal{D}_0$ を選ぶ (定理 A.3[167])．$|t| < \delta$ を満たす $t$ を任意に固定して，$f(x) = e^{tx}$ とおくと，$M_X(t) < \infty$ から $f$ が $\{F_{n_k}\}$ に関して一様可積分であることが示せる．定理 A.4[167] より，

$$M_{n_k}(t) = \int_{-\infty}^{\infty} e^{tx} dF_n(x) \to \int_{-\infty}^{\infty} e^{tx} dF_0(x).$$

一方，定理の仮定から $M_n(t) \to M(t)$ なので，

$$M(t) = \int_{-\infty}^{\infty} e^{tx} dF_0(x).$$

$M(t)$ は積率母関数なので $M(0) = 1$ であり，したがって $\lim_{x \to \infty} F_0(x) - \lim_{x \to -\infty} F_0(x) = 1$．$0 \leqq F_0(x) \leqq 1$ を考慮すると $\lim_{x \to -\infty} F_0(x) = 0, \lim_{x \to \infty} F_0(x) = 1$ が導けて，$F_0 \in \mathcal{D}$．$M(t)$ は $F$ の積率母関数であり，積率母関数の一意性より $F(x) = F_0(x)$．

他の部分列 $\{F_{m_j}\}$ がある $F_1 \in \mathcal{D}_0$ に対して，$F_{m_j} \overset{v}{\to} F_1(j \to \infty)$ を満たすときも同様に $F(x) = F_1(x)$ が導かれ，部分列による収束判定の命題より $F_n \overset{v}{\to} F$，つまり，$F_n \overset{d}{\Rightarrow} F$． □

## A.2 分割表

### A.2.1 定理 10.1 の証明

**定義 A.1** (退化した多変量正規分布)．$\boldsymbol{X} \sim N_d(\boldsymbol{\mu}, \Sigma)$ であるとは，$E[\boldsymbol{X}] = \boldsymbol{\mu}$, $Var[\boldsymbol{X}] = \Sigma$ であって，任意の $\boldsymbol{a} \in \mathbb{R}^d$ に対して，$\boldsymbol{a}'\boldsymbol{X} \sim N(\boldsymbol{a}'\boldsymbol{\mu}, \boldsymbol{a}'\Sigma\boldsymbol{a})$．ただし，$\boldsymbol{a}'\Sigma\boldsymbol{a} = 0$ のとき，$P(\boldsymbol{a}'\boldsymbol{X} = \boldsymbol{a}'\boldsymbol{\mu}) = 1$ である一点分布であると解釈する．

**命題 A.3** (多変量正規分布の積率母関数)．$\boldsymbol{X} \sim N_d(\boldsymbol{\mu}, \Sigma)$ のとき，その積率母関数 $M_{\boldsymbol{X}}(\boldsymbol{t}) := E\left[e^{\boldsymbol{t}'\boldsymbol{X}}\right]$ は，$M_{\boldsymbol{X}}(\boldsymbol{t}) := e^{\boldsymbol{t}'\boldsymbol{\mu} + \frac{1}{2}\boldsymbol{t}'\Sigma\boldsymbol{t}}$．

**証明**．$\boldsymbol{t}'\boldsymbol{X} \sim N(\boldsymbol{t}'\boldsymbol{\mu}, \boldsymbol{t}'\Sigma\boldsymbol{t})$ なので明らか． □

**定理 A.5** (多変量中心極限定理)．$\boldsymbol{Y}_j, j = 1, \ldots, n$ は互いに独立で同一の分布に従うとし，任意の $j = 1, \ldots, n$ に対して，$E[\boldsymbol{Y}] = \boldsymbol{0}, Var[\boldsymbol{Y}_j] = \Sigma$ とする．このとき，

$$\frac{1}{\sqrt{n}} \sum_{j=1}^{n} \boldsymbol{Y}_j \overset{d}{\Rightarrow} N_k(\boldsymbol{0}, \Sigma) \quad (n \to \infty).$$

**証明**．演習 6.23[97] と同様にすると，$\frac{1}{\sqrt{n}} \sum_{i=1}^{n} \boldsymbol{Y}_i$ の積率母関数が $\exp\left(\frac{1}{2}\boldsymbol{t}'\Sigma\boldsymbol{t}\right)$ に収束することが示せる．ここでは，多変数確率変数に対する分布収束や積率母関数の連続性については，1 変量

確率変数に対する結果が成り立つことを認めることにする. □

**定理 A.6** (連続関数の分布収束). $X_n \overset{d}{\Rightarrow} X$ のとき, 任意の連続関数 $f$ に対して $f(X_n) \overset{d}{\Rightarrow} f(X)$.

**証明**. Rao[5] の 2c.4(xii)(p.124) など, 確率論の教科書を参照. □

**定理 A.7** (平方和の極限分布). $P' = P$, $P^2 = P$, $\mathrm{rank}(P) = r$ のとき, $X_n \overset{d}{\Rightarrow} N_k(\mathbf{0}, P)$ ならば $\|X_n\|^2 \overset{d}{\Rightarrow} \chi_r^2$.

**証明**. $Z \sim N_k(\mathbf{0}, I_k)$ とすると, $E[PZ] = \mathbf{0}$ であり, $P' = P$, $P^2 = P$ なので, $Var[PZ] = P$. 任意の $a \in \mathbb{R}^k$ に対して, $a'PZ$ は $Z$ の成分の線形結合なので, 正規分布の再生性から $a'PZ \sim N(0, a'Pa)$. よって, $PZ \sim N_k(\mathbf{0}, P)$. よって, 定理 A.6 より, $\|X_n\|^2 \overset{d}{\Rightarrow} \|PZ\|^2 = Z'PZ$. $P' = P$ なので直交行列 $Q$ で対角化できて, $P^2 = P$ なので, 固有値は $0, 1$ である. よって, 演習 11.7[162](6) のように $P = Q\Lambda Q'$ と対角化できて, $\mathrm{rank}(P) = r$ だから, $\Lambda$ は最初の $r$ 個が 1 で残りが 0 の対角行列にとれる. $W = (W_1, \ldots, W_k)' = Q'Z$ とすると, $W \sim N(\mathbf{0}, I_k)$ なので, $Z'PZ = W_1^2 + \cdots + W_r^2 \sim \chi_r^2$. 以上より, $\|X_n\|^2 \overset{d}{\Rightarrow} \chi_r^2$. □

定理 10.1 の証明

$\xi_j = (\xi_{1j}, \ldots, \xi_{kj})'$, $j = 1, \ldots, n$ は互いに独立で, 任意の $j = 1, \ldots, n$ に対して,

$$P(\xi_j = e_i) = p_i, i = 1, \ldots, k$$

であるとする. ただし, $e_i$ は第 $i$ 成分が 1 で他の成分が 0 の $k$ 次元列ベクトルであり, $p_1 > 0, \ldots, p_k > 0$, $p_1 + \cdots + p_k = 1$. このとき, $X = \sum_{j=1}^n \xi_j$ とすると, $X = (X_1, \ldots, X_k)'$ は確率関数が (10.3.1)[144] で与えられる多項分布に従う. $Y_{ij} = (\xi_{ij} - p_i)/\sqrt{p_i}$ とおくと,

$$E[Y_{ij}] = 0, \quad Var[Y_{ij}] = 1 - p_i, \quad Cov[Y_{ij}, Y_{i'j}] = -\sqrt{p_i}\sqrt{p_{i'}}$$

である. $Y_j = (Y_{1j}, \ldots, Y_{kj})'$ とおき, $(i, i')$ 成分が $\sqrt{p_i}\sqrt{p_{i'}}$ である $k$ 次の正方行列を $P_1$ とおくと, $Var[Y_j] = I_k - P_1$. したがって, 定理 A.5[168] より, $\frac{1}{\sqrt{n}} \sum_{i=1}^n Y_i \overset{d}{\Rightarrow} N_k(\mathbf{0}, I_k - P_1)$.

$$\left\| \frac{1}{\sqrt{n}} \sum_{j=1}^n Y_j \right\|^2 = \sum_{i=1}^k \left( \frac{X_i - np_i}{\sqrt{np_i}} \right)^2 = Q$$

であり, $P_1' = P_1$, $P_1^2 = P_1$ なので $(I_k - P_1)' = I_k - P_1$, $(I_k - P_1)^2 = I_k - P_1$. また, $(I_k - P_1)x = \mathbf{0}$ の解は $x = c(\sqrt{p_1}, \ldots, \sqrt{p_k})'$ なので, $\mathrm{rank}(I_k - P_1) = k - 1$. よって, 定理 A.7 より, $Q \overset{d}{\Rightarrow} \chi_{k-1}^2$.

## A.2.2 定理 10.3 の証明

$p_i = q_i(\boldsymbol{\theta})$ であるときの対数尤度関数は

$$\ell(\boldsymbol{\theta}) = \log n! + \sum_{i=1}^k (-\log X_i! + X_i \log q_i(\boldsymbol{\theta}))$$

である．$q_i(\boldsymbol{\theta})$ が偏微分可能であるとし，$\dot{\boldsymbol{q}}_i(\boldsymbol{\theta}) := \left(\dfrac{\partial q_i(\boldsymbol{\theta})}{\partial \theta_1}, \ldots, \dfrac{\partial q_i(\boldsymbol{\theta})}{\partial \theta_m}\right)'$ とおく．このとき，

$$\dot{\boldsymbol{\ell}}(\boldsymbol{\theta}) := \left(\dfrac{\partial \ell(\boldsymbol{\theta})}{\partial \theta_1}, \ldots, \dfrac{\partial \ell(\boldsymbol{\theta})}{\partial \theta_m}\right)' = \sum_{i=1}^{k} \dfrac{X_i}{q_i(\boldsymbol{\theta})} \dot{\boldsymbol{q}}_i(\boldsymbol{\theta})$$

である．$I(\boldsymbol{\theta}) = \dfrac{1}{n} E\left[\dot{\boldsymbol{\ell}}(\boldsymbol{\theta}) \dot{\boldsymbol{\ell}}'(\boldsymbol{\theta})\right]$ と定義すると，$E\left[X_i^2\right] = nq_i(\boldsymbol{\theta}) + n(n-1)q_i^2(\boldsymbol{\theta})$，$E\left[X_i X_{i'}\right] = n(n-1)q_i(\boldsymbol{\theta})q_{i'}(\boldsymbol{\theta})$ であり，$\sum_{i=1}^{k} \dot{\boldsymbol{q}}_i(\boldsymbol{\theta}) = \boldsymbol{0}$ なので，

$$I(\boldsymbol{\theta}) = \sum_{i=1}^{k} \dfrac{1}{q_i(\boldsymbol{\theta})} \dot{\boldsymbol{q}}_i(\boldsymbol{\theta}) \dot{\boldsymbol{q}}'_i(\boldsymbol{\theta}).$$

$M(\boldsymbol{\theta}) = \left(\dfrac{1}{\sqrt{q_1(\boldsymbol{\theta})}} \dot{\boldsymbol{q}}_1(\boldsymbol{\theta}), \ldots, \dfrac{1}{\sqrt{q_m(\boldsymbol{\theta})}} \dot{\boldsymbol{q}}_m(\boldsymbol{\theta})\right)'$ なので，$I(\boldsymbol{\theta}) = M'(\boldsymbol{\theta}) M(\boldsymbol{\theta})$. $\text{rank}(M(\boldsymbol{\theta})) = m$ なので，$I(\boldsymbol{\theta})$ は正則である．また，定理 10.1[144] の証明において，$p_i = q_i(\boldsymbol{\theta})$ として，$\boldsymbol{U}(\boldsymbol{\theta}) = \dfrac{1}{\sqrt{n}} \sum_{j=1}^{n} \boldsymbol{Y}_j$ とおくと，

$$\boldsymbol{U}(\boldsymbol{\theta}) = \left(\dfrac{X_1 - nq_1(\boldsymbol{\theta})}{\sqrt{nq_1(\boldsymbol{\theta})}}, \ldots, \dfrac{X_k - nq_k(\boldsymbol{\theta})}{\sqrt{nq_k(\boldsymbol{\theta})}}\right)'$$

であり，

$$\dfrac{1}{\sqrt{n}} \dot{\boldsymbol{\ell}}(\boldsymbol{\theta}) = \sum_{i=1}^{k} \dfrac{X_i - nq_i(\boldsymbol{\theta}) + nq_i(\boldsymbol{\theta})}{\sqrt{nq_i(\boldsymbol{\theta})}\sqrt{q_i(\boldsymbol{\theta})}} \dot{\boldsymbol{q}}_i(\boldsymbol{\theta}) = M'(\boldsymbol{\theta}) \boldsymbol{U}(\boldsymbol{\theta})$$

である．

$\boldsymbol{\theta}$ の最尤推定量 $\hat{\boldsymbol{\theta}}$ に対して，

$$\boldsymbol{d}_1(\boldsymbol{\theta}) := \sqrt{n}(\hat{\boldsymbol{\theta}} - \boldsymbol{\theta}) - \dfrac{1}{\sqrt{n}} I^{-1}(\boldsymbol{\theta}) \dot{\boldsymbol{\ell}}(\boldsymbol{\theta}) \xrightarrow{P} \boldsymbol{0} \,(n \to \infty)$$

と仮定する．また，任意の $i = 1, \ldots, k$ に対して，

$$d_{2,i}(\boldsymbol{\theta}) := \sqrt{n}(q_i(\hat{\boldsymbol{\theta}}) - q_i(\boldsymbol{\theta})) - \sqrt{n}\dot{\boldsymbol{q}}'_i(\boldsymbol{\theta})(\hat{\boldsymbol{\theta}} - \boldsymbol{\theta}) \xrightarrow{P} 0 \,(n \to \infty)$$

も仮定する．このとき，

$$\dfrac{X_i - nq_i(\hat{\boldsymbol{\theta}})}{\sqrt{nq_i(\boldsymbol{\theta})}} = \dfrac{X_i - nq_i(\boldsymbol{\theta})}{\sqrt{nq_i(\boldsymbol{\theta})}} - \dfrac{1}{\sqrt{q_i(\boldsymbol{\theta})}} \left(\dot{\boldsymbol{q}}'_i(\boldsymbol{\theta}) I^{-1}(\boldsymbol{\theta}) M'(\boldsymbol{\theta}) \boldsymbol{U}(\boldsymbol{\theta}) + \dot{\boldsymbol{q}}'_i(\boldsymbol{\theta}) \boldsymbol{d}_1(\boldsymbol{\theta}) + d_{2,i}(\boldsymbol{\theta})\right).$$

さらに，$(i,i)$ 成分が $(q_i(\boldsymbol{\theta})/q_i(\hat{\boldsymbol{\theta}}))^{1/2}$ である対角行列を $D(\boldsymbol{\theta})$，第 $i$ 成分が $d_{2,i}(\boldsymbol{\theta})/\sqrt{q_i(\boldsymbol{\theta})}$ である列ベクトルを $\boldsymbol{d}_2(\boldsymbol{\theta})$，$P_2(\boldsymbol{\theta}) = M(\boldsymbol{\theta}) I^{-1}(\boldsymbol{\theta}) M'(\boldsymbol{\theta})$ とおくと，

$$\boldsymbol{U}(\hat{\boldsymbol{\theta}}) = D(\boldsymbol{\theta})\left((I_k - P_2(\boldsymbol{\theta}))\boldsymbol{U}(\boldsymbol{\theta}) - M(\boldsymbol{\theta})\boldsymbol{d}_1(\boldsymbol{\theta}) - \boldsymbol{d}_2(\boldsymbol{\theta})\right).$$

$\boldsymbol{d}_1(\boldsymbol{\theta}) \xrightarrow{P} \boldsymbol{0}$ より $\hat{\boldsymbol{\theta}} \xrightarrow{P} \boldsymbol{\theta}$ が導けるので，演習 6.22[97](2) と $q_i$ の連続性より $D(\boldsymbol{\theta}) \xrightarrow{P} I_k$. また，$(i,j)$ 成分が $\sqrt{q_i(\boldsymbol{\theta})}\sqrt{q_j(\boldsymbol{\theta})}$ である $k$ 次の正方行列を $P_1(\boldsymbol{\theta})$ とすると定理 10.1 の証明より，$\boldsymbol{U}(\boldsymbol{\theta}) \xRightarrow{d} N_k(\boldsymbol{0}, I_k - P_1(\boldsymbol{\theta}))$ であり，演習 6.19[96](1) より $(I_k - P_2(\boldsymbol{\theta}))\boldsymbol{U}(\boldsymbol{\theta})$ は正規分布に収束

し，平均ベクトルは $\mathbf{0}$ であり，分散共分散行列は

$$(I_k - P_2(\boldsymbol{\theta}))(I_k - P_1(\boldsymbol{\theta}))(I_k - P_2(\boldsymbol{\theta}))'$$

である．ただし，$P_1(\boldsymbol{\theta})P_2(\boldsymbol{\theta}) = O$ なので，

$$(I_k - P_2(\boldsymbol{\theta}))(I_k - P_1(\boldsymbol{\theta}))(I_k - P_2(\boldsymbol{\theta}))' = I_k - P_1(\boldsymbol{\theta}) - P_2(\boldsymbol{\theta}).$$

したがって，$(I_k - P_2(\boldsymbol{\theta}))\boldsymbol{U}(\boldsymbol{\theta}) \overset{d}{\Rightarrow} N_k(\mathbf{0}, I_k - P_1(\boldsymbol{\theta}) - P_2(\boldsymbol{\theta}))$. 以上より，演習 6.19[96](4) を用いると $U(\hat{\boldsymbol{\theta}}) \overset{d}{\Rightarrow} N_k(\mathbf{0}, I_k - P_1(\boldsymbol{\theta}) - P_2(\boldsymbol{\theta}))$ がわかる．$P_1(\boldsymbol{\theta}) + P_2(\boldsymbol{\theta})' = P_1(\boldsymbol{\theta}) + P_2(\boldsymbol{\theta})$，$(P_1(\boldsymbol{\theta}) + P_2(\boldsymbol{\theta}))^2 = P_1(\boldsymbol{\theta}) + P_2(\boldsymbol{\theta})$ であり，$\mathrm{rank}(P_1(\boldsymbol{\theta}) + P_2(\boldsymbol{\theta})) = m + 1$ なので，定理 A.7[169] より，

$$\hat{Q}_0 = ||U(\hat{\boldsymbol{\theta}})||^2 \overset{d}{\Rightarrow} \chi^2_{k-m-1}$$

である．

### A.2.3 定理 10.2 の証明

定理 10.3 を用いて証明するので，定理 10.3 の証明に使われる条件が正しいことを確認すればよい．

$\xi_i = p_{i\bullet}, i = 1, \ldots, r, \eta_j = p_{\bullet j}, j = 1, \ldots, s$ とおくと，独立性の検定における帰無仮説は

$$H_0 : p_{11} = \xi_1\eta_1, \ldots, p_{rs} = \xi_r\eta_s$$

と表せるが，

$$\xi_r = 1 - \xi_1 - \cdots - \xi_{r-1}, \quad \eta_s = 1 - \eta_1 - \cdots - \eta_{s-1}$$

なので，$H_0$ の下での $p_{ij}$ は $\boldsymbol{\theta} = (\xi_1, \ldots, \xi_{r-1}, \eta_1, \ldots, \eta_{s-1})'$ の関数 $q_{ij}(\boldsymbol{\theta}) = \xi_i\eta_j$ で表すことができる．$H_0$ の下での対数尤度関数を $\ell$ とすると，

$$\frac{\partial \ell}{\partial \xi_i} = \frac{X_{i\bullet}}{\xi_i} - \frac{X_{r\bullet}}{\xi_r}, \quad \frac{\partial \ell}{\partial \eta_j} = \frac{X_{\bullet j}}{\eta_j} - \frac{X_{\bullet s}}{\eta_s}$$

となる．ただし，$X_{i\bullet} = \sum_{j=1}^{s} X_{ij}, X_{\bullet j} = \sum_{i=1}^{r} X_{ij}$. これらから $\xi_i, \eta_j$ の最尤推定量 $\hat{\xi}_i, \hat{\eta}_j$ は $\hat{\xi}_i = X_{i\bullet}/n, \hat{\eta}_j = X_{\bullet j}/n$ であることがわかる．

また，$i = 1, \ldots, r, j = 1, \ldots, s, i' = 1, \ldots, r-1, j' = 1, \ldots, s-1$ に対して，

$$\frac{\partial q_{ij}}{\partial \xi_{i'}} = \eta_j(\delta_{ii'} - \delta_{ir}), \quad \frac{\partial q_{ij}}{\partial \eta_{j'}} = \xi_i(\delta_{jj'} - \delta_{js})$$

と表せる．ただし，$\delta_{ij}$ はクロネッカーデルタ．したがって，$(i,j)$ 成分が $\delta_{ij}/\xi_i + 1/\xi_r$ の $(r-1)$ 次の正方行列を $I_{11}(\boldsymbol{\theta})$，$(i,j)$ 成分が $\delta_{ij}/\eta_i + 1/\eta_s$ の $(s-1)$ 次の正方行列を $I_{22}(\boldsymbol{\theta})$ とすると，フィッシャー情報行列は，

$$I(\boldsymbol{\theta}) = M'(\boldsymbol{\theta})M(\boldsymbol{\theta}) = \begin{bmatrix} I_{11}(\boldsymbol{\theta}) & O \\ O & I_{22}(\boldsymbol{\theta}) \end{bmatrix}$$

となる ($I(\boldsymbol{\theta})$ を定義通り, 対数尤度の未知母数による偏微分の共分散から求めても, 同じ結果となる). $I_{11}(\boldsymbol{\theta})$ と $I_{22}(\boldsymbol{\theta})$ の逆行列は, それぞれ $(i,j)$ 成分が $\xi_i(\delta_{ij}-\xi_j)$ と $\eta_i(\delta_{ij}-\eta_j)$ の正方行列である. つまり, $I(\boldsymbol{\theta}) = M'(\boldsymbol{\theta})M(\boldsymbol{\theta})$ は正則であり, $\mathrm{rank}(M'(\boldsymbol{\theta})M(\boldsymbol{\theta})) = \mathrm{rank}(M(\boldsymbol{\theta})) = r-1+s-1$ であることがわかる.

最後に, $\hat{\boldsymbol{\theta}} = (\hat{\xi}_1, \ldots, \hat{\xi}_{r-1}, \hat{\eta}_1, \ldots, \hat{\eta}_{s-1})'$ とおき,

$$\dot{\boldsymbol{\ell}}(\boldsymbol{\theta}) = \left(\frac{\partial \ell}{\partial \xi_1}, \ldots, \frac{\partial \ell}{\partial \xi_{r-1}}, \frac{\partial \ell}{\partial \eta_1}, \ldots, \frac{\partial \ell}{\partial \eta_{s-1}}\right)'$$

とすると, 定理 10.3 の証明における $\boldsymbol{d}_1$ は

$$\boldsymbol{d}_1(\boldsymbol{\theta}) = \sqrt{n}(\hat{\boldsymbol{\theta}} - \boldsymbol{\theta}) - \frac{1}{\sqrt{n}} I^{-1}(\boldsymbol{\theta})\dot{\boldsymbol{\ell}}(\boldsymbol{\theta}) = \boldsymbol{0}$$

が示せる. また,

$$\dot{\boldsymbol{q}}_{ij}(\boldsymbol{\theta}) = \left(\frac{\partial \boldsymbol{q}_{ij}}{\partial \xi_1}, \ldots, \frac{\partial \boldsymbol{q}_{ij}}{\partial \xi_{r-1}}, \frac{\partial \boldsymbol{q}_{ij}}{\partial \eta_1}, \ldots, \frac{\partial \boldsymbol{q}_{ij}}{\partial \eta_{s-1}}\right)'$$

として,

$$d_{2,ij}(\boldsymbol{\theta}) := \sqrt{n}(q_{ij}(\hat{\boldsymbol{\theta}}) - q_{ij}(\boldsymbol{\theta})) - \sqrt{n}\dot{\boldsymbol{q}}'_{ij}(\boldsymbol{\theta})(\hat{\boldsymbol{\theta}} - \boldsymbol{\theta})$$

とおくと,

$$d_{2,ij}(\boldsymbol{\theta}) = (\hat{\xi}_i - \xi_i)(\hat{\eta}_j - \eta_j) \xrightarrow{P} 0 \, (n \to \infty).$$

つまり, 定理 10.3 の証明における $d_{2,i} \xrightarrow{P} 0$ という仮定が満たされることがわかる.

以上より, 定理 10.3 を適用できて, $Q_0 \xrightarrow{d} \chi^2_{(r-1)(s-1)}$ が導ける.

補遺の中で, 証明なしで用いた定理に関する参考文献は以下のとおりである.

**参考文献**

[1] Y.S. Chow and H.Teicher. Probability Theory. Springer, third edition(1997)
[2] R. Durrett. Probability: theory and examples. Cambridge university press, fourth edition(2010)
[3] A. Gut. Probability: a graduate course. Springer, third edition(2005)
[4] 野村隆昭. 『複素関数論講義』, 共立出版 (2016)
[5] C.R. Rao, Linear Statistical Inference and Its Applications, Wiley, second Edition(2002)

付録 B

# 演習解答

章末の演習問題の中には，解答を見ないで解ける初歩的なものと，解答を理解するのも容易でない難解なものがある．この解答例が理解を深めることを願う．

# B.1　第1章の解答

**演習** 1.1　(1) 全体的, (2) 記述統計, 推測統計, (3) 母集団, 標本, 母集団分布, 標本平均, 母平均, 確率, 推測統計

# B.2　第2章の解答

**演習** 2.1　平均は $-1$, 分散は $26$, 標準偏差は $\sqrt{26}$. 中央値は $0$, 四分位偏差は $4.5$, 下側ヒンジは $-6$, 上側ヒンジは $4$ である.

**演習** 2.2　$\bar{x}^* = 4, s_{xx}^* = 4.2, 3 \leqq \bar{x} \leqq 5$.

**演習** 2.3　$\bar{x}$ は最低点 $m$ より $40$ 点高い. $s_x = 15$.

**演習** 2.4　(1) $\sum_{i=1}^n (x_i - \bar{x}) = \sum_{i=1}^n x_i - \sum_{i=1}^n \bar{x} = \sum_{i=1}^n x_i - n\bar{x} = 0$.

(2) $\bar{y} = \frac{1}{n}\sum_{i=1}^n (ax_i + b) = \frac{a}{n}\sum_{i=1}^n x_i + \frac{1}{n}\sum_{i=1}^n b = a\bar{x} + b$. $y_i - \bar{y} = a(x_i - \bar{x})$ だから
$$s_{yy} = \frac{1}{n}\sum_{i=1}^n (y_i - \bar{y})^2 = \frac{1}{n}\sum_{i=1}^n a^2(x_i - \bar{x})^2 = a^2 s_{xx}.$$

(3) $s_{xx} = \frac{1}{n}\sum_{i=1}^n (x_i^2 - 2\bar{x}x_i + \bar{x}^2) = \frac{1}{n}\sum_{i=1}^n x_i^2 - 2\bar{x}\bar{x} + \bar{x}^2 = \frac{1}{n}\sum_{i=1}^n x_i^2 - \bar{x}^2$.

(4) $(x_i - a)^2 = \{(x_i - \bar{x}) + (\bar{x} - a)\}^2 = (x_i - \bar{x})^2 + 2(\bar{x} - a)(x_i - \bar{x}) + (\bar{x} - a)^2$. 最左辺と最右辺を $i=1$ から $i=n$ まで加え, 命題 2.1[20](1) $\sum_{i=1}^n (x_i - \bar{x}) = 0$ に注意すると証明できる.

**演習** 2.5　全体の平均を $\bar{z}$, 分散を $s_{zz}$ とすると, $\bar{z} = \frac{1}{m+n}(m\bar{x} + n\bar{y})$. 命題 2.1[20](4) より, $\sum_{i=1}^m (x_i - \bar{z})^2 = ms_{xx} + m(\bar{x} - \bar{z})^2$, $\sum_{i=1}^n (y_i - \bar{z})^2 = ns_{yy} + n(\bar{y} - \bar{z})^2$. $m(\bar{x} - \bar{z})^2 + n(\bar{y} - \bar{z})^2 = \frac{mn^2(\bar{x}-\bar{y})^2}{(m+n)^2} + \frac{nm^2(\bar{y}-\bar{x})^2}{(m+n)^2} = \frac{mn(\bar{x}-\bar{y})^2}{m+n}$. したがって, $s_{zz} = \frac{1}{m+n}(\sum_{i=1}^m (x_i - \bar{z})^2 + \sum_{i=1}^n (y_i - \bar{z})^2) = \frac{ms_{xx}+ns_{yy}}{m+n} + \frac{mn(\bar{x}-\bar{y})^2}{(m+n)^2}$.

**演習** 2.6　$y = \log x$ ⋯① の $x = \bar{x}$ における接線 $y = \log \bar{x} + \frac{1}{\bar{x}}(x - \bar{x})$ は ① の上側にあるので, $\log x \leqq \log \bar{x} + \frac{1}{\bar{x}}(x - \bar{x})$. 等号成立は $x = \bar{x}$ のときのみである. よって, $\sum_{i=1}^n \log x_i \leqq \sum_{i=1}^n (\log \bar{x} + \frac{1}{\bar{x}}(x_i - \bar{x})) = n \log \bar{x}$. これから, $\bar{x} \geqq \bar{x}_g$. $y_i = \frac{1}{x_i}$ を $\bar{y} \geqq \bar{y}_g$ に代入すると, $\bar{x}_g \geqq \bar{x}_h$. どちらも, 等号は, $x_1 = \cdots = x_n (= \bar{x})$ のときのみ.

**演習** 2.7*　$F(a) = n\{s_{xx} + (a - \bar{x})^2\}$ なので, $a = \bar{x}$ のとき最小値 $ns_{xx}$ をとる. 次に, $x_1, \ldots, x_n$ の順序統計量 $x_{(1)} \leqq x_{(2)} \leqq \cdots \leqq x_{(n)}$ とすると,

$$G(a) = \begin{cases} -na + \sum_{i=1}^n x_{(i)} & (a < x_{(1)}) \\ (2j-n)a - \sum_{i=1}^j x_{(i)} + \sum_{i=j+1}^n x_{(i)} & (x_{(j)} \leqq a \leqq x_{(j+1)}) \\ na - \sum_{i=1}^n x_{(i)} & (x_{(n)} \leqq a) \end{cases}.$$

よって, $j < n/2$ を満たす最大の $j$ を $j_0$, $j > n/2$ を満たす最小の $j$ を $j_1$ とすると, $G(a)$ は $a \leqq x_{(j_0+1)}$ のとき単調減少, $x_{(j_1)} \leqq a$ のとき単調増加である. $n = 2m$ のときは, $j_0 = m - 1, j_1 = m + 1$ であり, $a \leqq x_{(m)}$ のとき単調減少, $x_{(m+1)} \leqq a$ のとき単調増加である. $x_{(m)} \leqq a \leqq x_{(m+1)}$ のときは, $G(a) = -\sum_{i=1}^{m} x_{(i)} + \sum_{i=m+1}^{n} x_{(i)}$ であり, これが $G(a)$ の最小値. $n = 2m - 1$ のときは, $j_0 = m - 1, j_1 = m$ であり, $a \leqq x_{(m)}$ のとき単調減少, $x_{(m)} \leqq a$ のとき単調増加なので, $G(x_{(m)}) = -\sum_{i=1}^{m-1} x_{(i)} + \sum_{i=m+1}^{n} x_{(i)}$ が $G(a)$ の最小値.

**演習 2.8**

演習 2.1[28] より, $\bar{x} = -1, s_{xx} = 26, s_x = \sqrt{26}$. 同様に計算すると, $\bar{y} = -2, s_{yy} = 35, s_y = \sqrt{35}, s_{xy} = 20$ よって,
$$r_{xy} = 0.6629, \quad \hat{a} = \frac{10}{13}, \quad \hat{b} = -\frac{16}{13}.$$

**演習 2.9** (1) 命題 2.1[20] の (2) と同様にすると $\bar{v} = a\bar{x} + b\bar{y} + p, \bar{w} = c\bar{x} + d\bar{y} + q$. したがって, $v_i - \bar{v} = a(x_i - \bar{x}) + b(y_i - \bar{y}), w_i - \bar{w} = c(x_i - \bar{x}) + d(y_i - \bar{y})$. これらを $s_{vv} = \frac{1}{n} \sum_{i=1}^{n} (v_i - \bar{v})^2$ と $s_{vw} = \frac{1}{n} \sum_{i=1}^{n} (v_i - \bar{v})(w_i - \bar{w})$ に代入すると主張が導ける.

(2) $s_{xy} = \frac{1}{n} \sum_{i=1}^{n} (x_i y_i - \bar{x} y_i - \bar{y} x_i + \bar{x}\bar{y}) = \frac{1}{n} \sum_{i=1}^{n} x_i y_i - \bar{y}\bar{x} - \bar{x}\bar{y} + \bar{x}\bar{y} = \frac{1}{n} \sum_{i=1}^{n} x_i y_i - \bar{x}\bar{y}$.

**演習 2.10** $\|\boldsymbol{x}\| = 0$ のとき, $x_1 = \cdots = x_n = 0$ なので, $-\|\boldsymbol{x}\|\|\boldsymbol{y}\| = (\boldsymbol{x}, \boldsymbol{y}) = \|\boldsymbol{x}\|\|\boldsymbol{y}\| = 0$. $\|\boldsymbol{x}\| > 0$ のとき, $g(t) = \|t\boldsymbol{x} - \boldsymbol{y}\|^2$ とおくと, $g(t) = \|\boldsymbol{x}\|^2(t - t_0)^2 + \frac{\|\boldsymbol{x}\|^2\|\boldsymbol{y}\|^2 - (\boldsymbol{x},\boldsymbol{y})^2}{\|\boldsymbol{x}\|^2}$. ただし, $t_0 = \frac{(\boldsymbol{x},\boldsymbol{y})}{\|\boldsymbol{x}\|^2}$. 任意の $t \in \mathbb{R}$ に対して, $g(t) \geqq 0$ なので, $g(t_0) \geqq 0 \iff \|\boldsymbol{x}\|^2\|\boldsymbol{y}\|^2 \geqq (\boldsymbol{x},\boldsymbol{y})^2$. つまり, $|(\boldsymbol{x},\boldsymbol{y})| \leqq \|\boldsymbol{x}\| \cdot \|\boldsymbol{y}\|$. また, $|(\boldsymbol{x},\boldsymbol{y})| = \|\boldsymbol{x}\| \cdot \|\boldsymbol{y}\| \iff g(t_0) = 0 \iff \|t_0 \boldsymbol{x} - \boldsymbol{y}\|^2 = 0$ なので, 等号成立条件は $\boldsymbol{y} = t_0 \boldsymbol{x} = \frac{(\boldsymbol{x},\boldsymbol{y})}{\|\boldsymbol{x}\|^2}\boldsymbol{x}$.

**演習 2.11** (1) 命題 2.1[20] の (2) より $s_{vv} = a^2 s_{xx}, s_{ww} = c^2 s_{yy}$. また, (2.7.3)[22] より, $s_{vw} = ac s_{xy}$. したがって,
$$r_{vw} = \frac{s_{vw}}{\sqrt{s_{vv}s_{ww}}} = \frac{ac\, s_{xy}}{|ac|s_x s_y} = \begin{cases} r_{xy} & (ac > 0) \\ -r_{xy} & (ac < 0) \end{cases}.$$

(2) $z_i = x_i - \bar{x}, w_i = y_i - \bar{y}$ として, $z_1, \ldots, z_n, w_1, \ldots, w_n$ にシュワルツの不等式 (演習 2.10[29]) を適用すると, $|s_{xy}| \leqq s_x s_y$. つまり, $|r_{xy}| \leqq 1$. $r_{xy}$ は $s_{xx} > 0$ の場合にだけ定義するので, 等号成立条件は, $y_i - \bar{y} = \frac{s_{xy}}{s_{xx}}(x_i - \bar{x}), i = 1, \ldots, n$. つまり, すべての点 $(x_i, y_i)$ が直線 $y = \frac{s_{xy}}{s_{xx}}(x - \bar{x}) + \bar{y}$ 上にあることである.

**演習 2.12** $e_i = y_i - b_1 x_i - b_0$ とおくと, 命題 2.1[20](3) より, $\frac{1}{n}S(b_0, b_1) = s_{ee} + \bar{e}^2$. また, (2.7.2)[22] より, $s_{ee} = s_{yy} - 2b_1 s_{xy} + b_1^2 s_{xx}$ であり, $s_{ee} = s_{xx}(b_1 - \frac{s_{xy}}{s_{xx}})^2 - \frac{s_{xy}^2}{s_{xx}} + s_{yy}$ なので, $b_1 = \frac{s_{xy}}{s_{xx}}$ のとき, $s_{ee}$ は最小値 $-\frac{s_{xy}^2}{s_{xx}} + s_{yy}$ をとる. さらに, 命題 2.1[20](2) より, $\bar{e} = \bar{y} - b_1\bar{x} - b_0$ なので, $b_0 = \bar{y} - b_1\bar{x}$ のとき $\bar{e}^2$ は最小値 0 をとる. これから, 命題 2.5[24] が証明される. 次に, $\hat{\beta}_0 = \bar{y} - \hat{\beta}_1\bar{x}, \hat{e}_i = y_i - \hat{\beta}_0 - \hat{\beta}_1 x_i$ なので, $\sum_{i=1}^{n} \hat{e}_i = n(\bar{y} - \hat{\beta}_0 - \hat{\beta}_1\bar{x}) = 0$ であり, $\hat{\beta}_1 = \frac{s_{xy}}{s_{xx}}, \hat{y}_i = \hat{\beta}_0 + \hat{\beta}_1 x_i$ なので, (2.7.3)[22] から $s_{x\hat{e}} = s_{xy} - \hat{\beta}_1 s_{xx} = 0, s_{\hat{y}\hat{e}} = \hat{\beta}_1 s_{x\hat{e}} = 0$. ま

た，$y_i = \hat{y}_i + \hat{e}_i$ であり，$s_{\hat{y}\hat{e}} = 0$ なので，(2.7.2)[22] より (2.8.4)[25] がわかり，$\hat{y}_i = \hat{\beta}_0 + \hat{\beta}_1 x_i$ と (2.7.2)[22] より，$s_{\hat{y}\hat{y}} = \hat{\beta}_1^2 s_{xx} = \frac{s_{xy}^2}{s_{xx}}$ がわかるので，(2.8.5)[25] が導ける．さらに，$S(b_0, b_1)$ の定義と $\hat{e}_i$ の定義から (2.8.6)[25] は明らか．

**演習 2.13** (1) $x_i - a = (x_i - \bar{x}) + (\bar{x} - a)$，$y_i - b = (y_i - \bar{y}) + (\bar{y} - b)$ を左辺に代入し，$\sum_{i=1}^n (x_i - \bar{x}) = 0, \sum_{i=1}^n (y_i - \bar{y}) = 0$ に注意すると示せる．

(2) $x_1, \ldots, x_m, z_1, \ldots, z_n$ 全体の平均を $\bar{u}$，$y_1, \ldots, y_m, w_1, \ldots, w_n$ 全体の平均を $\bar{v}$，全体の共分散を $s_{uv}$ とおくと，$s_{uv} = \frac{1}{m+n}\left(\sum_{i=1}^m (x_i - \bar{u})(y_i - \bar{v}) + \sum_{i=1}^n (z_i - \bar{u})(w_i - \bar{v})\right)$. (1) より，$\sum_{i=1}^m (x_i - \bar{u})(y_i - \bar{v}) = m s_{xy} + m(\bar{x} - \bar{u})(\bar{y} - \bar{v})$. $\sum_{i=1}^n (z_i - \bar{u})(w_i - \bar{v}) = n s_{zw} + n(\bar{z} - \bar{u})(\bar{w} - \bar{v})$. また，$(\bar{x} - \bar{u})(\bar{y} - \bar{v}) = \frac{n^2}{(m+n)^2}(\bar{x} - \bar{z})(\bar{y} - \bar{w})$, $(\bar{z} - \bar{u})(\bar{w} - \bar{v}) = \frac{m^2}{(m+n)^2}(\bar{x} - \bar{z})(\bar{y} - \bar{w})$. これらより，$s_{uv} = \frac{m s_{xy} + n s_{zw}}{m+n} + \frac{mn}{(m+n)^2}(\bar{x} - \bar{z})(\bar{y} - \bar{w})$.

**演習 2.14*** $\tilde{x}_i = x_i - \bar{x}$, $\tilde{y}_i = y_i - \bar{y}$, $C = a\bar{x} + b\bar{y} + c$ とおくと，$(ax_i + by_i + c)^2 = a^2 \tilde{x}_i^2 + b^2 \tilde{y}_i^2 + C^2 + 2ab\tilde{x}_i\tilde{y}_i + 2a\tilde{x}_i C + 2b\tilde{y}_i C$ なので，
$$T(a,b,c) = \sum_{i=1}^n \frac{(ax_i + by_i + c)^2}{a^2 + b^2} = \frac{n}{a^2+b^2}\left\{s_{xx}a^2 + s_{yy}b^2 + 2s_{xy}ab + C^2\right\}.$$
$T(a,b,c)$ を最小にするためには，まず，$C = 0$，つまり，$c = -\bar{x}a - \bar{y}b$ が必要である．そのとき，$\cos\theta = \frac{a}{\sqrt{a^2+b^2}}$, $\sin\theta = \frac{b}{\sqrt{a^2+b^2}}$ とおくと，
$$T = n\left\{\frac{s_{xx} - s_{yy}}{2}\cos 2\theta + s_{xy}\sin 2\theta + \frac{1}{2}(s_{xx} + s_{yy})\right\}.$$
$\boldsymbol{u} = (\frac{s_{xx}-s_{yy}}{2}, s_{xy})$, $\boldsymbol{v} = (\cos 2\theta, \sin 2\theta)$，これらのなす角を $\alpha$，$K = \frac{1}{2}(s_{xx} + s_{yy})$ として，$\|\boldsymbol{v}\| = 1$ に注意すると，$T = n(\boldsymbol{u} \cdot \boldsymbol{v} + K) = n(\|\boldsymbol{u}\|\cos\alpha + K)$. よって，$\alpha = \pi$ のときが $T$ は最小値
$$n(-\|\boldsymbol{u}\| + K) = \frac{n}{2}\left(s_{xx} + s_{yy} - \sqrt{(s_{xx} - s_{yy})^2 + 4s_{xy}^2}\right)$$
をとる．また，そのとき $\boldsymbol{v} = -\frac{1}{\|\boldsymbol{u}\|}\boldsymbol{u}$ なので，$\cos 2\theta = -\frac{s_{xx}-s_{yy}}{2\|\boldsymbol{u}\|}$, $\sin 2\theta = -\frac{s_{xy}}{\|\boldsymbol{u}\|}$. よって，
$$\frac{a}{b} = \frac{\cos\theta}{\sin\theta} = \frac{\cos 2\theta + 1}{\sin 2\theta} = \frac{-\frac{s_{xx}-s_{yy}}{2\|\boldsymbol{u}\|} + 1}{-\frac{1}{\|\boldsymbol{u}\|}s_{xy}} = \frac{s_{xx} - s_{yy} - \sqrt{(s_{xx} - s_{yy})^2 + 4s_{xy}^2}}{2s_{xy}}.$$
$n = 12$, $s_{xx} = 26$, $s_{yy} = 35$, $s_{xy} = 20$ なので，$T$ の最小値は $120$ であり，$\frac{a}{b} = -\frac{5}{4}$ である．$\bar{x} = -1$, $\bar{y} = -2$ なので，$C = 0$ のとき $c = a + 2b$. そのとき，$\frac{c}{b} = \frac{a}{b} + 2 = \frac{3}{4}$. よって，直線の方程式は，$-\frac{5}{4}x + y + \frac{3}{4} = 0$. つまり，$5x - 4y - 3 = 0$.

**演習 2.15*** $\sum_{i=1}^r \sum_{j=1}^s p_{ij} = 1$, $\sum_{i=1}^r p_{i\bullet} = 1$, $\sum_{j=1}^s p_{\bullet j} = 1$ であることに注意すると，
$$Q_0 = n\sum_{i=1}^r \sum_{j=1}^s \left(\frac{p_{ij}^2}{p_{i\bullet}p_{\bullet j}} - 2p_{ij} + p_{i\bullet}p_{\bullet j}\right) = n\left(\sum_{i=1}^r \sum_{j=1}^s \frac{p_{ij}^2}{p_{i\bullet}p_{\bullet j}} - 1\right).$$
任意の $i, j$ に対して，$p_{ij} \leq p_{i\bullet}$ なので，
$$\sum_{i=1}^r \sum_{j=1}^s \frac{p_{ij}^2}{p_{i\bullet}p_{\bullet j}} \leq \sum_{i=1}^r \sum_{j=1}^s \frac{p_{i\bullet}p_{ij}}{p_{i\bullet}p_{\bullet j}} = \sum_{j=1}^s \frac{1}{p_{\bullet j}}\sum_{i=1}^r p_{ij} = s.$$
同様に $p_{ij} \leq p_{\bullet j}$ なので，$\sum_{i=1}^r \sum_{j=1}^s \frac{p_{ij}^2}{p_{i\bullet}p_{\bullet j}} \leq r$. よって，$\sum_{i=1}^r \sum_{j=1}^s \frac{p_{ij}^2}{p_{i\bullet}p_{\bullet j}} \leq \min(r, s)$. し

たがって，$0 \leqq V \leqq 1$. また，$V = 0 \iff \frac{(p_{ij}-p_{i\bullet}p_{\bullet j})^2}{p_{i\bullet}p_{\bullet j}} = 0, \forall i,j \iff p_{ij} = p_{i\bullet}p_{\bullet j}, \forall i,j$.

**演習** 2.16* $p_{11} - p_{1\bullet}p_{\bullet 1} = p_{22} - p_{2\bullet}p_{\bullet 2} = p_{11}p_{22} - p_{12}p_{21}$. また，$p_{12} - p_{1\bullet}p_{\bullet 2} = p_{21} - p_{2\bullet}p_{\bullet 1} = p_{12}p_{21} - p_{11}p_{22}$. したがって，

$$\begin{aligned}Q_0 &= n\left(\frac{1}{p_{1\bullet}p_{\bullet 1}} + \frac{1}{p_{1\bullet}p_{\bullet 2}} + \frac{1}{p_{2\bullet}p_{\bullet 1}} + \frac{1}{p_{2\bullet}p_{\bullet 2}}\right)(p_{11}p_{22} - p_{12}p_{21})^2 \\ &= n\frac{p_{1\bullet}p_{\bullet 1} + p_{1\bullet}p_{\bullet 2} + p_{2\bullet}p_{\bullet 1} + p_{2\bullet}p_{\bullet 2}}{p_{1\bullet}p_{2\bullet}p_{\bullet 1}p_{\bullet 2}}(p_{11}p_{22} - p_{12}p_{21})^2 \\ &= n\frac{(p_{1\bullet} + p_{2\bullet})(p_{\bullet 1} + p_{\bullet 2})}{p_{1\bullet}p_{2\bullet}p_{\bullet 1}p_{\bullet 2}}(p_{11}p_{22} - p_{12}p_{21})^2 = n\frac{(p_{11}p_{22} - p_{12}p_{21})^2}{p_{1\bullet}p_{2\bullet}p_{\bullet 1}p_{\bullet 2}}.\end{aligned}$$

**演習** 2.17* (1) $\hat{\beta}_0$ の定義から，$\bar{\hat{e}} = \frac{1}{n}\sum_{i=1}^n \hat{e}_i = \bar{z} - \hat{\beta}_0 - \hat{\beta}_1\bar{x} - \hat{\beta}_2\bar{y} = 0$. (2.9.2)[26] に注意して，(2.7.3)[22] を使うと $s_{\hat{e}x} = s_{zx} - \hat{\beta}_1 s_{xx} - \hat{\beta}_2 s_{xy} = 0$, $s_{\hat{e}y} = s_{zy} - \hat{\beta}_1 s_{xy} - \hat{\beta}_2 s_{uu} = 0$. $\hat{z}_i = \hat{\beta}_0 + \hat{\beta}_1 x_i + \hat{\beta}_2 y_i$ なので，$s_{\hat{e}\hat{z}} = \hat{\beta}_1 s_{\hat{e}x} + \hat{\beta}_2 s_{\hat{e}y} = 0$.

(2) $e_i = z_i - (b_0 + b_1 x_i + b_2 y_i)$ とおくと $\frac{1}{n}S(b_0, b_1, b_2) = s_{ee} + \bar{e}^2$ であり，$w_i = e_i - \hat{e}_i$ とおくと，$w_i = \hat{z}_i - (b_0 + b_1 x_i + b_2 y_i)$ なので，(2.7.3)[22] と (1) より $s_{\hat{e}w} = s_{\hat{e}z} - b_1 s_{\hat{e}x} - b_2 s_{\hat{e}y} = 0$. よって，(2.7.2)[22] より，$s_{ee} = s_{\hat{e}\hat{e}} + s_{ww}$. $s_{ww} \geqq 0$, $\bar{e}^2 \geqq 0$ なので，$\frac{1}{n}S(b_0, b_1, b_2) = s_{\hat{e}\hat{e}} + s_{ww} + \bar{e}^2 \geqq s_{\hat{e}\hat{e}}$. $\sum_{i=1}^n \hat{e}_i^2 = S(\hat{\beta}_0, \hat{\beta}_1, \hat{\beta}_2)$, $\bar{\hat{e}} = 0$ なので，$s_{\hat{e}\hat{e}} = \frac{1}{n}S(\hat{\beta}_0, \hat{\beta}_1, \hat{\beta}_2)$. 以上より，$S(b_0, b_1, b_2) \geqq S(\hat{\beta}_0, \hat{\beta}_1, \hat{\beta}_2)$. また，$z_i = \hat{z}_i + \hat{e}_i$ であり，$s_{\hat{z}\hat{e}} = 0$ なので，(2.7.2)[22] より，$s_{zz} = s_{\hat{z}\hat{z}} + s_{\hat{e}\hat{e}}$.

(3) (2.9.2)[26] を解いて，共分散を相関係数で表すと，(2.9.4)[26], (2.9.5)[26] が得られる．

(4) $\hat{z}_i = \hat{\beta}_0 + \hat{\beta}_1 x_i + \hat{\beta}_2 y_i$ なので，(2.7.3)[22] より，$s_{z\hat{z}} = \hat{\beta}_1 s_{xz} + \hat{\beta}_2 s_{yz}$. また，(2.9.2)[26] より，$s_{x\hat{z}} = \hat{\beta}_1 s_{xx} + \hat{\beta}_2 s_{xy} = s_{xz}$, $s_{y\hat{z}} = \hat{\beta}_1 s_{xy} + \hat{\beta}_2 s_{yy} = s_{yz}$. したがって，(2.7.3)[22] より，$s_{\hat{z}\hat{z}} = \hat{\beta}_1 s_{x\hat{z}} + \hat{\beta}_2 s_{y\hat{z}} = \hat{\beta}_1 s_{xz} + \hat{\beta}_2 s_{yz}$. 一方，(2) より $s_{zz} = s_{\hat{z}\hat{z}} + s_{\hat{e}\hat{e}}$ なので，$s_{\hat{e}\hat{e}} = s_{zz} - \hat{\beta}_1 s_{xz} - \hat{\beta}_2 s_{yz}$ であり，$S(\hat{\beta}_0, \hat{\beta}_1, \hat{\beta}_2) = ns_{\hat{e}\hat{e}} = n(s_{zz} - \hat{\beta}_1 s_{xz} - \hat{\beta}_2 s_{yz})$. また，$s_{z\hat{z}} = s_{\hat{z}\hat{z}} = \hat{\beta}_1 s_{xz} + \hat{\beta}_2 s_{yz}$ なので，$r_{z\hat{z}} = \frac{\sqrt{s_{z\hat{z}}}}{s_z} = \sqrt{\hat{\beta}_1 \frac{s_{xz}}{s_{zz}} + \hat{\beta}_2 \frac{s_{yz}}{s_{zz}}}$. (2.9.4)[26], (2.9.5)[26] を代入すると，命題 2.8[27] が示せる．

**演習** 2.18* $\sum_{i=1}^n \hat{u}_i = 0$ なので，$ns_{\hat{u}\hat{u}} = \sum_{i=1}^n \hat{u}_i^2$. $\hat{u}_i$ は目的変数が $x_i$, 説明変数が $z_i$ の残差なので，命題 2.5[24] より，$s_{\hat{u}\hat{u}} = s_{xx}(1 - r_{xz}^2)$. 同様に，$s_{\hat{v}\hat{v}} = s_{yy}(1 - r_{yz}^2)$. さらに，$\hat{u}_i = \tilde{x}_i - \hat{\gamma}_1 \tilde{z}_i$, $\hat{v}_i = \tilde{y}_i - \hat{\delta}_1 \tilde{z}_i$ だから，$s_{\hat{u}\hat{v}} = s_{xy} - \hat{\delta}_1 s_{xz} - \hat{\gamma}_1 s_{yz} + \hat{\gamma}_1\hat{\delta}_1 s_{zz} = \frac{1}{s_{zz}}(s_{xy}s_{zz} - s_{xz}s_{yz})$. これらから (2.9.10)[28] が証明できる．

# B.3　第 3 章の解答

**演習** 3.1　$P(X=0) = \frac{1}{6}$, $P(X=1) = \frac{2}{6} = \frac{1}{3}$, $P(X=2) = \frac{2}{6} = \frac{1}{3}$, $P(X=3) = \frac{1}{6}$. これと期待値の定義から，$E[X] = \frac{3}{2}$, $E[X^2] = \frac{19}{6}$. 分散公式より，$Var[X] = \frac{11}{12}$. これらから，$E[4X+1] = 7$, $Var[4X+1] = \frac{44}{3}$.

**演習** 3.2 $E[X+1]$, $E[(X+1)(X+2)]$ を定義に従って求めると,
$$E[X+1] = \sum_{k=0}^{\infty}(k+1)\frac{18}{(k+1)(k+2)(k+3)(k+4)}$$
$$= \lim_{n\to\infty}\sum_{k=0}^{n}\left(\frac{9}{(k+2)(k+3)} - \frac{9}{(k+3)(k+4)}\right) = \frac{3}{2}.$$
$$E[(X+1)(X+2)] = \sum_{k=0}^{\infty}\frac{18}{(k+3)(k+4)} = \lim_{n\to\infty}\sum_{k=0}^{n}\left(\frac{18}{k+3} - \frac{18}{k+4}\right) = 6.$$
これらから, $E[X+1] = E[X] + 1 = \frac{3}{2}$, $E[(X+1)(X+2)] = E[X^2] + 3E[X] + 2 = 6$. よって, $E[X] = \frac{3}{2} - 1 = \frac{1}{2}$, $E[X^2] = 6 - \frac{3}{2} - 2 = \frac{5}{2}$. よって, $Var[X] = E[X^2] - \{E[X]\}^2 = \frac{5}{2} - \frac{1}{4} = \frac{9}{4}$.

**演習** 3.3 $P(X=3) = \frac{15}{128}$, $P(X \geq 4) = 1 - \sum_{k=0}^{3} P(X=k) = \frac{53}{64}$.

**演習** 3.4 $e^z = \sum_{i=0}^{\infty}\frac{z^i}{i!}$ なので,
$$E[X] = \sum_{k=0}^{\infty}kp_k = \sum_{k=1}^{\infty}k\frac{\lambda^k}{k!}e^{-\lambda} = \lambda e^{-\lambda}\sum_{l=0}^{\infty}\frac{\lambda^l}{l!} = \lambda e^{-\lambda}e^{\lambda} = \lambda.$$
$$E[X(X-1)] = \sum_{k=0}^{\infty}k(k-1)p_k = \sum_{k=2}^{\infty}k(k-1)\frac{\lambda^k}{k!}e^{-\lambda} = \lambda^2 e^{-\lambda}\sum_{l=0}^{\infty}\frac{\lambda^l}{l!} = \lambda^2.$$
$$Var[X] = E[X(X-1)] + E[X] - \{E[X]\}^2 = \lambda^2 + \lambda - \lambda^2 = \lambda.$$

**演習** 3.5* $f(x) := (1+x)^{-r}$ のテイラー展開は,
$$(1+x)^{-r} = f(x) = \sum_{k=0}^{\infty}\frac{1}{k!}f^{(k)}(0)x^k = \sum_{k=0}^{\infty}\binom{-r}{k}x^k, \quad |x| < 1$$
なので (収束半径が 1 であることは, コーシーの剰余項の収束条件から導ける),
$$E[X] = \sum_{k=0}^{\infty}kp_k = \sum_{k=1}^{\infty}k\frac{-r(-r-1)\cdots(-r-k+1)}{k!}q^r(-p)^k$$
$$= (-r)(-p)q^r\sum_{k'=0}^{\infty}\frac{(-r-1)\cdots(-r-1-k'+1)}{k'!}(-p)^{k'}$$
$$= rpq^r(1-p)^{-r-1} = \frac{rp}{q}.$$
同様にすると, $E[X(X-1)] = r(r+1)\frac{p^2}{q^2}$. よって, $Var[X] = E[X(X-1)] + E[X] - \{E[X]\}^2 = \frac{rp}{q^2}$.

**演習** 3.6* $(1+x)^{N+L} = \sum_{n=0}^{N+L} {}_{N+L}C_n x^n$ であり, 一方,
$$(1+x)^N(1+x)^L = \sum_{k=0}^{N}{}_NC_k x^k \sum_{l=0}^{L}{}_LC_l x^l = \sum_{k=0}^{N}\sum_{l=0}^{L}{}_NC_k\,{}_LC_l\, x^{k+l}.$$
$n = k+l$ とおくと, $0 \leq k \leq N$, $0 \leq l \leq L$ のとき, $0 \leq n \leq N+L$, $0 \leq k \leq N$, $0 \leq l = n-k \leq L$. したがって, $0 \leq n \leq N+L$, $\max(0, n-L) \leq k \leq \min(N, n)$. よって,
$$(1+x)^N(1+x)^L = \sum_{n=0}^{N+L}\left(\sum_{k=\max(0,n-L)}^{\min(N,n)}{}_NC_k\,{}_LC_{n-k}\right)x^n.$$

この $(1+x)^{N+L}$ の二つの展開において, $x^n$ の係数を比較すると,
$$_{N+L}C_n = \sum_{k=\max(0,n-L)}^{\min(N,n)} {}_NC_k {}_LC_{n-k}.$$
一方, $k=1,2,\ldots$ に対して $k\,{}_NC_k = N\,{}_{N-1}C_{k-1}$ であり, また $\frac{{}_{M-1}C_{n-1}}{{}_MC_n} = \frac{n}{M}$ なので,
$$E[X] = \sum_{k=\max(0,N+n-M)}^{\min(N,n)} k \frac{{}_NC_k\,{}_{M-N}C_{n-k}}{{}_MC_n}$$
$$= \sum_{k=\max(\max(0,N+n-M),1)}^{\min(N,n)} k \frac{{}_NC_k\,{}_{M-N}C_{n-k}}{{}_MC_n}$$
$$= \frac{N}{{}_MC_n} \sum_{k=\max(1,N+n-M)}^{\min(N,n)} {}_{N-1}C_{k-1} \times {}_{M-N}C_{n-k}$$
$$= \frac{N}{{}_MC_n} \sum_{k'=\max(0,n-1-(M-N))}^{\min(N-1,n-1)} {}_{N-1}C_{k'} \times {}_{M-N}C_{n-1-k'} = \frac{nN}{M}.$$
$$E[X(X-1)] = \sum_{k=\max(0,N+n-M)}^{\min(N,n)} k(k-1)\frac{{}_NC_k\,{}_{M-N}C_{n-k}}{{}_MC_n} = \frac{n(n-1)N(N-1)}{M(M-1)}.$$
$$Var[X] = E[X(X-1)] + E[X] - \{E[X]\}^2 = \frac{nN(M-n)(M-N)}{M^2(M-1)}.$$

**演習 3.7** $x<0$ のとき, $-\infty < u < x$ で $f(u) = 0$ より $F(x) = 0$. $0 \leqq x \leqq 1$ のとき,
$$F(x) = \int_{-\infty}^x f(u)du = \int_0^x 6u(1-u)du = 3x^2 - 2x^3.$$
$x > 1$ のとき,
$$F(x) = \int_{-\infty}^x f(u)du = \int_0^1 6u(1-u)du = 1.$$
以上より,
$$F(x) = \begin{cases} 0 & (x<0) \\ 3x^2 - 2x^3 & (0 \leqq x \leqq 1) \\ 1 & (x>1) \end{cases}$$

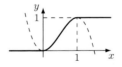

となり, グラフは右のようになる. さらに,
$$E[X^k] = \int_0^1 x^k \times 6x(1-x)dx = \frac{6}{(k+2)(k+3)}$$
なので, $Var[X] = E[X^2] - \{E[X]\}^2 = \frac{6}{4\times 5} - \left(\frac{6}{3\times 4}\right)^2 = \frac{1}{20}$.

**演習 3.8** $\int_0^\infty f(x)dx = a\int_0^{\frac{\pi}{2}} \frac{1}{(\tan^2 t+1)^2}\frac{dt}{\cos^2 t} = \frac{a}{2}\int_0^{\frac{\pi}{2}}(\cos 2t+1)dt = \frac{a}{4}\pi$. $\int_{-\infty}^\infty f(x)dx = 1$ なので $a = \frac{4}{\pi}$. また, $E[X] = a\int_0^\infty \frac{x}{(x^2+1)^2}dx = \frac{a}{2}\int_1^\infty \frac{1}{u^2}du = \frac{2}{\pi}$. さらに, $E[X^2+1] = a\int_0^\infty \frac{1}{x^2+1}dx = 2$. よって, $E[X^2] = E[X^2+1] - 1 = 1$. したがって, $Var[X] = E[X^2] - \{E[X]\}^2 = 1 - \frac{4}{\pi^2}$.

**演習 3.9** $E[X], E[X^2]$ を定義に従って求めると,

$$E[X] = \int_0^\infty x\lambda e^{-\lambda x}dx = [x(-e^{-\lambda x})]_0^\infty - \int_0^\infty (-e^{-\lambda x})dx$$
$$= \int_0^\infty e^{-\lambda x}dx = \left[-\frac{1}{\lambda}e^{-\lambda x}\right]_0^\infty = \frac{1}{\lambda},$$
$$E[X^2] = \int_0^\infty x^2\lambda e^{-\lambda x}dx = [x^2(-e^{-\lambda x})]_0^\infty - \int_0^\infty 2x(-e^{-\lambda x})dx$$
$$= \frac{2}{\lambda}\int_0^\infty x\lambda e^{-\lambda x}dx = \frac{2}{\lambda^2}, \quad Var[X] = \frac{2}{\lambda^2} - \left(\frac{1}{\lambda}\right)^2 = \frac{1}{\lambda^2}.$$

**演習** 3.10 △ABC の重心 G と重心が同じで，各辺が平行である正三角形 DEF を内部に描く．対応する辺の距離が $x(0 < x \leqq 1)$ であるとき，重心 G から下ろした垂線と底辺 BC, EF の交点をそれぞれ H, I とすると，GH = 1, GI = $1 - x$ である．したがって，△ABC と △DEF の面積比は $1 : (1-x)^2$ である．$F(x) = P(X \leqq x)$ は斜線部分の △ABC に占める割合なので，$F(x) = 1 - (1-x)^2 = x(2-x)$．もちろん，$x \leqq 0$ のとき，$F(x) = 0$, $x \geqq 1$ のとき，$F(x) = 1$. $0 < x < 1$ のとき，$f(x) = F'(x) = 2(1-x)$, それ以外では $f(x) = 0$. これから，$E[X] = \frac{1}{3}, Var[X] = \frac{1}{18}$.

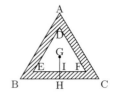

**演習** 3.11 任意の $n \in \mathbb{N}, a > 0$ に対して，$x^n e^{-ax} \to 0 (x \to \infty)$ なので，
$$\int_0^\infty xe^{-ax}dx = \left[-\frac{1}{a}xe^{-ax}\right]_0^\infty - \int_0^\infty \left(-\frac{1}{a}\right)e^{-ax}dx = \frac{1}{a^2}.$$
$$\int_0^\infty x^2e^{-ax}dx = \left[-\frac{1}{a}x^2e^{-ax}\right]_0^\infty - \int_0^\infty \left(-\frac{2}{a}\right)xe^{-ax}dx = \frac{2}{a^3}.$$
$xf(x)$ は奇関数，$x^2f(x)$ は偶関数なので，
$$E[X] = -\frac{a}{2}\int_0^\infty xe^{ax}dx + \frac{a}{2}\int_0^\infty xe^{-ax}dx = -\frac{1}{2a} + \frac{1}{2a} = 0,$$
$$E[X^2] = 2\frac{a}{2}\int_0^\infty x^2e^{-ax}dx = \frac{2}{a^2}, \quad Var[X] = \frac{2}{a^2}.$$

**演習** 3.12 表 C.1[226] から $\ell = 2.33$. $P(|Z| \leqq a) = 0.99$ のとき，$P(Z > a) = 0.005$ なので $a = z(0.005) = 2.576$. $P(Z > b) = 0.95$ のとき，$P(Z > -b) = 0.05$ だから $b = -z(0.05) = -1.645$. $P(|Z| > c) = 0.05$ のとき，$P(Z > c) = 0.025$ なので $c = z(0.025) = 1.96$. さらに，$P(Z < \frac{s+2}{5}) = 0.025$ だから，$-\frac{s+2}{5} = z(0.025)$. $s = -2 - 5 \times 1.96 = -11.8$. $P(Z < \frac{t+2}{5}) = 0.99$ より，$t = 5z(0.01) - 2 = 9.63$.

**演習** 3.13 組み立て時間を $X$ とすると，$X \sim N(20, 9)$ なので，$Z = (X-20)/\sqrt{9} = (X-20)/3 \sim N(0,1)$ である．したがって，
$$P(15.5 \leqq X \leqq 24.5) = P(-1.5 \leqq Z \leqq 1.5) = 0.8664.$$

**演習** 3.14 無作為に選んだ受験生の英語の得点を $X$ をすると，$X \sim N(\mu, 30^2)$ であり，150 点の人が上位 10% に入るので，$P(X \geqq 150) \leqq 0.1$. $Z = (X-\mu)/30 \sim N(0,1)$(命題 3.12[45]) だから，

$$P(X \geqq 150) = P\left(Z \geqq \frac{150-\mu}{30}\right) \leqq 0.1 = P(Z \geqq z(0.1)).$$

したがって，$z(0.1) \leqq \frac{150-\mu}{30}$．つまり，$\mu \leqq 150 - 30 \times z(0.1)$．表 C.2[226] から $z(0.1) = 1.282$ だから，$\mu \leqq 150 - 30 \times 1.282 = 111.54$．

**演習** 3.15　$P(12 \leqq X \leqq 17) \fallingdotseq P(-0.666\cdots \leqq Z \leqq 0.722\cdots) = 0.512\cdots$．$P(12 \leqq X \leqq 17) = P(11.5 \leqq X \leqq 17.5) \fallingdotseq P(-0.8055\cdots \leqq Z \leqq 0.8611\cdots) = 0.595\cdots$．よって，半数補正の方が近似精度が高い．

**演習** 3.16　$X \sim f(x)$ のとき，$E[1_A(X)] = \int_{-\infty}^{\infty} 1_A(x)f(x)dx = \int_A f(x)dx = P(X \in A)$．$X \sim (p_k, x_k)$ のときも同様．

**演習** 3.17　$X \sim f(x)$ の場合に示す．任意の $x$ に対して，$h(x) \leqq g(x)$, $f(x) \geqq 0$ なので，$h(x)f(x) \leqq g(x)f(x)$．よって，$E[h(X)] = \int_{-\infty}^{\infty} h(x)f(x)dx \leqq \int_{-\infty}^{\infty} g(x)f(x)dx = E[g(X)]$．$X \sim (p_k, x_k)$ のときも同様．$-x \leqq |x|$ なので，$-E[X] = E[-X] \leqq E[|X|]$．$x \leqq |x|$ なので，$E[X] \leqq E[|X|]$．よって，$-E[|X|] \leqq E[X] \leqq E[|X|] \iff |E[X]| \leqq E[|X|]$．

**演習** 3.18*　$I_n = E[(X-\mu)^n]$ とおくと，命題 3.10[44] の証明と同様にして，$I_{n+2} = (n+1)\sigma^2 I_n$ が導ける．$I_1 = 0$, $I_0 = 1$ だから，$I_{2n-1} = 0$, $I_{2n} = (2n-1)!!\sigma^{2n}$．

**演習** 3.19*　$I = \int_{-\infty}^{\infty} \frac{1}{\sigma} e^{-\frac{(x-\mu)^2}{2\sigma^2}} dx$ とおき，$z = \frac{x-\mu}{\sigma}$ と置換すると $I = \int_{-\infty}^{\infty} e^{-\frac{z^2}{2}} dz$ となる．さらに，
$$I^2 = \int_{-\infty}^{\infty} e^{-\frac{z^2}{2}} dz \int_{-\infty}^{\infty} e^{-\frac{w^2}{2}} dw = \int_{-\infty}^{\infty} \int_{-\infty}^{\infty} e^{-\frac{z^2+w^2}{2}} dzdw.$$
ここで，$z = r\cos\theta$, $w = r\sin\theta$ と置換すると，ヤコビアン $J = \frac{\partial(z,w)}{\partial(r,\theta)}$ は
$$J = \frac{\partial(z,w)}{\partial(r,\theta)} = \begin{vmatrix} \frac{\partial z}{\partial r} & \frac{\partial z}{\partial \theta} \\ \frac{\partial w}{\partial r} & \frac{\partial w}{\partial \theta} \end{vmatrix} = \begin{vmatrix} \cos\theta & -r\sin\theta \\ \sin\theta & r\cos\theta \end{vmatrix} = r$$
である．$-\infty < z < \infty$, $-\infty < w < \infty$ のとき，$0 < r < \infty$, $0 \leqq \theta < 2\pi$ なので，$I^2 = \int_0^{\infty} \int_0^{2\pi} re^{-\frac{r^2}{2}} drd\theta$．$\frac{d}{dr} e^{-\frac{r^2}{2}} = -re^{-\frac{r^2}{2}}$ なので，$I^2 = -2\pi[e^{-\frac{r^2}{2}}]_0^{\infty} = 2\pi$．$I > 0$ だから，$I = \sqrt{2\pi}$．

**演習** 3.20*　(1) $\Gamma(1) = \int_0^{\infty} u^{1-1} e^{-u} du = [-e^{-u}]_0^{\infty} = 1$．$\lim_{u \to \infty} u^\alpha e^{-u} = 0$ だから
$$\Gamma(a+1) = [u^a(-e^{-u})]_0^{\infty} - \int_0^{\infty} au^{a-1}(-e^{-u})du = a\Gamma(a).$$

(2)　$t = \frac{x^2}{2}$ とおくと，$x = \sqrt{2t}$ であり，$dx = \frac{1}{\sqrt{2}} t^{-\frac{1}{2}} dt$ なので，
$$\Gamma\left(\frac{1}{2}\right) = \int_0^{\infty} t^{-\frac{1}{2}} e^{-t} dt = \sqrt{2} \int_0^{\infty} e^{-\frac{x^2}{2}} dx = \sqrt{\pi} \int_{-\infty}^{\infty} \frac{1}{\sqrt{2\pi}} e^{-\frac{x^2}{2}} dx = \sqrt{\pi}.$$
ただし，最後の等号は (3.6.2)[44] による．さらに，$t = x/b$ と置換すると，$dx = bdt$ なので，
$$\int_0^{\infty} x^{a-1} e^{-x/b} dx = \int_0^{\infty} (bt)^{a-1} e^{-t} b dt = b^a \Gamma(a).$$

(3)

$$\Gamma(a)\Gamma(b) = \int_0^\infty \int_0^\infty t^{a-1} u^{b-1} e^{-(t+u)} dt du.$$

ここで, $v = t+u, w = t/(t+u)$ とおくと, $t = vw, u = v(1-w)$ であり, $0 < t < \infty$, $0 < u < \infty$ のとき, $0 < v < \infty, 0 < w < 1$ である.

$$J(v,w) = \begin{vmatrix} \frac{\partial t}{\partial v} & \frac{\partial t}{\partial w} \\ \frac{\partial u}{\partial v} & \frac{\partial u}{\partial w} \end{vmatrix} = \begin{vmatrix} w & v \\ 1-w & -v \end{vmatrix} = -v$$

なので,

$$\Gamma(a)\Gamma(b) = \int_0^\infty \int_0^1 (vw)^{a-1}(v(1-w))^{b-1} e^{-v} v dv dw = \Gamma(a+b) B(a,b).$$

**演習** 3.21* 演習 3.20[50](2) の 2 番目の式を使うと以下のように計算が簡単になる.

$$E[X] = \int_0^\infty x \frac{1}{\Gamma(a) b^a} x^{a-1} e^{-x/b} dx = \frac{1}{\Gamma(a) b^a} \int_0^\infty x^{a+1-1} e^{-x/b} dx$$
$$= \frac{\Gamma(a+1) b^{a+1}}{\Gamma(a) b^a} = \frac{a\Gamma(a) b}{\Gamma(a)} = ab,$$
$$E[X^2] = \frac{\Gamma(a+2) b^{a+2}}{\Gamma(a) b^a} = a(a+1) b^2, \quad Var[X] = E[X^2] - \{E[X]\}^2 = ab^2.$$

また, $Be(a,b)$ の p.d.f. は $f(x) = \frac{1}{B(a,b)} x^{a-1}(1-x)^{b-1}$ なので

$$E[X] = \int_0^1 x \frac{1}{B(a,b)} x^{a-1}(1-x)^{b-1} dx = \frac{B(a+1,b)}{B(a,b)}$$
$$= \frac{\Gamma(a+1)\Gamma(b)}{\Gamma(a+b+1)} \frac{\Gamma(a+b)}{\Gamma(a)\Gamma(b)} = \frac{a}{a+b}.$$

同様にすると, $E[X^2] = \frac{a(a+1)}{(a+b)(a+b+1)}$. 分散公式より, $Var[X] = \frac{ab}{(a+b)^2(a+b+1)}$.

**演習** 3.22 命題 3.5[39] より, $a = E[X]$ のとき最小値 $Var[X]$ をとる.

**演習** 3.23* (1) $\int_a^\infty f(x)dx = 1 - g(a), \int_a^\infty x f(x)dx = \mu_X - m(a)$ なので,
$$G(a) = \int_{-\infty}^\infty |x-a| f(x) dx = \int_{-\infty}^a (a-x)f(x)dx + \int_a^\infty (x-a)f(x)dx$$
$$= 2ag(a) - 2m(a) - a + \mu_X.$$

(2) $g'(a) = f(a), m'(a) = af(a)$ であることを使うと,
$$G'(a) = 2g(a) - 1, \quad G''(a) = 2f(a) \geqq 0 \quad (\because f(a) \geqq 0).$$

また, $G'(a) = 0$ のとき $g(a) = \int_{-\infty}^a f(x)dx = \frac{1}{2}$. 以上より, $\int_{-\infty}^a f(x)dx = \frac{1}{2}$ を満たす $a$ の値を $a_0$ とすると, $a = a_0$ のとき最小値 $\mu_X - 2m(a_0)$ をとる ($a_0$ は中央値である).

**演習** 3.24* $x > 0$ で $F(x) = 1 - \exp\{-(\frac{x}{b})^a\}, x \leqq 0$ で $F(x) = 0$. 期待値の定義に従うと,
$$E[X] = \int_0^\infty x \frac{a}{b} \left(\frac{x}{b}\right)^{a-1} \exp\left\{-\left(\frac{x}{b}\right)^a\right\} dx.$$

ここで, $t = (x/b)^a$ とおくと, $dt = a(x/b)^{a-1}(1/b)dx$ なので,
$$= \int_0^\infty b t^{1/a} e^{-t} dt = b\Gamma(1/a + 1) = \frac{b}{a}\Gamma(1/a).$$

同様にすると，$E\left[X^2\right] = \frac{2b^2}{a}\Gamma(2/a)$. よって，$Var\left[X\right] = \frac{2b^2}{a}\Gamma(2/a) - \frac{b^2}{a^2}\Gamma^2(1/a)$. 最後にハザード関数 $h(x)$ を求める．$P(X < x) = P(X \leqq x) = F(x)$ であり，$F'(x) = f(x)$ なので，

$$\frac{P(x \leqq X < x + \Delta x | X \geqq x)}{\Delta x} = \frac{P(x \leqq X < x + \Delta x, X \geqq x)}{\Delta x P(X \geqq x)}$$
$$= \frac{P(X < x + \Delta x) - P(X < x)}{\Delta x (1 - P(X < x))} = \frac{F(x + \Delta x) - F(x)}{\Delta x (1 - F(x))} \to \frac{f(x)}{1 - F(x)}.$$

よって，$x > 0$ で $h(x) = \frac{f(x)}{1-F(x)} = \frac{a}{b}\left(\frac{x}{b}\right)^{a-1}$, $x \leqq 0$ で $h(x) = 0$.

**演習 3.25\*** $F(x) = \frac{1}{1+\exp\left(-\frac{x-\mu}{\sigma}\right)}$. $f_0(x) = \frac{e^{-x}}{(1+e^{-x})^2}$ とおくと，$f_0(-x) = f_0(x)$ であり，$\sigma f(\sigma z + \mu) = f_0(z)$ である．また，

$$\int_{-\infty}^{\infty} f(x)dx = \int_{-\infty}^{\infty} f_0(z)dz = \left[\frac{1}{1+e^{-z}}\right]_{-\infty}^{\infty} = 1$$

なので，

$$E\left[X\right] = \int_{-\infty}^{\infty} xf(x)dx = \int_{-\infty}^{\infty} (\sigma z + \mu)f_0(z)dz = \mu.$$

ここで，$\int_0^{\infty} zf_0(z)dz < \infty$ であり，$zf_0(z)$ は奇関数なので $\int_{-\infty}^{\infty} zf_0(z)dz = 0$ を使った．一方，$z^2 f_0(z)$ が偶関数であることを考慮すると，

$$Var\left[X\right] = \int_{-\infty}^{\infty} (x-\mu)^2 f(x)dx = 2\sigma^2 \int_0^{\infty} z^2 f_0(z)dz$$
$$= 2\sigma^2 \sum_{j=1}^{\infty} (-1)^{j-1} j \int_0^{\infty} z^2 e^{-jz}dz = 4\sigma^2 \sum_{j=1}^{\infty} (-1)^{j-1} j^{-2}.$$

いま，

$$\sum_{j=1}^{\infty} j^{-2} - \sum_{j=1}^{\infty} (-1)^{j-1} j^{-2} = 2\sum_{j=1}^{\infty} (2j)^{-2} = \frac{1}{2}\sum_{j=1}^{\infty} j^{-2}$$

なので，$\sum_{j=1}^{\infty} (-1)^{j-1} j^{-2} = \frac{1}{12}\pi^2$. よって，$Var\left[X\right] = \frac{1}{3}\pi^2 \sigma^2$.

(注意 1) $\sum_{j=1}^{\infty} jr^j = \frac{r}{(1-r)^2}$, $|r| < 1$ で $r = -e^{-x}$ として，$\frac{e^{-x}}{(1+e^{-x})^2} = \sum_{j=1}^{\infty} (-1)^{j-1} j e^{-jx}$.

(注意 2) 周期 $2\pi$ の関数 $g(x)$ のフーリエ級数 $g(x) = \frac{a_0}{2} + \sum_{k=1}^{\infty} \{a_k \cos kx + b_k \sin kx\}$, $a_k = \frac{1}{\pi}\int_{-\pi}^{\pi} g(x) \cos kx dx$, $b_k = \frac{1}{\pi}\int_{-\pi}^{\pi} g(x) \sin kx dx$ において，$g(x) = x^2$ とすると，$x^2 = \frac{\pi^2}{3} + \sum_{k=1}^{\infty} \frac{4(-1)^k}{k^2} \cos kx$. この式に，$x = \pi$ を代入して，整理すると $\sum_{j=1}^{\infty} \frac{1}{j^2} = \frac{\pi^2}{6}$.

**演習 3.26\*** 非負整数 $s, t$ に対して，$I_{s,t} = \int_0^p y^s (1-y)^t dy$ とする．$t \geqq 1$ のとき，部分積分の公式より，$I_{s,t} = \frac{1}{s+1} p^{s+1}(1-p)^t + \frac{t}{s+1} I_{s+1,t-1}$. これを繰り返すと，任意の非負整数 $s$ と任意の自然数 $t$ に対して，

$$I_{s,t} = \sum_{i=s+1}^{s+t} \frac{s!t!}{i!(t+s+1-i)!} p^i (1-p)^{t+s+1-i} + \frac{s!t!}{(s+t)!} I_{s+t,0}.$$

任意の非負整数 $s$ に対して，$I_{s,0} = \frac{1}{s+1} p^{s+1}$ なので，任意の非負整数 $s, t$ に対して，

$$I_{s,t} = \sum_{i=s+1}^{s+t+1} \frac{s!t!}{i!(t+s+1-i)!} p^i (1-p)^{t+s+1-i}.$$

$Be(a,b)$ の p.d.f. は $f(x) = \frac{1}{B(a,b)} x^{a-1}(1-x)^{b-1}$ なので，

$$P(Y \leqq p) = \frac{1}{B(k, n-k+1)} \sum_{i=k}^{n} \frac{(k-1)!(n-k)!}{i!(n-i)!} p^i (1-p)^{n-i}.$$

任意の自然数 $s$ に対して，$\Gamma(s) = (s-1)!$ であり，$B(a,b) = \frac{\Gamma(a)\Gamma(b)}{\Gamma(a+b)}$ なので，$B(k, n-k+1) = \frac{(k-1)!(n-k)!}{n!}$ である．したがって，

$$P(Y \leqq p) = \sum_{i=k}^{n} \frac{n!}{i!(n-i)!} p^i (1-p)^{n-i} = P(X \geqq k).$$

**演習** 3.27* 　任意の非負整数 $s$ と任意の正の実数 $\lambda$ に対して，$I_s = \int_\lambda^\infty y^s e^{-y} dy$ とおくと，部分積分の公式より，任意の自然数 $s$ に対して，$I_s = \lambda^s e^{-\lambda} + s I_{s-1}$. これを繰り返すと，任意の自然数 $s$ に対して，$I_s = e^{-\lambda} \sum_{i=0}^{s-1} \frac{s!}{(s-i)!} \lambda^{s-i} + s! I_0$. $I_0 = e^{-\lambda}$ なので，任意の非負整数 $s$ に対して，$I_s = e^{-\lambda} \sum_{i=0}^{s} \frac{s!}{(s-i)!} \lambda^{s-i}$. さて，$Ga(a,b)$ の p.d.f. は $f(x) = \frac{1}{\Gamma(a) b^a} x^{a-1} e^{-x/b}$ なので，

$$P(Y > \lambda) = \frac{1}{\Gamma(k)} I_{k-1} = e^{-\lambda} \sum_{i=0}^{k-1} \frac{1}{(k-1-i)!} \lambda^{k-1-i} = P(X \leqq k-1).$$

よって，$P(X \geqq k) = P(Y \leqq \lambda)$.

**演習** 3.28** 　$A_1 = \Omega, A_2 = A_3 = \cdots = \varnothing$ とすると互いに素であり，$\cup_{i=1}^\infty A_i = \Omega$ である．したがって，(P3) より，

$$P(\Omega) = P\left(\bigcup_{i=1}^\infty A_i\right) = \sum_{i=1}^\infty P(A_i) = P(\Omega) + \sum_{i=2}^\infty P(\varnothing).$$

(P2) より $P(\Omega) = 1$ なので，$\sum_{i=2}^\infty P(\varnothing) = 0$. したがって，$P(\varnothing) = 0$.

次に，互いに素な $A, B$ に対して，$A_1 = A, A_2 = B, A_3 = A_4 = \cdots = \varnothing$ とおくと，それらは互いに素であり，$\cup_{i=1}^\infty A_i = A \cup B$. $P(\varnothing) = 0$ と (P3) より，

$$P(A \cup B) = P\left(\bigcup_{i=1}^\infty A_i\right) = \sum_{i=1}^\infty P(A_i) = P(A) + P(B)$$

が成り立つ．つまり，

$$A \cap B = \varnothing \implies P(A \cup B) = P(A) + P(B). \tag{※}$$

いま，$A \subset B$ なる $A, B$ に対して，$A \cup (B \cap A^c) = B$ なので，(※) より

$$P(B) = P(A) + P(B \cap A^c).$$

(P1) より，$P(B \cap A^c) \geqq 0$ なので，$P(B) \geqq P(A)$.

さらに，任意の部分集合 $A$ に対して，$A \cup A^c = \Omega$ だから，(※) と (P2) より $P(A) + P(A^c) = P(A \cup A^c) = P(\Omega) = 1$. よって，$P(A^c) = 1 - P(A)$.

最後に，任意の部分集合 $A, B$ に対して，$A$ と $A^c \cap B$, $A \cap B$ と $A^c \cap B$ はそれぞれ互いに素だから，(※) より　$P(A \cup B) = P(A) + P(A^c \cap B), P(B) = P(A \cap B) + P(A^c \cap B)$. これらから，$P(A^c \cap B)$ を消去すると，$P(A \cup B) = P(A) + P(B) - P(A \cap B)$.

(P1) より，$P(X \in A) = P(X^{-1}(A)) \geqq 0$. また，$X^{-1}(\mathbb{R}) = \Omega$ なので，(P2) より，$P(X \in \mathbb{R}) = P(X^{-1}(\mathbb{R})) = P(\Omega) = 1$. さらに，$A_1, A_2, \ldots \subset \mathbb{R}$ が互いに素であるとき，$X^{-1}(A_1), X^{-1}(A_2), \ldots \subset \Omega$ も互いに素であり，$X^{-1}(\cup_{i=1}^\infty A_i) = \cup_{i=1}^\infty X^{-1}(A_i)$ だから，(P3)

より,
$$P\left(X \in \bigcup_{i=1}^{\infty} A_i\right) = P\left(\bigcup_{i=1}^{\infty} X^{-1}(A_i)\right) = \sum_{i=1}^{\infty} P(X^{-1}(A_i)) = \sum_{i=1}^{\infty} P(X \in A_i).$$

**演習** 3.29** (1) $A_n \subset A_{n+1}$ のとき, $B_1 = A_1$, $n = 2, 3, \ldots$ に対して, $B_n = A_n \setminus A_{n-1}$ とおくと, $B_1, B_2, \ldots$ は互いに素であり $A_n = \cup_{i=1}^n B_i$, $\cup_{i=1}^\infty A_i = \cup_{i=1}^\infty B_i$. よって,
$$P\left(\bigcup_{i=1}^\infty A_i\right) = P\left(\bigcup_{i=1}^\infty B_i\right) = \sum_{i=1}^\infty P(B_i) = \lim_{n \to \infty} \sum_{i=1}^n P(B_i)$$
$$= \lim_{n \to \infty} P\left(\bigcup_{i=1}^n B_i\right) = \lim_{n \to \infty} P(A_n).$$
また, $A_n \supset A_{n+1}$ のとき, $A_1^c \subset A_2^c \subset \cdots$ なので, $P(\cup_{i=1}^\infty A_i^c) = \lim_{n \to \infty} P(A_n^c)$. $P(\cup_{i=1}^\infty A_i^c) = 1 - P(\cap_{i=1}^\infty A_i)$, $P(A_n^c) = 1 - P(A_n)$ を代入すると証明が終わる.

(2) 分布関数が $F(x)$ である確率変数 $X$ に対して, $P^X(A) = P(X \in A)$ とおくと $P^X$ は (1) の確率 $P$ と同じ性質を持つ. このとき, 任意の $x \in \mathbb{R}$ に対して, $F(x) = P^X((-\infty, x])$. $x < y$ のとき $A = (-\infty, x]$, $B = (-\infty, y]$ とおくと, $A \subset B$ なので, $F(x) = P^X(A) \leqq P^X(B) = F(y)$. つまり, $F(x)$ は単調増加である. また, 任意の $a$ に収束する単調減少列 $x_n$ に対して, $A_n = (-\infty, x_n]$ とおくと $A_n \supset A_{n+1}$, $\cap_{n=1}^\infty A_n = (-\infty, a]$ であり, $\lim_{x \to a+0} F(x) = \lim_{n \to \infty} F(x_n)$ なので, $\lim_{x \to a+0} F(x) = \lim_{n \to \infty} F(x_n) = \lim_{n \to \infty} P^X(A_n) = P^X((-\infty, a]) = F(a)$. つまり, $F(x)$ は右連続である. さらに $a$ に収束する単調増加列を $y_n$ に対して, $B_n = (y_n, a]$ とおくと $B_n \supset B_{n+1}$ であり, $\cap_{n=1}^\infty B_n = \{a\}$ であり, $\lim_{x \to a-0} F(x) = \lim_{n \to \infty} F(y_n)$ なので, $F(a) - \lim_{x \to a-0} F(x) = \lim_{n \to \infty}(F(a) - F(y_n)) = \lim_{n \to \infty} P^X(B_n) = P^X(\{a\}) = P(X = a)$.

(3) (2) のように $P^X$ を定義して, $A_n = (-\infty, n]$ とすると $A_n \subset A_{n+1}$, $\cup_{n=1}^\infty A_n = \mathbb{R}$ を満たし, $F(n) = P^X(A_n)$ なので, $\lim_{x \to \infty} F(x) = \lim_{n \to \infty} F(n) = \lim_{n \to \infty} P^X(A_n) = P(\mathbb{R}) = 1$. また, $B_n = (-\infty, -n]$ は $B_n \supset B_{n+1}$, $\cap_{n=1}^\infty B_n = \varnothing$ を満たすので, $\lim_{x \to -\infty} F(x) = \lim_{n \to \infty} F(-n) = \lim_{n \to \infty} P^X(B_n) = P^X(\varnothing) = 0$.

(4) $J_n = \{a \in \mathbb{R} \mid P(X = a) > \frac{1}{n}\}$ とおくと, $J_n$ の要素は $n$ 個より少ない (なぜなら, $n$ 個以上あると仮定し, その中の $n$ 個を $x_1 < \cdots < x_n$ となるように適当に選ぶと, $F(x_n) = P(X = x_n) + \lim_{x \to x_n - 0} F(x) > \frac{1}{n} + F(x_{n-1}) > \frac{n-1}{n} + F(x_1) > 1$ となり, $F(x_n) \leqq 1$ に矛盾する). $\{a \in \mathbb{R} \mid P(X = a) > 0\} = \cup_{n=1}^\infty J_n$ なので最後の主張が成り立つ.

**演習** 3.30*** (1)(a) $\frac{\rho_{n,k}}{Q_{n,k,n-k}} = \left(\frac{k}{np}\right)^{-k-\frac{1}{2}} \left(\frac{n-k}{nq}\right)^{-n+k-\frac{1}{2}} e^{\frac{z_{n,k}^2}{2}}$ であり, $k = np(1 + v_{n,k})$, $n - k = nq(1 - w_{n,k})$ を $u_{n,k}$ の定義に代入すると (3.E.1)[51] が得られる.

(b) $k \in D_n$ のとき, $|v_{n,k}| < \frac{1}{2} n^{d-\frac{1}{2}} < \frac{1}{2}$, $|w_{n,k}| < \frac{1}{2} n^{d-\frac{1}{2}} < \frac{1}{2}$ なので, (3.E.2)[51] に $x = v_{n,k}, w_{n,k}$ を代入することができて, その結果を用いて, (3.E.1)[51] の右辺の絶対値を評価すると, (3.E.3)[51] が得られる.

(c) $\frac{1}{R_m} \leq \frac{1}{R_{m+1}}$ なので，$Q_{n,k_0,n-k_1} \leq Q_{n,k,n-k} \leq Q_{n,k_1,n-k_0}$. また，$|z_{n,k_0}| \leq Cn^d$ なので，$k_0 \geq n(p - C\sqrt{pq}n^{d-\frac{1}{2}})$, $n - k_0 \geq n(q - C\sqrt{pq}n^{d-\frac{1}{2}})$. $d < \frac{1}{6}$ だから $n^{d-\frac{1}{2}} \to 0$. よって，$k_0, n-k_0 \to \infty (n \to \infty)$. 同様に，$k_1, n-k_1 \to \infty (n \to \infty)$. さらに，(3.E.3)[51] の右辺を $c_n$ とおくと，$k \in D_n$ のとき，$-c_n \leq u_{n,k} \leq c_n$ なので，$Q_{n,k_0,n-k_1}e^{-c_n} \leq \rho_{n,k} \leq Q_{n,k_1,n-k_0}e^{c_n}$. この最左辺を $L_n$, 最右辺を $U_n$ とおくと，$|\rho_{n,k} - 1| \leq \max(|L_n - 1|, |U_n - 1|)$. **スターリングの公式** (Stirling's formula) を用いると，$n \to \infty$ のとき，$Q_{n,k_0,n-k_1}, Q_{n,k_1,n-k_0} \to 1 (n \to \infty)$ であり，$d < \frac{1}{6}$ より，$n \to \infty$ のとき，$c_n \to 0$. よって，$n \to \infty$ のとき，$L_n, U_n \to 1$. したがって，

$\max_{k \in D_n} |\rho_{n,k} - 1| \to 0 (n \to \infty)$.

(注意 1) $R_n \geq R_{n+1}$ であることは次のようにしてわかる．

まず，$x \geq 1$ に対して，$h(x) = (x + \frac{1}{2})\log(1 + \frac{1}{x}) - 1$ とおくと，$h''(x) = \frac{1}{2x^2(x+1)^2} > 0$, $\lim_{x \to \infty} h'(x) = 0$ なので，$h'(x) < 0$. よって，$h(x)$ は単調減少であり，$\lim_{x \to \infty} h(x) = 0$ なので，$x \geq 1$ に対して，$h(x) \geq 0$. $h(n) = \log\frac{R_n}{R_{n+1}}$ なので，$\frac{R_n}{R_{n+1}} \geq 1$, つまり，$R_n \geq R_{n+1}$ がわかる．

(注意 2) $R_n \to 1 (n \to \infty)$ であることは，次のようにわかる．

まず，$I_n = \int_0^{\pi/2} \sin^n x\, dx$ とおくと，部分積分の公式より $I_{n+2} = \frac{n+1}{n+2}I_n$ が示せる．これと $I_0 = \pi/2$, $I_1 = 1$ から，① $I_{2n} = \frac{\sqrt{\pi}R_{2n}}{2\sqrt{n}R_n^2}$, ② $I_{2n+1} = \frac{\sqrt{n\pi}R_n^2}{(2n+1)R_{2n}}$ が導ける．また，$0 \leq x \leq \pi/2$ のとき，$0 \leq \sin x \leq 1$ なので，$I_{2n+2} \leq I_{2n+1} \leq I_{2n}$ であり，①，②を代入すると ③ $\frac{2n+1}{2\sqrt{n(n+1)}}\frac{R_{2n+2}}{R_{n+1}^2} \leq \frac{R_n^2}{R_{2n}} \leq \frac{2n+1}{2n}\frac{R_{2n}}{R_n^2}$ となる．一方，$0 < u \leq 1$ に対して，$\theta \in (0,1)$ が存在して，$\log(1+u) = u - \frac{1}{2}u^2 + \frac{1}{3(1+\theta u)^2}u^3$ が成り立つので，$h(n) = \frac{1}{3n^2}(1 + \frac{\theta}{n})^{-3} - \frac{1}{4n^2} + \frac{1}{6n^3}(1 + \frac{\theta}{n})^{-3} \leq \frac{1}{4n^2}$ が導け，$\log\frac{R_n}{R_{n+1}} \leq \frac{1}{4n^2}$ がわかる．これから，$\log R_1 - \log R_n \leq \frac{1}{4}\sum_{i=1}^{n-1}\frac{1}{i^2} < \frac{1}{4}\frac{\pi^2}{6} < \frac{2}{3}$ が導けて，$R_n > \frac{e^{1/3}}{\sqrt{2\pi}} > \frac{1}{2}$ が示せる．このことと $\{R_n\}$ は単調減少であることを考慮すると，$s = \lim_{n \to \infty} R_n$ が存在し，$s > \frac{1}{2}$ が成り立つことがわかる．よって，③の各辺に対する極限の存在が保証され，$\frac{s}{s^2} \leq \frac{s^2}{s} \leq \frac{s}{s^2}$ が導ける．これから，$s = 1$ が示せる．

(2) $P(X = k) = \phi(k|np, npq)\rho_{n,k} = \phi_0(z_{n,k})\Delta z \rho_{n,k}$ なので，

$$P\left(a \leq \frac{X - np}{\sqrt{npq}} \leq b\right) = \sum_{k=h_0}^{h_1} P(X = k) = \sum_{k=h_0}^{h_1} \phi_0(z_{n,k})\Delta z \rho_{n,k}$$

$$= \sum_{k=h_0}^{h_1} \phi_0(z_{n,k})\Delta z + \sum_{k=h_0}^{h_1} \phi_0(z_{n,k})\Delta z \epsilon_{n,k} =: S_1 + S_2.$$

ここで，$N = h_1 - h_0 + 2$, $z'_{n,0} = a$, $z'_{n,j} = z_{n,h_0+j-1} (1 \leq j \leq N-1)$, $z'_{n,N} = b$, $\Delta z'_{n,j} = z'_{n,j} - z'_{n,j-1} (1 \leq j \leq N)$ とおくと，$\Delta z'_{n,1} = z_{n,h_0} - a \leq \Delta z$, $\Delta z'_{n,j} = \Delta z (2 \leq j \leq N-1)$, $\Delta z'_{n,N} = b - z_{n,h_1} \leq \Delta z$ であり，$N \geq \frac{b-a}{\Delta z}$ なので，$n \to \infty$ のとき，$\max_j \Delta z'_{n,j} \to 0$, $N \to \infty$. よって，$S_3 := \sum_{j=1}^N \phi_0(z'_{n,j})\Delta z'_{n,j}$ はリーマン和であり，$n \to \infty$ のとき $S_3 \to \int_a^b \phi_0(z)dz =: I$. また，

$$|S_1 - S_3| = |\phi_0(z_{n,h_0})(\Delta z - \Delta z'_{n,1}) + \phi_0(b)\Delta z'_{n,N}| \leq \frac{2}{\sqrt{2\pi}}\Delta z \to 0 (n \to \infty).$$

さらに，$Cn^d > \max(|a|, |b|)$ を満たすように十分大きな $n$ をとると，$H_n \subset D_n$ なので，

$$\max_{k \in H_n} |\epsilon_{n,k}| \leqq \max_{k \in D_n} |\epsilon_{n,k}| \to 0 (n \to \infty). \text{ 以上より,}$$

$$\left| P\left(a \leqq \frac{X - np}{\sqrt{npq}} \leqq b\right) - \int_a^b \phi_0(z) dz \right| = |S_1 + S_2 - I|$$

$$\leqq |S_3 - I| + |S_1 - S_3| + |S_2| \leqq |S_3 - I| + |S_1 - S_3| + |S_1| \max_{k \in H_n} |\epsilon_{n,k}|$$

$$\leqq |S_3 - I| + |S_1 - S_3| + (I + |S_3 - I| + |S_1 - S_3|) \max_{k \in H_n} |\epsilon_{n,k}| \to 0 (n \to \infty).$$

## B.4　第4章の解答

**演習** 4.1　(1) $p_1(1) = r + \frac{1}{12}$, $p_1(2) = \frac{1}{3} - \frac{r}{2}$, $p_1(3) = \frac{7}{12} - \frac{r}{2}$, $p_2(1) = \frac{2}{3}$, $p_2(2) = \frac{1}{3}$.

(2) $X$ と $Y$ が独立であることと，任意の $k = 1, 2, 3$, $j = 1, 2$ に対して，$p(k,j) = p_1(k)p_2(j)$ が成り立つことが同値なので，$X$ と $Y$ が独立であるためには，$p(1,1) = p_1(1)p_2(1)$ が必要．したがって，$r = (r + \frac{1}{12}) \times \frac{2}{3}$. つまり，$r = \frac{1}{6}$. 逆に $r = \frac{1}{6}$ のとき，任意の $k, j$ に対して $p(k,j) = p_1(k)p_2(j)$ が成り立つことが確かめられる．したがって，$r = \frac{1}{6}$ のとき $X$ と $Y$ が独立である．

(3) 任意の $r$ に対して，$E[X] = \frac{5}{2} - \frac{3}{2}r$, $E[Y] = \frac{4}{3}$. また，$E[XY] = \frac{10}{3} - 2r$. 共分散公式 (命題 4.6[60]) より $Cov[X,Y] = 0$ が任意の $r$ に対して成り立つ．$r \neq \frac{1}{6}$ のときも $Cov[X,Y] = 0$ なので，独立である場合 ($r = \frac{1}{6}$) もあるが，独立でない場合 ($r \neq \frac{1}{6}$) もある．

(4) * $p_1(1|1) = \frac{3r}{2}$, $p_1(2|1) = \frac{1-3r}{2}$, $p_1(3|1) = \frac{1}{2}$ なので $E[X|Y=1] = \frac{-3r+5}{2}$.

**演習** 4.2　$Cov[X,Y] = -4$(命題 4.6[60]), $E[3X - Y] = 1$(命題 4.4[59]), $Var[3X - Y] = 35$(命題 4.12[62]))．$Cov[X,Y] + cVar[Y] = 0$(命題 4.8[61])) なので，$c = 2$.

**演習** 4.3　期待値の線形性 (命題 4.15[66]) より，$E[Y] = a_1 \mu + \cdots + a_n \mu = \mu$. $\mu$ は任意なので，$a_1 + \cdots + a_n = 1$. また，$X_1, \ldots, X_n$ は互いに独立だから，分散の展開公式 (命題 4.17[66]) より，$Var[Y] = Var[a_1 X_1 + \cdots + a_n X_n] = (a_1^2 + \cdots + a_n^2)\sigma^2$. 演習 2.10[29] において，$\boldsymbol{x} = (1, \ldots, 1)$, $\boldsymbol{y} = (a_1, \ldots, a_n)$ とおくと，$|\sum_{i=1}^n 1 \cdot a_i| \leqq \sqrt{\sum_{i=1}^n a_i^2} \sqrt{\sum_{i=1}^n 1^2}$ であり，$||\boldsymbol{x}|| = \sqrt{n} > 0$ なので，等号成立条件は演習 2.10[29] より，$a_i = \frac{\sum_{i=1}^n a_i}{n}$, $i = 1, \ldots, n$. $a_1 + \cdots + a_n = 1$ なので，$\sum_{i=1}^n a_i^2 \geqq \frac{1}{n}$ で，$a_i = \frac{1}{n}$ が等号成立条件．したがって，$a_i = \frac{1}{n}$ のとき，$Var[Y]$ は最小値 $\frac{\sigma^2}{n}$ をとる．

**演習** 4.4　共分散の双線形性 (命題 4.8[61]) と命題 4.7[61] から $Cov[aX + b, cY + d] = acCov[X,Y] + aCov[X,d] + cCov[b,Y] + Cov[b,d] = acCov[X,Y]$. 命題 3.4[38] より，$Var[aX + b] = a^2 Var[X]$, $Var[cY + d] = c^2 Var[Y]$. これを相関係数の定義に代入すると相関係数に関する結果が得られる．

**演習** 4.5 (1) (4.2.1)[56] より，
$$\int_0^1 \int_0^1 \frac{1}{3}(x+ay+2xy+b)dxdy = \frac{1}{3}\left(\frac{a}{2}+b+1\right) = 1.$$
つまり，$a+2b=4$.

(2) $a+2b=4$ なので，
$$P\left(0<X<\frac{1}{2}, \frac{1}{3}<Y<\frac{2}{3}\right) = \int_0^{\frac{1}{2}} \int_{\frac{1}{3}}^{\frac{2}{3}} f(x,y)dxdy = \frac{1}{36}(a+2b+1) = \frac{5}{36}.$$

(3) $a+2b=4$ なので，
$$f_1(x) = \int_0^1 f(x,y)dy = \frac{1}{3}\left(x+\frac{a}{2}+x+b\right) = \frac{2}{3}(x+1).$$
$$f_2(y) = \int_0^1 f(x,y)dx = \frac{1}{3}\left(\frac{1}{2}+ay+y+b\right) = \frac{1}{6}(2(a+1)y-a+5).$$
$f_1(x|y) = f_1(x)$ なので，$f(x,y)=f_1(x)f_2(y)$. これが任意の $x,y\in(0,1)$ に対して成り立つので，たとえば定数項を比較して，$\frac{b}{3} = \frac{2}{3}\frac{1}{6}(-a+5)$ が必要．これと $a+2b=4$ から，$a=2, b=1$ が必要．この $a,b$ は $f(x,y)=f_1(x)f_2(y)$ を満たすので，$a=2, b=1$.

(4) (3) の $f_1(x), f_2(y)$ より，$E[X]=\frac{5}{9}, E[Y]=\frac{a+19}{36}$. 問題の $f(x,y)$ と $a,b$ の関係式より，$E[XY]=\frac{1}{72}a+\frac{8}{27}$. よって，共分散公式 (命題 4.6[60]) より，$Cov[X,Y]=\frac{2-a}{648}$. $Cov[X,Y]=0$ のとき，$a=2, b=1$. このとき，$f(x,y)=f_1(x)f_2(y)$ が成り立つので，$X\perp\!\!\!\perp Y$.

**演習** 4.6  xy 平面内の集合 (あるいは図形) $U$ に対して，$(x,y)\in U$ のとき $1_U(x,y)=1$, そうでないとき $1_U(x,y)=0$ と $1_U(x,y)$ を定義する．このとき，$U$ の面積は $\iint_U dxdy = \int_{-\infty}^{\infty}\int_{-\infty}^{\infty} 1_U(x,y)dxdy$ で求められる．また，別の集合 $V$ に対して，$U\cap V$ の面積は，$\iint_{U\cap V} dxdy = \int_{-\infty}^{\infty}\int_{-\infty}^{\infty} 1_{U\cap V}(x,y)dxdy = \iint_U 1_V(x,y)dxdy$ と求められる．いま，$R=\{(x,y) \mid a\leqq x\leqq b, c\leqq y\leqq c\}$ とすると，
$$P(a\leqq X\leqq b, c\leqq Y\leqq d) = \frac{(R\cap\triangle\mathrm{OAB})\text{ の面積}}{\triangle\mathrm{OAB}\text{ の面積}} = \frac{1}{\frac{1}{2}}\int_c^d \int_a^b 1_{\triangle\mathrm{OAB}}(x,y)dxdy.$$
よって，
$$f(x,y) = 2\times 1_{\triangle\mathrm{OAB}}(x,y) = \begin{cases} 2 & (x+y<1, x>0, y>0) \\ 0 & (\text{otherwise}) \end{cases}.$$
したがって，
$$f_1(x) = \int_{-\infty}^{\infty} f(x,y)dy = \begin{cases} \int_0^{1-x} 2dy & (0<x<1) \\ 0 & (\text{otherwise}) \end{cases} = \begin{cases} 2(1-x) & (0<x<1) \\ 0 & (\text{otherwise}) \end{cases}.$$
よって，$E[X]=\int_0^1 x\times 2(1-x)dx = \frac{1}{3}$, $E[X^2]=\int_0^1 x^2\times 2(1-x)dx = \frac{1}{6}$. したがって，$Var[X]=\frac{1}{6}-\left(\frac{1}{3}\right)^2 = \frac{1}{18}$. さらに，
$$E[XY] = \int_0^1 \left(\int_0^{1-x} 2xydy\right)dx = \int_0^1 x(1-x)^2 dx = \frac{1}{12},$$
$$Cov[X,Y] = E[XY] - E[X]E[Y] = \frac{1}{12} - \left(\frac{1}{3}\right)^2 = -\frac{1}{36} \quad \because E[X]=E[Y].$$
$Var[Y]=Var[X]=\frac{1}{18}$ なので，$r[X,Y]=\frac{-\frac{1}{36}}{\sqrt{\frac{1}{18}}\sqrt{\frac{1}{18}}} = -\frac{1}{2}$.

**演習** 4.7* $X = n$ のとき, $Y = 0, \ldots, n$ なので, $0 \leqq Y \leqq X$. よって, $Y = k$ のとき, $k \leqq X$. したがって,

$$P(Y = k) = \sum_{n=k}^{\infty} P(X = n, Y = k) = \sum_{n=k}^{\infty} P(X = n) P(Y = k | X = n)$$

$$= \sum_{n=k}^{\infty} \frac{\lambda^n e^{-\lambda}}{n!} \frac{n!}{k!(n-k)!} p^k q^{n-k} = \frac{(p\lambda)^k}{k!} e^{-\lambda} \sum_{n=k}^{\infty} \frac{(q\lambda)^{n-k}}{(n-k)!} = \frac{(p\lambda)^k e^{-p\lambda}}{k!}.$$

よって, $Y \sim Po(p\lambda)$ であり, $E[Y] = p\lambda$, $Var[Y] = p\lambda$. $X \sim Po(\lambda)$ なので, $E[X] = \lambda$, $Var[X] = \lambda$. また, $X = n$ のときの $Y$ の条件付き分布は $B(n, p)$ なので, $E[Y|X = n] = np$. よって, $E[XY] = E[XE[Y|X]] = E[X \cdot Xp] = pE[X^2] = p(Var[X] + \{E[X]\}^2) = p(\lambda + \lambda^2)$. したがって, $Cov[X, Y] = p(\lambda + \lambda^2) - \lambda \cdot p\lambda = p\lambda$. ゆえに, $r[X, Y] = \frac{p\lambda}{\sqrt{\lambda}\sqrt{p\lambda}} = \sqrt{p}$.
(注意) $X - Y \sim Po(q\lambda)$, $X - Y \perp\!\!\!\perp Y$.

**演習** 4.8* $f_1(x) = \frac{1}{2} \left( [(x+y)(-e^{-x-y})]_0^{\infty} - \int_0^{\infty} (-e^{-x-y}) dy \right) = \frac{1}{2}(x+1)e^{-x}$. したがって, $f_2(y|x) = \frac{(x+y)e^{-y}}{x+1}$. また, $I_k := \int_0^{\infty} x^k e^{-x} dx$ とおくと, $I_k = k!$ だから,

$$E[Y|X = x] = \int_0^{\infty} y \frac{(x+y)e^{-y}}{x+1} dy = \frac{1}{x+1}(xI_1 + I_2) = \frac{x+2}{x+1},$$

$$E[X] = \int_0^{\infty} x \frac{1}{2}(x+1)e^{-x} dx = \frac{1}{2}(I_2 + I_1) = \frac{3}{2},$$

$$E[XY] = \int_0^{\infty} \int_0^{\infty} xy \cdot \frac{1}{2}(x+y) e^{-x-y} dx dy = \frac{1}{2}(I_2 I_1 + I_1 I_2) = 2.$$

よって, $Cov[X, Y] = E[XY] - E[X]E[Y] = 2 - \frac{3}{2} \times \frac{3}{2} = -\frac{1}{4}$.
(注意) $I_k = \Gamma(k+1)$ なので, ガンマ関数の性質 (演習 3.20[50](1) より), $I_k = k!$.

**演習** 4.9* (1) $n - k < j$ のとき $P(X = k, Y = j) = 0$ なので, 二項定理より,

$$p_1(k) = \sum_{j=0}^{n-k} \frac{n!}{k!j!\ell!} p^k q^j r^{\ell} = \frac{n! p^k}{k!(n-k)!} \sum_{j=0}^{n-k} \frac{(n-k)!}{j!(n-k-j)!} q^j r^{n-k-j}$$

$$= \frac{n!}{k!(n-k)!} p^k (q+r)^{n-k} = \frac{n!}{k!(n-k)!} p^k (1-p)^{n-k}.$$

つまり, $X \sim B(n, p)$. 同様に, $Y \sim B(n, q)$ がわかる. また,

$$P(X + Y = m) = \sum_{j=0}^{m} p(m-j, j) = \sum_{j=0}^{m} \frac{n!}{(m-j)!j!(n-m)!} p^{m-j} q^j r^{n-m}$$

$$= \frac{n!}{m!(n-m)!} (p+q)^m r^{n-m}.$$

よって, $X + Y \sim B(n, p+q)$.

(2) $j = 0, 1, \ldots, n-k$ に対して,

$$p_2(j|k) = \frac{(n-k)!}{j!(n-k-j)!} \frac{q^j r^{n-k-j}}{(q+r)^{n-k}} = {}_{n-k}C_j \left( \frac{q}{q+r} \right)^j \left( \frac{r}{q+r} \right)^{n-k-j}.$$

(3) (1) より $Var[X] = np(1-p)$, $Var[Y] = nq(1-q)$, $Var[X+Y] = n(p+q)(1-p-q)$. 一方, 分散の展開公式 (命題 4.12[62]) より, $Var[X+Y] = Var[X] + 2Cov[X, Y] + Var[Y]$. よって, $n(p+q)(1-p-q) = np(1-p) + 2Cov[X, Y] + nq(1-q)$. これより,

$Cov[X, Y] = -npq$ ($Cov[X, Y] = E[XY] - E[X]E[Y]$, $E[XY] = E[XE[Y|X]]$ から求めることもできる). $r[X, Y]$ は容易.

(4) $P(X = k|X + Y = t) = \frac{P(X=k,Y=t-k)}{P(X+Y=t)}$. (1) より $X + Y \sim B(n, p+q)$ なので, $P(X = k|X + Y = t) = {}_tC_k \left(\frac{p}{p+q}\right)^k \left(\frac{q}{p+q}\right)^{t-k}$.

**演習 4.10*** (1) $x^2 - 2\rho xy + y^2 = (y - \rho x)^2 + (1 - \rho^2)x^2$ と変形すると, $f_0(x, y) = \phi(x|0, 1)\phi(y|\rho x, 1 - \rho^2)$ が示せる. $\phi(x/c|a,b)/c = \phi(x|ac, c^2b)$, $\phi(x - c|a, b) = \phi(x|a + c, b)$ なので,

$$f(x,y) = \frac{1}{\sigma_1\sigma_2}\phi\left(\left.\frac{x-\mu_1}{\sigma_1}\right| 0, 1\right)\phi\left(\left.\frac{y-\mu_2}{\sigma_2}\right| \rho\frac{x-\mu_1}{\sigma_1}, 1 - \rho^2\right)$$
$$= \phi(x|\mu_1, \sigma_1^2)\phi(y|\mu_{2|1}(x), \sigma_{2|1}^2).$$

ただし, $\mu_{2|1}(x) = \mu_2 + \rho\frac{\sigma_2}{\sigma_1}(x - \mu_1)$, $\sigma_{2|1}^2 = (1 - \rho^2)\sigma_2^2$.

(2) $\gamma = \frac{\rho}{\sqrt{1-\rho^2}}$ とおき, $D_\gamma = \{(v, w) \in \mathbb{R}^2 \mid w > -\gamma v, v > 0\}$ とおくと,

$$P(X > \mu_1, Y > \mu_2) = \int_{\mu_1}^\infty \phi(x|\mu_1, \sigma_1^2) \left(\int_{\mu_2}^\infty \phi(y|\mu_{2|1}(x), \sigma_{2|1}^2)dy\right)dx$$
$$= \int_0^\infty \phi(v|0, 1)\left(\int_{\mu_2}^\infty \phi(y|\mu_2 + \rho\sigma_2 v, \sigma_{2|1}^2)dy\right)dv$$
$$= \int_0^\infty \phi(v|0, 1)\left(\int_{-\gamma v}^\infty \phi(w|0, 1)dw\right)dv = \frac{1}{2\pi}\iint_{D_\gamma} \exp\left(-\frac{v^2 + w^2}{2}\right)dvdw$$
$$= \frac{1}{2\pi}\int_0^\infty \left(\int_{-\tan^{-1}\gamma}^{\frac{\pi}{2}} r\exp(-\frac{r^2}{2})d\theta\right)dr = \frac{1}{4} + \frac{1}{2\pi}\tan^{-1}\frac{\rho}{\sqrt{1-\rho^2}}.$$

**演習 4.11*** (1) 命題 4.2[57] より $f_1(x|y) = f_1(x)$ だから, (4.6.2)[62] より,
$$E[h(X, Y) \mid Y = y] = \int_{-\infty}^\infty h(x, y)f_1(x)dx = E[h(X, y)].$$

(2) $H_{12}(y) = E[h_1(X, Y)h_2(Y) \mid Y = y]$, $H_1(y) = E[h_1(X, Y) \mid Y = y]$ とおくと,
$$H_{12}(y) = \int_{-\infty}^\infty h_1(x, y)h_2(y)f_1(x|y)dx = h_2(y)H_1(y).$$

よって, $E[h_1(X, Y)h_2(Y) \mid Y] = H_{12}(Y) = h_2(Y)H_1(Y) = h_2(Y)E[h_1(X,Y) \mid Y]$.

(3) $H(y) = E[h(X, Y) \mid Y = y]$ とおく. $f(x, y) = f_1(x|y)f_2(y)$ に注意すると,
$$E[E[h(X, Y) \mid Y]] = E[H(Y)] = \int_{-\infty}^\infty H(y)f_2(y)dy$$
$$= \int_{-\infty}^\infty \left(\int_{-\infty}^\infty h(x, y)f_1(x|y)dx\right)f_2(y)dy = E[h(X, Y)].$$

(4) $u(x) = E[Y \mid X = x]$ とおくと, (2) より $E[u(X)|X] = u(X)E[1|X] = u(X)$. したがって, $E[Y - u(X) \mid X] = E[Y \mid X] - E[u(X)|X] = u(X) - u(X) = 0$. よって, (3) を考慮すると,
$$E[(Y - E[Y \mid X])E[Y \mid X]] = E[(Y - u(X))u(X)]$$
$$= E[E[(Y - u(X))u(X) \mid X]] = E[u(X)E[Y - u(X) \mid X]] = 0.$$

(5) $Y^2 = (Y - u(X))^2 + 2(Y - u(X))u(X) + (u(X))^2$ であり，$E[(Y - u(X))u(X)] = 0$ だから，$E[Y^2] = E[(Y - E[Y|X])^2] + E[(E[Y|X])^2]$.

(6) $Var[Y] = E[Y^2] - (E[Y])^2$, $E[Y] = E[E[Y|X]]$ に注意すると，
$$Var[Y] = E[(E[Y|X])^2] + E[(Y - E[Y|X])^2] - (E[E[Y|X]])^2$$
$$= Var[E[Y|X]] + E[(Y - E[Y|X])^2].$$

(注意) $Var[Y|X=x] = E[(Y - E[Y|X=x])^2|X=x]$ とおいて，$E[h(X,Y)|X]$ と同様に，$Var[Y|X] = Var[Y|X=x]\big|_{x=X}$ と表すと，$E[(Y - E[Y|X])^2] = E[E[(Y - E[Y|X])^2|X]] = E[Var[Y|X]]$ と表せる．したがって，$Var[Y] = Var[E[Y|X]] + E[Var[Y|X]]$ が成り立つ．$X$ が群を表す変数であると考えると，$Var[E[Y|X]]$ は $Y$ の群間変動，$E[Var[Y|X]]$ は $Y$ の群内変動を表すと捉えることができる．したがって，(6) は平方和の分解を表している．

**演習** 4.12** $A = \{(x,y)|\ |h(x,y)| > 0\}$, $A_n = \{(x,y)|\ |h(x,y)| > 1/n\}$ とおくと，$A = \cup_{n=1}^{\infty} A_n$. よって, $0 \leqq P((X,Y) \in A) = P((X,Y) \in \cup_{n=1}^{\infty} A_n) \leqq \sum_{n=1}^{\infty} P((X,Y) \in A_n)$. $P((X,Y) \in A_{n_0}) > 0$ を満たす $n_0$ が存在すると仮定すると，$E[|h(X,Y)|] \geqq E[|h(X,Y)|1_{A_{n_0}}(X,Y)] \geqq \frac{1}{n_0} P((X,Y) \in A_{n_0}) > 0$. よって，$E[|h(X,Y)|] = 0$ に矛盾する．よって，任意の $n$ に対して，$P((X,Y) \in A_n) = 0$. したがって，$P((X,Y) \in A) = 0$. $P(h(X,Y) = 0) = 1 - P(|h(X,Y)| > 0) = 1 - P((X,Y) \in A) = 1 - 0 = 1$.

$B_0 = \{(x,y)|h(x,y) = 0\}$, $B_n = \{(x,y)\ |0 \leqq |h(x,y)| \leqq n\}$, $B'_n = B_n \setminus B_0$ とすると，$E[|h(X,Y)|] = \lim_{n \to \infty} E[|h(X,Y)|1_{B_n}(X,Y)]$ であり，
$$E[|h(X,Y)|1_{B_n}(X,Y)] = E[|h(X,Y)|1_{B_0}(X,Y)] + E[|h(X,Y)|1_{B'_n}(X,Y)].$$
$|h(X,Y)|1_{B_0}(X,Y) = 0$ が常に成り立つので, $E[|h(X,Y)|1_{B_0}(X,Y)] = 0$.
$$0 \leqq E[1_{B'_n}(X,Y)] = P(0 < |h(X,Y)| \leqq n) \leqq 1 - P(h(X,Y) = 0) = 1 - 1 = 0$$
であり，$0 \leqq E[|h(X,Y)|1_{B'_n}(X,Y)] \leqq nE[1_{B'_n}(X,Y)] = 0$. よって，$E[|h(X,Y)|] = 0$. $0 \leqq |E[h(X,Y)]| \leqq E[|h(X,Y)|]$ なので, $E[h(X,Y)] = 0$.

**演習** 4.13* (1) $E[X^2] = 0$ のときは，$E[|X^2|] = 0$ なので, 演習 4.12[70] より $P(X = 0) = 1$. よって，$1 \geqq P(XY = 0) \geqq P(X = 0) = 1$. 再び，演習 4.12[70] より，$E[XY] = 0$ であり，等号が成立する．$E[X^2] > 0$ のとき，$g(t) = E[(tX - Y)^2]$ とおくと，
$$g(t) = E[X^2](t - t_0)^2 + \frac{E[X^2]E[Y^2] - (E[XY])^2}{E[X^2]}.$$
ただし，$t_0 = \frac{E[XY]}{E[X^2]}$. $g(t)$ の定義から $\forall t \in \mathbb{R}, g(t) \geqq 0$ なので $g(t_0) \geqq 0$. よって，$E[X^2]E[Y^2] - (E[XY])^2 \geqq 0$. つまり，$|E[XY]| \leqq \sqrt{E[X^2]E[Y^2]}$. この等号が成立することと $g(t_0) = E[(t_0 X - Y)^2] = 0$ は同値であり，演習 4.12[70] より，$P(t_0 X - Y = 0) = 1 \iff P(Y = \frac{E[XY]}{E[X^2]} X) = 1$.

(2) $r[X,Y]$ を議論するので，$Var[X] > 0, Var[Y] > 0$ として考える．(1) において，$X$ と $Y$ を改めて，$X - E[X], Y - E[Y]$ と置きなおすと，$|Cov[X,Y]| \leqq \sqrt{Var[X]Var[Y]}$ であり，$|r[X,Y]| \leqq 1$. 等号成立条件は，$P(Y - E[Y] = \frac{Cov[X,Y]}{Var[X]}(X - E[X])) = 1$ で

ある.

**演習** 4.14* $P(X=k) = P(X=k, 0 \leqq Y < \infty)$ なので,
$$P(X=k) = \int_0^\infty \frac{y^k}{k!}e^{-y}\frac{1}{\Gamma(\alpha)\beta^\alpha}y^{\alpha-1}e^{-y/\beta}dy = \frac{1}{k!\Gamma(\alpha)\beta^\alpha}\int_0^\infty y^{k+\alpha-1}e^{-\frac{1+\beta}{\beta}y}dy$$
$$= \frac{\Gamma(k+\alpha)}{k!\Gamma(\alpha)\beta^\alpha}\left(\frac{\beta}{1+\beta}\right)^{k+\alpha} = \binom{-\alpha}{k}\left(\frac{1}{\beta+1}\right)^\alpha\left(-\frac{\beta}{\beta+1}\right)^k \cdots NB\left(\alpha, \frac{\beta}{\beta+1}\right).$$
$\sum_{k=0}^\infty \frac{y^k}{k!}e^{-y} = 1$ なので $P(a \leqq Y \leqq b) = \int_a^b \frac{1}{\Gamma(\alpha)\beta^\alpha}y^{\alpha-1}e^{-\frac{y}{\beta}}dy$. よって, $Y \sim Ga(\alpha, \beta)$.
(積分の) 平均値の定理より $P(X=k, \lambda \leqq Y \leqq \lambda + \Delta\lambda) = \Delta\lambda\frac{\lambda_1^k}{k!}e^{-\lambda_1}\frac{1}{\Gamma(\alpha)\beta^\alpha}\lambda_1^{\alpha-1}e^{-\lambda_1/\beta}$,
$P(\lambda \leqq Y \leqq \lambda + \Delta\lambda) = \Delta\lambda\frac{1}{\Gamma(\alpha)\beta^\alpha}\lambda_2^{\alpha-1}e^{-\lambda_2/\beta}$ を満たす $\lambda_1, \lambda_2$ が $\lambda$ と $\lambda + \Delta\lambda$ の間にとれる.
$\Delta\lambda \to 0$ のとき, $\lambda_1, \lambda_2 \to \lambda$ なので, $P(X=k|\lambda \leqq Y \leqq \lambda + \Delta\lambda) \to \frac{\lambda^k}{k!}e^{-\lambda}$.

**演習** 4.15* $Y - h(X) = (Y - E[Y|X]) + (E[Y|X] - h(X))$ と変形すると,
$$E\left[(Y-h(X))^2\right] = E\left[(Y-E[Y|X])^2\right] + 2E\left[(E[Y|X]-h(X))(Y-E[Y|X])\right]$$
$$+ E\left[(E[Y|X]-h(X))^2\right].$$
ここで, $E[Y - E[Y|X]|X] = 0$ だから,
$$E[(E[Y|X]-h(X))(Y-E[Y|X])] = E[(E[Y|X]-h(X))E[Y-E[Y|X]|X]] = 0.$$
よって,
$$E\left[(Y-h(X))^2\right] = E\left[(Y-E[Y|X])^2\right] + E\left[(E[Y|X]-h(X))^2\right].$$
$E\left[(E[Y|X]-h(X))^2\right] \geqq 0$ なので, $E\left[(Y-h(X))^2\right] \geqq E\left[(Y-E[Y|X])^2\right]$.

**演習** 4.16* $x \leqq y$, $u = -x$, $v = -y$ のとき, $u \geqq v$ であり, $\frac{\partial(u,v)}{\partial(x,y)} = 1$ なので,
$P(X \leqq Y) = \iint_{x \leqq y} f(x,y)dxdy = \iint_{u \geqq v} f(-u,-v)dudv = \iint_{u \geqq v} f(u,v)dudv = P(Y \leqq X)$.
また, $(X,Y)$ の 2 変量連続確率変数なので, $P(X=Y) = 0$. よって, $1 = P(X<Y) + P(Y \leqq X) = 2P(Y \leqq X) = 1$. したがって, $P(Y \leqq X) = \frac{1}{2}$. さらに, $h(x) \geqq 0$ は明らかであるが, $P(Y \leqq X) = \int_{-\infty}^\infty \left(\int_{-\infty}^x f_1(x)f_2(y)dy\right)dx = \int_{-\infty}^\infty f_1(x)F_2(x)dx$. よって, $\int_{-\infty}^\infty h(x)dx = 1$.

**演習** 4.17* 両辺の対応する要素を比較すると証明できる.

**演習** 4.18** (1) $\begin{bmatrix} I_m & O \\ S & I_k \end{bmatrix}\begin{bmatrix} A & B \\ C & D \end{bmatrix}\begin{bmatrix} I_m & T \\ O & I_k \end{bmatrix} = \begin{bmatrix} A & AT+B \\ SA+C & (SA+C)T+SB+D \end{bmatrix}$
なので, $AT + B = 0$, $SA + C = 0$, $(SA+C)T + SB + D = SB + D$. よって, $S = -CA^{-1}$, $T = -A^{-1}B$.

(2) $\begin{vmatrix} I_m & O \\ S & I_k \end{vmatrix} = 1$, $\begin{vmatrix} I_m & T \\ O & I_k \end{vmatrix} = 1$, $\begin{vmatrix} A & O \\ O & SB+D \end{vmatrix} = |A||SB+D|$ なので, (1) の両辺の行列式をとり, $S = -CA^{-1}$ を代入すると, $\begin{vmatrix} A & B \\ C & D \end{vmatrix} = |A||D - CA^{-1}B|$. また, $F = SB + D = D - CA^{-1}B$ とおくと, $\begin{bmatrix} A & O \\ O & F \end{bmatrix}^{-1} = \begin{bmatrix} A^{-1} & O \\ O & F^{-1} \end{bmatrix}$ なので, (1)

の両辺逆行列をとり変形すると，
$$\begin{bmatrix} A & B \\ C & D \end{bmatrix}^{-1} = \begin{bmatrix} I_m & T \\ O & I_k \end{bmatrix} \begin{bmatrix} A^{-1} & O \\ O & F^{-1} \end{bmatrix} \begin{bmatrix} I_m & O \\ S & I_k \end{bmatrix}$$
$$= \begin{bmatrix} A^{-1} + A^{-1}B(D-CA^{-1}B)^{-1}CA^{-1} & -A^{-1}B(D-CA^{-1}B)^{-1} \\ -(D-CA^{-1}B)^{-1}CA^{-1} & (D-CA^{-1}B)^{-1} \end{bmatrix}.$$

(3) $\mu$ と $\Sigma$ を (4.8.20)[68] のように分割して，$u_1 = x_1 - \mu_1$, $u_2 = x_2 - \mu_2$ とおく．(2) の $A, B, C, D$ に対して，$A = \Sigma_{11}$, $B = \Sigma_{12}$, $C = \Sigma_{21}$, $D = \Sigma_{22}$ とおくと，$S = -\Sigma_{21}\Sigma_{11}^{-1}$, $T = -\Sigma_{11}^{-1}\Sigma_{12}$, $F = \Sigma_{22} - \Sigma_{21}\Sigma_{11}^{-1}\Sigma_{12} =: \Sigma_{22\cdot 1}$ (例 4.5[68])．$\Sigma$ が対称行列なので，$\Sigma_{21}' = \Sigma_{12}$, $(\Sigma_{11}^{-1})' = \Sigma_{11}^{-1}$ が成り立つことに注意すると，$S' = T$ が成り立つことがわかり，
$$\Sigma^{-1} = \begin{bmatrix} \Sigma_{11} & \Sigma_{12} \\ \Sigma_{21} & \Sigma_{22} \end{bmatrix}^{-1} = \begin{bmatrix} I_m & S' \\ O & I_{n-m} \end{bmatrix} \begin{bmatrix} \Sigma_{11}^{-1} & O \\ O & \Sigma_{22\cdot 1}^{-1} \end{bmatrix} \begin{bmatrix} I_m & O \\ S & I_{n-m} \end{bmatrix}.$$
したがって，$v_1 = u_1$, $v_2 = Su_1 + u_2$ とおくと，
$$(x-\mu)'\Sigma^{-1}(x-\mu) = [u_1', u_2'] \begin{bmatrix} \Sigma_{11} & \Sigma_{12} \\ \Sigma_{21} & \Sigma_{22} \end{bmatrix}^{-1} \begin{bmatrix} u_1 \\ u_2 \end{bmatrix}$$
$$= [u_1', u_1'S' + u_2'] \begin{bmatrix} \Sigma_{11}^{-1} & O \\ O & \Sigma_{22\cdot 1}^{-1} \end{bmatrix} \begin{bmatrix} u_1 \\ Su_1 + u_2 \end{bmatrix} = v_1'\Sigma_{11}^{-1}v_1 + v_2'\Sigma_{22\cdot 1}^{-1}v_2.$$
また，$|\Sigma| = |\Sigma_{11}||\Sigma_{22\cdot 1}|$ なので，
$$\phi_n(x|\mu, \Sigma) = \phi_m(v_1|0, \Sigma_{11})\phi_{n-m}(v_2|0, \Sigma_{22\cdot 1}).$$
$v_1 = x_1 - \mu_1$, $v_2 = x_2 - \mu_2 - \Sigma_{21}\Sigma_{11}^{-1}(x_1 - \mu_1) = x_2 - \mu_{2|1}(x_1)$ なので，(4.E.1)[70] が成り立つ．

次に，(4.8.19)[68] を帰納法で示す．$n = 1$ のときは，(3.6.2)[44] より正しいことがわかる．(4.E.1)[70] を $m = 1$ のとき考えると，
$$\int_{\mathbb{R}^n} \phi_n(x|\mu, \Sigma)dx = \int_{-\infty}^{\infty} \phi_1(x_1|\mu_1, \Sigma_{11}) \left( \int_{\mathbb{R}^{n-1}} \phi_{n-1}(x_2|\mu_{2|1}(x_1), \Sigma_{22\cdot 1}dx_2 \right) dx_1.$$
右辺の中の積分は帰納法の仮定から 1 であることがわかり，$\phi_1(x_1|\mu_1, \Sigma_{11})$ は 1 次元正規分布の確率密度関数だから，その積分は 1．よって，右辺は 1 と等しく，(4.8.19)[68] が示せた．

さらに，(4.8.19)[68] より $\int_{\mathbb{R}^{n-m}} \phi_{n-m}(x_2|\mu_{2|1}(x_1), \Sigma_{22\cdot 1})dx_2 = 1$ が成り立つので，(4.E.1)[70] の両辺を $x_2$ で積分すると，$\int_{\mathbb{R}^{n-m}} \phi_n(x|\mu, \Sigma)dx_2 = \phi_m(x_1|\mu_1, \Sigma_{11})$．これは，$X_1$ の周辺確率密度関数なので，$X_1 \sim N_m(\mu_1, \Sigma_{11})$．また，$X_1 = x_1$ の下での $X_2$ の条件付き確率密度関数は，
$$\frac{\phi_n(x|\mu, \Sigma)}{\phi_m(x_1|\mu_1, \Sigma_{11})} = \phi_{n-m}(x_2|\mu_{2|1}(x_1), \Sigma_{22\cdot 1})$$
なので，$N_{n-m}(\mu_{2|1}(x_1), \Sigma_{22\cdot 1})$ に従う．

(4) 定義に従って，計算すると確認できる．

## B.5　第 5 章の解答

**演習** 5.1　命題 5.5[77](1) より，$X_1+X_2 \sim N(5,16)$．$Z \sim N(0,1)$ とすると，$P(4 \leqq X_1+X_2 \leqq 7) = P(-0.25 \leqq Z \leqq 0.5) = 0.2902$．同様に，$\bar{X} = (X_1+X_2+X_3)/3 \sim N(2,4)$ なので，$P(\bar{X} < 3) = P(Z < 0.5) = 0.6915$．また，定理 5.1[77] から $\bar{X} \sim N(1,25)$ だから，$Z \sim N(0,1)$ とすると，$P(\bar{X} < 3) = P(Z < 0.4) = 0.6554$．

**演習** 5.2　命題 5.5[77](1) より，$X_1+X_2 \sim N(2\mu, 2\sigma^2)$．$X_1+\cdots+X_n \sim N(n\mu, n\sigma^2)$ を仮定すると，命題 5.5[77](1) より，$(X_1+\cdots+X_n)+X_{n+1} \sim N(n\mu+\mu, n\sigma^2+\sigma^2) = N((n+1)\mu, (n+1)\sigma^2)$．帰納法により，任意の自然数 $n$ に対して，$X_1+\cdots+X_n \sim N(n\mu, n\sigma^2)$．命題 3.12[45] より，$\bar{X} \sim N(\mu, \sigma^2/n)$．

**演習** 5.3　(1) 最初の等式は左辺を展開して，$x$ について平方完成すればよい．

(2) (1) から $\phi(x|\mu_1, \sigma_1^2)\phi(x|\mu_2, \sigma_2^2) = \phi(x|\bar{\mu}, \bar{\sigma}^2)\phi(\mu_2|\mu_1, \sigma_1^2+\sigma_2^2)$ を証明して，(3.6.2)[44] を考慮すれば，結果が導ける．

(3) $\phi(x|\mu_1, \sigma_1^2)\phi(z-x|\mu_2, \sigma_2^2) = \phi(x|\mu_1, \sigma_1^2)\phi(x|z-\mu_2, \sigma_2^2)$ であり，命題 5.4[76](2) とこの演習問題の (2) より，$X+Y$ の p.d.f. を求めて，整理すると $X+Y \sim N(\mu_1+\mu_2, \sigma_1^2+\sigma_2^2)$ がわかる．

**演習** 5.4　$X$ と $Y$ の確率密度関数を $f(x), g(y)$ とする．$x \in (0,1)$ に対して $h(x) = \log \frac{x}{1-x}$ とすると，$Y = h(X)$ であり，区間 $(0,1)$ において $h(x)$ は単調増加であることがわかる．$h^{-1}(y) = \frac{1}{1+e^{-y}}$ だから，$\frac{d}{dy}h^{-1}(y) = \frac{e^{-y}}{(1+e^{-y})^2}$ であり，また，任意の $y \in \mathbb{R}$ に対して，$0 < h^{-1}(y) < 1$ がわかる．したがって，命題 5.1[74] より，

$$g(y) = f\left(h^{-1}(y)\right) \left| \frac{d}{dy} h^{-1}(y) \right| = \frac{e^{-y}}{(1+e^{-y})^2}$$

となる（これは $\mu = 0, \sigma = 1$ のロジスティック分布の p.d.f. である．演習 3.25[50]）．

**演習** 5.5　$N(\mu, \sigma^2)$ の p.d.f. を $\phi(x|\mu, \sigma^2)$ とおき，$X$ の分布関数を $F(x)$ とおくと，$\phi(x|\mu, \sigma^2) = F'(x)$．$Y$ の分布関数を $G(y)$ とおくと，$G(y) = P(Y \leqq y) = P(|X| \leqq y) = P(-y \leqq X \leqq y) = F(y) - F(-y)$．よって，$Y$ の p.d.f. を $g(y)$ とすると，$g(y) := G'(y) = \phi(y|\mu, \sigma^2) + \phi(-y|\mu, \sigma^2) = \frac{1}{\sqrt{2\pi\sigma^2}} e^{-\frac{(y-\mu)^2}{2\sigma^2}} \left(1 + e^{-2\frac{\mu y}{\sigma^2}}\right)$．

**演習** 5.6　$X$ と $Y$ の p.d.f. を $f(x), g(y)$ とする．$h(x) = e^x$ とすると，$Y = h(X)$ であり，$h(x)$ は単調増加である．$h^{-1}(y) = \log y$ なので，$\frac{d}{dy}h^{-1}(y) = y^{-1}$．したがって，命題 5.1[74] より，

$$g(y) = f\left(h^{-1}(y)\right) \left| \frac{d}{dy} h^{-1}(y) \right| = \frac{1}{\sqrt{2\pi\sigma^2}} y^{-1} e^{-\frac{(\log y - \mu)^2}{2\sigma^2}}.$$

**演習** 5.7*　$X$ と $Y$ の p.d.f. を $f(x), g(y)$ とする．$h(x) = \frac{bx}{a(1-x)}$ とすると，$Y = h(X)$ であり，$h(x)$ は単調である．実際，逆関数が $h^{-1}(y) = \frac{ay}{b+ay}$ と求められ，$\frac{d}{dy}h^{-1}(y) = \frac{ab}{(b+ay)^2}$ と

なる．また，任意の $y \in \mathbb{R}$ に対して，$0 < h^{-1}(y) < 1$ だから，命題 5.1[74] より，
$$g(y) = f\left(h^{-1}(y)\right) \left|\frac{d}{dy}h^{-1}(y)\right| = \frac{1}{B(a,b)}\left(\frac{ay}{b+ay}\right)^a \left(1 - \frac{ay}{b+ay}\right)^b y^{-1}$$
となる（これは (6.E.4)[95] において，$\nu_1 = 2a$, $\nu_2 = 2b$ としたものと一致し，自由度 $(2a, 2b)$ の エフ分布の p.d.f. であることがわかる）．

**演習** 5.8* $X = U$, $Y = V + \frac{\sigma_2}{\sigma_1}\rho U$ なので，命題 5.2[75] より，$(U,V)$ の同時 p.d.f. $g(u,v)$ は $g(u,v) = f\left(u, v + \frac{\sigma_2}{\sigma_1}\rho u\right)$．また，(4.7.5)[64] より，
$$\begin{aligned}g(u,v) &= \phi(u|\mu_1, \sigma_1^2)\phi\left(v + \frac{\sigma_2}{\sigma_1}\rho u \;\middle|\; \mu_2 + \rho\frac{\sigma_2}{\sigma_1}(u-\mu_1), (1-\rho^2)\sigma_2^2\right)\\ &= \phi(u|\mu_1, \sigma_1^2)\phi\left(v \;\middle|\; \mu_2 - \rho\frac{\sigma_2}{\sigma_1}\mu_1, (1-\rho^2)\sigma_2^2\right).\end{aligned}$$
これから，$U, V$ は独立でそれぞれ $N(\mu_1, \sigma_1^2)$, $N(\mu_2 - \rho\frac{\sigma_2}{\sigma_1}\mu_1, (1-\rho^2)\sigma_2^2)$ に従うことがわかる．さらに，命題 3.12[45] と正規分布の再生性（命題 5.5[77](1)）より，$W = X + Y = \left(\frac{\sigma_2}{\sigma_1}\rho + 1\right)U + V \sim N(\mu_1 + \mu_2, \sigma_1^2 + 2\rho\sigma_1\sigma_2 + \sigma_2^2)$.

**演習** 5.9* <u>命題 5.5[77](3) について</u> $X \sim B(n_1, p)$, $Y \sim B(n_2, p)$ のとき，$0 \leq X \leq n_1$, $0 \leq Y \leq n_2$. $X + Y = k$ のとき，$Y = j$ とおくと，$X = k - j$ であり，$0 \leq k - j \leq n_1$, $0 \leq j \leq n_2$. よって，$\max(0, k-n_1) \leq j \leq \min(n_2, k)$. これに注意すると，
$$\begin{aligned}P(X+Y=k) &= \sum_{j=\max(0,k-n_1)}^{\min(n_2,k)} {}_{n_1}C_{k-j}p^{k-j}q^{n_1-(k-j)}{}_{n_2}C_j p^j q^{n_2-j}\\ &= p^k q^{n_1+n_2-k} \sum_{j=\max(0,k-n_1)}^{\min(n_2,k)} {}_{n_1}C_{k-j}{}_{n_2}C_j.\end{aligned}$$
(3.5.8)[43] より，$P(X+Y=k) = {}_{n_1+n_2}C_k p^k q^{n_1+n_2-k}$.

<u>命題 5.5[77](4) について</u> $X \sim Po(\lambda_1)$, $Y \sim Po(\lambda_2)$ のとき，
$$\begin{aligned}P(X+Y=k) &= \sum_{j=0}^{k} \frac{\lambda_1^{k-j}}{(k-j)!}e^{-\lambda_1}\frac{\lambda_2^j}{j!}e^{-\lambda_2}\\ &= \frac{e^{-(\lambda_1+\lambda_2)}}{k!}\sum_{j=0}^{k}{}_kC_j \lambda_2^j \lambda_1^{k-j} = \frac{(\lambda_1+\lambda_2)^k}{k!}e^{-(\lambda_1+\lambda_2)}.\end{aligned}$$

**演習** 5.10* $X$ と $Y$ の p.d.f を $f_1(x), f_2(y)$ とすると，$f_i(x) = \begin{cases} c_i x^{\alpha_i - 1}e^{-x/\beta} & (0 < x) \\ 0 & (x \leq 0) \end{cases}$. ただし，$c_i = \frac{1}{\Gamma(\alpha_i)\beta^{\alpha_i}}$. よって，命題 5.4[76](2) より，$Z = X + Y$ の p.d.f. $g(z)$ は
$$\begin{aligned}g(z) &= \int_{-\infty}^{\infty} f_1(z-y)f_2(y)dy = \int_0^z f_1(z-y)f_2(y)dy = \int_0^1 f_1(z(1-t))f_2(zt)z\,dt\\ &= c_1 c_2 z^{\alpha_1+\alpha_2-1}e^{-z/\beta}\int_0^1 (1-t)^{\alpha_1-1}t^{\alpha_2-1}dt = c_1 c_2 B(\alpha_1, \alpha_2)z^{\alpha_1+\alpha_2-1}e^{-z/\beta}\\ &= \frac{1}{\Gamma(\alpha_1+\alpha_2)\beta^{\alpha_1+\alpha_2}}z^{\alpha_1+\alpha_2-1}e^{-z/\beta}. \text{（注意：演習 3.20[50](3) を使った）}\end{aligned}$$

**演習** 5.11*　$X = ZW, Y = Z(1-W)$ なので，$J := \begin{vmatrix} w & z \\ 1-w & -z \end{vmatrix} = -z$. したがって，$(Z, W)$ の同時密度関数 $g(z, w)$ は命題 5.2[75] より，

$$g(z, w) = \frac{1}{\Gamma(a_1)b^{a_1}}(zw)^{a_1-1}e^{-\frac{zw}{b}}\frac{1}{\Gamma(a_2)b^{a_2}}(z(1-w))^{a_2-1}e^{-\frac{z(1-w)}{b}}|-z|.$$

ガンマ関数とベータ関数の関係式 (演習 3.20[50](3)) を使って整理すると，

$$= \frac{1}{\Gamma(a_1+a_2)b^{a_1+a_2}}z^{a_1+a_2-1}e^{-\frac{z}{b}}\frac{1}{B(a_1, a_2)}w^{a_1-1}(1-w)^{a_2-1}.$$

よって，$Z \perp\!\!\!\perp W, Z \sim Ga(a_1+a_2, b), W \sim Be(a_1, a_2)$.

さらに，$V = \frac{X/a_1}{Y/a_2}, U = Y$ とおくと，$X = a_1VU/a_2, Y = U$ であり，この変換のヤコビアンは

$$J = \begin{vmatrix} a_1u/a_2 & a_1v/a_2 \\ 0 & 1 \end{vmatrix} = a_1u/a_2$$

である．$(V, U)$ の同時 p.d.f. を $h(v, u)$ とすると，命題 5.2[75] より，

$$h(v, u) = \frac{1}{\Gamma(a_1)b^{a_1}}(a_1vu/a_2)^{a_1-1}e^{-\frac{a_1vu}{ba_2}}\frac{1}{\Gamma(a_2)b^{a_2}}u^{a_2-1}e^{-\frac{u}{b}}|a_1u/a_2|.$$

したがって，$v$ の周辺 p.d.f. $k(v)$ は，演習 3.20[50](2) より，

$$k(v) = \int_0^\infty h(v, u)du = \frac{1}{\Gamma(a_1)\Gamma(a_2)b^{a_1+a_2}}\left(\frac{a_1}{a_2}\right)^{a_1}v^{a_1-1}\Gamma(a_1+a_2)\left(\frac{b}{a_1v/a_2+1}\right)^{a_1+a_2}$$
$$= \frac{1}{B(a_1, a_2)}\left(\frac{a_1}{a_2}\right)^{a_1}v^{a_1-1}\left(\frac{a_1}{a_2}v+1\right)^{-(a_1+a_2)}.$$

これは，(6.E.4)[95] で $\nu_1 = 2a_1, \nu_2 = 2a_2$ としたものに一致し，自由度 $(2a_1, 2a_2)$ のエフ分布の p.d.f. と考えられるが，$2a_1, 2a_2$ は自然数とは限らないことに注意しよう．

**演習** 5.12**　(1) $x^n e^{-ax}$ の $x \geqq 0$ における最大値は $C_{a,n}$ なので (最大値を与える $x = \frac{n}{a}$).

(2) 任意の $x, t \in \mathbb{R}$ に対して，$e^{t|x|} \leqq e^{tx} + e^{-tx}$ なので，$\tilde{M}_X(t) \leqq M_X(t) + M_X(-t)$. 任意の $t \in (-\delta, \delta)$ に対して，$M_X(t) < \infty$ なので，$M_X(-t) < \infty$. よって，$\tilde{M}_X(t) < \infty$.

(3) 演習 3.17[49] より $|L_{X,n}(t)| \leqq E\left[|X|^n e^{tX}\right]$. また，$z \in \mathbb{R}$ に対して，$e^z \leqq e^{|z|}$ なので，$|L_{X,n}(t)| \leqq E\left[|X|^n e^{|t|\cdot|X|}\right]$. 一方，$|t| < \delta$ なので，$|t| < t' < \delta$ を満たす $t'$ を選ぶことができて，そのように選んだ $t'$ に対して，$a = t' - |t|$ とすると，$a > 0$. (1) より $|X|^n e^{-a|X|} \leqq C_{a,n}$ なので，$|L_{X,n}(t)| \leqq E\left[|X|^n e^{-a|X|}e^{(|t|+a)|X|}\right] \leqq C_{a,n}\tilde{M}_X(t')$. $t' \in (-\delta, \delta)$ なので (2) より $|L_{X,n}(t)| < \infty$.

(4) マクローリンの定理より，任意の $x \in \mathbb{R}$ に対して，$e^x = 1 + x + \frac{1}{2}e^{\theta x}x^2, 0 < \theta < 1$ を満たす $\theta$ が存在する．これを用いて証明すべき不等式の左辺を変形して，$(t+\theta \Delta t)x \leqq (|t|+|\Delta t|)|x|$ に注意すると不等式が示せる．

(5) (4) より，
$$\left|\frac{L_{X,m}(t+\Delta t) - L_{X,m}(t)}{\Delta t} - L_{X,m+1}(t)\right| \leqq \frac{1}{2}|\Delta t|E\left[|X|^{m+2}e^{(|t|+|\Delta t|)|X|}\right].$$

$|t| < \delta$ なので，$|t| < t' < \delta$ を満たす $t'$ を一つ選び，$a = \frac{t'-|t|}{2}$ とし，$|\Delta t| < a$ を満たすよ

うな $\Delta t$ を考えると，$a > 0, m+2 \in \mathbb{N}, t' \in (-\delta, \delta)$ なので，$E\left[|X|^{m+2}e^{(|t|+|\Delta t|)|X|}\right] \leq C_{a,m+2}\tilde{M}_X(t') < \infty$. 上の不等式で $\Delta t \to 0$ とすると，右辺は 0 に収束するので，左辺も 0 に収束し，$\frac{d}{dt}L_{X,m}(t) = L_{X,m+1}(t)$ が導ける．$M_X(t) = L_{X,0}(t)$ なので，$\frac{d}{dt}M_X(t) = L_{X,1}(t)$. 帰納法により，$\frac{d^m}{dt^m}M_X(t) = L_{X,m}(t) = E\left[X^m e^{tX}\right]$. $L_{X,m}(0) = E[X^m]$ なので，$\frac{d^m}{dt^m}M_X(0) = E[X^m]$.

**演習** 5.13* $p_k = \frac{\lambda^k}{k!}e^{-\lambda}$ であり，$e^z = \sum_{k=0}^{\infty}\frac{1}{k!}z^k$ だから，
$$M_X(t) = \sum_{k=0}^{\infty}e^{tk}\frac{\lambda^k}{k!}e^{-\lambda} = e^{-\lambda}\sum_{k=0}^{\infty}\frac{1}{k!}(\lambda e^t)^k = e^{\lambda(e^t-1)}.$$
さらに，$M_{X+Y}(t) = M_X(t)M_Y(t) = e^{\lambda_1(e^t-1)}e^{\lambda_2(e^t-1)} = e^{(\lambda_1+\lambda_2)(e^t-1)}$. よって，$X+Y \sim Po(\lambda_1+\lambda_2)$.

**演習** 5.14* $p_k = \binom{-r}{k}q^r(-p)^k$ であり，$(1+x)^{-r} = \sum_{k=0}^{\infty}\binom{-r}{k}x^k$ だから，
$$M_X(t) = \sum_{k=0}^{\infty}e^{tk}\binom{-r}{k}q^r(-p)^k = q^r\sum_{k=0}^{\infty}\binom{-r}{k}(-pe^t)^k = q^r(1-pe^t)^{-r}.$$
また，$M_{X+Y}(t) = M_X(t)M_Y(t) = q^{r_1+r_2}(1-pe^t)^{-(r_1+r_2)}$. よって，$X+Y \sim NB(r_1+r_2, p)$.

**演習** 5.15* $x+y+z = n$ なので，$P(X=x, Y=y, Z=z, X+Y+Z=n) = P(X=x, Y=y, Z=z)$ であり，ポアソン分布の再生性より $X+Y+Z \sim Po(\lambda_1+\lambda_2+\lambda_3)$ なので，
$$P(X=x, Y=y, Z=z | X+Y+Z=n)$$
$$= \frac{\lambda_1^x \lambda_2^y \lambda_3^z}{x!y!z!}e^{-(\lambda_1+\lambda_2+\lambda_3)} \times \frac{n!}{(\lambda_1+\lambda_2+\lambda_3)^n e^{-(\lambda_1+\lambda_2+\lambda_3)}}$$
$$= \frac{n!}{x!y!z!}\left(\frac{\lambda_1}{\lambda_1+\lambda_2+\lambda_3}\right)^x \left(\frac{\lambda_2}{\lambda_1+\lambda_2+\lambda_3}\right)^y \left(\frac{\lambda_3}{\lambda_1+\lambda_2+\lambda_3}\right)^z.$$

**演習** 5.16** (1) $E[Y^n] = E[e^{nX}] = M_X(n)$. 例 5.5[78] より，$E[Y^n] = e^{\mu n + \frac{\sigma^2}{2}n^2}$. よって，$E[Y] = e^{\mu + \frac{\sigma^2}{2}}$, $E[Y^2] = e^{2\mu + 2\sigma^2}$, $Var[Y] = e^{2\mu + \sigma^2}(e^{\sigma^2} - 1)$.

(2)
$$M_Y(t) = E[e^{tY}] = E[e^{te^X}] = \int_{-\infty}^{\infty}\frac{1}{\sqrt{2\pi\sigma^2}}e^{te^x - \frac{1}{2\sigma^2}(x-\mu)^2}dx.\cdots (※)$$
ここで，$t > 0$ なので $x \to \infty$ のとき
$$te^x - \frac{1}{2\sigma^2}(x-\mu)^2 = e^x\left(t - \frac{1}{2\sigma^2}e^{-x}(x-\mu)^2\right) \to \infty \times (t-0) = \infty.$$
したがって，$x > x_0$ のとき，$te^x - \frac{1}{2\sigma^2}(x-\mu)^2 > 0$ となるような実数 $x_0$ が存在する．(※) の積分における被積分関数は常に正なので，積分区間を狭くした方が小さいことに注意すると，
$$M_Y(t) \geqq \int_{x_0}^{\infty}\frac{1}{\sqrt{2\pi\sigma^2}}e^{te^x - \frac{1}{2\sigma^2}(x-\mu)^2}dx \geqq \int_{x_0}^{\infty}\frac{1}{\sqrt{2\pi\sigma^2}}e^0 dx = \infty.$$

(3) (a) $f(y)$ は，演習 5.6[80] より $f(y) = \frac{1}{\sqrt{2\pi}} y^{-1} e^{-\frac{(\log y)^2}{2}}$ である．$n = 0, 1, 2, \ldots,$ に対して，
$$\int_0^\infty y^n f(y) \sin(2\pi \log y) dy = \int_{-\infty}^\infty (e^{s+n})^n f(e^{s+n}) \sin(2\pi(s+n)) e^{s+n} ds$$
$$= \frac{e^{n^2/2}}{\sqrt{2\pi}} \int_{-\infty}^\infty e^{-s^2/2} \sin(2\pi s) ds = 0.$$

最後の等号は $e^{-s^2/2} \sin(2\pi s)$ が $[0, \infty)$ で積分可能で，奇関数であることからわかる．

(b) $(1 + \sin(2\pi \log y)) \geqq 0$ より，$g(y) \geqq 0, \forall y > 0$. (3) より，$\int_0^\infty y^n g(y) dy = \int_0^\infty y^n f(y) dy \cdots (\text{※})$. $n = 0$ とすると，$\int_0^\infty g(y) dy = \int_0^\infty f(y) dy = 1$. よって，$g(y)$ は p.d.f.. また，(※) より，$n = 1, 2, \ldots$ に対して，$E[Y^n] = E[Z^n]$. この $Y$ と $Z$ は，すべての積率が一致しても，p.d.f. は一致するとは限らない例を与える．

**演習 5.17*** $X \sim B(n, p)$ のとき，$M_X(t) = (1 - p + pe^t)^n$ なので，$M_{X_n}(t) = (1 + \lambda(e^t - 1)/n)^n \to \exp(\lambda(e^t - 1))$. $Y \sim Po(\lambda)$ のとき，$M_Y = \exp(\lambda(e^t - 1))$ なので，$Y$ の分布関数 $G(y)$ の連続点 $y$ で $X_n$ の分布関数 $F_n(y)$ が $G(y)$ に収束する．分布関数は右連続なので，$\lim_{n \to \infty} P(X_n = k) = P(Y = k) = \frac{\lambda^k}{k!} e^{-\lambda}$.

**演習 5.18*** 命題 3.15[47] より，$E[X] = ab, Var[X] = ab^2$ なので，$Z = \frac{X - ab}{\sqrt{ab^2}} = \frac{1}{\sqrt{ab}} X - \sqrt{a}$. また，例 5.6[78] より，$M_X(t) = (1 - bt)^{-a}$. よって，
$$M_Z(t) = E[e^{tZ}] = e^{-t\sqrt{a}} E\left[e^{\frac{t}{\sqrt{ab}}X}\right] = e^{-t\sqrt{a}} \left(1 - \frac{t}{\sqrt{a}}\right)^{-a}.$$

テイラーの定理から，$\log(1 - x) = -x - \frac{(1-\theta x)^{-2}}{2} x^2$ を満たす $0 < \theta < 1$ が存在するので，
$$\log M_Z(t) = -t\sqrt{a} - a\left(-\frac{t}{\sqrt{a}} - \frac{(1 - \theta t a^{-1/2})^{-2}}{2} \frac{t^2}{a}\right) \to \frac{t^2}{2} \quad (a \to \infty).$$

よって，$\lim_{\alpha \to \infty} M_Z(t) = e^{\frac{1}{2}t^2}$. 定理 5.2[78] より結論が導ける．

**演習 5.19*** 命題 5.2[75] と同様に，同時確率密度関数 $f(\boldsymbol{x})$ を持つ $n$ 次元確率ベクトル $\boldsymbol{X}$ から $n$ 次元確率ベクトル $\boldsymbol{Y}$ への変換 $Y_i = h_i(\boldsymbol{X}), i = 1, \ldots, n$ が逆変換 $X_i = H_i(\boldsymbol{Y})$ を持つとき，$\boldsymbol{Y}$ の同時確率密度関数 $g(\boldsymbol{y})$ は
$$g(\boldsymbol{y}) = f(\boldsymbol{H}(\boldsymbol{y})) \text{abs}(J(\boldsymbol{y})) \tag{B.5.1}$$
で与えられる．ただし，$\boldsymbol{H}(\boldsymbol{y}) = (H_1(\boldsymbol{y}), \ldots, H_n(\boldsymbol{y}))'$,
$$J(\boldsymbol{y}) = \begin{vmatrix} \frac{\partial H_1}{\partial y_1} & \cdots & \frac{\partial H_1}{\partial y_n} \\ \vdots & \ddots & \vdots \\ \frac{\partial H_n}{\partial y_1} & \cdots & \frac{\partial H_n}{\partial y_n} \end{vmatrix}. \tag{B.5.2}$$

ここで，$X_i, Y_i, x_i, y_i$ は，それぞれ $\boldsymbol{X}, \boldsymbol{Y}, \boldsymbol{x}, \boldsymbol{y}$ の第 $i$ 成分を表す．

いま，$\boldsymbol{Y} = A\boldsymbol{X} + \boldsymbol{b}$ なので，$\boldsymbol{X} = A^{-1}(\boldsymbol{Y} - \boldsymbol{b})$. よって，$A^{-1}$ の $(i, j)$-成分を $c_{ij}$ と表すと，$H_i(\boldsymbol{y}) = c_{i1}(y_1 - b_1) + \cdots + c_{in}(y_n - b_n)$ であり，$\frac{\partial H_i}{\partial y_j} = c_{ij}$. したがって，$J(\boldsymbol{y}) = |A^{-1}| = \frac{1}{|A|}$. また，$\boldsymbol{H}(\boldsymbol{y}) = A^{-1}(\boldsymbol{y} - \boldsymbol{b})$ なので，$g(\boldsymbol{y}) = \frac{1}{\text{abs}(|A|)} f(A^{-1}(\boldsymbol{y} - \boldsymbol{b}))$.

**演習** 5.20* (1) 演習 5.19[82] より，$\boldsymbol{Y}$ の確率密度関数は，
$$g(\boldsymbol{y}) = \frac{1}{\mathrm{abs}(|A|)} \frac{1}{\sqrt{|2\pi\Sigma|}} \exp\left\{-\frac{1}{2}(A^{-1}(\boldsymbol{y}-\boldsymbol{b})-\boldsymbol{\mu})'\Sigma^{-1}(A^{-1}(\boldsymbol{y}-\boldsymbol{b})-\boldsymbol{\mu})\right\}.$$
ここで，$A^{-1}(\boldsymbol{y}-\boldsymbol{b}) - \boldsymbol{\mu} = A^{-1}(\boldsymbol{y}-(A\boldsymbol{\mu}+\boldsymbol{b}))$ なので，$\boldsymbol{u} = A\boldsymbol{\mu}+\boldsymbol{b}$ とおくと，
$$(A^{-1}(\boldsymbol{y}-\boldsymbol{b})-\boldsymbol{\mu})'\Sigma^{-1}(A^{-1}(\boldsymbol{y}-\boldsymbol{b})-\boldsymbol{\mu}) = \{A^{-1}(\boldsymbol{y}-\boldsymbol{u})\}'\Sigma^{-1}A^{-1}(\boldsymbol{y}-\boldsymbol{u})$$
$$= (\boldsymbol{y}-\boldsymbol{u})'(A^{-1})'\Sigma^{-1}A^{-1}(\boldsymbol{y}-\boldsymbol{u}).$$
$(A^{-1})' = (A')^{-1}$ なので，$(A^{-1})'\Sigma^{-1}A^{-1} = (A')^{-1}\Sigma^{-1}A^{-1} = (A\Sigma A')^{-1}$. よって，
$$(A^{-1}(\boldsymbol{y}-\boldsymbol{b})-\boldsymbol{\mu})'\Sigma^{-1}(A^{-1}(\boldsymbol{y}-\boldsymbol{b})-\boldsymbol{\mu}) = (\boldsymbol{y}-\boldsymbol{u})'(A\Sigma A')^{-1}(\boldsymbol{y}-\boldsymbol{u}).$$
一方，$|A'| = |A|$ なので，
$$\mathrm{abs}(|A|)\sqrt{|2\pi\Sigma|} = \sqrt{|A|^2|2\pi\Sigma|} = \sqrt{|A||2\pi\Sigma||A'|} = \sqrt{|2\pi A\Sigma A'|}.$$
以上より，
$$g(\boldsymbol{y}) = \frac{1}{\sqrt{|2\pi A\Sigma A'|}} \exp\left[-\frac{1}{2}\{\boldsymbol{y}-(A\boldsymbol{\mu}+\boldsymbol{b})\}'(A\Sigma A')^{-1}\{\boldsymbol{y}-(A\boldsymbol{\mu}+\boldsymbol{b})\}\right].$$
したがって，$Y \sim N_n(A\boldsymbol{\mu}+\boldsymbol{b}, A\Sigma A')$.

(2) $X_i$ の周辺 p.d.f. は $N(0,\sigma^2)$ の p.d.f. $\phi(x|0,\sigma^2)$ で $X_1, \ldots, X_n$ は互いに独立なので，$\boldsymbol{X}$ の同時 p.d.f. $f(\boldsymbol{x})$ は
$$f(\boldsymbol{x}) = \phi(x_1|0,\sigma^2)\cdots\phi(x_n|0,\sigma^2) = \frac{1}{\sqrt{(2\pi\sigma^2)^n}} e^{-\frac{1}{2\sigma^2}(x_1^2+\cdots+x_n^2)}.$$
$N_n(\boldsymbol{\mu},\Sigma)$ の同時 p.d.f. を $\phi_n(\boldsymbol{x}|\boldsymbol{\mu},\Sigma)$ と表すと，
$$\phi_n(\boldsymbol{x}|\boldsymbol{0},\sigma^2 I_n) = \frac{1}{\sqrt{|2\pi\sigma^2 I_n|}} \exp\left[-\frac{1}{2}\boldsymbol{x}'(\sigma^2 I_n)^{-1}\boldsymbol{x}\right].$$
$(\sigma^2 I_n)^{-1} = \frac{1}{\sigma^2}I_n$ なので，$\frac{1}{2}\boldsymbol{x}'(\sigma^2 I_n)^{-1}\boldsymbol{x} = \frac{1}{2\sigma^2}(x_1^2+\cdots+x_n^2)$. また，$|2\pi\sigma^2 I_n| = (2\pi\sigma^2)^n$. よって，$f(\boldsymbol{x}) = \phi_n(\boldsymbol{x}|\boldsymbol{0},\sigma^2 I_n)$. したがって，$\boldsymbol{X} \sim N_n(\boldsymbol{0}, \sigma^2 I_n)$.

(3) (2) より，$\boldsymbol{X} \sim N_n(\boldsymbol{0}, \sigma^2 I_n)$ なので，(1) より，$\boldsymbol{Y} \sim N_n(P\boldsymbol{0}, P(\sigma^2 I_n)P') = N_n(\boldsymbol{0}, \sigma^2 PP')$. ここで，$P(\sigma^2 I_n)P' = \sigma^2 PP' = \sigma^2 I_n$ なので，$\boldsymbol{Y} \sim N_n(\boldsymbol{0}, \sigma^2 I_n)$. (2) より $Y_1, \ldots, Y_n \stackrel{\text{i.i.d.}}{\sim} N(0,\sigma^2)$.

(4) 第 $i$ 成分だけ 1 でそれ以外はすべて 0 の列ベクトルを $\boldsymbol{e}_i$ と表し，$n$ 次の正方行列 $A = (a_{ij})$ の第 $i$ 行を $\tilde{\boldsymbol{a}}_i$ と表すと，$\boldsymbol{e}_i'A = \tilde{\boldsymbol{a}}_i$. $C_{i,j}A$ の第 $i$ 行は $\boldsymbol{e}_j'A = \tilde{\boldsymbol{a}}_j$，第 $j$ 行は $\boldsymbol{e}_i'A = \tilde{\boldsymbol{a}}_i$，それ以外の $k$ 行は $\boldsymbol{e}_k'A = \tilde{\boldsymbol{a}}_k$. したがって，$C_{i,j}A$ は $A$ の $i$ 行と $j$ 行を入れ替えた行列である．また，$(C_{i,j})' = C_{i,j}$ なので，$(C_{i,j})'$ の第 $i$ 列は $\boldsymbol{e}_j$，第 $j$ 列は $\boldsymbol{e}_i$，それ以外の $k$ 列は $\boldsymbol{e}_k$. $A$ の第 $i$ 列を $\boldsymbol{a}_i$ と表すと，$A(C_{i,j})'$ の第 $i$ 列は $A\boldsymbol{e}_j = \boldsymbol{a}_j$，第 $j$ 列は $A\boldsymbol{e}_i = \boldsymbol{a}_i$，それ以外の $k$ 列は $A\boldsymbol{e}_k = \boldsymbol{a}_k$ である．したがって，$A(C_{i,j})'$ は $A$ の第 $i$ 列と第 $j$ 列を入れ替えた行列である．

(5) (4) の $C_{i,j}$ に対して，$A = C_{2,j}C_{1,i}$ とし，$\boldsymbol{Y} = A\boldsymbol{X}$ とすると (1) より，$\boldsymbol{Y} \sim N_n(\boldsymbol{\nu}, S)$. ただし，$\boldsymbol{\nu} = A\boldsymbol{\mu}$，$S = A\Sigma A'$. ここで，$\boldsymbol{Y}_1$ を $\boldsymbol{Y}$ の最初の二つの成分からなる 2 次元確率ベクトルとする．このとき，例 4.5[68] より $\boldsymbol{Y}_1 \sim N_2(\boldsymbol{\nu}_1, S_{11})$ である．ただし，$\boldsymbol{\nu}_1$ は $\boldsymbol{\nu}$ の最初の二つの成分からなるベクトルで，$S_{11}$ は最初の 2 行と最初の 2 列からなる $2 \times 2$ 行列．$A$ を左からかけると第 $i$ 行と第 1 行が，第 $j$ 行と第 2 行が入れ替わり，$A'$ を右からかけると第 $i$ 列と第 1 列が，第 $j$ 列と第 2 列が入れ替わるので，

$$\boldsymbol{Y}_1 = \begin{bmatrix} X_i \\ X_j \end{bmatrix}, \quad \boldsymbol{\nu}_1 = \begin{bmatrix} \mu_i \\ \mu_j \end{bmatrix}, \quad S_{11} = \begin{bmatrix} \sigma_{ii} & \sigma_{ij} \\ \sigma_{ji} & \sigma_{jj} \end{bmatrix}.$$

(6) $\boldsymbol{t}'\boldsymbol{x} - \frac{1}{2}(\boldsymbol{x}-\boldsymbol{\mu})'\Sigma^{-1}(\boldsymbol{x}-\boldsymbol{\mu}) = -\frac{1}{2}(\boldsymbol{x}-\boldsymbol{\mu}-\Sigma\boldsymbol{t})'\Sigma^{-1}(\boldsymbol{x}-\boldsymbol{\mu}-\Sigma\boldsymbol{t}) + \boldsymbol{\mu}'\boldsymbol{t} + \frac{1}{2}\boldsymbol{t}'\Sigma\boldsymbol{t}$ が成り立つので，$e^{\boldsymbol{t}'\boldsymbol{x}}\phi_n(\boldsymbol{x}|\boldsymbol{\mu},\Sigma) = \phi_n(\boldsymbol{x}|\boldsymbol{\mu}+\Sigma\boldsymbol{t},\Sigma)\cdot\exp(\boldsymbol{\mu}'\boldsymbol{t}+\frac{1}{2}\boldsymbol{t}'\Sigma\boldsymbol{t})$ が導ける．ここで，(4.8.19)[68] が任意の $\boldsymbol{\mu}$, $\Sigma$ に対して成り立つことを考慮すると，$M_{\boldsymbol{X}}(\boldsymbol{t}) = \exp(\boldsymbol{\mu}'\boldsymbol{t}+\frac{1}{2}\boldsymbol{t}'\Sigma\boldsymbol{t})$.

## B.6　第6章の解答

**演習** 6.1　期待値の線形性 (命題 4.15[66]) と $E[X_1] = \cdots = E[X_n] = \mu$ より，
$$E[\bar{X}] = E\left[\frac{1}{n}X_1 + \cdots + \frac{1}{n}X_n\right] = \frac{1}{n}E[X_1] + \cdots + \frac{1}{n}E[X_n] = \mu.$$
また，独立な場合の分散の展開公式 (命題 4.17[66]) と $Var[X_1] = \cdots = Var[X_n] = \sigma^2$ より，
$$Var[\bar{X}] = Var\left[\frac{1}{n}X_1 + \cdots + \frac{1}{n}X_n\right] = \frac{1}{n^2}Var[X_1] + \cdots + \frac{1}{n^2}Var[X_n] = \frac{\sigma^2}{n}.$$
さらに，分散公式より $E[X_i^2] = Var[X_i] + (E[X_i])^2 = \sigma^2 + \mu^2$, $E[\bar{X}^2] = Var[\bar{X}] + (E[\bar{X}])^2 = \frac{1}{n}\sigma^2 + \mu^2$ であり，標本の分散公式 (命題 2.1[20](3)) より，$S^2 = \frac{1}{n}\sum_{i=1}^n X_i^2 - \bar{X}^2$ なので，
$$E[S^2] = \frac{1}{n}\sum_{i=1}^n E[X_i^2] - E[\bar{X}^2] = \frac{1}{n}\sum_{i=1}^n (\sigma^2 + \mu^2) - \left(\frac{1}{n}\sigma^2 + \mu^2\right) = \frac{n-1}{n}\sigma^2.$$

**演習** 6.2　(1) $\mu = \frac{3}{4}$, $\sigma^2 = \frac{27}{16}$. (2) 標本平均は $\frac{6}{5}$, 標本分散は $\frac{54}{25}$. (3) $E[\bar{X}] = \frac{3}{4}$, $Var[\bar{X}] = \frac{3}{16}$, $E[S^2] = \frac{3}{2}$. (4) $n=3$ のとき，$P(\bar{X} \geqq 3.5\mu) = P(X_1+X_2+X_3 \geqq 7.875)$. $X_1+X_2+X_3 \geqq 7.875$ となるのは，$(X_1,X_2,X_3) = (3,3,3),(2,3,3),(3,2,3),(3,3,2)$ の場合なので，$P(\bar{X} \geqq 3.5\mu) = \frac{1}{8^3} + \frac{1}{8^2}\frac{2}{8} \times 3 = \frac{7}{512}$. $n=108$ のとき，$Z = \sqrt{n}\frac{\bar{X}-\mu}{\sigma}$ とすると，$P(\bar{X} \geqq 1.3\mu) = P(Z \geqq 1.8)$. $Z$ が近似的に $N(0,1)$ に従うとすると，表 C.1[226] から $P(\bar{X} \geqq 1.3\mu) \fallingdotseq 1 - 0.9641 = 0.0359$. (注意) 正確な値は，0.03604 であり，近似精度は高い．

**演習** 6.3　(1) 母平均は $7/2$, 母分散は $35/12$.

(2) $E[X_i] = \frac{7}{2}$, $Var[X_i] = \frac{35}{12}$ だから，$E[\bar{X}] = \frac{7}{2}$, $Var[\bar{X}] = \frac{1}{105} \times \frac{35}{12} = \frac{1}{36}$, $E[S^2] = \frac{105-1}{105} \times \frac{35}{12} = \frac{26}{9}$.

(3) また，$Z = \sqrt{105}\frac{\bar{X}-\frac{7}{2}}{\sqrt{\frac{35}{12}}} = 6\bar{X} - 21$ が近似的に $N(0,1)$ に従うので，$P(3.2 \leqq \bar{X} \leqq 3.8) = P(-1.8 \leqq Z \leqq 1.8) = 0.9282$. (注意) 正確な値は，0.932621.

**演習** 6.4　(1) 母集団は全有権者，標本は無作為に抽出された400人の有権者．また，母比率は $p$, 標本比率は 0.25.

(2) $p = \frac{1}{5}$ のとき，$E[\hat{p}] = p = \frac{1}{5}$, $Var[\hat{p}] = \frac{p(1-p)}{400} = \frac{1}{2500}$, $Z = \sqrt{400}\frac{\hat{p}-p}{\sqrt{p(1-p)}} = 50\hat{p} - 10$ が近似的に $N(0,1)$ に従う．よって，$P(\hat{p} > A) = P(Z > 50A - 10) = 0.05$ であり，

$50A - 10 \fallingdotseq z(0.05) = 1.645$ なので, $A \fallingdotseq 0.2329$.

**演習 6.5** $Z_1^2 + \cdots + Z_4^2 \sim \chi_4^2$ なので, 定理 6.3[89] より, $Var[Z_1^2 + \cdots + Z_4^2] = 2 \times 4 = 8$. また, $P(Z_1^2 + \cdots + Z_4^2 < a) = 0.95$ なので, $a = \chi_4^2(0.05) = 9.488$. さらに, $T_1 := \frac{Z_1}{\sqrt{(Z_2^2 + Z_3^2 + Z_4^2)/3}}$ とすると, $T_1 \sim t_3$ であり, $P(T_1^2 < b^2) = P(|T_1| < b) = 0.95$ なので, $b = t_3(0.025) = 3.182$. $T_2 := \frac{Z_1}{\sqrt{(Z_2^2 + Z_3^2)/2}}$ とすると, $T_2 \sim t_2$ であり, $\frac{Z_1^2}{Z_1^2 + Z_2^2 + Z_3^2} < \frac{c^2}{c^2+2} \iff \frac{2Z_1^2}{Z_2^2+Z_3^2} < c^2 \iff T_2^2 < c^2$. よって, $P(T_2^2 < c^2) = P(|T_2| < c) = 0.9$ であり, $c = t_2(0.05) = 2.920$.

**演習 6.6** (1) $Var[\bar{X}] = \frac{1}{25} \times 30^2 = 36$. $E[S^2] = \frac{24}{25} \times 30^2 = 864$. $\frac{n}{\sigma^2}S^2 \sim \chi_{n-1}^2$ なので, $Var[\frac{n}{\sigma^2}S^2] = 2(n-1)$. よって, $Var[S^2] = \frac{30^4}{25^2} \times 2 \times 24 = 62208$.

(2) $P(\bar{X} \geqq 122) = P(Z \geqq 2) = 0.0228$.

(3) $P(Z > a) = 0.05$ だから, $a = z(0.05) = 1.645$.

(4) $(n-1)U^2/\sigma^2 \sim \chi_{n-1}^2$ であり, $P(U^2 < b) = P\left(\frac{(n-1)U^2}{\sigma^2} < \frac{(n-1)b}{\sigma^2}\right) = 0.99$ だから, $\frac{(n-1)b}{\sigma^2} = \chi_{n-1}^2(0.01)$. $n = 25$ なので, $\chi_{n-1}^2(0.01) = \chi_{24}^2(0.01) = 42.98$ であるから, $b = 42.98/24 \times 12/7 = 3.07$.

(5) $T = \sqrt{n}(\bar{X} - \mu)/U \sim t_{n-1}$, $P(|T| \leqq c) = 0.95$ なので, $c = t_{n-1}(0.025) = t_{24}(0.025) = 2.064$.

(6) $V = (n-1)U^2/\sigma^2 \sim \chi_{24}^2$, $P(d_1 \leqq V) = 0.975$, $P(V \leqq d_2) = 0.975$ なので, $d_1 = \chi_{24}^2(0.975) = 12.401$, $d_2 = \chi_{24}^2(1 - 0.975) = 39.364$.

**演習 6.7** 母集団は, その公共サービスカウンターがサービスを行っているすべての平日午前中における利用者数の集合. $Po(\lambda)$ の平均と分散は $\lambda$ なので, 母平均と母分散は $\lambda$. $E[\bar{X}] = \lambda$, $Var[\bar{X}] = \frac{1}{10}\lambda$. ポアソン分布の再生性より $X_1 + \cdots + X_{10} \sim Po(10\lambda)$ なので, $P(\bar{X} = 3) = P(X_1 + \cdots + X_{10} = 30) = \frac{(10\lambda)^{30}e^{-10\lambda}}{30!}$.

**演習 6.8** 母集団は, 測定した地点・時間帯において毎日測定したときの測定値の全体. 指数分布の平均は $1/\lambda$, 分散は $1/\lambda^2$ なので, 母平均と標本平均の期待値は $1/\lambda$, 母分散は $1/\lambda^2$, 標本平均の分散は $1/(n\lambda^2)$. (注意) $\bar{X} \sim Ga(n, 1/(n\lambda))$, あるいは, $2n\lambda\bar{X} \sim Ga(n, 2) = \chi_{2n}^2$ を利用して, $\bar{X}$ の確率も求められる.

**演習 6.9*** (1) $Z_1, \ldots, Z_\nu \overset{i.i.d.}{\sim} N(0,1)$ に対して, $Q = Z_1^2 + \cdots + Z_\nu^2$ とおくと, $Q \sim \chi_\nu^2$. 例 5.1[74] より $Z_i^2 \sim Ga(1/2, 2)$ であり, ガンマ分布の再生性 (命題 5.5[77](2)) より, $Z_1^2 + Z_2^2 \sim Ga(1/2 + 1/2, 2) = Ga(1, 2)$. さらに, $Z_1^2 + Z_2^2 + Z_3^2 \sim Ga(1 + 1/2, 2) = Ga(3/2, 2)$. これを繰り返すと, $Q = Z_1^2 + \cdots + Z_\nu^2 \sim Ga(\nu/2, 2)$ である.

(2) $X \sim Ga(a, b)$ のとき, $E[X] = ab$, $Var[X] = ab^2$ なので, $E[Q] = \frac{\nu}{2} \cdot 2 = \nu$, $Var[Q] = \frac{\nu}{2} \cdot 2^2 = 2\nu$.

(3) $Q$ の p.d.f. は $Ga(\nu/2, 2)$ の p.d.f. であり, (3.6.6)[47] において, $a = \frac{\nu}{2}$, $b = 2$ とすれば得られる.

(4) $Z \sim N(0,1)$ とすると, $P(Z^2 > \chi_1^2(\alpha)) = \alpha$. また, $P(Z^2 > \chi_1^2(\alpha)) = 2P(Z > \sqrt{\chi_1^2(\alpha)})$

なので，$P(Z > \sqrt{\chi_1^2(\alpha)}) = \frac{\alpha}{2}$. よって，$\chi_1^2(\alpha) = \left(z\left(\frac{\alpha}{2}\right)\right)^2$. $\chi_2^2 = Ga(1,2) = Ex(1/2)$ なので，$X \sim \chi_2^2$ のとき，$P(X > c) = \int_c^\infty \frac{1}{2}e^{-x/2}dx = e^{-c/2}$. したがって，$P(X > c) = \alpha$ のとき，$c = -2\log\alpha$ なので，$\chi_2^2(\alpha) = -2\log\alpha$.

**演習 6.10*** $\bm{p}_1 = (\frac{1}{\sqrt{n}}, \ldots, \frac{1}{\sqrt{n}})$ として，$\bm{p}_1, \ldots, \bm{p}_n$ が正規直交基底となるように $\bm{p}_2, \ldots, \bm{p}_n$ を選ぶ．たとえば，$\bm{p}_2 = \left(\frac{1}{\sqrt{2}}, -\frac{1}{\sqrt{2}}, 0, \ldots, 0\right)$, $\bm{p}_3 = \left(\frac{1}{\sqrt{6}}, \frac{1}{\sqrt{6}}, -\frac{2}{\sqrt{6}}, 0, \ldots, 0\right), \ldots$,
$$\bm{p}_i = \left(\frac{1}{\sqrt{i(i-1)}}, \ldots, \frac{1}{\sqrt{i(i-1)}}, -\frac{i-1}{\sqrt{i(i-1)}}, 0, \ldots, 0\right), \ldots,$$
$\bm{p}_n = \left(\frac{1}{\sqrt{n(n-1)}}, \ldots, \frac{1}{\sqrt{n(n-1)}}, -\frac{n-1}{\sqrt{n(n-1)}}\right)$. 第 $i$ 行が $\bm{p}_i$ である行列を $n$ 次の正方行列を $P$ とすると，$PP' = I_n$ が成り立つ．すなわち，$P$ は直交行列であり，$P^{-1} = P'$. 第 $i$ 成分が $Z_i$, $W_i$ である $n$ 次元確率ベクトルを $\bm{Z}, \bm{W}$ として，$\bm{W} = P\bm{Z}$ が成り立つものとする．このとき，$W_1^2 + \cdots + W_n^2 = \bm{W}'\bm{W} = \bm{Z}'P'P\bm{Z} = Z_1^2 + \cdots + Z_n^2$ であり，$W_1 = \frac{1}{\sqrt{n}}(Z_1 + \cdots + Z_n) = \sqrt{n}\bar{Z}$ が成り立つ．したがって，$Q_0 = \sum_{i=1}^n (Z_i - \bar{Z})^2 = \sum_{i=1}^n Z_i^2 - n\bar{Z}^2 = \sum_{i=1}^n W_i^2 - W_1^2 = \sum_{i=2}^n W_i^2$. $Z_1, \ldots, Z_n \overset{i.i.d.}{\sim} N(0,1)$ のとき，演習 $5.20_{[82]}(3)$ より，$W_1, \ldots, W_n \overset{i.i.d.}{\sim} N(0,1)$ なので，$Q_0 = \sum_{i=2}^n W_i \sim \chi_{n-1}^2$. また，$Q_0$ は $W_2, \ldots, W_n$ の関数であり，$\bar{Z}$ は $W_1$ の関数なので，命題 $5.3_{[76]}$(その証明の下の補足) より，$Q_0 \perp\!\!\!\perp \bar{Z}$.

$X_1, \ldots, X_n \overset{i.i.d.}{\sim} N(\mu, \sigma^2)$ のとき，$Z_i = \frac{X_i - \mu}{\sigma}$ とおくと，$Z_1, \ldots, Z_n \overset{i.i.d.}{\sim} N(0,1)$ であり，定理 $6.4_{[89]}$ より，
$$\frac{n-1}{\sigma^2}U^2 = \frac{1}{\sigma^2}\sum_{i=1}^n (X_i - \bar{X})^2 = \sum_{i=1}^n (Z_i - \bar{Z})^2 \sim \chi_{n-1}^2.$$
さらに，$\frac{n-1}{\sigma^2}U^2 \perp\!\!\!\perp \bar{Z}$ なので，$\bar{X}$ と $U^2$ も独立である (命題 $5.3_{[76]}$).

**演習 6.11\*\*** (1) $T \sim t_\nu$ のとき，$Z \sim N(0,1)$, $Q \sim \chi_\nu^2 = Ga(\nu/2, 2)$, $Z \perp\!\!\!\perp Q$ を満たす $Z$, $Q$ を用いて $T = Z/\sqrt{Q/\nu}$ と表される．したがって，$E[T^n] = E\left[Z^n/(\sqrt{Q/\nu})^n\right] = \nu^{n/2}E[Z^n]E[Q^{-n/2}]$. ここで，$\nu > n$ のとき，
$$E\left[Q^{-n/2}\right] = \int_0^\infty q^{-n/2}\frac{1}{\Gamma\left(\frac{\nu}{2}\right)2^{\frac{\nu}{2}}} q^{\frac{\nu}{2}-1}e^{-q/2}dq = \frac{\Gamma\left(\frac{\nu-n}{2}\right)2^{-\frac{n}{2}}}{\Gamma\left(\frac{\nu}{2}\right)}.$$
したがって，$\nu > 1$ のとき，$E[T] = \nu^{1/2}E[Z]E\left[Q^{-1/2}\right] = 0$. また，$\nu > 2$ のとき，$Var[T] = E\left[T^2\right] = \nu E\left[Z^2\right]E\left[Q^{-1}\right] = \frac{\nu}{\nu-2}$.

(2) $Z$ と $Q$ の p.d.f. をそれぞれ $h_1(z), h_2(q)$ とすると，$Z \perp\!\!\!\perp Q$ なので，$(Z, Q)$ の同時確率密度関数は $h_1(z)h_2(q)$ となる．$U = Q$ とすると，$Z = T\sqrt{\frac{U}{\nu}}$, $Q = U$ なので，$(T, U) \to (Z, Q)$ のヤコビアンは，
$$\frac{\partial(z,q)}{\partial(t,u)} = \begin{vmatrix} \sqrt{\frac{u}{\nu}} & \frac{t}{2\sqrt{\nu u}} \\ 0 & 1 \end{vmatrix} = \sqrt{\frac{u}{\nu}}.$$
したがって，$(T, U)$ の同時 p.d.f. $g(t,u)$ は
$$g(t,u) = h_1\left(t\sqrt{\frac{u}{\nu}}\right)h_2(u)\sqrt{\frac{u}{\nu}} = \frac{1}{\sqrt{2\pi}\Gamma\left(\frac{\nu}{2}\right)2^{\frac{\nu}{2}}\sqrt{\nu}} u^{\frac{\nu+1}{2}-1}e^{-\frac{1}{2}(1+\frac{t^2}{\nu})u}.$$

よって，$T$ の周辺 p.d.f. $f(t)$ は
$$f(t) = \int_0^\infty g(t,u)du = \frac{1}{\sqrt{2\pi}\Gamma\left(\frac{\nu}{2}\right)2^{\frac{\nu}{2}}\sqrt{\nu}}\int_0^\infty u^{\frac{\nu+1}{2}-1}e^{-\frac{1}{2}(1+\frac{t^2}{\nu})u}du$$
$$= \frac{\Gamma\left(\frac{\nu+1}{2}\right)2^{\frac{\nu+1}{2}}\left(1+\frac{t^2}{\nu}\right)^{-\frac{\nu+1}{2}}}{\sqrt{2\pi}\Gamma\left(\frac{\nu}{2}\right)2^{\frac{\nu}{2}}\sqrt{\nu}} = \frac{\Gamma\left(\frac{\nu+1}{2}\right)}{\sqrt{\nu\pi}\,\Gamma\left(\frac{\nu}{2}\right)}\left(1+\frac{t^2}{\nu}\right)^{-\frac{\nu+1}{2}}$$

となる．$e$ の定義より，$\left(1+\frac{t^2}{\nu}\right)^{-\frac{\nu+1}{2}} \to e^{-\frac{t^2}{2}}\;(\nu\to\infty)$ であり，スターリングの公式より，$\frac{\Gamma((\nu+1)/2)}{\sqrt{\nu\pi}\Gamma(\nu/2)} \to \frac{1}{\sqrt{2\pi}}\;(\nu\to\infty)$ なので，$\nu\to\infty$ のとき，$f(x)\to\frac{1}{\sqrt{2\pi}}e^{-\frac{x^2}{2}}$．

(注意) スターリングの公式について：$\Gamma(z+1) = \int_0^\infty t^z e^{-t}dt$ の積分において，$t=z(1+u)$ と置換すると，$\Gamma(z+1) = z^{z+1}e^{-z}\int_{-1}^\infty e^{-z(u-\log(1+u))}du$．よって，$f(u) = u - \log(1+u)$ とおくと，
$$\frac{\Gamma(z+1)}{\sqrt{z}\left(\frac{z}{e}\right)^z} = \sqrt{z}\int_{-1}^\infty e^{-zf(u)}du.$$
$z>1$ なる $z$ に対して，$\epsilon = z^{-1/3}$ とおくと，$0<\epsilon<1$ であり，この $\epsilon$ に対して，
$$I_1 = \int_{-1}^{-\epsilon}e^{-zf(u)}du,\quad I_2 = \int_{-\epsilon}^{\epsilon}e^{-zf(u)}du,\quad I_3 = \int_{\epsilon}^{\infty}e^{-zf(u)}du$$
とおく．

$I_1$ **について**：$-1<u\leqq -\epsilon$ のとき，$\frac{-u}{\epsilon(1+u)}\geqq \frac{1}{1-\epsilon}>1$ であり，$f'(u)=\frac{u}{1+u}$ なので，
$$0\leqq \sqrt{z}I_1 \leqq \sqrt{z}\int_{-1}^{-\epsilon}\frac{-u}{\epsilon(1+u)}e^{-zf(u)}du = \frac{\sqrt{z}}{z\epsilon}\left[e^{-zf(u)}\right]_{-1}^{-\epsilon} = z^{-\frac{1}{6}}\left[e^{-zf(u)}\right]_{-1}^{-\epsilon}.$$
$u\to -1+0$ のとき，$f(u)\to\infty$ なので，$0\leqq \sqrt{z}I_1 \leqq z^{-\frac{1}{6}}e^{-zf(-\epsilon)}$．また，$zf(-\epsilon)\geqq 0$ なので，$z\to\infty$ のとき，$\sqrt{z}I_1\to 0$．

$I_3$ **について**：$\epsilon<u$ のとき，$\frac{2u}{\epsilon(1+u)}>\frac{2}{1+\epsilon}>1$ なので，
$$0\leqq \sqrt{z}I_3 \leqq \sqrt{z}\int_{\epsilon}^{\infty}\frac{2ue^{-zf(u)}}{\epsilon(1+u)}du = -\frac{2\sqrt{z}}{z\epsilon}\left[e^{-zf(u)}\right]_{\epsilon}^{\infty} = -2z^{-\frac{1}{6}}\left[e^{-zf(u)}\right]_{\epsilon}^{\infty}.$$
$u\to\infty$ のとき，$f(u)\to\infty$ なので，$0\leqq \sqrt{z}I_3 \leqq 2z^{-\frac{1}{6}}e^{-zf(\epsilon)}$．$zf(\epsilon)\geqq 0$ なので，$z\to\infty$ のとき，$\sqrt{z}I_3\to 0$．

$I_2$ **について**：$-\epsilon\leqq u\leqq \epsilon$ のときを考える．$f''(u)=\frac{1}{(1+u)^2}$ なので，$-zf(u) = -\frac{zu^2}{2(1+\theta u)^2},\,0<\theta<1$．よって，
$$-\frac{zu^2}{2(1-\epsilon)^2}\leqq -zf(u)\leqq -\frac{zu^2}{2(1+\epsilon)^2}.$$
ここで，$w=\frac{\sqrt{z}}{1-\epsilon}$ とおくと，$z\to\infty$ のとき，$\epsilon w\to\infty,\,\frac{\sqrt{z}}{w}\to 1$ なので，
$$\sqrt{z}\int_{-\epsilon}^{\epsilon}e^{-\frac{zu^2}{2(1-\epsilon)^2}}du = \sqrt{z}\int_{-\epsilon w}^{\epsilon w}e^{-\frac{v^2}{2}}\frac{1}{w}dv \to \int_{-\infty}^{\infty}e^{-\frac{v^2}{2}}dv = \sqrt{2\pi}.$$
同様にすると，$z\to\infty$ のとき，$\sqrt{z}\int_{-\epsilon}^{\epsilon}e^{-\frac{zu^2}{2(1+\epsilon)^2}}du\to\sqrt{2\pi}$．したがって，$z\to\infty$ のとき，$\sqrt{z}I_2\to\sqrt{2\pi}$．

以上より，$z\to\infty$ のとき，$\frac{\Gamma(z+1)}{\sqrt{2\pi z}\left(\frac{z}{e}\right)^z}\to 1$．

(3) (6.E.2)[95] において，$\nu = 1$ とし，$\Gamma(1) = 1$, $\Gamma(\frac{1}{2}) = \sqrt{\pi}$ であることに注意すると，p.d.f. が得られる．この p.d.f. より，
$$P(X > c) = \int_c^\infty \frac{1}{\pi(1+x^2)} dx = \frac{1}{2} - \frac{1}{\pi} \tan^{-1} c.$$
よって，$P(X > t_1(\alpha)) = \alpha$ のとき，$t_1(\alpha) = \tan(\pi(\frac{1}{2} - \alpha))$.

**演習** 6.12* 定理 5.1[77] と定理 6.5[89] より，$\bar{X}$, $\frac{m-1}{\sigma^2} U_X^2$, $\bar{Y}$, $\frac{n-1}{\sigma^2} U_Y^2$ は互いに独立で，それぞれ，$N(\mu_1, \frac{1}{m}\sigma^2)$, $\chi_{m-1}^2$, $N(\mu_2, \frac{1}{n}\sigma^2)$, $\chi_{n-1}^2$ に従う．正規分布の再生性（命題 5.5[77](1)）より，$\bar{X} - \bar{Y} \sim N(\mu_1 - \mu_2, (\frac{1}{m} + \frac{1}{n})\sigma^2)$ なので，$Z = \dfrac{\bar{X} - \bar{Y} - (\mu_1 - \mu_2)}{\sqrt{\left(\frac{1}{m} + \frac{1}{n}\right)\sigma^2}}$ は，命題 3.12[45] より $N(0,1)$ に従う．また，$Q := \frac{m-1}{\sigma^2} U_X^2 + \frac{n-1}{\sigma^2} U_Y^2$ とおくと，$\chi_\nu^2 = Ga(\frac{\nu}{2}, 2)$ であることとガンマ分布の再生性（命題 5.5[77](2)）より，$Q \sim \chi_{m+n-2}^2$. $\hat{\sigma}^2 = \frac{\sigma^2}{(m+n-2)} Q$ なのでティー分布の定義 ((6.4.3)[89]) より，
$$\frac{\bar{X} - \bar{Y} - (\mu_1 - \mu_2)}{\sqrt{\left(\frac{1}{m} + \frac{1}{n}\right)\hat{\sigma}^2}} = \frac{Z}{\sqrt{\frac{Q}{m+n-2}}} \sim t_{m+n-2}. \qquad \square$$

**演習** 6.13** (1) $Q_1 \sim \chi_{\nu_1}^2$, $Q_2 \sim \chi_{\nu_2}^2$, $Q_1 \perp\!\!\!\perp Q_2$ のとき，$W = \frac{Q_1/\nu_1}{Q_2/\nu_2}$, $Z = Q_2$ とする．このとき，変換 $w = \frac{q_1/\nu_1}{q_2/\nu_2}$, $z = q_2$ の逆変換 $q_1 = \frac{\nu_1}{\nu_2} zw$, $q_2 = z$ のヤコビアン $\frac{\partial(q_1, q_2)}{\partial(w, z)} = \frac{\nu_1}{\nu_2} z$ なので，$(W, Z)$ の同時 p.d.f. $f(w, z)$ は，$\chi_\nu^2$ の p.d.f. を $g_\nu$ と表すと，
$$f(w, z) = g_{\nu_1}\left(\frac{\nu_1}{\nu_2} zw\right) g_{\nu_2}(z) \frac{\nu_1}{\nu_2} z.$$
したがって，$w$ の周辺 p.d.f. $f_1(w)$ は
$$f_1(w) = \int_0^\infty g_{\nu_1}\left(\frac{\nu_1}{\nu_2} zw\right) g_{\nu_2}(z) \frac{\nu_1}{\nu_2} z \, dz$$
$$= \frac{1}{\Gamma\left(\frac{\nu_1}{2}\right) \Gamma\left(\frac{\nu_2}{2}\right) 2^{\frac{\nu_1 + \nu_2}{2}}} \left(w \frac{\nu_1}{\nu_2}\right)^{\frac{\nu_1}{2}} w^{-1} \int_0^\infty z^{\frac{\nu_1+\nu_2}{2}-1} e^{-(w\frac{\nu_1}{\nu_2}+1)\frac{z}{2}} dz$$
$$= \frac{1}{B\left(\frac{\nu_1}{2}, \frac{\nu_2}{2}\right)} \left(\frac{\nu_1 w}{\nu_1 w + \nu_2}\right)^{\frac{\nu_1}{2}} \left(1 - \frac{\nu_1 w}{\nu_1 w + \nu_2}\right)^{\frac{\nu_2}{2}} w^{-1}.$$

(2) $Q_1 \sim \chi_{\nu_1}^2$, $Q_2 \sim \chi_{\nu_2}^2$, $Q_1 \perp\!\!\!\perp Q_2$ として，$W_{12} = \frac{Q_1/\nu_1}{Q_2/\nu_2}$, $W_{21} = \frac{Q_2/\nu_2}{Q_1/\nu_1}$ とおくと，エフ分布の定義より，$W_{12} \sim F_{\nu_1, \nu_2}$, $W_{21} \sim F_{\nu_2, \nu_1}$. $W_{21} = \frac{1}{W_{12}}$ なので，
$$\alpha = P(W_{21} > f_{\nu_2, \nu_1}(\alpha)) = P\left(W_{12} < \frac{1}{f_{\nu_2, \nu_1}(\alpha)}\right) = 1 - P\left(W_{12} > \frac{1}{f_{\nu_2, \nu_1}(\alpha)}\right).$$
よって，$P(W_{12} > \frac{1}{f_{\nu_2, \nu_1}(\alpha)}) = 1 - \alpha$. したがって，$\frac{1}{f_{\nu_2, \nu_1}(\alpha)} = f_{\nu_1, \nu_2}(1 - \alpha)$.

また，$Z \sim N(0, 1)$, $Q \sim \chi_\nu^2$, $Z \perp\!\!\!\perp Q$ として，$T = Z/\sqrt{Q/\nu}$ とおくと，ティー分布の定義 ((6.4.3)[89]) より，$T \sim t_\nu$ である．一方，カイ二乗分布の定義より，$Z^2 \sim \chi_1^2$ であり，エフ分布の定義より，$T^2 = (Z^2/1)/(Q/\nu) \sim F_{1, \nu}$ だから，$2\alpha = P(f_{1, \nu}(2\alpha) < T^2) = 2P(\sqrt{f_{1, \nu}(2\alpha)} < T)$. よって，$P(\sqrt{f_{1, \nu}(2\alpha)} < T) = \alpha$. したがって，$\sqrt{f_{1, \nu}(2\alpha)} = t_\nu(\alpha)$. つまり，$f_{1, \nu}(2\alpha) = (t_\nu(\alpha))^2$.

**演習 6.14**∗∗ 演習 3.26[50] より，$Y \sim Be(k, n-k+1)$ とすると $P(X \geqq k) = P(Y \leqq p)$. また，演習 5.7[80] より，$Z := \frac{(n-k+1)Y}{k(1-Y)} \sim F_{2k,2(n-k+1)}$. $Y = \frac{kZ}{(n-k+1)+kZ}$ だから，$P(X \geqq k) = P(\frac{kZ}{(n-k+1)+kZ} \leqq p)$. よって，$P(X \geqq k) = \alpha$ のとき，$P(\frac{kZ}{(n-k+1)+kZ} \leqq p) = \alpha$. つまり，$P(Z \leqq \frac{p}{1-p}\frac{n-k+1}{k}) = \alpha$. これから，$\frac{p}{1-p}\frac{n-k+1}{k} = f_{2k,2(n-k+1)}(1-\alpha)$ であり，$p = \frac{kf_{2k,2(n-k+1)}(1-\alpha)}{n-k+1+kf_{2k,2(n-k+1)}(1-\alpha)}$. (6.5.3)[91] より，$p = \frac{k}{(n-k+1)f_{2(n-k+1),2k}(\alpha)+k}$.

**演習 6.15**∗ $A := \{x \mid |x-a| > \epsilon\}$ とする．$1_A(x)$ を 演習 3.16[49] のように定義すると，$(X-a)^2 \geqq (X-a)^2 1_A(X) \geqq \epsilon^2 1_A(X)$ なので，演習 3.17[49]，演習 3.16[49] より，
$$\frac{1}{\epsilon^2}E\left[(X-a)^2\right] \geqq E\left[1_A(X)\right] = P(X \in A) = P(|X-a| > \epsilon).$$

**演習 6.16**∗∗ (1) 命題 2.1[20](4) より，$S_{XX} = \frac{1}{n}\sum_{i=1}^n (X_i - \mu)^2 - (\bar{X} - \mu)^2$. $\frac{\bar{X}-\mu}{\sigma} = \frac{1}{n}\sum_{i=1}^n Z_i$ なので，$Q = \frac{n}{\sigma^2}S_{XX} = \sum_{i=1}^n Z_i^2 - \frac{1}{n}\left(\sum_{i=1}^n Z_i\right)^2$. 一般に，$\left(\sum_{i=1}^n a_i\right)\left(\sum_{i=1}^n b_i\right) = \sum_{i,j=1}^n a_i b_j$, $\left(\sum_{i=1}^n a_i\right)\left(\sum_{i=1}^n b_i\right)\left(\sum_{i=1}^n c_i\right) = \sum_{i,j,k=1}^n a_i b_j c_k$ などが成り立つので，$Q^2 = \sum_{i,j=1}^n Z_i^2 Z_j^2 + \frac{1}{n^2}\sum_{i,j,k,l=1}^n Z_i Z_j Z_k Z_l - \frac{2}{n}\sum_{i,j,k=1}^n Z_i^2 Z_j Z_k$.

(2) 一般に，
$$\sum_{i,j=1}^n a_i b_j = \sum_{i=1}^n a_i b_i + \sum_{i \neq j} a_i b_j, \quad \text{①}$$
$$\sum_{i,j,k=1}^n a_i b_j c_k = \sum_{i=1}^n a_i b_i c_i + \sum_{i \neq j}(a_i b_i c_j + a_i b_j c_i + a_j b_i c_i) + \sum_{i \neq j \neq k} a_i b_j c_k, \quad \text{②}$$
$$\sum_{i,j,k,l=1}^n a_i b_j c_k d_l = \sum_{i=1}^n a_i b_i c_i d_i + \sum_{i \neq j}(a_i b_i c_j d_j + a_j b_i c_j d_j + a_j b_j c_i d_j$$
$$+ a_j b_j c_j d_i + a_i b_i c_j d_j + a_i b_j c_i d_j + a_i b_j c_j d_i)$$
$$+ \sum_{i \neq j \neq k}(a_i b_j c_k d_k + a_i b_k c_j d_k + a_k b_i c_j d_k + a_i b_k c_k d_j$$
$$+ a_k b_i c_k d_j + a_k b_k c_i d_j) + \sum_{i \neq j \neq k \neq l} a_i a_j a_k a_l \quad \text{③}$$

が成り立つ．①から，$E\left[\sum_{i,j=1}^n Z_i^2 Z_j^2\right] = (nm_4 + n(n-1)m_2^2)$. $Z_i \perp\!\!\!\perp Z_j (i \neq j)$ であり，$E[Z_i] = 0$ なので，②から，$E\left[\sum_{i,j,k=1}^n Z_i^2 Z_j Z_k\right] = (nm_4 + n(n-1)m_2^2)$. さらに，③から，$E\left[\sum_{i,j,k,l} Z_i Z_j Z_k Z_l\right] = (nm_4 + 3n(n-1)m_2^2)$. $m_2 = 1$ より，
$$E\left[Q^2\right] = \frac{(n-1)^2}{n}m_4 + \frac{(n-1)(n^2 - 2n + 3)}{n}.$$

(3) $U^2 = \frac{\sigma^2}{n-1}Q$, $E[U^2] = \sigma^2$ なので $E\left[(U^2 - \sigma^2)^2\right] = \frac{\sigma^4}{(n-1)^2}E[Q^2] - \sigma^4$. また，$S^2 = \frac{\sigma^2}{n}Q$, $E[S^2] = \frac{n-1}{n}\sigma^2$ なので，$E\left[(S^2 - \sigma^2)^2\right] = \frac{\sigma^4}{n^2}E[Q^2] - \frac{n-2}{n}\sigma^4$. これらに (2) の結果を代入すると結論が得られる．

(4) 定理 6.9[91] より明らか．

**演習 6.17**∗ $B_\epsilon(a) := \{x \in \mathbb{R} \mid |x-a| < \epsilon\}$, $g^{-1}(A) := \{x \in \mathbb{R} \mid g(x) \in A\}$ とすると，$g(x)$ が連続だから，任意の $\epsilon > 0$ に対して，$\delta > 0$ が存在して，$B_\delta(a) \subset g^{-1}(B_\epsilon(g(a)))$. よって，

$P(X_n \notin B_\delta(a)) \geqq P(X_n \notin g^{-1}(B_\epsilon(g(a))))$. つまり, $P(|X_n - a| \geqq \delta) \geqq P(|g(X_n) - g(a)| \geqq \epsilon)$. $X_n \xrightarrow{P} a(n \to \infty)$ なので, $P(|X_n - a| \geqq \delta) \leqq P(|X_n - a| > \delta/2) \to 0 (n \to \infty)$. よって, $P(|g(X_n) - g(a)| > \epsilon) \leqq P(|g(X_n) - g(a)| \geqq \epsilon) \to 0 (n \to \infty)$.

(注意) $g(x)$ が $x = a$ で連続であるとき,任意の $\epsilon > 0$ に対して, $\delta > 0$ が存在して, $|x - a| < \delta \Rightarrow |g(x) - g(a)| < \epsilon$. ここで, $|x - a| < \delta \iff x \in B_\delta(a)$ であり, $|g(x) - g(a)| < \epsilon \iff g(x) \in B_\epsilon(g(a)) \iff x \in g^{-1}(B_\epsilon(g(a)))$. したがって, $|x - a| < \delta \Rightarrow |g(x) - g(a)| < \epsilon$ は,$x \in B_\delta(a) \Rightarrow x \in g^{-1}(B_\epsilon(g(a)))$ と同値であり,したがって, $B_\delta(a) \subset g^{-1}(B_\epsilon(g(a)))$ と同値である.

**演習** 6.18** まず任意の $\epsilon > 0$ に対して, $n \geqq N_0(\epsilon)$ ならば $P(X_n = x_0) < \epsilon$ となる $N_0(\epsilon)$ が選べることを以下のように示す. $x_0$ は $F(x)$ の連続点なので, $F(x_0) - F(x_0 - \delta) < \epsilon/3$ となる $\delta > 0$ が選べる. 演習 3.29[51](4) より,分布関数の不連続点は可算個しかないので, $(x_0 - \delta, x_0)$ の中で $F(x)$ の連続点 $x_1$ を選ぶことができる. この $x_1$ に対して, $F(x_0) - F(x_1) \leqq F(x_0) - F(x_0 - \delta)$ なので, $F(x_0) - F(x_1) < \epsilon/3$. $x_0, x_1$ は $F(x)$ の連続点であり, $X_n \xrightarrow{d} X$ なので, $n \geqq N_1(\epsilon)$ ならば $|F_n(x_0) - F(x_0)| < \epsilon/3$, $n \geqq N_2(\epsilon)$ ならば $|F(x_1) - F_n(x_1)| < \epsilon/3$ となる $N_1(\epsilon), N_2(\epsilon)$ が選べる. $N_0(\epsilon) = \max(N_1(\epsilon), N_2(\epsilon))$ とおくと, $n \geqq N_0(\epsilon)$ のとき, $P(X_n = x_0) \leqq F_n(x_0) - F_n(x_1) \leqq |F_n(x_0) - F(x_0)| + |F(x_0) - F(x_1)| + |F(x_1) - F_n(x_1)| < \epsilon$.

**演習** 6.19*** (1) $Y_n = aX_n + b$, $Y = aX + b$ として, $G(y)$ の連続点 $y_0$ で $G_n(y_0) \to G(y_0)$ を示せばよい. $a \neq 0$ のとき, $x_0 = (y_0 - b)/a$ とすると, $P(X = x_0) = P(Y = y_0)$ であり,演習 3.29[51](3) の最後の主張より $P(Y = y_0) = 0$ なので, $P(X = x_0) = 0$ がわかる. これから $x_0$ が $F(x)$ の連続点であることがわかり, $X_n \xrightarrow{d} X$ なので, $n \to \infty$ のとき, $F_n(x_0) \to F(x_0)$. $a > 0$ のときは, $G_n(y_0) = F_n(x_0)$, $G(y_0) = F(x_0)$ なので, $n \to \infty$ のとき, $G_n(y_0) \to F(x_0) = G(y_0)$. $a < 0$ のときは, $G_n(y_0) = 1 - F_n(x_0) + P(X_n = x_0)$, $G(y_0) = 1 - F(x_0)$. 演習 6.18[96] より,

$$\lim_{n \to \infty} G_n(y_0) = \lim_{n \to \infty} (1 - F_n(x_0) - P(X_n = x_0)) = 1 - F(x_0) = G(y_0).$$

$a = 0$ のとき, $P(Y_n = b) = 1$, $P(Y = b) = 1$ なので, $G_n(y) = G(y) = \begin{cases} 0 & (y < b) \\ 1 & (y \geqq b) \end{cases}$.
よって, $G_n(y_0) \to G(y_0)$.

(2) $F_n(x) = P(X_n \leqq x, |X_n - Y_n| \leqq \delta_2) + P(X_n \leqq x, |X_n - Y_n| > \delta_2)$ であり, $X_n \leqq x$, $|X_n - Y_n| \leqq \delta_2$ のとき, $Y_n \leqq x_2$ なので, $P(X_n \leqq x, |X_n - Y_n| \leqq \delta_2) \leqq G_n(x_2)$. また, $P(X_n \leqq x, |X_n - Y_n| > \delta_2) \leqq P(|X_n - Y_n| > \delta_2) = p_n(\delta_2)$. よって, $F_n(x) \leqq G_n(x_2) + p_n(\delta_2)$. 同様にすると $G_n(x_1) \leqq F_n(x) + p_n(\delta_1)$ が示せて,最初の主張が導ける. 次に, $X_n \xrightarrow{d} Y(n \to \infty)$, つまり, $G(x)$ の連続点 $x$ と $\epsilon > 0$ を任意に固定して, $n \geqq N_0$ ならば $|F_n(x) - G(x)| < \epsilon$ となる $N_0 \in \mathbb{N}$ が選べることを以下に示す. $x$ は $G(x)$ の連続点なので, $y \in (x - \delta, x + \delta)$ ならば $|G(x) - G(y)| < \epsilon/3$ を満たすように $\delta > 0$ を選べる. 演習 3.29[51](4) より不連続点は加算個しかないので, $x_1 \in (x - \delta, x)$, $x_2 \in (x, x + \delta)$ を満たす $G(x)$ の連続点 $x_1, x_2$ を選べて, $|G(x) - G(x_i)| < \epsilon/3$,

$i = 1, 2$ となる．このように選んだ $x_1, x_2$ に対して，$Y_n \overset{d}{\Rightarrow} Y$ なので，$n \geq N_1$ ならば $|G_n(x_1) - G(x_1)| < \epsilon/3$, $n \geq N_2$ ならば $|G_n(x_2) - G(x_2)| < \epsilon/3$ となる $N_1, N_2 \in \mathbb{N}$ を選べる．また，$\delta_i = |x - x_i|$, $i = 1, 2$ とおくと，$X_n - Y_n \overset{P}{\to} 0$ なので，$n \geq N_1'$ ならば $p_n(\delta_1) < \epsilon/3$, $n \geq N_2'$ ならば $p_n(\delta_2) < \epsilon/3$ となる $N_1', N_2' \in \mathbb{N}$ を選べる．よって，$N_0 = \max(N_1, N_2, N_1', N_2')$ とすると，$n \geq N_0$ のとき，
$$M := \max_{i=1,2}(|G_n(x_i) - G(x_i)| + |G(x_i) - G(x)| + p_n(\delta_i)) < \epsilon$$
となる．最初の主張の不等式を変形すると，$|F_n(x) - G(x)| < M$ となるので，$n \geq N_0$ のとき $|F_n(x) - G(x)| < \epsilon$ が示せた．

(3) $P(|X_n Y_n| > \delta) \leq P(|X_n Y_n| > \delta, -K < X_n \leq K) + q_n(K)$ であり，$|X_n Y_n| > \delta$, $-K < X_n \leq K$ のとき，$|Y_n| > \delta/K$ なので，$P(|X_n Y_n| > \delta) \leq P(|Y_n| > \delta/K) + q_n(K)$. 次に，$X_n Y_n \overset{P}{\to} 0$, つまり，任意の $\delta > 0, \epsilon > 0$ に対して，$n \geq N_0$ ならば $P(|X_n Y_n| > \delta) < \epsilon$ を満たす $N_0 \in \mathbb{N}$ が選べることを示す．まず，$F(K') - F(-K') > 1 - \epsilon/4$ を満たす $K' > 0$ を選ぶ（このような $K'$ が選べることは，$\lim_{x\to\infty} F(x) = 1$, $\lim_{x\to-\infty} F(x) = 0$ よりわかる）．このように選んだ $K' > 0$ に対して，$K_1 < -K'$, $K_2 > K'$ を満たし，$K_1, K_2$ が $F(x)$ の連続点であるように，$K_1, K_2$ を選ぶと，$F(K_2) - F(K_1) > 1 - \epsilon/4$ であり，$X_n \overset{d}{\Rightarrow} X$ より，$n \geq N_1$ ならば $|F_n(K_1) - F(K_1)| < \epsilon/4$, $n \geq N_2$ ならば $|F_n(K_2) - F(K_2)| < \epsilon/4$ となるように $N_1, N_2 \in \mathbb{N}$ を選べる．$K = \max(-K_1, K_2)$, $M_0 = 1 - F(K_2) + F(K_1)$, $M_i = |F_n(K_i) - F(K_i)|$, $i = 1, 2$ とおくと，$q_n(K) = F_n(-K) + 1 - F_n(K) \leq F_n(K_1) + 1 - F_n(K_2) \leq M_1 + M_2 + M_0$. $Y_n \overset{P}{\to} 0$ なので，$n \geq N_3$ ならば $P(|Y_n| > \delta/K) < \epsilon/4$ となるように $N_3 \in \mathbb{N}$ を選べる．$N_0 = \max(N_1, N_2, N_3)$ として，前半の不等式を使うと，$n \geq N_0$ のとき，$P(|X_n Y_n| > \delta) < \epsilon$.

(4) $Y_n - a \overset{P}{\to} 0$, $X_n \overset{d}{\Rightarrow} X$ なので (3) より，$X_n Y_n + b - (aX_n + b) = (Y_n - a)X_n \overset{P}{\to} 0$. また，(1) より $aX_n + b \overset{d}{\Rightarrow} aX + b$ なので，(2) より $X_n Y_n + b \overset{d}{\Rightarrow} aX + b$. さらに，$X_n Y_n + Z_n - (X_n Y_n + b) = Z_n - b \overset{P}{\to} 0$ なので，(2) より $X_n Y_n + Z_n \overset{d}{\Rightarrow} aX + b$.

**演習** 6.20* (1) $Y_i = \frac{X_i - \mu}{\sigma}$ とおくと，$M_{Y_i}(t) = e^{-\frac{\mu}{\sigma}t} M_{X_i}(t)$. $M_{X_i}(t)$ の存在を仮定しているので，命題 5.6[77] より $M_{X_i}(t)$ は何回でも微分可能であり，$M_{Y_i}(t)$ は何回でも微分可能である．$M_{Y_i}(0) = E\left[e^{0 \times Y_i}\right] = 1$, $M'_{Y_i}(0) = E[Y_i] = E[(X_i - \mu)/\sigma] = 0$. さらに，$M''_{Y_i}(0) = E\left[Y_i^2\right] = E\left[(X_i - \mu)^2/\sigma^2\right] = Var[X_i]/\sigma^2 = 1$. $M_{Y_i}(t)$ をテイラー展開すると $M_{Y_i}(t) = M_{Y_i}(0) + M'_{Y_i}(0)t + \frac{1}{2}M''_{Y_i}(ct)t^2 = 1 + \frac{1}{2}M''_{Y_i}(ct)t^2$. ただし，$c$ は $t$ に依存する定数で，$0 < c < 1$.

(2) $Z = \frac{1}{\sqrt{n}}\sum_{i=1}^n Y_i$ であり，$Y_1, \ldots, Y_n$ は独立同一分布に従うので $M_Z(t) = (E\left[e^{\frac{t}{\sqrt{n}}Y_1}\right])^n = (M_{Y_1}(\frac{t}{\sqrt{n}}))^n = (1 + \frac{1}{2}M''_{Y_1}\left(\frac{t}{\sqrt{n}}c\right)\frac{t^2}{n})^n$. ただし，$0 < c < 1$. テイラーの定理より，ある $d \in (0, 1)$ に対して $\log(1 + x) = x - \frac{x^2}{2(1 + dx)^2}$ が成り立つので，$N_n = \frac{t^2}{2}M''_{Y_1}\left(\frac{t}{\sqrt{n}}c\right)$ とおくと，$\log M_Z(t) = n(\frac{1}{n}N_n - \frac{\frac{1}{n^2}N_n^2}{2(1 + \frac{d}{n}N_n)^2}) = N_n - \frac{N_n^2}{2n(1 + \frac{d}{n}N_n)^2}$. $M''_{Y_1}(t)$ は連続なので，$n \to \infty$ のとき，$N_n = \frac{t^2}{2}M''_{Y_1}\left(\frac{t}{\sqrt{n}}c\right) \to \frac{t^2}{2}M''_{Y_1}(0) = \frac{t^2}{2}$. よって，$n \to \infty$ のとき，

$\log M_Z(t) \to \frac{1}{2}t^2$. したがって, $M_Z(t) \to e^{\frac{t^2}{2}}$. つまり, $Z \overset{d}{\Rightarrow} N(0,1)$ がわかる.

**演習** 6.21** (1) 例 6.4[92] より, $\hat{p} \overset{P}{\to} p$. $g(x) = \sqrt{\frac{p(1-p)}{x(1-x)}}$ とおくと, $g(x)$ は $x \in (0,1)$ で連続なので, 演習 6.17[96] より, $g(\hat{p}) \overset{P}{\to} g(p) = 1$. $Z = \sqrt{n}\frac{\hat{p}-p}{\sqrt{p(1-p)}}, T = \sqrt{n}\frac{\hat{p}-p}{\sqrt{\hat{p}(1-\hat{p})}}$ とおくと, $T = g(\hat{p})Z$. 定理 6.10[92] より, $Z \overset{d}{\Rightarrow} N(0,1)$ であり, $g(\hat{p}) \overset{P}{\to} 1$ なので, 演習 6.19[96](4) より, $T \overset{d}{\Rightarrow} N(0,1)$.

(2) 演習 6.16[96] より, $U^2 \overset{P}{\to} \sigma^2$. $g(x) = \sqrt{\frac{\sigma^2}{x}}$ とおくと, $g(x)$ は $x \in (0,\infty)$ で連続なので, 演習 6.17[96] より, $g(U^2) \overset{P}{\to} g(\sigma^2) = 1$. $Z = \sqrt{n}\frac{\bar{X}-\mu}{\sigma}, T = \sqrt{n}\frac{\bar{X}-\mu}{U}$ とおくと, $T = g(U^2)Z$. 定理 6.12[93] より, $Z \overset{d}{\Rightarrow} N(0,1)$ であり, $g(U^2) \overset{P}{\to} 1$ なので, 演習 6.19[96](4) より, $T \overset{d}{\Rightarrow} N(0,1)$.

**演習** 6.22** (1) $k=1,\ldots,d$ に対して, $|x_k - c_k| \leq r/\sqrt{d}$ が成り立つとき, $\|\boldsymbol{x}-\boldsymbol{c}\| = \sqrt{\sum_{i=1}^{d}(x_i-c_i)^2} \leq \sqrt{\sum_{i=1}^{d}r^2/d} = r$ なので, $S_{\frac{r}{\sqrt{d}}}(\boldsymbol{c}) \subset B_r(\boldsymbol{c})$. また, $\|\boldsymbol{x}-\boldsymbol{c}\| < r$ のとき, 任意の $k=1,\ldots,d$ に対して $|x_k - c_k| \leq \|\boldsymbol{x}-\boldsymbol{c}\| < r$. よって, $B_r(\boldsymbol{c}) \subset S_r(\boldsymbol{c})$. 一方, $\boldsymbol{X}_n \overset{P}{\to} \boldsymbol{a} (n \to \infty)$ を仮定すると, 任意の $\epsilon > 0$ に対して, $P(\boldsymbol{X}_n \in B_\epsilon^c(\boldsymbol{a})) \to 0 (n \to \infty)$. $B_\epsilon(\boldsymbol{a}) \subset S_\epsilon(\boldsymbol{a})$ より $B_\epsilon^c(\boldsymbol{a}) \supset S_\epsilon^c(\boldsymbol{a})$ であり, 任意の $i=1,\ldots,d$ に対して, $\{\boldsymbol{x} \in \mathbb{R}^d \mid |x_i - a_i| > \epsilon\} \subset S_\epsilon^c(\boldsymbol{a})$ なので, $P(|X_{n,i} - a_i| > \epsilon) \leq P(\boldsymbol{X}_n \in S_\epsilon^c(\boldsymbol{a})) \leq P(\boldsymbol{X}_n \in B_\epsilon^c(\boldsymbol{a})) \to 0 (n \to \infty)$. 逆に, 任意の $i=1,\ldots,d$ に対して $X_{n,i} \overset{P}{\to} a_i (n \to \infty)$ と仮定すると, 任意の $\epsilon > 0$ に対して, $\sum_{i=1}^{d} P(|X_{n,i} - a_i| > \frac{\epsilon}{\sqrt{d}}) \to 0 (n \to \infty)$. (3.1.10)[34] より任意の $A_1, A_2 \subset \mathbb{R}^d$ に対して, $P(\boldsymbol{X}_n \in A_1 \cup A_2) \leq P(\boldsymbol{X}_n \in A_1) + P(\boldsymbol{X}_n \in A_2)$. これを繰り返すと $P(\boldsymbol{X}_n \in \cup_{i=1}^d A_i) \leq \sum_{i=1}^d P(\boldsymbol{X}_n \in A_i)$. よって, $\sum_{i=1}^d P(|X_{n,i} - a_i| > \frac{\epsilon}{\sqrt{d}}) \geq P(\boldsymbol{X}_n \in S_{\frac{\epsilon}{\sqrt{d}}}^c(\boldsymbol{a}))$. $S_{\frac{\epsilon}{\sqrt{d}}}^c(\boldsymbol{a}) \supset B_\epsilon^c(\boldsymbol{a})$ なので, $P(\|\boldsymbol{X}_n - \boldsymbol{a}\| > \epsilon) = P(\boldsymbol{X}_n \in B_\epsilon^c(\boldsymbol{a})) \leq \sum_{i=1}^d P(|X_{n,i} - a_i| > \frac{\epsilon}{\sqrt{d}}) \to 0 (n \to \infty)$.

(2) 演習 6.17[96] のように, 任意の $\epsilon > 0$ に対して $\delta > 0$ が存在して, $B_\delta(\boldsymbol{a}) \subset g^{-1}(B_\epsilon(g(\boldsymbol{a})))$. これを用いて, 演習 6.17[96] と同様に証明できる.

**演習** 6.23** (1) 命題 4.18[67] より, $E[X_i] = \boldsymbol{a}'E[\boldsymbol{Y}_i] = \boldsymbol{a}'\boldsymbol{\mu}$, $Var[X_i] = \boldsymbol{a}'\Sigma\boldsymbol{a}$ であり, $E[e^{\boldsymbol{t}'\boldsymbol{Y}_i}]$ が原点近傍 $U$ で存在するので, $E[e^{tX_i}]$ も原点近傍で存在する. $X_1,\ldots,X_n$ は独立で同一分布に従うので, 定理 6.12[93] より, $\sqrt{n}(\bar{X} - \boldsymbol{a}'\boldsymbol{\mu})/\sqrt{\boldsymbol{a}'\Sigma\boldsymbol{a}} \overset{d}{\Rightarrow} N(0,1)$.

(2) テイラーの定理より, ① $\sqrt{n}(g(\bar{\boldsymbol{Y}}) - g(\boldsymbol{\mu})) = \sum_{j=1}^{p} \frac{\partial g}{\partial x_j}(\boldsymbol{\mu}^*)\sqrt{n}(\bar{Y}_j - \mu_j)$. ただし, $\theta \in (0,1), \boldsymbol{\mu}^* = \boldsymbol{\mu} + \theta(\bar{\boldsymbol{Y}} - \boldsymbol{\mu})$. ここで, 例 6.4[92] より, $\bar{Y}_j \overset{P}{\to} \mu_j (n \to \infty)$ であり, 演習 6.22[97](1) より, $\bar{\boldsymbol{Y}} \overset{P}{\to} \boldsymbol{\mu} (n \to \infty)$. また, $0 < \theta < 1$ より, $P(\|\boldsymbol{\mu}^* - \boldsymbol{\mu}\| > \epsilon) \leq P(\|\bar{\boldsymbol{Y}} - \boldsymbol{\mu}\| > \epsilon)$. よって, $\boldsymbol{\mu}^* \overset{P}{\to} \boldsymbol{\mu} (n \to \infty)$. さらに, $g$ は $C^1$ 級なので, 演習 6.22[97](2) より, $\frac{\partial g}{\partial x_j}(\boldsymbol{\mu}^*) \overset{P}{\to} \frac{\partial g}{\partial x_j}(\boldsymbol{\mu})$. 一方, (1) より $\sqrt{n}(\bar{Y}_i - \mu_i)/\sqrt{\sigma_{ii}} \overset{d}{\Rightarrow} N(0,1)$

208

なので, 演習6.19[96](1)(3) より, $(\frac{\partial g}{\partial x_j}(\boldsymbol{\mu}^*) - \frac{\partial g}{\partial x_j}(\boldsymbol{\mu}))\sqrt{n}(\bar{Y}_i - \mu_i) \xrightarrow{P} 0 (n \to \infty)$ であり, 演習6.22[97](1)(2) より, ② $\sum_{j=1}^{p}(\frac{\partial g}{\partial x_j}(\boldsymbol{\mu}^*) - \frac{\partial g}{\partial x_j}(\boldsymbol{\mu}))\sqrt{n}(\bar{Y}_i - \mu_i) \xrightarrow{P} 0 (n \to \infty)$. (1) において, $\boldsymbol{a} = (\frac{\partial g}{\partial x_1}(\boldsymbol{\mu}), \ldots, \frac{\partial g}{\partial x_p}(\boldsymbol{\mu}))$ とおくと, $\sum_{j=1}^{p} \frac{\partial g}{\partial x_j}(\boldsymbol{\mu})\sqrt{n}(\bar{Y}_j - \mu_j)/\sigma_g \xrightarrow{d} N(0,1)$ なので, 演習6.19[96](1) より, ③ $\sum_{j=1}^{p} \frac{\partial g}{\partial x_j}(\boldsymbol{\mu})\sqrt{n}(\bar{Y}_j - \mu_j) \xrightarrow{d} N(0, \sigma_g^2)$. ①, ②, ③ より結論が得られる.

## B.7 第7章の解答

**演習 7.1** (7.3.2)[102] に $n=12, \bar{X}=35, U^2=3$ と $t_{11}(0.025)=2.201$ を代入すると 母平均の信頼区間は $[33.9, 36.1]$ となる (小数点第2位を四捨五入した). (7.3.3)[102] に $n=12, U^2=3$ と $\chi_{11}^2(0.025)=21.92, \chi_{11}^2(0.975)=3.816$ を代入すると, 母分散の信頼区間は $[1.5, 8.6]$ となる (小数点第2位を四捨五入した).

**演習 7.2** $1-\alpha=0.95$ のとき, $z(\alpha/2)\frac{\sqrt{225}}{\sqrt{n}} = \frac{29.4}{\sqrt{n}}$ なので, (7.3.1)[102] は $[\bar{X} - \frac{29.4}{\sqrt{n}}, \bar{X} + \frac{29.4}{\sqrt{n}}]$ となる. 区間幅 $\frac{29.4}{\sqrt{n}} \times 2 \leqq 2$ のとき, $n \geqq 29.4^2 = 864.36$. つまり, 標本の大きさ $n$ は 865 以上.

**演習 7.3** $n=288, \hat{p}=\frac{32}{288}=0.111\cdots, z(0.005)=2.576$ を (7.3.5)[102] に代入すると, $[0.063, 0.159]$ となる (小数第4位を四捨五入した).

**演習 7.4** 定理6.6[90] から $P(-t_{n-1}(\alpha/2) \leqq (\bar{X}-\mu)/\sqrt{U^2/n} \leqq t_{n-1}(\alpha/2)) = 1-\alpha$ がわかるので, (7.3.2)[102] の信頼係数が $1-\alpha$ であることが導ける. また, 定理6.5[89] より, $P(\chi_{n-1}^2(1-\alpha/2) \leqq (n-1)U^2/\sigma^2 \leqq \chi_{n-1}^2(\alpha/2)) = 1-\alpha$ なので, (7.3.3)[102] の信頼係数が $1-\alpha$ であることが導ける.

**演習 7.5** 定理6.11[92] より, (7.3.5)[102] の信頼係数 $= P(-z(\alpha/2) \leqq \sqrt{n}\frac{\hat{p}-p}{\sqrt{\hat{p}(1-\hat{p})}} \leqq z(\alpha/2)) \to \int_{-z(\alpha/2)}^{z(\alpha/2)} \phi(z|0,1)dz = 1-\alpha$. また, $\left|\sqrt{n}\frac{\hat{p}-p}{\sqrt{p(1-p)}}\right|^2 \leqq z^2(\frac{\alpha}{2})$ を $p$ について解くと, $\frac{\hat{p}+\tilde{z}_n-\tilde{\sigma}_n}{1+2\tilde{z}_n} \leqq p \leqq \frac{\hat{p}+\tilde{z}_n+\tilde{\sigma}_n}{1+2\tilde{z}_n}$ なので, 定理6.10[92] より, (7.3.6)[102] の信頼係数 $= 1-\alpha$.

**演習 7.6** $\hat{p}(1-\hat{p}) = \frac{1}{4} - (\hat{p}-\frac{1}{2})^2 \leqq \frac{1}{4}$ なので, $1.96\sqrt{\frac{\hat{p}(1-\hat{p})}{n}} \leqq 1.96\sqrt{\frac{1}{4n}} < 2\sqrt{\frac{1}{4n}} = \frac{1}{\sqrt{n}}$ となる. したがって, $|\hat{p}-p| < 1.96\sqrt{\frac{\hat{p}(1-\hat{p})}{n}}$ を満たす $\hat{p}$ は, $|\hat{p}-p| \leqq \frac{1}{\sqrt{n}}$ を満たす. よって, $P\left(|\hat{p}-p| < 1.96\sqrt{\frac{\hat{p}(1-\hat{p})}{n}}\right) \leqq P\left(|\hat{p}-p| \leqq \frac{1}{\sqrt{n}}\right)$. (7.3.5)[102] の信頼係数の極限が $1-\alpha$ であることから,
$$0.95 = \lim_{n\to\infty} P\left(|\hat{p}-p| < 1.96\sqrt{\frac{\hat{p}(1-\hat{p})}{n}}\right) \leqq \lim_{n\to\infty} P\left(|\hat{p}-p| < \frac{1}{\sqrt{n}}\right).$$

**演習** 7.7** (1) 演習 6.14[96] より, $k = 1, \ldots, n$ に対して $Y \sim B(n, \rho_{n,k}(\alpha))$ のとき, $P(Y \geqq k) = \alpha$. つまり, $h_{n,k}(\rho_{n,k}(\alpha)) = \alpha \cdots$ (※). $0 < \theta < 1$ に対して, $h'_{n,k}(\theta) = k_n C_k \theta^{k-1}(1-\theta)^{n-k} > 0$ なので, $0 < \theta < \theta' < 1 \iff h_{n,k}(\theta) < h_{n,k}(\theta') \cdots$ (※※).

(2) $x \in \mathbb{R}$ に対して, $F_{n,p}(x) = P(X \leqq x)$, $\bar{F}_{n,p}(x) = P(X \geqq x)$ とする. まず, $p \leqq \rho_{n,k}(\alpha) \cdots$ ①, $\bar{b}_{n,p}(\alpha) \leqq k \cdots$ ② とすると, $\rho_{n,0}(\alpha) = 0 < p$ であり, $\alpha < 1$ のとき $\bar{b}_{n,p}(\alpha) > 0$ なので, $k = 0$ は①も②も満たさない. $k = 1, \ldots, n$ のとき, (1) の (※※), (※) と $h_{n,k}(p) = \bar{F}_{n,p}(k)$ より, ① $\iff h_{n,k}(p) \leqq h_{n,k}(\rho_{n,k}(\alpha)) \iff \bar{F}_{n,p}(k) \leqq \alpha \iff k \geqq \bar{b}_{n,p}(\alpha)$. よって, ①と②は同値. 次に, $\rho_{n,k+1}(\alpha) \leqq p \cdots$ ③, $k \leqq b_{n,p}(1-\alpha) \cdots$ ④ とすると, $\rho_{n,n+1}(\alpha) = 1 > p$, $b_{n,p}(1-\alpha) < n$ なので, $k = n$ は③も④も満たさない. $k = 0, 1, \ldots, n-1$ のとき, (1) の (※※),(※) と $h_{n,k+1}(p) = \bar{F}_{n,p}(k+1) = 1 - F_{n,p}(k)$ より, ③ $\iff h_{n,k+1}(\rho_{n,k+1}(\alpha)) \leqq h_{n,k+1}(p) = 1 - F_{n,p}(k) \iff F_{n,p}(k) \leqq 1 - \alpha \iff k \leqq b_{n,p}(1-\alpha)$. よって, ③と④は同値.

(3) $X = n\hat{p}$ とすると, $X \sim B(n,p)$ で, (2) より $P(p \leqq \rho_{n,n\hat{p}}(\alpha/2)) = P(\bar{b}_{n,p}(\alpha/2) \leqq X) \leqq \alpha/2$, $P(\rho_{n,n\hat{p}+1}(1-\alpha/2) \leqq p) = P(X \leqq b_{n,p}(\alpha/2)) \leqq \alpha/2$. したがって, $P(\rho_{n,n\hat{p}}(\alpha/2) < p < \rho_{n,n\hat{p}+1}(1-\alpha/2)) = 1 - P(p \leqq \rho_{n,n\hat{p}}(\alpha/2)) - P(\rho_{n,n\hat{p}+1}(1-\alpha/2) \leqq p) \geqq 1 - \alpha$. (注意) $P(\rho_{n,n\hat{p}}(\alpha/2) \leqq p \leqq \rho_{n,n\hat{p}+1}(1-\alpha/2)) > 1 - \alpha$ であることに注意しよう.

**演習** 7.8** (1) $\theta > 0$, $k = 1, 2, \ldots$ に対して, $g_k(\theta) = \sum_{i=k}^{\infty} \frac{\theta^i}{i!} e^{-\theta}$ とおくと, $g_k(\theta)$ が狭義単調増加であることが示せて, 演習 3.27[50] と例 5.2[74] のガンマ分布への応用に関する結果から, $g_k(\ell_k(\alpha)) = \alpha$ が示せる. 演習 7.7[108] のように $F_\lambda(x) = P(X \leqq x)$, $\bar{F}_\lambda(x) = P(X \geqq x)$ として, $\pi_\lambda(\alpha) := \max\{k \in \mathbb{Z} \mid F_\lambda(k) \leqq \alpha\}$, $\bar{\pi}_\lambda(\alpha) := \min\{k \in \mathbb{Z} \mid \bar{F}_\lambda(k) \leqq \alpha\}$ とおくと, 非負整数 $k$ に対して $\lambda \leqq \ell_k(\alpha) \iff \bar{\pi}_\lambda(\alpha) \leqq k$, $\ell_{k+1}(\alpha) \leqq \lambda \iff k \leqq \pi_\lambda(1-\alpha)$. これから, 演習 7.7[108] のように結論が証明できる.

(2) ポアソン分布の再生性から $n\bar{X} \sim Po(n\lambda)$ なので, (1) の $X$ を $n\bar{X}$, $\lambda$ を $n\lambda$ とすれば示せる.

**演習** 7.9** (1) $F(x)$ は単調増加なので, $U_{(i)} = F(X_{(i)})$ であり, $F(q) = p$ なので, $P(X_{(k)} \leqq q \leqq X_{(\ell)}) = P(U_{(k)} \leqq p \leqq U_{(\ell)})$. よって, $1 - P(X_{(k)} \leqq q \leqq X_{(\ell)}) = P(U_{(\ell)} < p \lor p < U_{(k)})$. $k \leqq \ell$ なので, $P(U_{(\ell)} < p \land p < U_{(k)}) = 0$ である. したがって, $1 - P(X_{(k)} \leqq q \leqq X_{(\ell)}) = P(U_{(\ell)} < p) + P(p < U_{(k)})$.

(2) $P(U_i \leqq u) = P(F(X_i) \leqq u) = P(X_i \leqq F^{-1}(u)) = F(F^{-1}(u)) = u$. よって, $U_i \sim U(0,1)$. したがって, $U_1, \ldots, U_n \overset{i.i.d.}{\sim} U(0,1)$. $U_{(\ell)} < p$ が成り立つことは, $U_1, \ldots, U_n$ の中で $\ell$ 個以上が $p$ より小さいことなので,
$$P(U_{(\ell)} < p) = \sum_{t=\ell}^{n} {}_nC_t (P(U_1 < p))^t (P(U_1 \geqq p))^{n-t} = \sum_{t=\ell}^{n} {}_nC_t p^t (1-p)^{n-t} = P(Y \geqq \ell).$$
同様に, $P(p < U_{(k)}) = 1 - P(Y \geqq k)$. よって, $P(k \leqq Y < \ell) \geqq 1 - \alpha$ のとき,
$$P(X_{(k)} \leqq q \leqq X_{(\ell)}) = 1 - (P(Y \geqq \ell)) + 1 - P(Y \geqq k)) = P(k \leqq Y < \ell) \geqq 1 - \alpha.$$

**演習** 7.10*　$\tilde{z}_n = 0.01152, \tilde{\sigma}_n = 0.049072$ となり，これから，(7.3.6)[102] は $[0.0719, 0.1678]$ となる．また，Excel や R を用いると，$f_{514,64}(0.005) = 1.694, f_{512,66}(0.995) = 0.642422$ がわかるので，(7.3.7)[102] は $[0.068, 0.167]$ となる．(7.3.6)[102] は (7.3.5)[102] より大きい値の方向に平行移動したもので，(7.3.7)[102] が最も広い．

**演習** 7.11**　$X_i \sim Ga(1, \mu)$ なので，命題 5.5[77](2) から $X_1 + \cdots + X_n \sim Ga(n, \mu)$. さらに，例 5.2[74] から $V := \frac{2n}{\mu}\bar{X} \sim Ga(n, 2) = \chi^2_{2n}$ （演習 6.9[95](1) も参照）．これから，
$$P\left(\frac{2n\bar{X}}{\chi^2_{2n}(\alpha/2)} < \mu < \frac{2n\bar{X}}{\chi^2_{2n}(1-\alpha/2)}\right) = P\left(\chi^2_{2n}(1-\alpha/2) < V < \chi^2_{2n}(\alpha/2)\right) = 1 - \alpha.$$

**演習** 7.12*　$E[\hat{\mu}] = (a_1 + \cdots + a_n)\mu$ なので，任意の $\mu$ に対して，$E[\hat{\mu}] = \mu$ が成り立つとき，$a_1 + \cdots + a_n = 1$ が成り立つ．また，$Var[\hat{\mu}] = (a_1^2 + \cdots + a_n^2)\sigma^2$ であり，シュワルツの不等式（演習 2.10[29]）より，$n(a_1^2 + \cdots + a_n^2) \geq (a_1 + \cdots + a_n)^2 = 1$ で，等号は $a_1 = \cdots = a_n$ のときにだけ成立する．したがって，$a_1 = \cdots = a_n = \frac{1}{n}$ のとき，$Var[\hat{\mu}]$ は最小値をとる．

**演習** 7.13**　$E[\hat{\mu}] = \frac{1}{2}E[\bar{X}] + \frac{1}{2}E[\bar{Y}] = \mu$ なので，$\hat{\mu}$ は不偏推定量である．また，$\tilde{\mu} = \frac{1}{m+n}(X_1 + \cdots + X_n + Y_1 + \cdots + Y_m)$ とすると，$E[\tilde{\mu}] = \mu$ であり，演習 7.12[109] より，$Var[\hat{\mu}] \geq Var[\tilde{\mu}]$. したがって，$m \neq n$ のとき，$\hat{\mu}$ より，$\tilde{\mu}$ の方が優れている．$m = n$ のとき，$\hat{\mu} = \tilde{\mu}$ である．

**演習** 7.14**　$W = \frac{n}{\sigma^2}S^2$ とすると, $W \sim \chi^2_{n-1}$ なので, $E[W] = n-1, Var[W] = 2(n-1)$. よって, $E[W^2] = 2(n-1) + (n-1)^2 = n^2 - 1$. したがって，$E[(aS^2 - \sigma^2)^2] = \sigma^4 E[(\frac{a}{n}W - 1)^2]$ $= \sigma^4(\frac{n^2-1}{n^2}a^2 - 2\frac{n-1}{n}a + 1) = \sigma^4\left\{\frac{n^2-1}{n^2}\left(a - \frac{n}{n+1}\right)^2 + \frac{2}{n+1}\right\}$. よって，$a = \frac{n}{n+1}$ のとき，平均二乗誤差を最小にする．このとき，$aS^2 = \frac{1}{n+1}\sum_{i=1}^{n}(X_i - \bar{X})^2$ であり，その平均二乗誤差は $\frac{2\sigma^4}{n+1}$ である．ちなみに，$S^2$ の平均二乗誤差は，$U^2$ の平均二乗誤差よりも小さい．

**演習** 7.15**　$(c\bar{X} - \mu)^2 = \{c(\bar{X}-\mu) + \mu(c-1)\}^2 = c^2(\bar{X}-\mu)^2 + 2c(c-1)\mu(\bar{X}-\mu) + \mu^2(c-1)^2$ と変形して，両辺期待値をとると，$E[(c\bar{X}-\mu)^2] = \frac{1}{n}\sigma^2 c^2 + \mu^2(c-1)^2$. 母集団分布が $Ex(\lambda)$ のとき，$\mu = 1/\lambda, \sigma^2 = 1/\lambda^2 = \mu^2$ なので，$E[(c\bar{X}-\mu)^2] = \mu^2\left(\frac{n+1}{n}(c - \frac{n}{n+1})^2 + \frac{1}{n+1}\right)$. よって，$c = \frac{n}{n+1}$ のとき，最小になる．つまり，$\frac{1}{n+1}\sum_{i=1}^{n}X_i$ が平均二乗誤差を最小にする．

**演習** 7.16　$m = E\left[\hat{\theta}(\boldsymbol{X})\right]$ とおいて $(\hat{\theta}(\boldsymbol{X}) - \theta)^2 = (\hat{\theta}(\boldsymbol{X}) - m)^2 + 2(m-\theta)(\hat{\theta}(\boldsymbol{X}) - m) + (m-\theta)^2$ と変形し，両辺期待値をとると，$\mathrm{MSE}[\hat{\theta}] = Var\left[\hat{\theta}(\boldsymbol{X})\right] + \left\{b[\hat{\theta}]\right\}^2$.

**演習** 7.17*　$E\left[U_X^2\right] = E\left[U_Y^2\right] = \sigma^2$ より，$E[\hat{\sigma}^2(k)] = \sigma^2$. また，$(m-1)U_X^2/\sigma^2 \sim \chi^2_{m-1}$, $(n-1)U_Y^2/\sigma^2 \sim \chi^2_{n-1}$ なので，$Var[U_X^2] = \frac{2\sigma^4}{m-1}, Var[U_Y] = \frac{2\sigma^4}{n-1}$. よって，$Var[\hat{\sigma}^2(k)] = 2\sigma^4\left(\frac{k^2}{m-1} + \frac{(1-k)^2}{n-1}\right)$. この $k$ の 2 次関数は $k = \frac{m-1}{m+n-2}$ のとき，最小値 $Var[\hat{\sigma}^2]$ をとることがわかる．

**演習** 7.18**　$X_1, \ldots, X_n \overset{i.i.d.}{\sim} p(k|\lambda) = \frac{\lambda^k}{k!}e^{-\lambda}$ とすると，母平均 $\mu = E[X_1] = \lambda$ なので，モーメント推定量は $\bar{X}$. $\frac{\partial}{\partial u}\ell(u) = \sum_{i=1}^{n}\frac{\partial}{\partial u}\log p(X_i|u) = \sum_{i=1}^{n}(\frac{X_i}{u} - 1) = 0$ を $u$ に

ついて解くと，最尤推定量が $\bar{X}$ であることがわかる．$I(\lambda) = E\left[(\frac{X_1}{\lambda} - 1)^2\right] = \frac{1}{\lambda}$ なので，$\lambda + \frac{1}{nI(\lambda)}\sum_{i=1}^{n}(\frac{X_i}{\lambda} - 1) = \bar{X}$ となり，$\bar{X}$ が有効推定量である．

**演習 7.19**\*\*　$X_1, \ldots, X_n \overset{i.i.d.}{\sim} f(x|\lambda) = \lambda e^{-\lambda x}$ とすると，$I(\lambda) = E\left[(\frac{1}{\lambda} - X_1)^2\right] = Var[X_1] = \frac{1}{\lambda^2}$．よって，$\lambda + \frac{1}{nI(\lambda)}\sum_{i=1}^{n}(\frac{1}{\lambda} - X_i) = 2\lambda - \lambda^2\bar{X}$ となり有効推定量が存在しない．また，$\lambda = 1/\mu$ なので，$\mu$ の対数尤度は $\ell(u) = -\sum_{i=1}^{n}(\log u + X_i u^{-1})$ であり，$\frac{\partial}{\partial u}\ell(u) = -\sum(u^{-1} - X_i u^{-2}) = 0$ を解くと，最尤推定量 $\bar{X}$ が得られる．また，$I(\mu) = E\left[(\mu^{-1} - X_1\mu^{-2})^2\right] = Var[X_1]\mu^{-4} = \mu^{-2}$ なので，$\mu + \frac{1}{nI(\mu)}\sum_{i=1}^{n}\left(-\frac{1}{\mu} + \frac{X_i}{\mu^2}\right) = \bar{X}$ が有効推定量である．

**演習 7.20**\*\*　$\frac{u_1+u_2}{2} = \bar{X}$，$\frac{1}{3}(u_1^2 + u_1 u_2 + u_2^2) = \frac{1}{n}\sum_{i=1}^{n}X_i^2$ を $u_1, u_2 (u_1 < u_2)$ について解いて，$a, b$ のモーメント推定量はそれぞれ $\bar{X} - \sqrt{3}S, \bar{X} + \sqrt{3}S$．$u_1 < X_1, \ldots, X_n < u_2$ のとき，$L(u_1, u_2) = (u_2 - u_1)^{-n}$ でそれ以外では 0 なので，$u_2 - u_1$ を最小にする $u_1, u_2$ が最尤推定量．つまり，$a, b$ の最尤推定量はそれぞれ $\min(X_1, \ldots, X_n), \max(X_1, \ldots, X_n)$．

**演習 7.21**\*\*　$r, p$ のモーメント推定量はそれぞれ $\frac{\bar{X}^2}{S^2 - \bar{X}}, \frac{S^2 - \bar{X}}{S^2}$．$p$ の最尤推定量は $\frac{\bar{X}}{\bar{X}+r_0}$（ただし，$X_1 = \cdots = X_n = 0$ のとき，$\bar{X} = 0$ なので，最尤推定量は 0 となり $p$ のとりうる範囲 $(0, 1)$ を超えてしまう．この場合は，$(0, 1)$ に最尤推定量は存在しないことが確認できる）．$p$ の有効推定量は存在しない．

**演習 7.22**\*\*　$E\left[1_{\{0\}}^2(X_1)\right] = E\left[1_{\{0\}}(X_1)\right] = \theta$ なので，$Var\left[1_{\{0\}}(X_1)\right] = E\left[1_{\{0\}}^2(X_1)\right] - \left(E\left[1_{\{0\}}(X_1)\right]\right)^2 = \theta - \theta^2 = \theta(1-\theta)$．よって，$Var\left[\hat{\theta}\right] = \frac{1}{n}\theta(1-\theta) = e^{-2\lambda}\frac{e^\lambda - 1}{n}$．また，$N = (1 - n^{-1})$ とおくと，$\hat{\theta}^* = N^T$．$T \sim Po(n\lambda)$ なので，任意の実数 $\xi$ に対して，$E\left[(\hat{\theta}^*)^\xi\right] = \sum_{t=0}^{\infty}N^{\xi t}\frac{(n\lambda)^t}{t!}e^{-n\lambda} = e^{n\lambda(N^\xi - 1)}$．よって，$Var\left[\hat{\theta}^*\right] = e^{n\lambda(N^2-1)} - (e^{n\lambda(N-1)})^2 = e^{-2\lambda}(e^{\frac{\lambda}{n}} - 1)$．$s = e^{\frac{\lambda}{n}} - 1$ とおくと，$\frac{e^\lambda - 1}{n} = \frac{(s+1)^n - 1}{n} > s = e^{\frac{\lambda}{n}} - 1$．よって，$Var\left[\hat{\theta}\right] > Var\left[\hat{\theta}^*\right]$．また，$e^{\frac{\lambda}{n}} - 1 > \frac{\lambda}{n}$ なので，$Var\left[\hat{\theta}^*\right] > e^{-2\lambda}\frac{\lambda}{n} = \frac{1}{nI(\theta)}$．

**演習 7.23**\*\*\*　(1) $f_n(\boldsymbol{x}|\theta) = \prod_{i=1}^{n}f(x_i|\theta)$，$\ell(u|\boldsymbol{X}) = \sum_{i=1}^{n}\log f(X_i|u)$ なので，$Y_i(u) = \frac{\partial}{\partial u}\log f(X_i|u)$ とおくと，$s(u|\boldsymbol{X}) = \sum_{i=1}^{n}Y_i(u)$．①より
$$E[Y_i(\theta)] = \int_D \left(\frac{\partial}{\partial u}\log f(x|u)\right)\bigg|_{u=\theta} f(x|\theta)dx = \int_D \left(\frac{\partial}{\partial u}f(x|u)\right)\bigg|_{u=\theta}dx$$
$$= \left(\frac{d}{du}\int_D f(x|u)dx\right)\bigg|_{u=\theta} = \left(\frac{d}{du}1\right)\bigg|_{u=\theta} = 0.$$
よって，$E[s(\theta|\boldsymbol{X})] = \sum_{i=1}^{n}E[Y_i(\theta)] = 0$．

(2) $E[s(\theta|\boldsymbol{X})] = 0$ なので，$Cov\left[\hat{\theta}(\boldsymbol{X}), s(\theta|\boldsymbol{X})\right] = E\left[\hat{\theta}(\boldsymbol{X})s(\theta|\boldsymbol{X})\right]$．よって，②より，
$$Cov\left[\hat{\theta}(\boldsymbol{X}), s(\theta|\boldsymbol{X})\right] = \int_{D^n}\hat{\theta}(\boldsymbol{x})s(\theta|\boldsymbol{x})f_n(\boldsymbol{x}|\theta)d\boldsymbol{x} = \int_{D^n}\hat{\theta}(\boldsymbol{x})\left(\frac{\partial}{\partial u}f_n(\boldsymbol{x}|u)\right)\bigg|_{u=\theta}d\boldsymbol{x}$$
$$= \left(\frac{d}{du}\int_{D^n}\hat{\theta}(\boldsymbol{x})f_n(\boldsymbol{x}|u)d\boldsymbol{x}\right)\bigg|_{u=\theta} = \left(\frac{d}{du}u\right)_{u=\theta} = 1.$$

最後の変形では，$\hat{\theta}(\boldsymbol{X})$ の不偏性より，任意の $\theta$ に対して $\int_{D^n} \hat{\theta}(\boldsymbol{x}) f_n(\boldsymbol{x}|\theta) d\boldsymbol{x} = \theta$ なので，この等式で $\theta = u$ とおいた．

(3) $Y_1(\theta), \ldots, Y_n(\theta)$ は独立で同一の分布に従うので，$Var\left[s(\theta|\boldsymbol{X})\right] = Var\left[\sum_{i=1}^n Y_i(\theta)\right] = nVar\left[Y_1(\theta)\right]$．$E\left[Y_1(\theta)\right] = 0$ なので，$Var\left[s(\theta|\boldsymbol{X})\right] = nE\left[(Y_1(\theta))^2\right]$．ここで，表現を簡単にするために，$\left(\frac{\partial}{\partial u}\log f(x_1|u)\right)\bigg|_{u=\theta}$ を $\frac{\partial}{\partial \theta}\log f(x_1|\theta)$ と表すと，$E\left[(Y_1(\theta))^2\right] = I(\theta)$．よって，$Var\left[s(\theta|\boldsymbol{X})\right] = nI(\theta)$．この結果と (2) の結果より，$s(\theta|\boldsymbol{X})$ と $\hat{\theta}(\boldsymbol{X})$ にシュワルツの不等式 (演習 4.13[70](2)) を適用すると，

$$1^2 \leqq nI(\theta) Var\left[\hat{\theta}(\boldsymbol{X})\right]. \tag{B.7.1}$$

(7.5.5)[106] において，暗に $nI(\theta) \neq 0$ と仮定しているので，$Var\left[s(\theta|\boldsymbol{X})\right] = nI(\theta) > 0$．このとき，(B.7.1) は，$Var\left[\hat{\theta}(\boldsymbol{X})\right] \geqq \frac{1}{nI(\theta)}$ であり，$E\left[\hat{\theta}\right] = \theta$ と (1) の結果に注意すると，等号成立条件は

$$\hat{\theta}(\boldsymbol{X}) = \frac{1}{nI(\theta)} s(\theta|\boldsymbol{X}) + \theta = \theta + \frac{1}{nI(\theta)} \sum_{i=1}^n \frac{\partial}{\partial \theta} \log f(X_i|\theta).$$

# B.8　第 8 章の解答

**演習** 8.1　(8.3.7)[116] を用いればよい．$T_0 = 4 \times \frac{490-530}{90} = -1.777\cdots$，$t_{15}(0.05) = 1.753$ なので，有意水準 5% で 530 より有意に短いと言える．また，$t_{15}(0.01) = 2.602$ なので，有意水準 1% では 530 より有意に短いと言えない．

**演習** 8.2　(1) (8.3.5)[116] を用いればよい．$T_0 = 4 \times \frac{98-100}{3} = -2.666\cdots$，$t_{15}(0.025) = 2.131$ なので，有意水準 5% で母平均 $\mu$ は 100 と有意に異なる．また，$t_{15}(0.005) = 2.947$ なので，有意水準 1% では $\mu$ と 100 に有意な差はない．

(2) (8.4.1)[117] を用いればよい．$Q_0 = 16.875$ であり，$\chi_{15}^2(0.025) = 27.488$，$\chi_{15}^2(0.975) = 6.262$ なので，有意水準 5% では母分散 $\sigma^2$ は 8 と異なるとは言えない．また，$\chi_{15}^2(0.005) = 32.801$，$\chi_{15}^2(0.995) = 4.601$ なので，有意水準 1% でも母分散 $\sigma^2$ は 8 と異なるとは言えない．

**演習** 8.3　(1) $H_0: \mu = 6$，$H_1: \mu > 6$ に対して，(8.3.6)[116] の $R_U$ を用いればよい．$T_0 = \sqrt{20}\frac{7-6}{\sqrt{5}} = 2$ であり，$t_{19}(0.05) = 1.729$ なので，有意水準 5% では $\mu$ は 6 より有意に大きい．また，$t_{19}(0.01) = 2.539$ なので，有意水準 1% では，$\mu$ は 6 より有意に大きいとは言えない．

(2) (8.4.3)[117] の $R_L$ を用いればよい．$Q_0 = 19 \times 5/8 = 11.875$ であり，$\chi_{19}^2(0.95) = 10.117$ なので，有意水準 5% では $\sigma^2$ は有意に 8 より小さいとは言えない．また，$\chi_{19}^2(0.99) = 7.633$ なので，有意水準 1% でも $\sigma^2$ は有意に 8 より小さいとは言えない．

**演習** 8.4  (8.5.3)[118] の $R_L$ を用いる．$Z_0 = -2$．$z(0.05) = 1.645$ なので，有意水準 5% で $p$ が 0.5 より有意に小さいと言える．また，$z(0.01) = 2.326$ なので，有意水準 1% では $p$ が 0.5 より有意に小さいと言えない．

**演習** 8.5  (8.5.2)[118] の $R_U$ を用いる．$Z_0 = 1.9293$．$z(0.05) = 1.645$ なので，有意水準 5% で $p$ が 0.55 より有意に大きいと言える．また，$z(0.01) = 2.326$ なので，有意水準 1% では $p$ が 0.55 より有意に大きいと言えない．

**演習** 8.6  $Z := 2(\bar{X} - \mu) \sim N(0,1)$ であり，$Z_0 = Z + 2(\mu - 5)$ なので，検出力を $\gamma(\mu)$，標準正規分布の分布関数を $\Phi(z)$ とすると，
$$\gamma(\mu) = P(Z_0 > 2.326|H_1) = P(Z > -2(\mu - 5) + 2.326) = \Phi(2\mu - 12.326).$$
よって，$\gamma(6.008) = \Phi(-0.31) = 1 - \Phi(0.31) = 0.3783$．また，$\gamma(\mu) = 0.9$ のとき，$\Phi(2\mu - 12.326) = 0.9$．よって，$2\mu - 12.326 = z(0.1) = 1.282$．よって，$\mu = 6.804$．

**演習** 8.7*  $T = \sqrt{n}(\bar{X} - \mu)/U$ とおくと，任意の $\mu$ に対して，$T \sim t_{n-1}$ であり，$T_0 = T + \sqrt{n}(\mu - \mu_0)/U$．$H_0 : \mu \leqq \mu_0$ が真のとき，$\sqrt{n}(\mu - \mu_0)/U \leqq 0$ なので，$P(T_0 > t_{n-1}(\alpha)) = P(T + \sqrt{n}(\mu - \mu_0)/U > t_{n-1}(\alpha)) \leqq P(T > t_{n-1}(\alpha)) = \alpha$．$H_1$ のときは，$\mu > \mu_0$ なので，$T_0 \geqq T$．これから，検出力が $\alpha$ 以上であることがわかる．

**演習** 8.8**  $0 \leqq 1_{R'}(\boldsymbol{x}) \leqq 1$ なので，$1_R(\boldsymbol{x}) - 1_{R'}(\boldsymbol{x}) > 0$ のとき $\boldsymbol{x} \in R$．つまり，$L(\theta_1|\boldsymbol{x}) > c_0 L(\theta_0|\boldsymbol{x})$．さらに，$1_R(\boldsymbol{x}) - 1_{R'}(\boldsymbol{x}) < 0$ のとき $\boldsymbol{x} \notin R$．つまり，$L(\theta_1|\boldsymbol{x}) \leqq c_0 L(\theta_0|\boldsymbol{x})$．よって，$(1_R(\boldsymbol{x}) - 1_{R'}(\boldsymbol{x}))(L(\theta_1|\boldsymbol{x}) - c_0 L(\theta_0|\boldsymbol{x})) \geqq 0$．母集団分布が確率密度関数 $f(x|\theta)$ である場合に定理 8.1[120] を示す．$f(\boldsymbol{x}|\theta) = \prod_{i=1}^n f(x_i|\theta)$ とおくと，$L(\theta|\boldsymbol{x}) = f(\boldsymbol{x}|\theta)$．$\alpha \geqq P(\boldsymbol{X} \in R'|H_0)$ となる $R'$ を考える．このとき，(1) より
$$0 \leqq \int \cdots \int_{\mathbb{R}^n} (1_R(\boldsymbol{x}) - 1_{R'}(\boldsymbol{x}))(L(\theta_1|\boldsymbol{x}) - c_0 L(\theta_0|\boldsymbol{x})) d\boldsymbol{x}$$
$$= \int \cdots \int_{\mathbb{R}^n} (1_R(\boldsymbol{x}) - 1_{R'}(\boldsymbol{x})) f(\boldsymbol{x}|\theta_1) d\boldsymbol{x} - c_0 \int \cdots \int_{\mathbb{R}^n} (1_R(\boldsymbol{x}) - 1_{R'}(\boldsymbol{x})) f(\boldsymbol{x}|\theta_0) d\boldsymbol{x}$$
$$= P(\boldsymbol{X} \in R|H_1) - P(\boldsymbol{X} \in R'|H_1) - c_0(P(\boldsymbol{X} \in R|H_0) - P(\boldsymbol{X} \in R'|H_0))$$
$$\leqq P(\boldsymbol{X} \in R|H_1) - P(\boldsymbol{X} \in R'|H_1).$$

**演習** 8.9**  $R = LRR_{\theta_0,\theta_1}(c, \rho)$ とおくと，演習 8.8[123] と同様に $(1_R(\boldsymbol{x}, y) - 1_{R'}(\boldsymbol{x}, y))(L(\theta_1|\boldsymbol{x}) - cL(\theta_0|\boldsymbol{x})) \geqq 0$ が示せる．これから，定理 8.2[121] が示せる．

**演習** 8.10**  $X_i$ の周辺 p.d.f. $f(x_i|\lambda)$ は $x_i > 0$ のとき $\lambda e^{-\lambda x_i}$ でそれ以外では 0 なので，$X_1, \ldots, X_n$ の同時 p.d.f. $f(\boldsymbol{x}|\lambda) = \prod_{i=1}^n f(x_i|\lambda)$ は $\lambda^n e^{-n\lambda\bar{x}}$ である．したがって，$\lambda_1$ を $\lambda_1 > \lambda_0$ を満たすように任意に選んだとき，$H_0 : \lambda = \lambda_0$, $H_1 : \lambda = \lambda_1$ に対する最強力検定の棄却域は，定理 8.1[120] より，$LR_{\lambda_0,\lambda_1}(c) = \{\boldsymbol{x} \mid \lambda_1^n \lambda_0^{-n} e^{-n(\lambda_1 - \lambda_0)\bar{x}} > c\} = \{\boldsymbol{x} \mid \bar{x} < C\}$．ただし，$C = -\frac{\log \lambda_1^{-n} \lambda_0^n c}{n(\lambda_1 - \lambda_0)}$．演習 7.11[109] より，$2n\lambda\bar{X} \sim \chi_{2n}^2$ なので，$Q_0 = 2n\lambda_0 \bar{X}$ とおくと，$LR_{\lambda_0,\lambda_1}(c) = \{\boldsymbol{x} \mid Q_0 < \chi_{2n}^2(1 - \alpha)\}$．この棄却域は，$\lambda_1$ に依存しないので，$H_0 : \lambda = \lambda_0$, $H_1 : \lambda > \lambda_0$ に対する一様最強力検定を与える．

**演習** 8.11** $t = \sum_{i=1}^{10} x_i$ とおくと，尤度関数は $L(p|\boldsymbol{x}) = p^t(1-p)^{n-t}$ なので，$p_1 < 0.5$ に対して，
$$\log \frac{L(p_1|\boldsymbol{x})}{L(0.5|\boldsymbol{x})} = t \log \frac{p_1}{0.5} + (n-t) \log \frac{1-p_1}{0.5} > \log c \iff \tau t > c'.$$
ただし，$c' = \log c - n \log \frac{1-p_1}{0.5}$, $\tau = \log \frac{p_1}{1-p_1}$. $p_1 < 0.5$ なので，$\tau < 0$. よって，$c'' = \frac{c'}{\tau}$ とおくと，$L_{0.5, p_1}(c) = \{\boldsymbol{x}|t < c''\}$. $H_0$ が真のとき $t \sim B(10, 0.5)$ であり，Excel の BINOM.DIST を用いると，$P(t \leqq 1|H_0) = 0.0107$, $P(t \leqq 2|H_0) = 0.0546$ なので，$c'' = 2$ であり，$P(t=2|H_0) = 0.04394$ なので，$\rho = (0.05 - P(t<2|H_0))/P(t=2|H_0) = 0.8933$. したがって，最協力検定の確率化検定の棄却域は
$$LRR_{p_0,p_1}(c,\rho) = \{(\boldsymbol{x}, y)|t < 2 \vee (t = 2 \wedge y < 0.8933)\}$$
であり，$p_1$ に依存しないので，$H_1 : p < 0.5$ に対して，この棄却域の検定は一様最強力である．

## B.9　第9章の解答

**演習** 9.1　(9.1.6)[127] の $\hat{T}_0 = \frac{101-96}{\frac{40}{21}} = 2.625$, $t_{7+9-2}(0.025) = 2.145$, $t_{7+9-2}(0.005) = 2.977$ なので，有意水準 5% では有意に異なるが，有意水準 1% ではそう言えない．

**演習** 9.2　(1) (9.2.5)[131] の $Q_0 = 4/15 = 0.266\cdots$ であり，$f_{7,9}(0.05) = 3.29$, $f_{7,9}(0.95) = 1/f_{9,7}(0.05) = 0.2717\cdots$ なので，有意に異なる．

(2) $U_X^2/m + U_Y^2/n = 2$, $\hat{c} = 14 = \tilde{c}$ で，(9.1.23)[129] の $\tilde{T}_0 = -2\sqrt{2}$, $t_{14}(0.025) = 2.145$ なので有意に異なる．

**演習** 9.3** 一般に $X \sim \chi_\nu^2$ のとき，$E[X] = \nu$, $Var[X] = 2\nu$ であり，$(m-1)U_X^2/\sigma_1^2 \sim \chi_{m-1}^2$, $(n-1)U_Y^2/\sigma_2^2 \sim \chi_{n-1}^2$ より，$E[U_X^2] = \sigma_1^2$, $Var[U_X^2] = 2\sigma_1^4/(m-1)$, $E[U_Y^2] = \sigma_2^2$, $Var[U_Y^2] = 2\sigma_2^4/(n-1)$. よって，$E[\hat{\delta}^2] = \delta^2$, $E[\tilde{Q}] = \frac{c}{\delta^2}\delta^2 = c$. また，$Var[\tilde{Q}] = \frac{c^2}{\delta^4}(\frac{2\sigma_1^4}{m^2(m-1)} + \frac{2\sigma_2^4}{n^2(n-1)}) = \frac{2c^2d^2}{m-1} + \frac{2c^2(1-d)^2}{n-1}$. $Var[\tilde{Q}] = 2c$ とすると，(9.1.18)[128] が得られる．さらに，$k = \frac{m-1}{n-1}$, $v = \frac{\sigma_1^2/m}{\sigma_2^2/n}$ とおくと，$c = (m-1)\frac{(1+v)^2}{1+kv^2}$ となり，$\frac{dc}{dv} = (m-1)\frac{2(1+v)(1-kv)}{(1+kv^2)^2}$ となる．$k > 0$, $v > 0$ なので，$v = 1/k$ で $c$ は最大値 $m+n-2$ をとることがわかる．

**演習** 9.4** $Z_{ij} = \frac{X_{ij}-\mu_i}{\sigma_i}$ とおき，$Z_{i1}$ の積率母関数を $\tilde{M}_i(t)$ とおくと，$\tilde{M}_i(t) = e^{-\mu_i/\sigma_i}M_i(t/\sigma_i)$ であり，$M_i(t)$ は $t \in U$ のとき存在するので，$t \in U$ に対して $\tilde{M}_i(t)$ も存在し，命題 5.6[77] より，$t \in U$ で何回でも微分可能である．さて，$Z = \delta^{-1}\sum_{i=1}^r \frac{a_i\sigma_i}{n_i}\sum_{j=1}^{n_i} Z_{ij}$ なので，$t_i = \frac{ta_i\sigma_i}{\delta n_i}$ とおき，$Z$ の積率母関数を $M_Z(t)$ と表すと，$\log M_Z(t) = \sum_{i=1}^r n_i \log \tilde{M}_i(t_i)$. $E[Z_{ij}] = 0$, $Var[Z_{ij}] = E[Z_{ij}^2] = 1$ なので，$\tilde{M}_i'(0) = 0$, $\tilde{M}_i''(0) = 1$ であり，したがって，$\log \tilde{M}_i(t_i)$ をマクローリン展開すると，$\log \tilde{M}_i(t_i) = \frac{1}{2}t_i^2 + \frac{t_i^3}{6(\tilde{M}_i(\theta_i t_i))^3}R_i(\theta_i t_i)$. ただし，$0 < \theta_i < 1$, $R_i(t) = 2(\tilde{M}_i'(t))^3 - 3\tilde{M}_i(t)\tilde{M}_i'(t)\tilde{M}_i''(t) + (\tilde{M}_i(t))^2\tilde{M}_i'''(t)$. $|t_i| \leqq \frac{t}{\sqrt{n_i}}$ なので，$||\boldsymbol{n}|| \to \infty$ のとき，$t_i \to 0$, $n_i t_i^3 \to 0$ であり，$\sum_{i=1}^r n_i t_i^2 = t^2$ が成り立つので，$||\boldsymbol{n}|| \to \infty$ のとき，

$$\log M_z(t) = \sum_{i=1}^{r} \frac{n_i}{2} t_i^2 + \sum_{i=1}^{r} \frac{n_i t_i^3}{6(\tilde{M}_i(\theta_i t_i))^3} R_i(\theta_i t_i) \to \frac{t^2}{2}.$$

したがって, 定理 5.2[78](2) より, $||\boldsymbol{n}|| \to \infty$ のとき, $Z \stackrel{d}{\Rightarrow} N(0,1)$.

次に, 演習 6.16[96] より, $U_i^2 \stackrel{P}{\to} \sigma^2 (n_i \to \infty)$. $\frac{n_i}{||\boldsymbol{n}||^2} \stackrel{P}{\to} c_i(||\boldsymbol{n}|| \to \infty)$ なので, 演習 6.22[97](1), (2) より, $\frac{\delta}{\tilde{\delta}} \stackrel{P}{\to} 1(||\boldsymbol{n}|| \to \infty)$. 演習 6.19[96](4) より, $\tilde{T} \stackrel{d}{\Rightarrow} N(0,1)(||\boldsymbol{n}|| \to \infty)$. $\hat{T} \stackrel{d}{\Rightarrow} N(0,1)(||\boldsymbol{n}|| \to \infty)$ も同様に示せる. (注意) これらの結果とボンフェローの不等式から, 主効果 $\alpha_i, \beta_j$ に対する多重比較が可能である.

**演習** 9.5** $U_1^2, \ldots, U_m^2$ は互いに独立で, $\frac{n_i-1}{\sigma^2} U_i^2 \sim \chi_{n_i-1}^2$ なので, カイ二乗分布の再生性より, $\frac{S_W}{\sigma^2} \sim \chi_{n-m}^2$. 一方, $\mu_1 = \cdots = \mu_m$ のとき, それらを $\mu$ と表し, $Z_i = \frac{\sqrt{n_i}(\bar{X}_i - \mu)}{\sigma}$ とおくと, $\bar{X}_i \sim N(\mu, \frac{\sigma^2}{n_i})$ であり, $\bar{X}_1, \ldots, \bar{X}_m$ は互いに独立なので, $Z_1, \ldots, Z_m \stackrel{i.i.d.}{\sim} N(0,1)$. さらに, $a_{1j} = \sqrt{\frac{n_j}{n}}, j = 1, \ldots, m$ とおき, $A = (a_{ij})$ が $m$ 次の直交行列となるように $a_{ij}$, $i = 2, \ldots, m, j = 1, \ldots, m$ を選ぶ. このとき, $W_i = \sum_{j=1}^{m} a_{ij} Z_j$ とおくと, 演習 5.20[82](3) より, $W_1, \ldots, W_m \stackrel{i.i.d.}{\sim} N(0,1)$ である. また, $W_1 = \sum_{i=1}^{m} a_{1i} Z_i$ なので, $\bar{X} = \frac{\sigma}{\sqrt{n}} W_1 + \mu$ であり, $\frac{S_B}{\sigma^2} = \sum_{i=1}^{m} Z_i^2 - W_1^2$. $A$ は直交行列なので, $\sum_{i=1}^{m} Z_i^2 = \sum_{i=1}^{m} W_i^2$. よって, $\frac{S_B}{\sigma^2} = \sum_{i=2}^{m} W_i^2 \sim \chi_{m-1}^2$. また, $\bar{X}_i \perp\!\!\!\perp U_i^2$ だから, $S_W \perp\!\!\!\perp S_B$. したがって, $W_0 \sim F_{m-1,n-m}$.

**演習** 9.6** まず, $\text{FWER}(\mathscr{C}) = 1 - \inf_{\boldsymbol{\mu} \in H(\mathscr{C})} P(\boldsymbol{X} \in \cap_{(i,j) \in \mathscr{C}} R_{ij}^c | \boldsymbol{\mu})$ と変形する. ここで, $P(\boldsymbol{X} \in \cap_{(i,j) \in \mathscr{C}} R_{ij}^c | \boldsymbol{\mu}) = P(\max_{(i,j) \in \mathscr{C}} |T_{ij}| \leq q_{m,n-m}(\alpha)/\sqrt{2} | \boldsymbol{\mu})$. 以下では $q_{m,n-m}(\alpha)$ を $q$ と表す. いま, $Z_i = \sqrt{n_i}(\bar{X}_i - \mu_i)/\sigma$, $Q = S_W/\sigma^2$ とすると, $Z_1, \ldots, Z_m \stackrel{i.i.d.}{\sim} N(0,1)$, $Q \sim \chi_{n-m}^2$, $Z_i \perp\!\!\!\perp Q$ であり, $\tilde{T}_{ij} = \frac{Z_i - Z_j}{\sqrt{Q/(n-m)}}$ とおくと, $P(\max_{(i,j) \in \mathscr{M}} |\tilde{T}_{ij}| > q) = \alpha$. $\boldsymbol{\mu} \in H(\mathscr{C})$ のとき, $\mathscr{C}$ に属する $(i,j)$ に対して $\mu_i = \mu_j$ だから, $n_i = n_j$ に注意すると $T_{ij} = \frac{\tilde{T}_{ij}}{\sqrt{2}}$ である. よって, $P(\max_{(i,j) \in \mathscr{C}} |T_{ij}| \leq q/\sqrt{2} | \boldsymbol{\mu}) = P(\max_{(i,j) \in \mathscr{C}} |\tilde{T}_{ij}| \leq q)$. ここで, $\tilde{T}_{ij}$ は $\mu_1, \ldots, \mu_m, \sigma^2$ に依存しないことに注意しよう. $\max_{(i,j) \in \mathscr{M}} |\tilde{T}_{ij}| \geq \max_{(i,j) \in \mathscr{C}} |\tilde{T}_{ij}|$ なので, $P(\max_{(i,j) \in \mathscr{M}} |\tilde{T}_{ij}| \leq q) \leq P(\max_{(i,j) \in \mathscr{C}} |\tilde{T}_{ij}| \leq q)$. したがって, $\text{FWER}(\mathscr{C}) \leq 1 - P(\max_{(i,j) \in \mathscr{M}} |\tilde{T}_{ij}| \leq q) = 1 - (1-\alpha) = \alpha$. $\mathscr{C} = \mathscr{M}$ のときは, 等号が成り立つことに注意しよう.

**演習** 9.7** ② $\forall \boldsymbol{c} \in \mathcal{C}, |\sum_{k=1} c_k y_k| < M(\boldsymbol{c}, \boldsymbol{\xi})$ から ① $\forall i, j, |y_i - y_j| < \xi_{ij}$ を示す. 任意に固定した $i, j$ に対して, 第 $i$ 成分が $1$, 第 $j$ 成分が $-1$, それ以外は $0$ である $\boldsymbol{c}$ を考えると, $\sum_{k=1}^{m} c_k y_k = y_i - y_j$, $M(\boldsymbol{c}, \boldsymbol{\xi}) = \xi_{ij}$ なので, ② $\Longrightarrow$ ① がわかる. 逆に ① を仮定する. $c_i = c_i^+ - c_i^-$, $|c_i| = c_i^+ + c_i^i$ であり, $\sum_{i=1}^{m} c_i = 0$ なので, $\sum_{i=1}^{m} c_i^+ = \sum_{i=1}^{m} c_i^-$. $\sum_{i=1}^{m} |c_i| = 2\sum_{i=1}^{m} c_i^+$ に注意すると, $\sum_{i,j=1}^{m} c_i^+ c_j^- (y_i - y_j) = \sum_{i=1}^{m} c_i^+ y_i \sum_{j=1}^{m} c_j^- - \sum_{j=1}^{m} c_j^- y_j \sum_{i=1}^{m} c_i^+ = \frac{1}{2}(\sum_{i=1}^{m} c_i y_i)(\sum_{i=1}^{m} |c_i|)$. また, ① より, $\left|\sum_{i,j=1}^{m} c_i^+ c_j^- (y_i - y_j)\right| \leq \sum_{i,j=1}^{m} c_i^+ c_j^- \xi_{ij}$. 以上より, ② が示せた.

(9.5.1)[135] を満たす $Y_{ijk}$ に対して, $H_0^{(i,j:i',j')} : \mu_{ij} = \mu_{i'j'}$, $H_1^{(i,j:i',j')} : \mu_{ij} \neq \mu_{i'j'}$ と表せる仮説の組を全て検定する場合は, 定理 9.2[133] より, $T_{i,j:i',j'} = \sqrt{t}(\hat{\mu}_{ij} - \hat{\mu}_{i'j'})/\sqrt{\hat{\sigma}^2} > q_{rs,rst-rs}(\alpha)$ のとき, $H_1^{(i,j:i',j')}$ が有意であると判定すれば, タイプ 1-FWER が $\alpha$ 以下となることがわかる. したがって, $\sum_{i=1}^{r} \sum_{j=1}^{s} c_{ij} = 0$ を満たす任意の $\boldsymbol{c} = (c_{11}, \ldots, c_{1s}, \ldots, c_{r1}, \ldots, c_{rs})$ に対して,

$\sum_{i,j} c_{ij}\hat{\mu}_{ij}/M(\boldsymbol{c},\tilde{\xi}) > q$ のとき，$\sum_{i,j} c_{ij}\mu_{ij} \neq 0$ が有意であると判定すれば，タイプ 1-FWER が $\alpha$ 以下となることがわかる．ただし，$\tilde{\xi} = \sqrt{\hat{\sigma}^2/t}$, $q = q_{rs,rst-rs}(\alpha)$.

さて，$\ell = 1,\ldots,r$, $\ell' = 1,\ldots,s$ に対して，$\ell = i$ のとき，$c_{\ell\ell'} = 1/s$, $\ell = j$ のとき，$c_{\ell\ell'} = -1/s$, それ以外では，$c_{\ell\ell'} = 0$ とすると，$\sum_{\ell,\ell'} c_{\ell\ell'} = 0$, $\hat{\alpha}_i - \hat{\alpha}_j = \sum_{\ell,\ell'} c_{\ell\ell'}\hat{\mu}_{\ell\ell'}$ となる．また，$M(\boldsymbol{c},\tilde{\xi}) = \tilde{\xi}\sum_{\ell\ell'}|c_{\ell\ell'}|/2$ なので，$M(\boldsymbol{c},\tilde{\xi}) = \tilde{\xi}$. 同様に，$\ell' = i$ のとき，$c_{\ell\ell'} = 1/r$, $\ell' = j$ のとき，$c_{\ell\ell'} = -1/r$, それ以外では，$c_{\ell\ell'} = 0$ とすると，$\sum_{\ell,\ell'} c_{\ell\ell'} = 0$, $\hat{\beta}_i - \hat{\beta}_j = \sum_{\ell,\ell'} c_{\ell\ell'}\hat{\mu}_{\ell\ell'}$, $M(\boldsymbol{c},\tilde{\xi}) = \tilde{\xi}$ となる．さらに，$\ell = i, \ell' \neq j$ のとき，$c_{\ell\ell'} = 1/s$, $\ell \neq i, \ell' = j$ のとき，$c_{\ell\ell'} = -1/r$, $\ell = i, \ell' = j$ のとき，$c_{\ell\ell'} = 1/s - 1/r$, それ以外では，$c_{\ell\ell'} = 0$ とすると，$\sum_{\ell,\ell'} c_{\ell\ell'} = 0$, $\hat{\alpha}_i - \hat{\beta}_j = \sum_{\ell,\ell'} c_{\ell\ell'}\hat{\mu}_{\ell\ell'}$, $M(\boldsymbol{c},\tilde{\xi}) = \tilde{\xi}(1 - \frac{1}{\max(r,s)})$ となる．以上より，(9.5.10)[138] で定義される検定統計量に対して，$|T_A^{(i,j)}| > q_{rs,rst-rs}(\alpha)$ のとき，$H_{A1}^{(i,j)} : \alpha_i \neq \alpha_j$ が有意，$|T_B^{(i,j)}| > q_{rs,rst-rs}(\alpha)$ のとき，$H_{B1}^{(i,j)} : \beta_i \neq \beta_j$ が有意，$|T_{AB}^{(i,j)}| > q_{rs,rst-rs}(\alpha)$ のとき，$H_{AB1}^{(i,j)} : \alpha_i \neq \beta_j$ が有意と判定すると，タイプ 1-FWER が $\alpha$ 以下となることがわかる．

**演習** 9.8 相加相乗平均より示せる．

**演習** 9.9** (1) $S_B = 360$, $S_W = 288$, $W_0 = 6.875$, $f_{2,11}(0.05) = 3.982$ なので，地点による差はある．また，$T_{12} = 3.708$, $T_{13} = 1.748$, $T_{23} = 1.748$ なので，$A_1$ と $A_2$ には有意な差があるが，他の差は有意ではない．

(2) $Q_0 = 0.432$, $\chi_2^2(0.05) = 5.991$ だから飼料による分散の差はない．

**演習** 9.10** (1) $S_B = 477.28$, $S_W = 795.2$, $W_0 = 9.80$, $f_{3,49}(0.05) = 2.793$ なので，飼料による差はある．また，$T_{AD} = -3.84$, $T_{BD} = -2.67$, $T_{CD} = -5.12$ なので，$D$ は他の三つと有意な差がある．

(2) $Q_0 = 0.361$, $\chi_3^2(0.05) = 7.81$ だから飼料による分散の差はない．

**演習** 9.11** $\alpha_1, \alpha_2, \alpha_3$ の信頼区間は $[1.082, 4.918]$, $[-1.918, 1.918]$, $[-4.918, -1.082]$, $\beta_1, \beta_2$ の信頼区間は $[0.644, 3.356]$, $[-3.356, -0.644]$. 分散分析表は

| 変動要因 | 平方和 | 自由度 | 平均平方和 | F 値 |
|---|---|---|---|---|
| A | 144 | 2 | 72 | 7.2 |
| B | 96 | 1 | 96 | 9.6 |
| AB | 304 | 2 | 152 | 15.2 |
| 残差 | 180 | 18 | 10 | |
| 全体 | 724 | 23 | 31.47826087 | |

であり，$f_{2,18}(0.05) = 3.55$, $f_{1,18}(0.05) = 4.414$ なので，どの効果の影響も有意である．

# B.10 第 10 章の解答

**演習** 10.1 (10.1.3)[142] の $T_0 = \frac{23}{11} = 2.09\cdots$, $z(0.05) = 1.645$, $z(0.01) = 2.326$ なので，5%

では仕事が理由の人が有意に多いが，1% では有意に多いとは言えない．また，(10.1.4)[143] による検定では，Excel によると $p$ 値が 1-BINOM.DIST(72-1,121,0.5,TRUE)=0.02252587 なので，5% では多いと言えるが，1% では多いと言えない．

**演習** 10.2　(10.2.2)[143] の $T_0 = 1.75623\cdots$, $z(0.05) = 1.645$, $z(0.01) = 2.326$ なので，有意水準 5% では女子大学生の方が多いと言えるが，1% では言えない．また，(10.2.3)[144] による検定では，Excel によると $p$ 値が 1-HYPGEOM.DIST(119-1,216,135,256,TRUE)=0.056588284 なので，有意水準 5% でも 1% でも，女子大学生の方が多いとは言えない．

**演習** 10.3　(10.3.3)[145] の $Q_0 = \frac{104}{25} = 4.16$, $\chi^2_{4-1}(0.05) = 7.815$, $\chi^2_{4-1}(0.01) = 11.345$ だから，有意水準 5% でも有意に適合していないとは言えない．

**演習** 10.4　(10.3.3)[145] の $Q_0 = 9.2067$, $\chi^2_{9-1-2}(0.1) = 10.645$ だから，有意水準 10% でも正規分布と異なるとは言えない．

**演習** 10.5　(10.4.3)[146] の $Q_0 = \frac{35}{4} = 8.75$, $\chi^2_2(0.05) = 5.991$, $\chi^2_2(0.01) = 9.21$ だから，有意水準 5% では独立でないと言えるが，1% では独立でないとは言えない．

**演習** 10.6**　$T = X + Y$ とおくと，命題 4.14[63](1) より，$T \sim B(n, p_A + p_B)$. さらに，命題 4.14[63](4) より，$P(X = k | T = t) = {}_t C_k \left(\frac{p_A}{p_A+p_B}\right)^k \left(\frac{p_B}{p_A+p_B}\right)^{t-k}$. $p_A = p_B$ のとき，

$$P((X,Y) \in R) = P(X \geqq \bar{b}_{T,0.5}(\alpha)) = \sum_{t=0}^{n} \sum_{k=\bar{b}_{t,0.5}(\alpha)}^{t} P(X = k | T = t) P(T = t)$$

$$= \sum_{t=0}^{n} \sum_{k=\bar{b}_{t,0.5}(\alpha)}^{t} {}_t C_k (0.5)^k (0.5)^{n-k} P(T = t) \leqq \sum_{t=0}^{n} \alpha P(T = t) = \alpha.$$

**演習** 10.7**　$p_1 = p_2 = p$ のとき，命題 5.5[77](3) より $T := X + Y \sim B(m+n, p)$. よって，$P(X = k | T = t) = \frac{{}_m C_k {}_n C_{t-k}}{{}_{m+n} C_t}$. したがって，

$$P((X,Y) \in R) = P(X \geqq \bar{h}_{m+n,m,T}(\alpha))$$

$$= \sum_{t=0}^{m+n} \sum_{k=\bar{h}_{m+n,m,t,0.5}(\alpha)}^{\min(t,m)} \frac{{}_m C_k {}_n C_{t-k}}{{}_{m+n} C_t} P(T = t) \leqq \sum_{t=0}^{m+n} \alpha P(T = t) = \alpha.$$

**演習** 10.8*　(1) $\boldsymbol{x} \in \mathcal{C}_n$ なので，$x_{rs} = n - \sum_{(i,j) \neq (r,s)} x_{ij}$. よって，

$$\boldsymbol{p}^{\boldsymbol{x}} = p_{rs}^n \prod_{(i,j) \neq (r,s)} (p_{ij}/p_{rs})^{x_{ij}}.$$

$\mathrm{mag}(\boldsymbol{x}) = \boldsymbol{\nu}$ のとき，$x_{rj} = \nu_{*j} - \sum_{i=1}^{r-1} x_{ij}$, $x_{is} = \nu_{i*} - \sum_{j=1}^{s-1} x_{ij}$ なので，

$$\boldsymbol{p}^{\boldsymbol{x}} = p_{rs}^n \prod_{i=1}^{r-1} \prod_{j=1}^{s-1} \psi_{ij}^{x_{ij}} \prod_{i=1}^{r-1} \left(\frac{p_{is}}{p_{rs}}\right)^{\nu_{i*}} \prod_{j=1}^{s-1} \left(\frac{p_{rj}}{p_{rs}}\right)^{\nu_{*j}}.$$

$i = r$ または $j = s$ のとき，$\psi_{ij} = 1$ なので，(10.E.1)[149] が得られる．

(2) $H_0$ が真のとき，$\psi_{ij} = 1$ であることと，$\sum_{\boldsymbol{x} \in \mathcal{M}_{\boldsymbol{\nu}}} \frac{1}{\boldsymbol{x}} = \frac{n!}{\boldsymbol{\nu}!}$ であることから，$h(\boldsymbol{x} | \boldsymbol{\nu}, \boldsymbol{\psi}) = h(\boldsymbol{x} | \boldsymbol{\nu})$ が導ける．また，Fisher$(\boldsymbol{x} | \boldsymbol{\nu}) \leqq \alpha$ を満たす $\boldsymbol{x}$ の中で，Fisher$(\boldsymbol{x} | \boldsymbol{\nu})$

を最大とする $x$ を $x_0$ とすると，$x \in \mathcal{L}_\nu(x_0)$ のとき，$\mathcal{L}_\nu(x) \subset \mathcal{L}_\nu(x_0)$ であり，$\mathrm{Fisher}(x|\nu) \leqq \mathrm{Fisher}(x_0|\nu) \leqq \alpha$. 逆に，$\mathrm{Fisher}(x|\nu) \leqq \alpha$ であるが，$x \notin \mathcal{L}_\nu(x_0)$ とすると，$\mathcal{L}_\nu(x_0) \subsetneq \mathcal{L}_\nu(x)$ となり，$\mathrm{Fisher}(x_0|\nu) \mathrm{Fisher}(x|\nu)$ となり，$x_0$ が $\mathrm{Fisher}(x|\nu)$ を最大とすることに矛盾する．よって，$\mathrm{Fisher}(x|\nu) \leqq \alpha \iff x \in \mathcal{L}_\nu(x_0)$. したがって，

$$P(\mathrm{Fisher}(X|\nu) \leqq \alpha | \mathrm{mag}(X) = \nu) = P(\mathcal{L}_\nu(x_0) | \mathrm{mag}(X) = \nu) = \mathrm{Fisher}(x_0|\nu) \leqq \alpha.$$

よって，$P(\mathrm{Fisher}(X|\nu) \leqq \alpha) = E[1_R(X)] = E[E[1_R(X)|\mathrm{mag}(X)]] \leqq E[\alpha] = \alpha$.
(注意) $(t_1 + \cdots + t_s)^n = \sum_{\nu_{*1}+\cdots+\nu_{*s}=n} \frac{n!}{\nu_{*1}!\cdots\nu_{*s}!} t_1^{\nu_{*1}} \cdots t_s^{\nu_{*s}}$ と $(t_1+\cdots+t_s)^{\nu_{i*}} = \sum_{y_{i1}+\cdots+y_{is}=\nu_{i*}} \frac{\nu_{i*}!}{y_{i1}!\cdots y_{is}!} t_1^{y_{i1}} \cdots t_s^{y_{is}}$ を $(t_1+\cdots+t_s)^n = \prod_{i=1}^r (t_1+\cdots+t_s)^{\nu_{i*}}$ の両辺に代入して，$t_1^{\nu_{*1}} \cdots t_s^{\nu_{*s}}$ の係数を比較すると，$\frac{n!}{\nu_{*1}!\cdots\nu_{*s}!} = \sum_{y \in \mathcal{M}_\nu} \frac{\nu_{1*}!\cdots\nu_{r*}!}{y!}$ が得られるので，$\sum_{x \in \mathcal{M}_\nu} \frac{1}{x!} = \frac{n!}{\nu!}$ を示すことができる．

## B.11 第11章の解答

**演習 11.1\*** (1) $Y_i = \beta_0 + \beta_1 x_i + \varepsilon_i$ より，$s_{xY} = \beta_1 s_{xx} + s_{x\varepsilon}$. $\sum_{i=1}^n (x_i - \bar{x})\bar{\varepsilon} = 0$ なので $s_{x\varepsilon} = \frac{1}{n}\sum_{i=1}^n (x_i - \bar{x})\varepsilon_i$. よって，$\hat{\beta}_1 = \beta_1 + \sum_{i=1}^n c_i \varepsilon_i$. さらに，$\hat{\beta}_0 = \bar{Y} - \hat{\beta}_1 \bar{x} = \beta_0 + \beta_1 \bar{x} + \bar{\varepsilon} - (\beta_1 + \sum_{i=1}^n c_i \varepsilon_i)\bar{x} = \beta_0 + \sum_{i=1}^n \left(\frac{1}{n} - \bar{x}c_i\right)\varepsilon_i = \beta_0 + \sum_{i=1}^n d_i \varepsilon_i$.

(2) $E[\varepsilon_i] = 0$ なので，(1) の表現から，$E\left[\hat{\beta}_1\right] = \beta_1$, $E\left[\hat{\beta}_2\right] = \beta_2$. また，$\varepsilon_1, \ldots, \varepsilon_n$ は独立で $Var[\varepsilon_i] = \sigma^2$ なので，(1) より $Var\left[\hat{\beta}_1\right] = \sum_{i=1}^n c_i^2 \sigma^2 = \sigma^2 \sum_{i=1}^n \frac{(x_i-\bar{x})^2}{n^2 s_{xx}^2} = \frac{\sigma^2}{ns_{xx}}$. 同様に，$Var\left[\hat{\beta}_0\right] = \sigma^2 \sum_{i=1}^n d_i^2 = \sigma^2 \sum_{i=1}^n \left(\frac{1}{n^2} - \frac{2}{n}\bar{x}c_i + \bar{x}^2 c_i\right)$. $\sum_{i=1}^n c_i = 0$, $\sum_{i=1}^n c_i^2 = \frac{1}{ns_{xx}}$ なので，$Var\left[\hat{\beta}_0\right] = \sigma^2 \left(\frac{1}{n} + \frac{\bar{x}^2}{ns_{xx}}\right)$.

(3) $\hat{e}_i = Y_i - \hat{Y}_i$ に $Y_i = \beta_0 + \beta_1 x_i + \varepsilon_i$ と $\hat{Y}_i = \hat{\beta}_0 + \hat{\beta}_1 x_i$ を代入すると，$\hat{e}_i = \varepsilon_i - (\hat{\beta}_1 - \beta_1)x_i - (\hat{\beta}_0 - \beta_0)$ なので，$s_{\hat{e}\hat{e}} = s_{\varepsilon\varepsilon} - 2(\hat{\beta}_1 - \beta_1)s_{x\varepsilon} + (\hat{\beta}_1 - \beta_1)^2 s_{xx}$. (1) より $s_{x\varepsilon} = s_{xY} - \beta_1 s_{xx} = s_{xx}(\hat{\beta}_1 - \beta_1)$ なので，$s_{\hat{e}\hat{e}} = s_{\varepsilon\varepsilon} - s_{xx}(\hat{\beta}_1 - \beta_1)^2$.

(4) 定理 6.1[88] より，$E[s_{\varepsilon\varepsilon}] = \frac{n-1}{n}\sigma^2$. (2) より，$E\left[s_{xx}(\hat{\beta}_1 - \beta_1)^2\right] = s_{xx} Var\left[\hat{\beta}_1\right] = \frac{\sigma^2}{n}$. $S_{ee} = ns_{\hat{e}\hat{e}}$ なので，(3) より，$E[S_{ee}] = n\left(E[s_{\varepsilon\varepsilon}] - E\left[s_{xx}(\hat{\beta}_1 - \beta_1)^2\right]\right) = (n-1)\sigma^2 - \sigma^2 = (n-2)\sigma^2$.

**演習 11.2\*** 演習 11.1[161](4) のように $\tilde{x}_i, c_i$ を定義すると，任意の実数 $a, b$ に対して，

$$a\hat{\beta}_1 + b\hat{\beta}_0 = a\beta_1 + b\beta_0 + \frac{1}{ns_{xx}}\sum_{i=1}^n (a\tilde{x}_i + bc_i)\varepsilon_i.$$

$\varepsilon_i \sim N(0, \sigma^2)$ なので，$(a\tilde{x}_i + bc_i)\varepsilon_i \sim N(0, (a\tilde{x}_i + bc_i)^2 \sigma^2)$. 正規分布の再生性より，$\sum_{i=1}^n (a\tilde{x}_i + bc_i)\varepsilon_i$ は平均 0, 分散 $\sum_{i=1}^n (a\tilde{x}_i + bc_i)^2 \sigma^2$ の正規分布に従う．ここで，

$$\sum_{i=1}^n (a\tilde{x}_i + bc_i)^2 = ns_{xx}((a - \bar{x}b)^2 + b^2 s_{xx})$$

なので, $a\hat{\beta}_1+b\hat{\beta}_0$ は平均 $a\beta_1+b\beta_0$, 分散 $\frac{1}{n}\left(\frac{(a-\bar{x}b)^2}{s_{xx}}+b^2\right)\sigma^2$ の正規分布に従う. $(a,b)=(1,0)$ の場合を考えると $\hat{\beta}_1$ の分布が, $(a,b)=(0,1)$ の場合を考えると $\hat{\beta}_0$ の分布が, $(a,b)=(x_0,1)$ のときは $\hat{\beta}_1 x_0+\hat{\beta}_0$ の分布が得られる.

次に, $\frac{1}{\sigma^2}S_{ee}\sim\chi_{n-2}^2$ と $S_{ee}\perp\!\!\!\perp\hat{\beta}_1$, $S_{ee}\perp\!\!\!\perp\hat{\beta}_0$ を示す. $Z_i=\frac{1}{\sigma}\varepsilon_i$ とおくと, 演習 11.1[161](1) より, $\hat{\beta}_1-\beta_1=\frac{s_{x\varepsilon}}{s_{xx}}=\frac{\sigma s_{xZ}}{s_{xx}}$. また, $\frac{n}{\sigma^2}s_{\varepsilon\varepsilon}=\sum_{i=1}^n Z_i^2-n\bar{Z}^2$ なので, 演習 11.1[161](3) より, $\frac{1}{\sigma^2}S_{ee}=\sum_{i=1}^n Z_i^2-n\bar{Z}^2-n\frac{s_{xZ}^2}{s_{xx}}$. ここで, $a_{11}=\cdots=a_{1n}=\frac{1}{\sqrt{n}}$, $j=1,\ldots,n$ に対して, $a_{2j}=\frac{\tilde{x}_j}{\sqrt{ns_{xx}}}$ とおくと, $\sum_{j=1}^n a_{1j}^2=\sum_{j=1}^n a_{2j}^2=1$, $\sum_{j=1}^n a_{1j}a_{2j}=0$. よって, $a_{ij}$, $i=3,\ldots,n$, $j=1,\ldots,n$ を適当に選ぶと $(i,j)$ 成分が $a_{ij}$ である行列 $A=(a_{ij})$ が直交行列になる. 第 $i$ 成分が $Z_i, W_i$ である $n$ 次元確率ベクトル $\boldsymbol{Z}, \boldsymbol{W}$ を $\boldsymbol{W}=A\boldsymbol{Z}$ を満たすように選ぶと, $W_1=\sqrt{n}\bar{Z}$, $W_2=\sqrt{n}\frac{s_{xZ}}{\sqrt{s_{xx}}}$, $\sum_{i=1}^n Z_i^2=\sum_{i=1}^n W_i^2$. したがって, $\frac{S_{ee}}{\sigma^2}=\sum_{i=3}^n W_i^2$. $\varepsilon_1,\ldots,\varepsilon_n\stackrel{i.i.d.}{\sim} N(0,\sigma^2)$ より, $Z_1,\ldots,Z_n\stackrel{i.i.d.}{\sim} N(0,1)$. よって, 演習 5.20[82](3) より, $W_1,\ldots,W_n\stackrel{i.i.d.}{\sim} N(0,1)$. ゆえに, $\frac{1}{\sigma^2}S_{ee}\sim\chi_{n-2}^2$. また, (1) の $\hat{\beta}_1, \hat{\beta}_0$ の表現より, $\hat{\beta}_1=\beta_1+\frac{\sigma}{\sqrt{ns_{xx}}}W_2$, $\hat{\beta}_0=\beta_0+\frac{\sigma}{\sqrt{n}}W_1-\frac{\sigma\bar{x}}{\sqrt{ns_{xx}}}W_2$. $(W_1,W_2)$ と $(W_2,\ldots,W_n)$ は独立なので, $S_{ee}\perp\!\!\!\perp\hat{\beta}_1$, $S_{ee}\perp\!\!\!\perp\hat{\beta}_0$.

**演習 11.3**** (1) $S_{ee}=ns_{YY}(1-r_{xY}^2)$, $\hat{\sigma}^2=\frac{1}{n-2}S_{ee}$, $\hat{\sigma}_{\beta_1}^2=\frac{\hat{\sigma}^2}{s_{xx}}$ なので, $\frac{\hat{\sigma}_{\beta_1}^2}{n}=\frac{s_{YY}(1-r_{xY}^2)}{(n-2)s_{xx}}$. また, $\hat{\beta}_1=\frac{s_{xY}}{s_{xx}}$ なので, $Y_i=y_i$, $\beta_1=0$ のとき, $T_{\beta_1}=\frac{\sqrt{n-2}s_{xy}}{\sqrt{s_{xx}s_{yy}(1-r_{xy}^2)}}=T_r(\boldsymbol{x},\boldsymbol{y})$.

(2) 系 11.2[156] は任意の $\beta_0,\beta_1\in\mathbb{R}$, $\sigma^2>0$ に対して成り立つので, $\beta_1=0$ のときでも成り立ち, そのとき $Y_1,\ldots,Y_n\stackrel{i.i.d.}{\sim} N(\beta_0,\sigma^2)$ であり, $P(T_r(\boldsymbol{x},\boldsymbol{Y})\leqq t)=P(T_{\beta_1}\leqq t)=G_{n-2}(t)$.

(3) 定理 11.1[152] において, $E[X_i]=\mu_1$, $Var[X_i]=\sigma_1^2$, $E[Y_i]=\mu_2$, $Var[Y_i]=\sigma_2^2$ とおくと, 相関係数 $\rho=0$ なので, $(X_i,Y_i)$ の同時確率密度関数は $\phi(x|\mu_1,\sigma_1^2)\phi(y|\mu_2,\sigma_2^2)$ である. よって, $\phi_n(\boldsymbol{x}|\mu_1,\sigma_1^2):=\prod_{i=1}^n \phi(x_i|\mu_1,\sigma_1^2)$, $\phi_n(\boldsymbol{y}|\mu_2,\sigma_2^2):=\prod_{i=1}^n \phi(y_i|\mu_2,\sigma_2^2)$, $B_{\boldsymbol{x},t}=\{\boldsymbol{y}|T_r(\boldsymbol{x},\boldsymbol{y})\leqq t\}$ とおくと,

$$P(T_r\leqq t)=\int_{\mathbb{R}^n}\int_{B_{\boldsymbol{x},t}}\phi_n(\boldsymbol{y}|\mu_2,\sigma_2^2)d\boldsymbol{y}\phi_n(\boldsymbol{x}|\mu_1,\sigma_1^2)d\boldsymbol{x}.$$

(2) において $\beta_0, \sigma^2$ は任意なので, $\beta_0=\mu_2$, $\sigma^2=\sigma_2^2$ のときを考えると

$$P(T_r(\boldsymbol{x},\boldsymbol{Y})\leqq t)=\int_{B_{\boldsymbol{x},t}}\phi_n(\boldsymbol{y}|\mu_2,\sigma_2^2)d\boldsymbol{y}=G_{n-2}(t).$$

したがって,

$$P(T_r\leqq t)=\int_{\mathbb{R}^n}G_{n-2}(t)\phi_n(\boldsymbol{x}|\mu_1,\sigma_1^2)d\boldsymbol{x}=G_{n-2}(t).$$

**演習 11.4**** 回帰平面は $y=\frac{13}{2}-\frac{1}{6}x_1+\frac{1}{2}x_2+\frac{5}{3}x_3$, $\hat{\sigma}^2=\frac{75}{14}$, $R^2=\frac{29}{54}=0.537$, $R^{*2}=\frac{331}{756}=0.4378$, $W=\frac{406}{75}=5.413$. $f_{3,18-3-1}(0.05)=3.34$ なので, 5% で $H_1$ が有意である.

**演習 11.5**** (1) 演習 2.17[30](1) と同様に示せる.

(2) 演習 2.17[30](2) と同様に示せる.

**演習** 11.6** (11.5.4)[159] は演習 2.17[30](2) の後半と同様に証明できる．(11.5.5)[159] は演習 2.17[30](4) の前半と同様に証明できる．それらの結果を用いると，(11.5.6)[159] が示せる．

**演習** 11.7** (1) $A = [a_1, \ldots, a_r]$ とすると，$x \in \mathscr{M}(A)$ のとき $x = c_1 a_1 + \cdots + c_r a_r$ を満たす $c_1, \ldots, c_r$ が存在する．$c_i$ を第 $i$ 成分とする $r$ 次元列ベクトルを $c$ とすると，$c_1 a_1 + \cdots + c_r a_r = Ac$. よって，$x = Ac$. 逆に $x = Ac$ を満たす $c$ が存在するとき，議論の逆をたどれば $x \in \mathscr{M}(A)$ が言える．また，$y \in \mathscr{M}(A)^\perp$ のとき，$a_i' y = 0$, $i = 1, \ldots, r$ なので，$A' y = \mathbf{0}$.

(2) $\mathrm{Ker}(A) := \{x \in \mathbb{R}^r \mid Ax = \mathbf{0}\}$, $\mathrm{Ker}(A'A) := \{x \in \mathbb{R}^r \mid A'Ax = \mathbf{0}\}$ とおくと，$\mathrm{rank}(A) = r - \dim(\mathrm{Ker}(A))$, $\mathrm{rank}(A'A) = r - \dim(\mathrm{Ker}(A'A))$. 一方，$x \in \mathrm{Ker}(A)$ のとき，$Ax = \mathbf{0}$. 両辺左から $A'$ をかけると $A'Ax = A'\mathbf{0} = \mathbf{0}$. よって，$x \in \mathrm{Ker}(A'A)$. 逆に，$x \in \mathrm{Ker}(A'A)$ のとき，$A'Ax = \mathbf{0}$. 両辺左から $x'$ をかけると $x'A'Ax = x'\mathbf{0} = 0$. ここで，$x'A'Ax = (Ax)'Ax = \|Ax\|^2$ なので，$Ax = \mathbf{0}$. よって，$x \in \mathrm{Ker}(A)$. したがって，$\mathrm{Ker}(A) = \mathrm{Ker}(A'A)$. よって，$\mathrm{rank}(A) = \mathrm{rank}(A'A)$.

(3) ① $P_A A = A(A'A)^{-1} A'A = A$. ② $x \in \mathscr{M}(A)$ のとき，$x = Ac$ となる $c \in \mathbb{R}^r$ が存在する．よって，$P_A x = P_A Ac = Ac = x$. ③ $y \in \mathscr{M}(A)^\perp$ のとき，$A'y = \mathbf{0}$. よって，$P_A y = A(A'A)^{-1} A' y = A(A'A)^{-1} \mathbf{0} = \mathbf{0}$.

(4) 任意の正則行列 $B$ に対して，$BB^{-1} = I_n$ なので，$(BB^{-1})' = (I_n)' = I_n$. $(BB^{-1})' = (B^{-1})'B'$ なので，$(B^{-1})'B' = I_n$. これから，$(B')^{-1} = (B^{-1})'$. したがって，$((A'A)^{-1})' = ((A'A)')^{-1} = (A'(A')')^{-1} = (A'A)^{-1}$. よって，
$$P_A' = (A(A'A)^{-1}A')' = (A')'((A'A)^{-1})'A' = A(A'A)^{-1}A' = P_A.$$
$P_A^2 = A(A'A)^{-1}A'A(A'A)^{-1}A' = A(A'A)^{-1}A' = P_A$. また，$(I_n - P_A)' = I_n' - P_A' = I_n - P_A$, $(I_n - P_A)^2 = I_n - P_A - P_A + P_A^2 = I_n - P_A$.

(5) 一般に $AB$, $BA$ がどちらも定義できるとき，$\mathrm{tr}(AB) = \mathrm{tr}(BA)$ なので，$\mathrm{tr}(P_A) = \mathrm{tr}(A(A'A)^{-1}A') = \mathrm{tr}(A'A(A'A)^{-1}) = \mathrm{tr}(I_r) = r$. 一方，$P_A x = \mathbf{0}$ とすると，$A'P_A x = A'\mathbf{0} = \mathbf{0}$ であり，$A'P_A = A'$ なので，$A'x = \mathbf{0}$. 逆に $A'x = \mathbf{0}$ のとき，$P_A x = \mathbf{0}$ は容易にわかるので，$\mathrm{Ker}(A') = \mathrm{Ker}(P_A)$. よって，$\mathrm{rank}(P_A) = \mathrm{rank}(A') = \mathrm{rank}(A) = r$. 以上より，$\mathrm{rank}(P_A) = \mathrm{tr}(P_A)$.

(6) (3) ②より $i = 1, \ldots, r$ に対して，$P_A q_i = q_i$. (3) ③より $i = r+1, \ldots, n$ に対して，$P_A q_i = \mathbf{0} = 0 q_i$. よって，
$$\begin{aligned} P_A Q &= [P_A q_1, \ldots, P_A q_r, P_A q_{r+1}, \ldots, P_A q_n] \\ &= [1 q_1, \ldots, 1 q_r, 0 q_{r+1}, \ldots, 0 q_n] = Q\Lambda. \end{aligned}$$
$Q'Q = I_n$ なので，両辺右から $Q'$ をかけると，$P_A = Q\Lambda Q'$.

**演習** 11.8** (1) $\frac{1}{n}\tilde{X}'\tilde{X}$ の $(j, j')$ 成分は $\frac{1}{n}\tilde{x}'_j\tilde{x}_{j'}$. $\tilde{x}_j$ の第 $i$ 成分は $x_{ij} - \bar{x}_j$ なので，$\frac{1}{n}\tilde{x}'_j\tilde{x}_{j'} = s_{jj'}$. よって，$S_{xx} = \frac{1}{n}\tilde{X}'\tilde{X}$. また，$\frac{1}{n}X'X - \bar{x}\bar{x}'$ の $(j, j')$ 成分は，$\frac{1}{n}x'_jx_{j'} - \bar{x}_j\bar{x}_{j'} = \frac{1}{n}\sum_{i=1}^n x_{ij}x_{ij'} - \bar{x}_j\bar{x}_{j'} = s_{jj'}$. よって，$S_{xx} = \frac{1}{n}X'X - \bar{x}\bar{x}'$.

次に，$A'A\hat{\boldsymbol{\theta}} = A'\boldsymbol{y}$ を考える．$A\hat{\boldsymbol{\theta}} - \boldsymbol{y} = \hat{\beta}_0\boldsymbol{1} + X\hat{\boldsymbol{\beta}} - \boldsymbol{y}$ なので，(11.4.6)[158] より ① $\boldsymbol{1}'(A\hat{\boldsymbol{\theta}} - \boldsymbol{y}) = n(\hat{\beta}_0 + \bar{x}'\hat{\boldsymbol{\beta}} - \bar{y}) = 0$. また，$X'X = n(S_{xx} + \bar{x}\bar{x}')$, $S_{xx}\hat{\boldsymbol{\beta}} = \boldsymbol{s}_{yx}$, $n\boldsymbol{s}_{yx} = X'\boldsymbol{y} - n\bar{y}\bar{x}$, $\hat{\beta}_0 = \bar{y} - \bar{x}'\hat{\boldsymbol{\beta}}$ であり，$\bar{x}'\hat{\boldsymbol{\beta}}\bar{x} = \bar{x}\bar{x}'\hat{\boldsymbol{\beta}}$ が成り立つことに注意すると，② $X'(A\hat{\boldsymbol{\theta}} - \boldsymbol{y}) = n\hat{\beta}_0\bar{x} + X'X\hat{\boldsymbol{\beta}} - X'\boldsymbol{y} = \boldsymbol{0}$. ①，②より $A'(A\hat{\boldsymbol{\theta}} - \boldsymbol{y}) = \boldsymbol{0}$ であり，$A'A\hat{\boldsymbol{\theta}} = A'\boldsymbol{y}$ が成り立つ．

(2) $A'A\hat{\boldsymbol{\theta}} = A'\boldsymbol{y}$ より，$A'(\boldsymbol{y} - A\hat{\boldsymbol{\theta}}) = \boldsymbol{0}$. よって，$(A(\hat{\boldsymbol{\theta}} - \boldsymbol{t}))'(\boldsymbol{y} - A\hat{\boldsymbol{\theta}}) = 0$. したがって，$||\boldsymbol{y} - A\boldsymbol{t}||^2 = ||\boldsymbol{y} - A\hat{\boldsymbol{\theta}} + A(\hat{\boldsymbol{\theta}} - \boldsymbol{t})||^2 = ||\boldsymbol{y} - A\hat{\boldsymbol{\theta}}||^2 + ||A(\hat{\boldsymbol{\theta}} - \boldsymbol{t})||^2$. $||A(\hat{\boldsymbol{\theta}} - \boldsymbol{t})||^2 \geqq 0$ より，$||\boldsymbol{y} - A\boldsymbol{t}||^2 \geqq ||\boldsymbol{y} - A\hat{\boldsymbol{\theta}}||^2$. 等号は，$A(\hat{\boldsymbol{\theta}} - \boldsymbol{t}) = \boldsymbol{0}$ のとき．(注意 1) $\boldsymbol{t}$ の第 $i$ 成分を $b_{i-1}$ とすると，(11.4.2)[158] の $S(b_0, b_1, \ldots, b_p) = ||\boldsymbol{y} - A\boldsymbol{t}||^2$ であり，$S(\hat{\beta}_0, \hat{\beta}_1, \ldots, \hat{\beta}_p) = ||\boldsymbol{y} - A\hat{\boldsymbol{\theta}}||^2$ なので，得られた不等式は，(11.4.7)[158] と同じ．(注意 2) $\text{rank}(A) = p + 1$ のとき，等号成立条件は $\boldsymbol{t} = \hat{\boldsymbol{\theta}}$.

(3) $\hat{\boldsymbol{y}} = A\hat{\boldsymbol{\theta}}$ なので，$A'A\hat{\boldsymbol{\theta}} = A'\boldsymbol{y}$ より，$A'\hat{\boldsymbol{y}} = A'\boldsymbol{y}$. 両辺の第 1 成分を比較すると，$\boldsymbol{1}'\hat{\boldsymbol{y}} = \boldsymbol{1}'\boldsymbol{y}$. さらに両辺を $n$ で割ると，$\bar{\hat{y}} = \bar{y}$. $\hat{\boldsymbol{e}} = \boldsymbol{y} - \hat{\boldsymbol{y}}$ なので，$A'\hat{\boldsymbol{y}} = A'\boldsymbol{y}$ より，$A'\hat{\boldsymbol{e}} = \boldsymbol{0}$. 両辺第 1 成分を比較すると，$\boldsymbol{1}'\hat{\boldsymbol{e}} = 0$. また，両辺の左から $\hat{\boldsymbol{\theta}}'$ をかけると，$\hat{\boldsymbol{\theta}}'A'\hat{\boldsymbol{e}} = 0$. よって，$\hat{\boldsymbol{y}}'\hat{\boldsymbol{e}} = 0$. これらから，$\tilde{\hat{\boldsymbol{y}}}'\hat{\boldsymbol{e}} = (\hat{\boldsymbol{y}} - \bar{\hat{y}}\boldsymbol{1})'\hat{\boldsymbol{e}} = 0$. $\tilde{\boldsymbol{y}} = \tilde{\hat{\boldsymbol{y}}} + \hat{\boldsymbol{e}}$ が成り立つので，$||\tilde{\boldsymbol{y}}||^2 = ||\tilde{\hat{\boldsymbol{y}}}||^2 + 2\tilde{\hat{\boldsymbol{y}}}'\hat{\boldsymbol{e}} + ||\hat{\boldsymbol{e}}||^2 = ||\tilde{\hat{\boldsymbol{y}}}||^2 + ||\hat{\boldsymbol{e}}||^2$. また，$||\tilde{\hat{\boldsymbol{y}}}||^2 = \tilde{\hat{\boldsymbol{y}}}'(\tilde{\boldsymbol{y}} - \hat{\boldsymbol{e}}) = \tilde{\hat{\boldsymbol{y}}}'\tilde{\boldsymbol{y}} - \tilde{\hat{\boldsymbol{y}}}'\hat{\boldsymbol{e}} = \tilde{\hat{\boldsymbol{y}}}'\tilde{\boldsymbol{y}}$. さらに，$\tilde{\hat{\boldsymbol{y}}} = A\hat{\boldsymbol{\theta}} - \bar{y}\boldsymbol{1} = X\hat{\boldsymbol{\beta}} - (\bar{x}'\hat{\boldsymbol{\beta}})\boldsymbol{1}$ であり，$(\bar{x}'\hat{\boldsymbol{\beta}})\boldsymbol{1} = \boldsymbol{1}\bar{x}'\hat{\boldsymbol{\beta}}$ なので，$\tilde{\hat{\boldsymbol{y}}} = (X - \boldsymbol{1}\bar{x}')\hat{\boldsymbol{\beta}} = \tilde{X}\hat{\boldsymbol{\beta}}$. よって，$\tilde{\boldsymbol{y}}'\tilde{\hat{\boldsymbol{y}}} = \tilde{\boldsymbol{y}}'\tilde{X}\hat{\boldsymbol{\beta}} = n\boldsymbol{s}'_{yx}\hat{\boldsymbol{\beta}}$. (注意 1) (11.5.2)[159] の $S_{yy} = ||\tilde{\boldsymbol{y}}||^2$, (11.5.3)[159] の $S_{\hat{y}\hat{y}} = ||\tilde{\hat{\boldsymbol{y}}}||^2$, (11.4.8)[159] の $S_{ee} = ||\hat{\boldsymbol{e}}||^2$ なので，最初の等式は (11.5.4)[159] と同値．(注意 2) 2 番目の等式の辺々を $n$ で割ると (11.5.5)[159] が得られる．

(4) $A'A$ は $(p+1)$ 次の正方行列なので，$A'A$ が正則であることと $\text{rank}(A'A) = p+1$ は同値である．演習 11.7[162](2) より，$\text{rank}(A) = \text{rank}(A'A)$ なので，(i) と (iii) は同値である．また，$S_{xx} = \frac{1}{n}\tilde{X}'\tilde{X}$ なので，$S_{xx}$ が正則であることと $\tilde{X}'\tilde{X}$ が正則であることは同値である．$\tilde{X}'\tilde{X}$ は $p \times p$ なので，$\text{rank}(\tilde{X}'\tilde{X}) = p$ は $S_{xx}$ が正則であることと同値である．演習 11.7[162](2) より，$\text{rank}(\tilde{X}) = \text{rank}(\tilde{X}'\tilde{X})$ なので，(ii) と (iv) は同値である．最後に，(i) と (ii) が同値であることを示す．(i) を仮定すると，① $\boldsymbol{1}, \boldsymbol{x}_1, \ldots, \boldsymbol{x}_p$ は 1 次独立である．線形関係 $c_1\tilde{\boldsymbol{x}}_1 + \cdots + c_p\tilde{\boldsymbol{x}}_p = \boldsymbol{0}$ を考えると，$\tilde{\boldsymbol{x}}_i = \boldsymbol{x}_i - \bar{x}_i\boldsymbol{1}$ なので，$-(c_1\bar{x}_1 + \cdots + c_p\bar{x}_p)\boldsymbol{1} + c_1\boldsymbol{x}_1 + \cdots + c_p\boldsymbol{x}_p = \boldsymbol{0}$. ①より，$-(c_1\bar{x}_1 + \cdots + c_p\bar{x}_p) = c_1 = \cdots = c_p = 0$. よって，$c_1 = \cdots = c_p = 0$. したがって，$\tilde{\boldsymbol{x}}_1, \ldots, \tilde{\boldsymbol{x}}_p$ が 1 次独立である．ゆえに，$\text{rank}(\tilde{X}) = p$. 逆に，(ii) を仮定すると，② $\tilde{\boldsymbol{x}}_1, \ldots, \tilde{\boldsymbol{x}}_p$ が 1 次独立である．線形関係 $c_0\boldsymbol{1} + c_1\boldsymbol{x}_1 + \cdots + c_p\boldsymbol{x}_p = \boldsymbol{0}$ を考えると，$\boldsymbol{x}_i = \tilde{\boldsymbol{x}}_i + \bar{x}_i\boldsymbol{1}$ より，$(c_0 + c_1\bar{x}_1 + \cdots + c_p\bar{x}_p)\boldsymbol{1} + c_1\tilde{\boldsymbol{x}}_1 + \cdots + c_p\tilde{\boldsymbol{x}}_p = \boldsymbol{0}\cdots$③. $\boldsymbol{1}'\boldsymbol{1} = n$, $\boldsymbol{1}'\tilde{\boldsymbol{x}}_i = 0$ なので，両辺左から $\boldsymbol{1}'$ をかけると，$n(c_0 + c_1\bar{x}_1 + \cdots + c_p\bar{x}_p) = 0$. よって，$c_0 + c_1\bar{x}_1 + \cdots + c_p\bar{x}_p = 0$. これを③に代入すると，$c_1\tilde{\boldsymbol{x}}_1 + \cdots + c_p\tilde{\boldsymbol{x}}_p = \boldsymbol{0}$. ②より，

$c_1 = \cdots = c_p = 0$. これを③に代入すると, $c_0 = 0$ が得られ, 結局, $\mathbf{1}, \boldsymbol{x}_1, \ldots, \boldsymbol{x}_p$ が1次独立である. つまり, $\text{rank}(A) = p+1$.

(5) $S_{xx}$ が正則なので, $A'A$ が正則で, $(A'A)^{-1}$ が存在する. $A'A\hat{\boldsymbol{\theta}} = A'\boldsymbol{Y}$ より, $\hat{\boldsymbol{\theta}} = (A'A)^{-1}A'\boldsymbol{Y}$. $E[\boldsymbol{Y}] = A\boldsymbol{\theta}$ なので, 命題 4.18[67] より,
$$E\left[\hat{\boldsymbol{\theta}}\right] = (A'A)^{-1}A'E[\boldsymbol{Y}] = (A'A)^{-1}A'A\boldsymbol{\theta} = \boldsymbol{\theta}.$$
次に, $P_A = A(A'A)^{-1}A'$ とおくと, $\hat{\boldsymbol{e}} = \boldsymbol{Y} - A\hat{\boldsymbol{\theta}} = \boldsymbol{Y} - A(A'A)^{-1}A'\boldsymbol{Y} = (I_n - P_A)\boldsymbol{Y}$. 演習 11.7[162](3) より $(I_n - P_A)A = O$ であり, $\boldsymbol{Y} = A\boldsymbol{\theta} + \boldsymbol{\varepsilon}$ なので, $\hat{\boldsymbol{e}} = (I_n - P_A)\boldsymbol{\varepsilon}$. よって, $S_{ee} = ((I_n - P_A)\boldsymbol{\varepsilon})'(I_n - P_A)\boldsymbol{\varepsilon} = \boldsymbol{\varepsilon}'(I_n - P_A)'(I_n - P_A)\boldsymbol{\varepsilon}$. 演習 11.7[162](4) より $(I_n - P_A)$ は対称行列で, ベキ等なので, $(I_n - P_A)'(I_n - P_A) = (I_n - P_A)^2 = I_n - P_A$. したがって, $S_{ee} = \boldsymbol{\varepsilon}'(I_n - P_A)\boldsymbol{\varepsilon}$. 左辺はスカラーなので, $S_{ee} = \text{tr}(\boldsymbol{\varepsilon}'(I_n - P_A)\boldsymbol{\varepsilon}) = \text{tr}((I_n - P_A)\boldsymbol{\varepsilon}\boldsymbol{\varepsilon}')$. ゆえに, $E[S_{ee}] = \text{tr}((I_n - P_A)E[\boldsymbol{\varepsilon}\boldsymbol{\varepsilon}])$. $i \neq i'$ のとき, $E[\varepsilon_i \varepsilon_{i'}] = 0$, $i = i'$ のとき, $E[\varepsilon_i \varepsilon_{i'}] = E[\varepsilon_i^2] = Var[\varepsilon_i] = \sigma^2$ だから, $E[\boldsymbol{\varepsilon}\boldsymbol{\varepsilon}'] = \sigma^2 I_n$. よって, $E[S_{ee}] = \text{tr}((I_n - P_A)\sigma^2 I_n) = \sigma^2(\text{tr}(I_n) - \text{tr}(P_A))$. 演習 11.7[162](5) より, $\text{tr}(P_A) = \text{rank}(A)$ であり, $S_{xx}$ が正則であることを仮定したので, (4) より $\text{rank}(A) = p+1$. よって, $E[S_{ee}] = \sigma^2(n - \text{rank}(A)) = \sigma^2(n - p - 1)$.

(6) $\boldsymbol{Z} = Q\boldsymbol{W}$ なので, $\boldsymbol{\varepsilon} = \sigma Q\boldsymbol{W}$. $\hat{\boldsymbol{e}} = (I_n - P_A)\boldsymbol{\varepsilon} = \sigma(I_n - P_A)Q\boldsymbol{W}$. よって, $\frac{1}{\sigma^2}\|\hat{\boldsymbol{e}}\|^2 = \boldsymbol{W}'Q'(I_n - P_A)Q\boldsymbol{W}$. $i$ 番目の対角成分から $j$ 番目の対角成分が 1 で残りが 0 である対角行列を $\Lambda_{i,j}$ とすると, 演習 11.7[162](6) より $P_A = Q\Lambda_{1,p+1}Q'$ と表されるので, $\Lambda_{1,p+1} = Q'P_A Q$. したがって, $Q'(I_n - P_A)Q = Q'Q - Q'P_A Q = I_n - \Lambda_{1,p+1} = \Lambda_{p+2,n}$. これを代入すると, $\frac{1}{\sigma^2}\|\hat{\boldsymbol{e}}\|^2 = \boldsymbol{W}'\Lambda_{p+2,n}\boldsymbol{W} = \sum_{i=p+2}^n W_i^2$. また, $\boldsymbol{\beta} = \boldsymbol{0}$ のとき, $\boldsymbol{Y} = \beta_0 \mathbf{1} + \boldsymbol{\varepsilon}$. よって, $\hat{\boldsymbol{Y}} = P_A \boldsymbol{Y} = \beta_0 \mathbf{1} + P_A \boldsymbol{\varepsilon}$. $\bar{Y}\mathbf{1} = \frac{1}{n}\mathbf{1}'\boldsymbol{Y}\mathbf{1} = (\beta_0 + \frac{1}{n}\mathbf{1}'\boldsymbol{\varepsilon})\mathbf{1}$. したがって, $\tilde{\hat{\boldsymbol{Y}}} = (P_A - \frac{1}{n}\mathbf{1}\mathbf{1}')\boldsymbol{\varepsilon} = \sigma(P_A - \boldsymbol{q}_1\boldsymbol{q}_1')Q\boldsymbol{W}$. ここで, $(P_A \boldsymbol{q}_1 \boldsymbol{q}_1')'(P_A - \boldsymbol{q}_1 \boldsymbol{q}_1') = P_A - \boldsymbol{q}_1 \boldsymbol{q}_1'$. ゆえに, $\|\frac{1}{\sigma^2}\tilde{\hat{\boldsymbol{Y}}}\|^2 = \boldsymbol{W}'Q'(P_A - \boldsymbol{q}_1 \boldsymbol{q}_1')Q\boldsymbol{W}$. $\boldsymbol{q}_1'Q = [1, 0, \ldots, 0]$ なので, $Q'(P_A - \boldsymbol{q}_1 \boldsymbol{q}_1')Q = \Lambda_{1,p+1} - \Lambda_{1,1} = \Lambda_{2,p+1}$. よって, $\|\frac{1}{\sigma^2}\tilde{\hat{\boldsymbol{Y}}}\|^2 = \boldsymbol{W}'\Lambda_{2,p+1}\boldsymbol{W} = \sum_{i=2}^{p+1} W_i^2$. $\varepsilon_1, \ldots, \varepsilon_n \overset{i.i.d.}{\sim} N(0, \sigma^2)$ のとき, $Z_1, \ldots, Z_n \overset{i.i.d.}{\sim} N(0, 1)$. $Q$ は直交行列なので, 演習 5.20[82](3) より, $W_1, \ldots, W_n \overset{i.i.d.}{\sim} N(0, 1)$. よって, $\frac{1}{\sigma^2}\|\hat{\boldsymbol{e}}\|^2 \sim \chi_{n-p-1}^2$, $\frac{1}{\sigma^2}\|\tilde{\hat{\boldsymbol{Y}}}\|^2 \sim \chi_p^2$, $\frac{1}{\sigma^2}\|\hat{\boldsymbol{e}}\|^2 \perp\!\!\!\perp \frac{1}{\sigma^2}\|\tilde{\hat{\boldsymbol{Y}}}\|^2$. $S_{\hat{y}\hat{y}} = \|\tilde{\hat{\boldsymbol{Y}}}\|^2$, $S_{ee} = \|\hat{\boldsymbol{e}}\|^2$ なので, 定理 11.7[160] が証明できた.

# 付録C
# 分布表

応用でよく用いる確率分布の数表を掲載する．コンピュータを利用できる場合は，様々な確率分布の裾確率や分位点が容易に求められるが，数表を利用して計算する古典的な方法は，確率分布の性質などを理解するのに有効である．十分理解したのちに，Excel, R, Python などの活用方法も学ぶことが望ましい．

## C.1 正規分布表

小数第 2 位までの正の実数 $z$ に対する，標準正規分布 $N(0,1)$ の分布関数 $\Phi(z) = P(Z \leq z)$ の値を小数第 5 位を四捨五入すると表 C.1 のようになる．

$\Phi(z)$ の値は，Excel の関数 norm.s.dist や R の関数 pnorm を使って求められる．たとえば，$\Phi(1.56) = P(Z \leq 1.56)$ は，norm.s.dist(1.56,TRUE) や pnorm(1.56) で求められる．

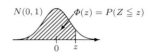

図 C.1　$N(0,1)$ の分布関数

表 C.1　正規分布表

| $z$ | 0.00 | 0.01 | 0.02 | 0.03 | 0.04 | 0.05 | 0.06 | 0.07 | 0.08 | 0.09 |
|---|---|---|---|---|---|---|---|---|---|---|
| 0.0 | .5000 | .5040 | .5080 | .5120 | .5160 | .5199 | .5239 | .5279 | .5319 | .5359 |
| 0.1 | .5398 | .5438 | .5478 | .5517 | .5557 | .5596 | .5636 | .5675 | .5714 | .5753 |
| 0.2 | .5793 | .5832 | .5871 | .5910 | .5948 | .5987 | .6026 | .6064 | .6103 | .6141 |
| 0.3 | .6179 | .6217 | .6255 | .6293 | .6331 | .6368 | .6406 | .6443 | .6480 | .6517 |
| 0.4 | .6554 | .6591 | .6628 | .6664 | .6700 | .6736 | .6772 | .6808 | .6844 | .6879 |
| 0.5 | .6915 | .6950 | .6985 | .7019 | .7054 | .7088 | .7123 | .7157 | .7190 | .7224 |
| 0.6 | .7257 | .7291 | .7324 | .7357 | .7389 | .7422 | .7454 | .7486 | .7517 | .7549 |
| 0.7 | .7580 | .7611 | .7642 | .7673 | .7704 | .7734 | .7764 | .7794 | .7823 | .7852 |
| 0.8 | .7881 | .7910 | .7939 | .7967 | .7995 | .8023 | .8051 | .8078 | .8106 | .8133 |
| 0.9 | .8159 | .8186 | .8212 | .8238 | .8264 | .8289 | .8315 | .8340 | .8365 | .8389 |
| 1.0 | .8413 | .8438 | .8461 | .8485 | .8508 | .8531 | .8554 | .8577 | .8599 | .8621 |
| 1.1 | .8643 | .8665 | .8686 | .8708 | .8729 | .8749 | .8770 | .8790 | .8810 | .8830 |
| 1.2 | .8849 | .8869 | .8888 | .8907 | .8925 | .8944 | .8962 | .8980 | .8997 | .9015 |
| 1.3 | .9032 | .9049 | .9066 | .9082 | .9099 | .9115 | .9131 | .9147 | .9162 | .9177 |
| 1.4 | .9192 | .9207 | .9222 | .9236 | .9251 | .9265 | .9279 | .9292 | .9306 | .9319 |
| 1.5 | .9332 | .9345 | .9357 | .9370 | .9382 | .9394 | .9406 | .9418 | .9429 | .9441 |
| 1.6 | .9452 | .9463 | .9474 | .9484 | .9495 | .9505 | .9515 | .9525 | .9535 | .9545 |
| 1.7 | .9554 | .9564 | .9573 | .9582 | .9591 | .9599 | .9608 | .9616 | .9625 | .9633 |
| 1.8 | .9641 | .9649 | .9656 | .9664 | .9671 | .9678 | .9686 | .9693 | .9699 | .9706 |
| 1.9 | .9713 | .9719 | .9726 | .9732 | .9738 | .9744 | .9750 | .9756 | .9761 | .9767 |
| 2.0 | .9772 | .9778 | .9783 | .9788 | .9793 | .9798 | .9803 | .9808 | .9812 | .9817 |
| 2.1 | .9821 | .9826 | .9830 | .9834 | .9838 | .9842 | .9846 | .9850 | .9854 | .9857 |
| 2.2 | .9861 | .9864 | .9868 | .9871 | .9875 | .9878 | .9881 | .9884 | .9887 | .9890 |
| 2.3 | .9893 | .9896 | .9898 | .9901 | .9904 | .9906 | .9909 | .9911 | .9913 | .9916 |
| 2.4 | .9918 | .9920 | .9922 | .9925 | .9927 | .9929 | .9931 | .9932 | .9934 | .9936 |
| 2.5 | .9938 | .9940 | .9941 | .9943 | .9945 | .9946 | .9948 | .9949 | .9951 | .9952 |
| 2.6 | .9953 | .9955 | .9956 | .9957 | .9959 | .9960 | .9961 | .9962 | .9963 | .9964 |
| 2.7 | .9965 | .9966 | .9967 | .9968 | .9969 | .9970 | .9971 | .9972 | .9973 | .9974 |
| 2.8 | .9974 | .9975 | .9976 | .9977 | .9977 | .9978 | .9979 | .9979 | .9980 | .9981 |
| 2.9 | .9981 | .9982 | .9982 | .9983 | .9984 | .9984 | .9985 | .9985 | .9986 | .9986 |
| 3.0 | .9987 | .9987 | .9987 | .9988 | .9988 | .9989 | .9989 | .9989 | .9990 | .9990 |

## C.2 正規分布の上側パーセント点

よく用いられる標準正規分布の上側 $100\alpha\%$ 点 $z(\alpha)$ は表 C.2 のようになる．

$z(\alpha)$ の値は，Excel の norm.s.inv や R の qnorm の下側パーセント点を求める関数を使って求められる．たとえば，$z(0.025)$ は norm.s.inv(0.975) や qnorm(0.975) で求められる．

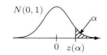

図 C.2　$N(0,1)$ の上側パーセント点

表 C.2　正規分布の上側パーセント点

| $\alpha$ | 0.005 | 0.01 | 0.025 | 0.05 | 0.1 |
|---|---|---|---|---|---|
| $z(\alpha)$ | 2.576 | 2.326 | 1.960 | 1.645 | 1.282 |

## C.3　カイ二乗分布の上側パーセント点

よく用いられる $\chi^2_\nu$ の上側 $100\alpha\%$ 点 $\chi^2_\nu(\alpha)$ は表 C.3 のようになる．

$\chi^2_\nu(\alpha)$ の値は，Excel の chisq.inv や R の qchisq などの下側パーセント点を求める関数を使って求められる．たとえば，$\chi^2_{18}(0.05)$ は chisq.inv(0.95,18) や qchisq(0.95,18) で求められる．

$X \sim \chi^2_\nu$ の分布関数 $P(X \leqq x)$ は，Excel では chisq.dist$(x, \nu, \text{TRUE})$，R では pchisq$(x, \nu)$ とすれば求められる．

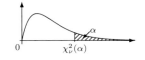

図 C.3　$\chi^2_\nu$ の上側パーセント点

表 C.3　カイ二乗分布の上側パーセント点

| $\nu \backslash \alpha$ | 0.995 | 0.99 | 0.975 | 0.95 | 0.9 | 0.1 | 0.05 | 0.025 | 0.01 | 0.005 |
|---|---|---|---|---|---|---|---|---|---|---|
| 1 | 0.000 | 0.000 | 0.001 | 0.004 | 0.016 | 2.706 | 3.841 | 5.024 | 6.635 | 7.879 |
| 2 | 0.010 | 0.020 | 0.051 | 0.103 | 0.211 | 4.605 | 5.991 | 7.378 | 9.210 | 10.597 |
| 3 | 0.072 | 0.115 | 0.216 | 0.352 | 0.584 | 6.251 | 7.815 | 9.348 | 11.345 | 12.838 |
| 4 | 0.207 | 0.297 | 0.484 | 0.711 | 1.064 | 7.779 | 9.488 | 11.143 | 13.277 | 14.860 |
| 5 | 0.412 | 0.554 | 0.831 | 1.145 | 1.610 | 9.236 | 11.070 | 12.833 | 15.086 | 16.750 |
| 6 | 0.676 | 0.872 | 1.237 | 1.635 | 2.204 | 10.645 | 12.592 | 14.449 | 16.812 | 18.548 |
| 7 | 0.989 | 1.239 | 1.690 | 2.167 | 2.833 | 12.017 | 14.067 | 16.013 | 18.475 | 20.278 |
| 8 | 1.344 | 1.646 | 2.180 | 2.733 | 3.490 | 13.362 | 15.507 | 17.535 | 20.090 | 21.955 |
| 9 | 1.735 | 2.088 | 2.700 | 3.325 | 4.168 | 14.684 | 16.919 | 19.023 | 21.666 | 23.589 |
| 10 | 2.156 | 2.558 | 3.247 | 3.940 | 4.865 | 15.987 | 18.307 | 20.483 | 23.209 | 25.188 |
| 11 | 2.603 | 3.053 | 3.816 | 4.575 | 5.578 | 17.275 | 19.675 | 21.920 | 24.725 | 26.757 |
| 12 | 3.074 | 3.571 | 4.404 | 5.226 | 6.304 | 18.549 | 21.026 | 23.337 | 26.217 | 28.300 |
| 13 | 3.565 | 4.107 | 5.009 | 5.892 | 7.042 | 19.812 | 22.362 | 24.736 | 27.688 | 29.819 |
| 14 | 4.075 | 4.660 | 5.629 | 6.571 | 7.790 | 21.064 | 23.685 | 26.119 | 29.141 | 31.319 |
| 15 | 4.601 | 5.229 | 6.262 | 7.261 | 8.547 | 22.307 | 24.996 | 27.488 | 30.578 | 32.801 |
| 16 | 5.142 | 5.812 | 6.908 | 7.962 | 9.312 | 23.542 | 26.296 | 28.845 | 32.000 | 34.267 |
| 17 | 5.697 | 6.408 | 7.564 | 8.672 | 10.085 | 24.769 | 27.587 | 30.191 | 33.409 | 35.718 |
| 18 | 6.265 | 7.015 | 8.231 | 9.390 | 10.865 | 25.989 | 28.869 | 31.526 | 34.805 | 37.156 |
| 19 | 6.844 | 7.633 | 8.907 | 10.117 | 11.651 | 27.204 | 30.144 | 32.852 | 36.191 | 38.582 |
| 20 | 7.434 | 8.260 | 9.591 | 10.851 | 12.443 | 28.412 | 31.410 | 34.170 | 37.566 | 39.997 |
| 21 | 8.034 | 8.897 | 10.283 | 11.591 | 13.240 | 29.615 | 32.671 | 35.479 | 38.932 | 41.401 |
| 22 | 8.643 | 9.542 | 10.982 | 12.338 | 14.041 | 30.813 | 33.924 | 36.781 | 40.289 | 42.796 |
| 23 | 9.260 | 10.196 | 11.689 | 13.091 | 14.848 | 32.007 | 35.172 | 38.076 | 41.638 | 44.181 |
| 24 | 9.886 | 10.856 | 12.401 | 13.848 | 15.659 | 33.196 | 36.415 | 39.364 | 42.980 | 45.559 |
| 25 | 10.520 | 11.524 | 13.120 | 14.611 | 16.473 | 34.382 | 37.652 | 40.646 | 44.314 | 46.928 |
| 26 | 11.160 | 12.198 | 13.844 | 15.379 | 17.292 | 35.563 | 38.885 | 41.923 | 45.642 | 48.290 |
| 27 | 11.808 | 12.879 | 14.573 | 16.151 | 18.114 | 36.741 | 40.113 | 43.195 | 46.963 | 49.645 |
| 28 | 12.461 | 13.565 | 15.308 | 16.928 | 18.939 | 37.916 | 41.337 | 44.461 | 48.278 | 50.993 |
| 29 | 13.121 | 14.256 | 16.047 | 17.708 | 19.768 | 39.087 | 42.557 | 45.722 | 49.588 | 52.336 |
| 30 | 13.787 | 14.953 | 16.791 | 18.493 | 20.599 | 40.256 | 43.773 | 46.979 | 50.892 | 53.672 |

## C.4 ティー分布の上側パーセント点

よく用いられる $t_\nu$ の上側 $100\alpha\%$ 点 $t_\nu(\alpha)$ は表 C.4 のようになる．

$t_\nu(\alpha)$ の値は，Excel の t.inv や R の qt などの下側パーセント点を求める関数で求められる．たとえば，$t_{15}(0.05)$ は t.inv(0.95,15) や qt(0.95,15) で求められる．

$X \sim t_\nu$ の分布関数 $P(X \leq x)$ は，Excel では t.dist($x,\nu$,TRUE)，R では pt($x,\nu$) とすれば求められる．

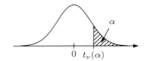

図 C.4　$t_\nu$ の上側パーセント点

表 C.4　ティー分布の上側パーセント点

| $\nu\backslash\alpha$ | 0.25 | 0.2 | 0.15 | 0.1 | 0.05 | 0.025 | 0.01 | 0.005 |
|---|---|---|---|---|---|---|---|---|
| 1 | 1.000 | 1.376 | 1.963 | 3.078 | 6.314 | 12.706 | 31.821 | 63.657 |
| 2 | 0.816 | 1.061 | 1.386 | 1.886 | 2.920 | 4.303 | 6.965 | 9.925 |
| 3 | 0.765 | 0.978 | 1.250 | 1.638 | 2.353 | 3.182 | 4.541 | 5.841 |
| 4 | 0.741 | 0.941 | 1.190 | 1.533 | 2.132 | 2.776 | 3.747 | 4.604 |
| 5 | 0.727 | 0.920 | 1.156 | 1.476 | 2.015 | 2.571 | 3.365 | 4.032 |
| 6 | 0.718 | 0.906 | 1.134 | 1.440 | 1.943 | 2.447 | 3.143 | 3.707 |
| 7 | 0.711 | 0.896 | 1.119 | 1.415 | 1.895 | 2.365 | 2.998 | 3.499 |
| 8 | 0.706 | 0.889 | 1.108 | 1.397 | 1.860 | 2.306 | 2.896 | 3.355 |
| 9 | 0.703 | 0.883 | 1.100 | 1.383 | 1.833 | 2.262 | 2.821 | 3.250 |
| 10 | 0.700 | 0.879 | 1.093 | 1.372 | 1.812 | 2.228 | 2.764 | 3.169 |
| 11 | 0.697 | 0.876 | 1.088 | 1.363 | 1.796 | 2.201 | 2.718 | 3.106 |
| 12 | 0.695 | 0.873 | 1.083 | 1.356 | 1.782 | 2.179 | 2.681 | 3.055 |
| 13 | 0.694 | 0.870 | 1.079 | 1.350 | 1.771 | 2.160 | 2.650 | 3.012 |
| 14 | 0.692 | 0.868 | 1.076 | 1.345 | 1.761 | 2.145 | 2.624 | 2.977 |
| 15 | 0.691 | 0.866 | 1.074 | 1.341 | 1.753 | 2.131 | 2.602 | 2.947 |
| 16 | 0.690 | 0.865 | 1.071 | 1.337 | 1.746 | 2.120 | 2.583 | 2.921 |
| 17 | 0.689 | 0.863 | 1.069 | 1.333 | 1.740 | 2.110 | 2.567 | 2.898 |
| 18 | 0.688 | 0.862 | 1.067 | 1.330 | 1.734 | 2.101 | 2.552 | 2.878 |
| 19 | 0.688 | 0.861 | 1.066 | 1.328 | 1.729 | 2.093 | 2.539 | 2.861 |
| 20 | 0.687 | 0.860 | 1.064 | 1.325 | 1.725 | 2.086 | 2.528 | 2.845 |
| 21 | 0.686 | 0.859 | 1.063 | 1.323 | 1.721 | 2.080 | 2.518 | 2.831 |
| 22 | 0.686 | 0.858 | 1.061 | 1.321 | 1.717 | 2.074 | 2.508 | 2.819 |
| 23 | 0.685 | 0.858 | 1.060 | 1.319 | 1.714 | 2.069 | 2.500 | 2.807 |
| 24 | 0.685 | 0.857 | 1.059 | 1.318 | 1.711 | 2.064 | 2.492 | 2.797 |
| 25 | 0.684 | 0.856 | 1.058 | 1.316 | 1.708 | 2.060 | 2.485 | 2.787 |
| 26 | 0.684 | 0.856 | 1.058 | 1.315 | 1.706 | 2.056 | 2.479 | 2.779 |
| 27 | 0.684 | 0.855 | 1.057 | 1.314 | 1.703 | 2.052 | 2.473 | 2.771 |
| 28 | 0.683 | 0.855 | 1.056 | 1.313 | 1.701 | 2.048 | 2.467 | 2.763 |
| 29 | 0.683 | 0.854 | 1.055 | 1.311 | 1.699 | 2.045 | 2.462 | 2.756 |
| 30 | 0.683 | 0.854 | 1.055 | 1.310 | 1.697 | 2.042 | 2.457 | 2.750 |

## C.5　エフ分布の上側パーセント点

$F_{\nu_1,\nu_2}$ の上側 5% 点 $f_{\nu_1,\nu_2}(0.05)$ は表 C.5 のようになる。
$f_{\nu_1,\nu_2}(\alpha)$ の値は，Excel の関数 f.inv.rt($\alpha,\nu_1,\nu_2$) や R の関数
qf($1-\alpha,\nu_1,\nu_2$) を使って求められる。
$X \sim F_{\nu_1,\nu_2}$ の分布関数 $P(X \leq x)$ は，Excel では f.dist($x,\nu_1,\nu_2$,TRUE), R
では pf($x,\nu_1,\nu_2$) とすれば求められる。

図 C.5　$F_{\nu_1,\nu_2}$ の上側パーセント点

表 C.5　エフ分布の上側パーセント点

| $\nu_2 \backslash \nu_1$ | 1 | 2 | 3 | 4 | 5 | 6 | 7 | 8 | 9 | 10 | 11 | 12 | 13 | 14 | 15 | 16 | 17 | 18 | 19 | 20 |
|---|---|---|---|---|---|---|---|---|---|---|---|---|---|---|---|---|---|---|---|---|
| 1 | 161.5 | 199.5 | 215.7 | 224.6 | 230.2 | 234.0 | 236.8 | 238.9 | 240.5 | 241.9 | 243.0 | 243.9 | 244.7 | 245.4 | 246.0 | 246.5 | 246.9 | 247.3 | 247.7 | 248.0 |
| 2 | 18.51 | 19. | 19.16 | 19.25 | 19.3 | 19.33 | 19.35 | 19.37 | 19.38 | 19.4 | 19.4 | 19.41 | 19.42 | 19.42 | 19.43 | 19.43 | 19.44 | 19.44 | 19.44 | 19.45 |
| 3 | 10.13 | 9.55 | 9.28 | 9.12 | 9.01 | 8.94 | 8.89 | 8.85 | 8.81 | 8.79 | 8.76 | 8.74 | 8.73 | 8.71 | 8.7 | 8.69 | 8.68 | 8.67 | 8.67 | 8.66 |
| 4 | 7.71 | 6.94 | 6.59 | 6.39 | 6.26 | 6.16 | 6.09 | 6.04 | 6. | 5.96 | 5.94 | 5.91 | 5.89 | 5.87 | 5.86 | 5.84 | 5.83 | 5.82 | 5.81 | 5.8 |
| 5 | 6.61 | 5.79 | 5.41 | 5.19 | 5.05 | 4.95 | 4.88 | 4.82 | 4.77 | 4.74 | 4.7 | 4.68 | 4.66 | 4.64 | 4.62 | 4.6 | 4.59 | 4.58 | 4.57 | 4.56 |
| 6 | 5.99 | 5.14 | 4.76 | 4.53 | 4.39 | 4.28 | 4.21 | 4.15 | 4.1 | 4.06 | 4.03 | 4. | 3.98 | 3.96 | 3.94 | 3.92 | 3.91 | 3.9 | 3.88 | 3.87 |
| 7 | 5.59 | 4.74 | 4.35 | 4.12 | 3.97 | 3.87 | 3.79 | 3.73 | 3.68 | 3.64 | 3.6 | 3.57 | 3.55 | 3.53 | 3.51 | 3.49 | 3.48 | 3.47 | 3.46 | 3.44 |
| 8 | 5.32 | 4.46 | 4.07 | 3.84 | 3.69 | 3.58 | 3.5 | 3.44 | 3.39 | 3.35 | 3.31 | 3.28 | 3.26 | 3.24 | 3.22 | 3.2 | 3.19 | 3.17 | 3.16 | 3.15 |
| 9 | 5.12 | 4.26 | 3.86 | 3.63 | 3.48 | 3.37 | 3.29 | 3.23 | 3.18 | 3.14 | 3.1 | 3.07 | 3.05 | 3.03 | 3.01 | 2.99 | 2.97 | 2.96 | 2.95 | 2.94 |
| 10 | 4.96 | 4.1 | 3.71 | 3.48 | 3.33 | 3.22 | 3.14 | 3.07 | 3.02 | 2.98 | 2.94 | 2.91 | 2.89 | 2.86 | 2.85 | 2.83 | 2.81 | 2.8 | 2.79 | 2.77 |
| 11 | 4.84 | 3.98 | 3.59 | 3.36 | 3.2 | 3.09 | 3.01 | 2.95 | 2.9 | 2.85 | 2.82 | 2.79 | 2.76 | 2.74 | 2.72 | 2.7 | 2.69 | 2.67 | 2.66 | 2.65 |
| 12 | 4.75 | 3.89 | 3.49 | 3.26 | 3.11 | 3. | 2.91 | 2.85 | 2.8 | 2.75 | 2.72 | 2.69 | 2.66 | 2.64 | 2.62 | 2.6 | 2.58 | 2.57 | 2.56 | 2.54 |
| 13 | 4.67 | 3.81 | 3.41 | 3.18 | 3.03 | 2.92 | 2.83 | 2.77 | 2.71 | 2.67 | 2.63 | 2.6 | 2.58 | 2.55 | 2.53 | 2.51 | 2.5 | 2.48 | 2.47 | 2.46 |
| 14 | 4.6 | 3.74 | 3.34 | 3.11 | 2.96 | 2.85 | 2.76 | 2.7 | 2.65 | 2.6 | 2.57 | 2.53 | 2.51 | 2.48 | 2.46 | 2.44 | 2.43 | 2.41 | 2.4 | 2.39 |
| 15 | 4.54 | 3.68 | 3.29 | 3.06 | 2.9 | 2.79 | 2.71 | 2.64 | 2.59 | 2.54 | 2.51 | 2.48 | 2.45 | 2.42 | 2.4 | 2.38 | 2.37 | 2.35 | 2.34 | 2.33 |
| 16 | 4.49 | 3.63 | 3.24 | 3.01 | 2.85 | 2.74 | 2.66 | 2.59 | 2.54 | 2.49 | 2.46 | 2.42 | 2.4 | 2.37 | 2.35 | 2.33 | 2.32 | 2.3 | 2.29 | 2.28 |
| 17 | 4.45 | 3.59 | 3.2 | 2.96 | 2.81 | 2.7 | 2.61 | 2.55 | 2.49 | 2.45 | 2.41 | 2.38 | 2.35 | 2.33 | 2.31 | 2.29 | 2.27 | 2.26 | 2.24 | 2.23 |
| 18 | 4.41 | 3.55 | 3.16 | 2.93 | 2.77 | 2.66 | 2.58 | 2.51 | 2.46 | 2.41 | 2.37 | 2.34 | 2.31 | 2.29 | 2.27 | 2.25 | 2.23 | 2.22 | 2.2 | 2.19 |
| 19 | 4.38 | 3.52 | 3.13 | 2.9 | 2.74 | 2.63 | 2.54 | 2.48 | 2.42 | 2.38 | 2.34 | 2.31 | 2.28 | 2.26 | 2.23 | 2.21 | 2.2 | 2.18 | 2.17 | 2.16 |
| 20 | 4.35 | 3.49 | 3.1 | 2.87 | 2.71 | 2.6 | 2.51 | 2.45 | 2.39 | 2.35 | 2.31 | 2.28 | 2.25 | 2.22 | 2.2 | 2.18 | 2.17 | 2.15 | 2.14 | 2.12 |
| 21 | 4.32 | 3.47 | 3.07 | 2.84 | 2.68 | 2.57 | 2.49 | 2.42 | 2.37 | 2.32 | 2.28 | 2.25 | 2.22 | 2.2 | 2.18 | 2.16 | 2.14 | 2.12 | 2.11 | 2.1 |
| 22 | 4.3 | 3.44 | 3.05 | 2.82 | 2.66 | 2.55 | 2.46 | 2.4 | 2.34 | 2.3 | 2.26 | 2.23 | 2.2 | 2.17 | 2.15 | 2.13 | 2.11 | 2.1 | 2.08 | 2.07 |
| 23 | 4.28 | 3.42 | 3.03 | 2.8 | 2.64 | 2.53 | 2.44 | 2.37 | 2.32 | 2.27 | 2.24 | 2.2 | 2.18 | 2.15 | 2.13 | 2.11 | 2.09 | 2.08 | 2.06 | 2.05 |
| 24 | 4.26 | 3.4 | 3.01 | 2.78 | 2.62 | 2.51 | 2.42 | 2.36 | 2.3 | 2.25 | 2.22 | 2.18 | 2.15 | 2.13 | 2.11 | 2.09 | 2.07 | 2.05 | 2.04 | 2.03 |
| 25 | 4.24 | 3.39 | 2.99 | 2.76 | 2.6 | 2.49 | 2.4 | 2.34 | 2.28 | 2.24 | 2.2 | 2.16 | 2.14 | 2.11 | 2.09 | 2.07 | 2.05 | 2.04 | 2.02 | 2.01 |
| 26 | 4.23 | 3.37 | 2.98 | 2.74 | 2.59 | 2.47 | 2.39 | 2.32 | 2.27 | 2.22 | 2.18 | 2.15 | 2.12 | 2.09 | 2.07 | 2.05 | 2.03 | 2.02 | 2. | 1.99 |
| 27 | 4.21 | 3.35 | 2.96 | 2.73 | 2.57 | 2.46 | 2.37 | 2.31 | 2.25 | 2.2 | 2.17 | 2.13 | 2.1 | 2.08 | 2.06 | 2.04 | 2.02 | 2. | 1.99 | 1.97 |
| 28 | 4.2 | 3.34 | 2.95 | 2.71 | 2.56 | 2.45 | 2.36 | 2.29 | 2.24 | 2.19 | 2.15 | 2.12 | 2.09 | 2.06 | 2.04 | 2.02 | 2. | 1.99 | 1.97 | 1.96 |

# 索引

## あ

| | |
|---|---|
| IID 列 | 85 |
| 一元配置 | 131 |
| 一元配置分散分析 | 135 |
| 一様最強力検定 | 120 |
| 一様分布 | 46 |
| 一致推定量 | 107, 108 |
| 一致性 | 107 |
| ウィルコクソンの順位和検定 | 130 |
| 上側仮説 | 114 |
| 上側 $100\alpha$ パーセント点 | 44 |
| 上側 $100u$ パーセント点 | 35 |
| 上側ヒンジ | 18 |
| 上側 $u$ 分位数 | 35 |
| ウェルチ-サタスウェイトの式 | 128 |
| ウェルチの近似 | 128 |
| $n$ 変量正規分布 | 68 |
| $n$ 変量同時確率関数 | 65 |
| $n$ 変量同時確率密度関数 | 65 |
| $n$ 変量離散確率変数 | 65 |
| $n$ 変量連続確率変数 | 65 |
| エフ分布 | 91 |
| オッズ比 | 150 |
| 重み付き平均 | 19 |
| 折り畳み正規分布 | 80 |

## か

| | |
|---|---|
| 回帰関数 | 62 |
| 回帰係数 | 25, 27, 155 |
| 回帰直線 | 25, 64, 155 |
| 回帰平面 | 27, 158 |
| 階級 | 16 |
| 階級値 | 16 |
| カイ二乗分布 | 89 |
| 確率 | 32 |
| 確率化検定 | 121 |
| 確率関数 | 35 |
| 確率質量関数 | 35 |
| 確率収束 | 91, 97 |
| 確率分布 | 34 |
| 確率ベクトル | 67 |
| 確率変数 | 34 |
| 確率密度関数 | 36 |
| 仮説検定 | 112 |
| 可測性 | 34 |
| 片側仮説 | 114 |
| 偏り | 105 |
| 刈込平均 | 19 |
| 完全加法性 | 32 |
| 完全加法族 | 32 |
| 観測度数 | 146 |
| 完備性 | 107 |
| ガンマ関数 | 47 |
| ガンマ分布 | 47 |
| 幾何分布 | 43 |
| 幾何平均 | 29 |
| 棄却域 | 113 |
| 棄却限界値 | 113 |
| 記述統計学 | 10 |
| 期待値 | 37, 59, 65, 66 |
| 期待度数 | 23, 146 |
| 帰無仮説 | 112 |

| | |
|---|---|
| 共分散 | 22, 59, 60, 66 |
| 共分散公式 | 22 |
| 寄与率 | 25, 27, 155, 159 |
| 空事象 | 32 |
| 区間推定 | 100 |
| クラメールの連関係数 | 30 |
| クラメール・ラオの不等式 | 106 |
| 群間変動 | 132 |
| 郡内変動 | 132 |
| 計数値 | 84 |
| 計量値 | 84 |
| 決定係数 | 159 |
| 検出力 | 113 |
| 検定統計量 | 113 |
| コーシー分布 | 78, 95 |
| 交互作用 | 136 |
| 誤差項 | 154, 157 |

## さ

| | |
|---|---|
| 最強力検定 | 120 |
| 最小二乗推定量 | 155, 158 |
| 最小分散不偏推定量 | 106 |
| 再生性 | 77 |
| 採択域 | 113 |
| 最頻値 | 19 |
| 最尤推定量 | 104 |
| 三項分布 | 63 |
| 残差 | 25, 27, 155, 159 |
| 残差平方和 | 25, 155, 159 |
| 散布図 | 21 |
| 指示関数 | 49 |
| 事象 | 32 |
| 指数分布 | 46 |
| 下側仮説 | 114 |
| 下側ヒンジ | 18 |
| 実現値 | 34, 86 |
| 質的データ | 16 |
| 四分位範囲 | 18 |
| 四分位偏差 | 18 |
| 弱収束 | 79 |
| 重回帰モデル | 157 |
| 重相関係数 | 27, 159 |
| 自由度調整済み寄与率 | 160 |
| 十分統計量 | 107 |
| 周辺確率関数 | 54, 65 |
| 周辺確率密度関数 | 57, 66, 67 |
| 周辺度数 | 23 |
| 周辺分布 | 58 |
| 主効果 | 136 |
| シュワルツの不等式 | 29, 70 |
| 順序統計量 | 18 |
| 条件付き確率 | 33 |
| 条件付き確率関数 | 55 |
| 条件付き確率密度関数 | 57, 68 |
| 条件付き期待値 | 62 |
| 信頼区間 | 100 |
| 信頼係数 | 100 |
| 信頼度 | 100 |
| 水準 | 135 |
| 推測統計学 | 12, 84 |
| 推定値 | 100 |
| 推定量 | 100 |

231

# 索引

| | |
|---|---|
| スコア関数 | 110 |
| スタージェスの公式 | 16 |
| スターリングの公式 | 51, 95, 186 |
| スチューデント化 | 90 |
| スチューデント化された範囲の分布の上側 $100\alpha\%$ 点 | 133 |
| 正規近似 | 92 |
| 正規分布 | 44 |
| 正規方程式 | 158 |
| 正規母集団 | 86 |
| 積率 | 77 |
| 積率母関数 | 77, 79 |
| $z$ 変換 | 153 |
| 説明変数 | 25, 27, 154, 157 |
| 全数調査 | 10, 84 |
| 尖度 | 21, 40 |
| 全平均 | 136 |
| 相関係数 | 22, 60 |
| 相関図 | 21 |
| 相関表 | 21 |
| 相対度数 | 16 |
| 相対度数密度 | 16 |
| 総平均 | 132 |

## た

| | |
|---|---|
| 第 1 四分位数 | 18 |
| 第 1 種の過誤 | 113 |
| 第 3 四分位数 | 18 |
| 対数正規分布 | 80 |
| 対数尤度関数 | 104 |
| 第 2 種の過誤 | 113 |
| タイプ 1-FWER | 133 |
| 対立仮説 | 112 |
| 多項分布 | 67 |
| 多重比較 | 133 |
| 多変量非心超幾何分布 | 150 |
| 単回帰モデル | 154 |
| 単純仮説 | 114 |
| チェビシェフの不等式 | 91 |
| Tukey の多重比較 | 133 |
| 中央値 | 18, 19 |
| 中心極限定理 | 93 |
| 超幾何分布 | 43 |
| 調和平均 | 29 |
| ティー分布 | 89 |
| 点推定 | 100 |
| 統計量 | 88 |
| 同時確率密度関数 | 56 |
| 同時確率関数 | 54 |
| 同時分布 | 56, 58 |
| 特性関数 | 79 |
| 独立 | 33, 55, 57, 58, 65, 66, 68 |
| 度数 | 16 |
| 度数分布表 | 16 |
| ド・モアブル=ラプラス | 46 |

## な

| | |
|---|---|
| 二元配置分散分析 | 135 |
| 二項係数 | 43 |
| 二項分布 | 40 |
| 二項母集団 | 39 |
| 2 値データ | 84 |
| 2 変量確率変数 | 58 |
| 2 変量正規分布 | 64 |
| 2 変量離散確率変数 | 54 |
| 2 変量連続確率変数 | 56 |

| | |
|---|---|
| ネイマン・ピアソンの補題 | 120 |

## は

| | |
|---|---|
| $100u$ パーセント点 | 35 |
| バートレット検定 | 134 |
| バートレット修正 | 134 |
| 箱ひげ図 | 18 |
| ハザード関数 | 47 |
| 外れ値 | 18, 19 |
| 半数補正 | 49 |
| 反転公式 | 80 |
| $p$ 値 | 114 |
| ヒストグラム | 16 |
| 非対称正規分布 | 70 |
| 非復元抽出 | 85 |
| 標準化 | 20, 38 |
| 標準正規分布 | 44 |
| 標準偏差 | 20, 38 |
| 標本 | 11, 84 |
| 標本空間 | 32, 87 |
| 標本値 | 86 |
| 標本調査 | 84 |
| 標本比率 | 86 |
| 標本不偏分散 | 88 |
| 標本分散 | 87 |
| 標本平均 | 11, 87 |
| フィッシャー情報量 | 106 |
| フィッシャーの直接確率検定 | 147 |
| 復元抽出 | 85 |
| 複合仮説 | 114 |
| 負の二項分布 | 42 |
| 不偏検定 | 122 |
| 不偏推定量 | 105 |
| $u$ 分位数 | 18, 35 |
| 分割表 | 23, 145 |
| 分散 | 19, 37, 60, 66 |
| 分散共分散行列 | 67 |
| 分散公式 | 20, 38 |
| 分散分析表 | 161 |
| 分布関数 | 35 |
| 分布収束 | 79, 92 |
| ベータ関数 | 48 |
| ベータ分布 | 48 |
| 平均 | 19, 37, 59, 65, 66 |
| 平均二乗誤差 | 105 |
| 平均ベクトル | 67 |
| 平方和の分解 | 137, 160 |
| ベルヌイ試行 | 86 |
| 偏差 | 19 |
| 偏差値 | 20 |
| 偏相関係数 | 28 |
| ポアソン分布 | 41 |
| 法則収束 | 79 |
| 母回帰係数 | 154, 157 |
| 母回帰直線 | 64, 154 |
| 母回帰平面 | 158 |
| 母集団 | 11, 84 |
| 母集団分布 | 11, 85 |
| 母比率 | 39 |
| 母分散 | 84 |
| 母平均 | 11, 84 |

## ま

| | |
|---|---|
| 未知母数 | 84 |
| 無限母集団 | 84 |
| 無作為抽出 | 11, 85 |
| 無作為標本 | 85 |
| モーメント推定量 | 105 |
| 目的変数 | 25, 27, 154, 157 |

## や

| | |
|---|---|
| 有意 | 113 |
| 有意水準 | 113 |
| 有限母集団 | 84 |
| 有効推定量 | 106 |
| 尤度 | 104 |
| 誘導された確率 | 34 |
| 尤度関数 | 104 |
| 尤度比検定 | 120 |

## よ

| | |
|---|---|
| 要因実験 | 135 |
| 余事象 | 32 |
| 予測値 | 25, 27, 155, 158 |

## ら

| | |
|---|---|
| Rao-Blackwell の定理 | 107 |
| 離散確率変数 | 35 |
| 両側仮説 | 114 |
| 量的データ | 16 |
| Lehmann-Scheffe の定理 | 107 |
| 連続確率変数 | 36 |
| ロジスティック分布 | 50 |

## わ

| | |
|---|---|
| 歪度 | 21, 40 |
| ワイブル分布 | 50 |

233

著者紹介

阪本 雄二（さかもと ゆうじ）
大阪大学大学院基礎工学研究科卒
神戸大学准教授

◎本書スタッフ
編集長：石井 沙知
編集：赤木 恭平
組版協力：阿瀬 はる美
表紙デザイン：tplot.inc 中沢 岳志
技術開発・システム支援：インプレス NextPublishing

●本書に記載されている会社名・製品名等は、一般に各社の登録商標または商標です。本文中の©、®、TM等の表示は省略しています。

●**本書の内容についてのお問い合わせ先**
近代科学社Digital　メール窓口
kdd-info@kindaikagaku.co.jp
件名に「『本書名』問い合わせ係」と明記してお送りください。
電話やFAX、郵便でのご質問にはお答えできません。返信までには、しばらくお時間をいただく場合があります。なお、本書の範囲を超えるご質問にはお答えしかねますので、あらかじめご了承ください。

●落丁・乱丁本はお手数ですが、(株)近代科学社までお送りください。送料弊社負担にてお取り替えさせていただきます。但し、古書店で購入されたものについてはお取り替えできません。

# 数理統計の基礎

2025年3月7日　初版発行Ver.1.0

著　者　阪本 雄二
発行人　大塚 浩昭
発　行　近代科学社Digital
販　売　株式会社 近代科学社
　　　　〒101-0051
　　　　東京都千代田区神田神保町1丁目105番地
　　　　https://www.kindaikagaku.co.jp

●本書は著作権法上の保護を受けています。本書の一部あるいは全部について株式会社近代科学社から文書による許諾を得ずに、いかなる方法においても無断で複写、複製することは禁じられています。

©2025 Yuji Sakamoto. All rights reserved.
印刷・製本　京葉流通倉庫株式会社
Printed in Japan

ISBN978-4-7649-0740-9

**近代科学社Digital** は、株式会社近代科学社が推進する21世紀型の理工系出版レーベルです。デジタルパワーを積極活用することで、オンデマンド型のスピーディでサステナブルな出版モデルを提案します。

近代科学社Digital は株式会社インプレスR&Dが開発したデジタルファースト出版プラットフォーム "NextPublishing" との協業で実現しています。

# あなたの研究成果、近代科学社で出版しませんか？

- ・自分の研究を多くの人に知ってもらいたい！
- ・講義資料を教科書にして使いたい！
- ・原稿はあるけど相談できる出版社がない！

そんな要望をお抱えの方々のために
近代科学社 Digital が出版のお手伝いをします！

## 近代科学社 Digital とは？

ご応募いただいた企画について著者と出版社が協業し、プリントオンデマンド印刷と電子書籍のフォーマットを最大限活用することで出版を実現させていく、次世代の専門書出版スタイルです。

## 近代科学社 Digital の役割

- **執筆支援** 編集者による原稿内容のチェック、様々なアドバイス
- **制作製造** POD 書籍の印刷・製本、電子書籍データの制作
- **流通販売** ISBN 付番、書店への流通、電子書籍ストアへの配信
- **宣伝販促** 近代科学社ウェブサイトに掲載、読者からの問い合わせ一次窓口

## 近代科学社 Digital の既刊書籍 (下記以外の書籍情報は URL より御覧ください)

**スッキリわかる
数理・データサイエンス・AI**
皆本 晃弥 著
B5 234頁 税込2,750円
ISBN978-4-7649-0716-4

**CAE活用のための
不確かさの定量化**
豊則 有擴 著
A5 244頁 税込3,300円
ISBN978-4-7649-0714-0

**跡倉ナップと中央構造線**
小坂 和夫 著
A5 346頁 税込4,620円
ISBN978-4-7649-0704-1

詳細・お申込は近代科学社 Digital ウェブサイトへ！
URL：https://www.kindaikagaku.co.jp/kdd/

# 近代科学社Digital 教科書発掘プロジェクトのお知らせ

　先生が授業で使用されている講義資料としての原稿を、教科書にして出版いたします。書籍の出版経験がない、また地方在住で相談できる出版社がない先生方に、デジタルパワーを活用して広く出版の門戸を開き、教科書の選択肢を増やします。

## セルフパブリッシング・自費出版とは、ここが違う！

- 電子書籍と印刷書籍（POD：プリント・オンデマンド）が同時に出版できます。
- 原稿に編集者の目が入り、必要に応じて、市販書籍に適した内容・体裁にブラッシュアップされます。
- 電子書籍とPOD書籍のため、任意のタイミングで改訂でき、品切れのご心配もありません。
- 販売部数・金額に応じて著作権使用料をお支払いいたします。

## 教科書発掘プロジェクトで出版された書籍例

**数理・データサイエンス・AIのための数学基礎　Excel演習付き**
　岡田 朋子 著　B5　252頁　税込3,025円　ISBN978-4-7649-0717-1

**代数トポロジーの基礎　基本群とホモロジー群**
　和久井 道久 著　B5　296頁　税込3,850円　ISBN978-4-7649-0671-6

**はじめての3DCGプログラミング　例題で学ぶPOV-Ray**
　山住 富也 著　B5　152頁　税込1,980円　ISBN978-4-7649-0728-7

**MATLABで学ぶ 物理現象の数値シミュレーション**
　小守 良雄 著　B5　114頁　税込2,090円　ISBN978-4-7649-0731-7

**デジタル時代の児童サービス**
　西巻 悦子・小田 孝子・工藤 邦彦 著　A5　198頁　税込2,640円　ISBN978-4-7649-0706-5

## 募集要項

**募集ジャンル**
　大学・高専・専門学校等の学生に向けた理工系・情報系の原稿

**応募資格**
1. ご自身の授業で使用されている原稿であること。
2. ご自身の授業で教科書として使用する予定があること（使用部数は問いません）。
3. 原稿送付・校正等、出版までに必要な作業をオンライン上で行っていただけること。
4. 近代科学社 Digital の執筆要項・フォーマットに準拠した完成原稿をご用意いただけること（Microsoft WordまたはLaTeXで執筆された原稿に限ります）。
5. ご自身のウェブサイトやSNS等から近代科学社Digitalのウェブサイトにリンクを貼っていただけること。

※本プロジェクトでは、通常ご負担いただく**出版分担金が無料**です。

---

詳細・お申込は近代科学社Digitalウェブサイトへ！
URL: https://www.kindaikagaku.co.jp/feature/detail/index.php?id=1